# 原 子 量 表 (20

($A_r(^{12}C) = 12$ に対する相対値。但し、$^{12}C$ は核および電子が基底状態にある
多くの元素の原子量は一定ではなく、物質の起源や処理の仕方に依存する。
に存在する物質中の元素に適用される。この表の脚注には、個々の元素に起こ
る可能性のある変動の様式が示されている。原子番号110から116までの元素

| 元素名 | 元素記号 | 原子番号 | 原子量 | 脚注 | 元素名 | 元素記号 | 原子番号 | 原子量 | 脚注 |
|---|---|---|---|---|---|---|---|---|---|
| アインスタイニウム* | Es | 99 | | | ツリウム | Tm | 69 | 168.93421(2) | |
| 亜鉛 | Zn | 30 | 65.409(4) | | テクネチウム* | Tc | 43 | | |
| アクチニウム* | Ac | 89 | | | 鉄 | Fe | 26 | 55.845(2) | |
| アスタチン* | At | 85 | | | テルビウム | Tb | 65 | 158.92534(2) | |
| アメリシウム* | Am | 95 | | | テルル | Te | 52 | 127.60(3) | g |
| アルゴン | Ar | 18 | 39.948(1) | g | 銅 | Cu | 29 | 63.546(3) | r |
| アルミニウム | Al | 13 | 26.981538(2) | | ドブニウム* | Db | 105 | | |
| アンチモン | Sb | 51 | 121.760(1) | g | トリウム* | Th | 90 | 232.0381(1) | g |
| 硫黄 | S | 16 | 32.065(5) | g | ナトリウム | Na | 11 | 22.989770(2) | |
| イッテルビウム | Yb | 70 | 173.04(3) | g | 鉛 | Pb | 82 | 207.2(1) | g r |
| イットリウム | Y | 39 | 88.90585(2) | | ニオブ | Nb | 41 | 92.90638(2) | |
| イリジウム | Ir | 77 | 192.217(3) | | ニッケル | Ni | 28 | 58.6934(2) | |
| インジウム | In | 49 | 114.818(3) | | ネオジム | Nd | 60 | 144.24(3) | g |
| ウラン | U | 92 | 238.02891(3) | gm | ネオン | Ne | 10 | 20.1797(6) | gm |
| ウンウンウニウム* | Uuu | 111 | | | ネプツニウム* | Np | 93 | | |
| ウンウンクワジウム* | Uuq | 114 | | | ノーベリウム* | No | 102 | | |
| ウンウンニリウム* | Uun | 110 | | | バークリウム* | Bk | 97 | | |
| ウンウンビウム* | Uub | 112 | | | 白金 | Pt | 78 | 195.078(2) | |
| ウンウンヘキシウム* | Uuh | 116 | | | ハッシウム* | Hs | 108 | | |
| エルビウム | Er | 68 | 167.259(3) | g | バナジウム | V | 23 | 50.9415(1) | |
| 塩素 | Cl | 17 | 35.453(2) | gm | ハフニウム | Hf | 72 | 178.49(2) | |
| オスミウム | Os | 76 | 190.23(3) | g | パラジウム | Pd | 46 | 106.42(1) | g |
| カドミウム | Cd | 48 | 112.411(8) | g | バリウム | Ba | 56 | 137.327(7) | |
| ガドリニウム | Gd | 64 | 157.25(3) | g | ビスマス | Bi | 83 | 208.98038(2) | |
| カリウム | K | 19 | 39.0983(1) | | ヒ素 | As | 33 | 74.92160(2) | |
| ガリウム | Ga | 31 | 69.723(1) | | フェルミウム* | Fm | 100 | | |
| カリホルニウム* | Cf | 98 | | | フッ素 | F | 9 | 18.9984032(5) | |
| カルシウム | Ca | 20 | 40.078(4) | g | プラセオジム | Pr | 59 | 140.90765(2) | |
| キセノン | Xe | 54 | 131.293(6) | gm | フランシウム* | Fr | 87 | | |
| キュリウム* | Cm | 96 | | | プルトニウム* | Pu | 94 | | |
| 金 | Au | 79 | 196.96655(2) | | プロトアクチニウム* | Pa | 91 | 231.03588(2) | |
| 銀 | Ag | 47 | 107.8682(2) | g | プロメチウム* | Pm | 61 | | |
| クリプトン | Kr | 36 | 83.798(2) | gm | ヘリウム | He | 2 | 4.002602(2) | g r |
| クロム | Cr | 24 | 51.9961(6) | | ベリリウム | Be | 4 | 9.012182(3) | |
| ケイ素 | Si | 14 | 28.0855(3) | r | ホウ素 | B | 5 | 10.811(7) | gmr |
| ゲルマニウム | Ge | 32 | 72.64(1) | | ボーリウム* | Bh | 107 | | |
| コバルト | Co | 27 | 58.933200(9) | | ホルミウム | Ho | 67 | 164.93032(2) | |
| サマリウム | Sm | 62 | 150.36(3) | g | ポロニウム* | Po | 84 | | |
| 酸素 | O | 8 | 15.9994(3) | g r | マイトネリウム* | Mt | 109 | | |
| ジスプロシウム | Dy | 66 | 162.500(1) | g | マグネシウム | Mg | 12 | 24.3050(6) | |
| シーボーギウム* | Sg | 106 | | | マンガン | Mn | 25 | 54.938049(9) | |
| 臭素 | Br | 35 | 79.904(1) | | メンデレビウム* | Md | 101 | | |
| ジルコニウム | Zr | 40 | 91.224(2) | g | モリブデン | Mo | 42 | 95.94(2) | g |
| 水銀 | Hg | 80 | 200.59(2) | | ユウロピウム | Eu | 63 | 151.964(1) | g |
| 水素 | H | 1 | 1.00794(7) | gmr | ヨウ素 | I | 53 | 126.90447(3) | |
| スカンジウム | Sc | 21 | 44.955910(8) | | ラザホージウム* | Rf | 104 | | |
| スズ | Sn | 50 | 118.710(7) | g | ラジウム* | Ra | 88 | | |
| ストロンチウム | Sr | 38 | 87.62(1) | g | ラドン* | Rn | 86 | | |
| セシウム | Cs | 55 | 132.90545(2) | | ランタン | La | 57 | 138.9055(2) | g |
| セリウム | Ce | 58 | 140.116(1) | g | リチウム | Li | 3 | [6.941(2)]† | gmr |
| セレン | Se | 34 | 78.96(3) | r | リン | P | 15 | 30.973761(2) | |
| タリウム | Tl | 81 | 204.3833(2) | | ルテチウム | Lu | 71 | 174.967(1) | g |
| タングステン | W | 74 | 183.84(1) | | ルテニウム | Ru | 44 | 101.07(2) | g |
| 炭素 | C | 6 | 12.0107(8) | g r | ルビジウム | Rb | 37 | 85.4678(3) | g |
| タンタル | Ta | 73 | 180.9479(1) | | レニウム | Re | 75 | 186.207(1) | |
| チタン | Ti | 22 | 47.867(1) | | ロジウム | Rh | 45 | 102.90550(2) | |
| 窒素 | N | 7 | 14.0067(2) | g r | ローレンシウム* | Lr | 103 | | |

n : 不確かさは、カッコ内の数字であらわされ、有効数字の最後の桁に対応する。例えば、亜鉛の場合の65.409(4)は65.409±0.004を意味する。
* : 安定同位体のない元素。
† : 市販品中のリチウム化合物のリチウムの原子量は6.939から6.996の幅をもつ。これは $^6$Li を抽出した後のリチウムが試薬として市回しているためである(元素の同位体組成 注bを参照)。より正確な原子量が必要な場合は、個々の物質について測定する必要がある。
g : 当該元素の同位体組成が正常な物質が示す変動幅を越えるような地質学的試料が知られている。そのような試料中では当該元素の原子量とこの表の値との差が、表記の不確かさを越えることがある。
m : 通常の、あるいは不適切な同位体分別を受けたために同位体組成が変動した物質が市販品中に見いだされることがある。そのため、当該元素の原子量を表記の値とかなり異なることがある。
r : 通常の地球上の物質の同位体組成に変動があるために表記の原子量より精度の良い値を与えることができない。表中の原子量は通常の物質すべてに適用されるものとす

# 標準 基礎化学

理学博士
梅本喜三郎 著

東京 裳 華 房 発行

# STANDARD GENERAL CHEMISTRY

by

KISABURO UMEMOTO, DR. SCI.

SHOKABO
TOKYO

# 緒　　言

　本書は大学前期課程における標準的な基礎化学の教科書あるいは参考書として執筆したものである．理科系の学生を念頭においてはいるが，化学関連分野以外のコースの学生や高校の化学の学習が不十分な学生をも対象に考え，高校の範囲のやさしいところから書き始めてある．やさしいところから専門課程の入り口まで手引きするという目的をもって執筆したものである．

　最近はセメスター制が導入され，半期で1教科の学習を終わらせるようなことも行われているが，これでは化学の基礎学習には不十分である．断片的な知識の詰め込み，あるいはトピックスどまりの単なる物識りを育てるだけとなり，JABEE（日本技術者教育認定制度）や医学準備教育認定試験の要求するレベルは到底達成できない．本書はこれらの資格認定制度をも視野にいれた標準的な基礎化学を系統的に学習することを目的としており，少なくとも2セメスターはかけて学ぶべき内容となっている．

　何事も初めが肝心と言われるが，大学前期（教養基礎教育）課程は最も大切であり最も脱落しやすいところでもある．自主的な学習は不可欠である．本書は自習しやすいように，例題や練習問題のすべてに解説的な解答をつけた．したがって，問題ができない場合でも解説を参考にして勉強を進めやすく，自習による学習効果が大いに期待できるであろう．本書をまじめに学習すれば，どのような専門課程に進むにも十分な化学の基礎学力が養われることを確信している．

　本書では，補足的あるいはやや程度が高いと思われる部分は，小活字を用いて本文と区別し見やすくしてある．また，重要な基本物理定数，単位の換算表，原子の電子配置，生成熱，基本化学反応などデータとしての利用頻度の高いものは巻末の付表や見返しにまとめ，必要なときには手早く参照できるようにした．

## iv 緒　言

　物理・化学量の単位としては，国際単位系（SI単位系）を用いることを基本としているが，慣用的に実用されている単位をも用いている．リットルとか気圧などは普通に社会に通用している用語である．SI単位系については後ろ見返しにまとめてある．また，当量や規定度なども分析化学の現場ではよく用いられているので，これらの用語の説明と用例をも示した．

　本書の刊行にあたり，いろいろとご尽力頂いた裳華房の頓所勝典氏，亀井祐樹氏，また，校正を引き受けていただいた和田理英子氏，細木周治氏に感謝の意を表したい．

　2002年9月

　　　　　　　　　　　　　　　　　　　　　　　　　　著　　者

# この本の使い方

本書は大きく分けて，次のような3部からなっている．

第Ⅰ部は第1章から第7章までであり，ここは高校の復習から入り，それを少し拡張している．高校化学の復習とその発展というつもりで学ぶのが有効であろう．第6章「酸と塩基の反応」第7章「酸化還元反応」は実験との関わりが深いので化学実験と平行して学習するとよりいっそう効果的であろう．一般に初学者のための化学実験は，定性分析と酸塩基滴定および酸化還元滴定を中心として，化学の基礎理論の学習に適した内容が組まれているが，実状はややもするとたんに操作を追うのみで原理の理解にまでは至らない学生が少なくない．そのような学生のためにも実験との関わりを考慮した内容になっている．第Ⅰ部は，これまで化学の学習が不十分であった学生には1セメスターをかけて学習する内容であろうが，高校の学習が十分な学生は，pHの計算や化学平衡の計算に重点をおいて自習することができるであろう．

第Ⅱ部は第8章から第11章で，原子の電子配置に基づく物質の構造と性質を取り扱っている．第8章「原子の構造と電子配置」と第9章「化学結合」は分野を問わず理系の学生にとっては最も基本となるものである．第10章「結晶・固体化学」では結晶構造をたんに図形として眺めるだけではなく，結晶構造の組み上がるしくみを理解し，基本的な結晶格子構造の特徴を把握してほしい．第11章「錯体化学」はやや高度な内容ではあるが，高学年の専門課程では必須の知識となるため，ここで一通りの基礎知識を得ておくのは有益であろう．第8章から第11章までの内容が，ほぼ標準的な学生のための基礎教育課程1セメスター分の学習内容になるであろう．

第Ⅲ部は第12章から第16章で，ここで学ぶのは化学熱力学の基礎とその応用である．化学熱力学は我々が五感でとらえることのできる化学変化や自然現象を説明するための指導原理であり，分野を問わず基礎知識として欠くことのできないものである．第12章「熱力学第一法則」第13章「熱力学第二法則」第14章「化学平衡の熱力学」の内容はほとんどの学生にとっては初めて学ぶ

ものであろう．抽象的な概念もでてくるが，習うより慣れろというように，初めは抽象的でわかりづらくとも慣れるにしたがい内容もわかってくる．多少の忍耐をもって学んでほしい．第15章「電池」は熱力学の応用の例として最も適切なものである．酸化還元反応のほとんどは電池反応と関わりの深いものであるし，身近な反応の多くが酸化還元反応なのである．第16章「化学反応速度」では化学平衡の速度論的理解を深めるとともに，化石の年代測定など化学反応の速度が利用される身近な現象に注意が向けられるようにした．第Ⅲ部も，ほぼ標準的な基礎教育課程1セメスター分の学習内容になるであろう．

セメスター制の長所を活かすとすれば，学力別・ニーズ別に3種類のクラスを同時開講して本書を使うこともできる．

例題や練習問題はできるだけ身近な現象を選び，問題のすべてに解説的な解答をつけた．これらは自分で解くと非常に学習効果が上がるものと思われるが，自力で解けなくとも解説に補足的な内容が含まれているので，目を通してもらうだけで相当の学習効果が期待できるであろう．楽しみながら勉強してもらえるものと確信している．

# 目　次

## 第Ⅰ部　化学の基礎—化学リテラシー—

### 第1章　元素・周期律

- §1.1　物質を構成する基本粒子 …… 2
- §1.2　物質の分類 …………………… 4
- §1.3　原子量・分子量・式量・物質量 ………………………… 6
- §1.4　化学反応と化学反応式 …… 9
- §1.5　周期律・周期表 …………… 10
- 練習問題1 ……………………… 13

### 第2章　物質の三態

- §2.1　気体 ………………………… 15
- §2.2　固体 ………………………… 16
- §2.3　液体と気体 ………………… 18
- §2.4　水の状態図 ………………… 21
- §2.5　蒸留・沸点図 ……………… 24
- §2.6　融点図 ……………………… 25
- 練習問題2 ……………………… 27

### 第3章　気体の法則

- §3.1　気体の法則 ………………… 30
- §3.2　混合気体の法則 …………… 33
- §3.3　実在気体の状態式 ………… 35
- §3.4　気体分子運動論 …………… 38
- 練習問題3 ……………………… 41

### 第4章　溶液の性質

- §4.1　溶液 ………………………… 44
- §4.2　固体の溶解度 ……………… 45
- §4.3　気体の溶解度 ……………… 46
- §4.4　希薄溶液の性質 …………… 48
- §4.5　コロイド溶液 ……………… 53
- §4.6　電解質溶液の電気伝導率 … 56
- 練習問題4 ……………………… 62

## 第5章　化学反応と化学平衡

§ 5.1　化学反応と熱エネルギー … 65
§ 5.2　熱化学 …………………… 66
§ 5.3　化学平衡と平衡定数 ……… 69
§ 5.4　化学平衡の例 …………… 71
§ 5.5　平衡移動の法則：Le Chatelier
　　　　の原理 ………………… 76
　　　練習問題5 …………………… 77

## 第6章　酸と塩基の反応

§ 6.1　酸と塩基 ………………… 80
§ 6.2　中和反応 ………………… 85
§ 6.3　水のイオン積とpH ……… 88
§ 6.4　弱酸・弱塩基の電離平衡と
　　　　pHの計算 ……………… 89
§ 6.5　塩の水溶液 ……………… 92
§ 6.6　緩衝溶液 ………………… 95
§ 6.7　酸塩基滴定曲線 ………… 97
§ 6.8　酸塩基指示薬 …………… 98
§ 6.9　沈殿反応と酸塩基 ……… 99
　　　練習問題6 …………………… 101

## 第7章　酸化還元反応

§ 7.1　酸化還元反応 …………… 105
§ 7.2　酸化剤・還元剤の当量 … 110
§ 7.3　酸化還元滴定 …………… 112
§ 7.4　イオン化傾向 …………… 115
§ 7.5　電池と電池反応 ………… 117
§ 7.6　電気分解・Faradayの法則 … 120
　　　練習問題7 …………………… 122

## 第II部　物質の構造と性質

## 第8章　原子の構造と電子配置

§ 8.1　原子スペクトル ………… 128
§ 8.2　光の粒子性 ……………… 130
§ 8.3　電子の波動性 …………… 131
§ 8.4　Bohrモデル ……………… 132
§ 8.5　電子の軌道・波動関数 … 138
§ 8.6　スピン量子数 …………… 141
§ 8.7　電子配置と周期律 ……… 141
§ 8.8　イオン化エネルギーと
　　　　電子親和力 …………… 145
　　　練習問題8 …………………… 148

## 第9章　化学結合

- §9.1　イオン結合と共有結合 …… 151
- §9.2　分子軌道法・水素分子の形成 ………………………… 152
- §9.3　等核2原子分子 ……………… 156
- §9.4　異核2原子分子・共有結合の部分的イオン性 ……… 158
- §9.5　電気陰性度 …………………… 160
- §9.6　多原子分子・共有結合の方向性 ………………… 162
- §9.7　炭素原子・混成軌道 ……… 163
- §9.8　共役二重結合 ……………… 166
- §9.9　分子間の相互作用 ………… 168
- §9.10　金属と半導体 …………… 171
- 練習問題9 ……………………… 175

## 第10章　結晶・固体化学

- §10.1　結晶格子 …………………… 177
- §10.2　金属・合金 ………………… 179
- §10.3　イオン結晶・結晶イオン半径 ………………………… 182
- §10.4　共有結晶 …………………… 187
- §10.5　水酸化物とオキソ酸 …… 189
- §10.6　液晶 ………………………… 192
- §10.7　セラミックス ……………… 193
- §10.8　アモルファス(非晶質) … 196
- 練習問題10 …………………… 197

## 第11章　錯体化学

- §11.1　錯体 ………………………… 199
- §11.2　配位子 ……………………… 201
- §11.3　錯イオンの応用 …………… 203
- §11.4　錯イオンの安定性 ………… 206
- §11.5　錯体の理論 ………………… 207
- §11.6　宝石・レーザー …………… 214
- 練習問題11 …………………… 216

# 第Ⅲ部　化学熱力学とその応用

## 第12章　熱力学第一法則

- §12.1　エネルギーと熱力学第一法則 ………………………… 220
- §12.2　系と状態量 ………………… 220
- §12.3　熱力学第一法則と内部エネルギー ………………… 221
- §12.4　体積変化の仕事 …………… 223
- §12.5　定積過程・定圧過程・定温過程 ……………………… 225
- §12.6　熱・熱容量 ………………… 228
- §12.7　熱化学 ……………………… 230
- 練習問題12 …………………… 239

## 第13章　熱力学第二法則

- § 13.1　熱力学第二法則 …………… 242
- § 13.2　可逆サイクルとエントロピー …………………… 243
- § 13.3　不可逆過程とエントロピー … 244
- § 13.4　エントロピーの計算 ……… 246
- § 13.5　標準エントロピー・熱力学第三法則 ……………… 250
- § 13.6　エントロピーの分子論的解釈 ……………………… 251
- § 13.7　ヘルムホルツエネルギーとギブスエネルギー，自発変化と平衡の条件 …… 253
- § 13.8　標準生成ギブスエネルギー … 255
- § 13.9　気体のギブスエネルギー　256
- § 13.10　Gibbs-Helmholtz の式　257
- 練習問題 13 ………………… 258

## 第14章　化学平衡の熱力学

- § 14.1　化学ポテンシャル ……… 261
- § 14.2　理想溶液・理想希薄溶液　263
- § 14.3　化学平衡 ………………… 264
- § 14.4　標準ギブスエネルギー変化と平衡定数 ……………… 265
- § 14.5　液相化学平衡・活量 …… 266
- § 14.6　平衡定数の温度変化 …… 268
- § 14.7　平衡移動の法則：Le Chatelier の原理 … 269
- § 14.8　Clapeyron-Clausius の式　269
- 練習問題 14 ………………… 272

## 第15章　電　　池

- § 15.1　電池と電池反応 …………… 274
- § 15.2　標準水素電極 ……………… 275
- § 15.3　標準電極電位 ……………… 276
- § 15.4　Nernst の式・起電力と平衡定数 ………………… 278
- § 15.5　pH メーター・イオン電極　280
- § 15.6　酸化還元反応の予測 …… 283
- § 15.7　燃料電池 ………………… 284
- 練習問題 15 ………………… 286

## 第16章　化学反応速度

- § 16.1　化学反応の速さ …………… 289
- § 16.2　一次反応と二次反応 …… 290
- § 16.3　温度の影響・活性化エネルギー ……………… 293
- § 16.4　放射化学と年代測定 …… 296
- § 16.5　光化学反応・連鎖反応 … 297
- § 16.6　逐次反応 ………………… 298
- 練習問題 16 ………………… 301

| | |
|---|---|
| 付表1 | 304 |
| 付表2 | 308 |
| 付表3 | 310 |
| 参考資料 | 312 |
| 索引 | 314 |

# 化学の基礎
## ― 化学リテラシー ―

# 第Ⅰ部

　化学リテラシーという言葉があるが，これは化学の いろは を心得るということである．第Ⅰ部は化学リテラシーに通じる内容である．高校と同じような内容構成で用語も馴染みがあるが，高校よりはさらに一歩進んだ内容をも含んでいる．

　第3章の気体分子運動論などは多少難しいと思われるが，そのような箇所は一通り本文を読み，例題に目を通してもらうだけでもよい．また，第5章「化学反応と化学平衡」ではエンタルピーという用語がでてくるが，ここでは定圧反応熱と同じものと理解し用語に慣れるようにするだけでもよい．詳しくは第12章「熱力学第一法則」で学ぶ．第6章「酸と塩基の反応」，第7章「酸化還元反応」は実験との関わりが深いので化学実験と平行して学習するとより一層効果的であろう．特にpHの計算は化学平衡の計算の基礎になるので，身近な酸塩基滴定法の内容を理解する気持ちで学習してほしい．

# 第1章　元素・周期律

　物質を分析により細分化していくと，これ以上は分割できないという最小の粒子にたどりつく．1803年，Dalton（ドルトン）は「物質を構成する最小の粒子として**原子**が存在する」という原子説を提唱した．現在では，原子はさらに小さな粒子から構成されていることが知られているが，物質を区別する上での最小の基本粒子として，原子の存在は疑いのないものになっている．原子の種類は元素名で区別し，各元素は**元素記号**を用いて表す．元素の種類は現在 107 種知られている．このうち，地球上で天然に存在するのは約 90 種で，ほかは人工的につくられたものである．

## §1.1　物質を構成する基本粒子
【原　子】
　原子は，中心に正電荷をもった**原子核**と，その周りを高速で運動している負電荷をもった**電子**からなっている．原子核は直径約 $1 \times 10^{-15}$ m の球形をしており，電子の存在している範囲は，原子の種類によって多少の違いはあるが，直径約 $1 \times 10^{-10} \sim 5 \times 10^{-10}$ m の球形の空間内で，これが原子の大きさの目安と考えられている．

　原子核は，正電荷をもった**陽子**と，電気的に中性の**中性子**とからなっている．ある元素の原子がもつ陽子の数を，その元素の**原子番号**という．陽子の数と電子の数は等しく，原子は全体として電気的に中性である．陽子と電子の電荷は，それぞれ $+1.6 \times 10^{-19}$ クーロン（単位記号は C）および $-1.6 \times 10^{-19}$ クーロンである．陽子や電子のもつ電荷の絶対値 $1.6 \times 10^{-19}$ クーロンを**電気素量**という．電気素量は自然界における正・負の電気量の最小単位である．

　陽子と中性子の質量はほぼ等しく $1.67 \times 10^{-27}$ kg である．また，電子の質量は $9.11 \times 10^{-31}$ kg である．このように電子の質量が陽子や中性子の質量の

1835 分の 1 程度しかないため，原子の質量は，陽子と中性子の数の和によってほぼ決まる．陽子の数と中性子の数の和を**質量数**という．原子核の種類（**核種**）は元素記号の左肩に質量数，左下に原子番号をつけ，$^{1}_{1}H$，$^{23}_{11}Na$，$^{35}_{17}Cl$，$^{238}_{92}U$ のように表す．最も軽い原子は水素原子で，原子 1 個の質量は $1.67 \times 10^{-27}$ kg である．天然で一番重い原子はウラン原子で，原子 1 個の質量は $3.94 \times 10^{-25}$ kg である．

原子の中には，水素 $^{1}_{1}H$，重水素 $^{2}_{1}D$，三重水素（トリチウム）$^{3}_{1}T$ のように，原子核中の陽子の数は等しいが中性子の数が異なるもの，つまり原子番号が同じで質量数の異なるものがある．これらを互いに**同位体**という．同位体はほとんど同じ化学的性質を示すので，原子番号が同じであれば同一元素として扱われる．

〈問〉水素同位体の原子核に含まれる陽子の数と中性子の数はそれぞれいくらか．

## 【分 子】

物質固有の性質を失うことなく存在しうる最小の基本粒子を分子という．分子は原子からできており，全体として電気的に中性である．分子を表すには**分子式**が用いられる．分子式は構成する原子を元素記号で表し，同じ種類の原子の数を元素記号の右下に書き添えて表す．ネオン Ne やアルゴン Ar のように，1 個の原子からできている分子を単原子分子という．酸素 $O_2$，窒素 $N_2$，水素 $H_2$ のように，2 個の原子からできている分子は 2 原子分子とよばれる．二酸化炭素 $CO_2$ は 3 原子分子，アンモニア $NH_3$ は 4 原子分子，メタン $CH_4$ は 5 原子分子である．一般に，3 個以上の原子からできている分子は多原子分子という．分子中で各原子は一定数の結合手をもち，他の原子と**共有結合**（→ 第 9 章）によって結ばれている．

## 【イオン】

物質を構成する基本粒子には，原子や分子のほかに**イオン**がある．イオンは原子や原子団が電荷を帯びたもので，正電荷を帯びたイオンを**陽イオン**あるいは**カチオン**といい，負電荷を帯びたイオンを**陰イオン**あるいは**アニオン**とい

う．イオンは，$Na^+$や$CO_3^{2-}$のように，組成と電荷数を示す**イオン式**によって表す．$Na^+$と$Cl^-$のように，ただ1種の原子からなるイオンを単原子イオンといい，$NH_4^+$や$CO_3^{2-}$のように2種以上の原子を含むイオンを多原子イオンという．イオンのもつ電荷の絶対値は，電気素量の整数倍に等しく，この倍数を**イオンの価数**（イオン価）という．イオンを構成粒子とする化合物でも正電荷と負電荷の絶対値は等しく，全体としては電気的に中性である．

イオンを構成粒子とする結晶を**イオン結晶**という．塩化ナトリウムは$Na^+$と$Cl^-$とからなるイオン結晶である．塩化ナトリウムはNaClと表されるが，塩化ナトリウムの固体中にはNaClで表されるような分子は存在しない．NaClと表しても，これは，結晶中では$Na^+$と$Cl^-$とが1：1の割合で含まれ，全体としては電気的に中性であることを示しているにすぎない．NaClのように，物質を構成する原子あるいはイオンの組成を最も簡単な整数比で表した式を**組成式**という．上記の炭酸ナトリウムも$Na^+$と$CO_3^{2-}$とからなるイオン結晶であり，組成式$Na_2CO_3$で表される．分子式・組成式・イオン式などを総称して**化学式**という．

## §1.2 物質の分類

【混合物と純物質】

自然界に存在する物質は**混合物**と**純物質**に分けられる．空気・海水・岩石・石油など身近に存在する物質のほとんどが，2種以上の成分物質の混ざり合った混合物である．混合物はろ過・蒸留などの方法により，成分の純物質に分離することができる．純物質は一定の組成をもち融点・沸点・密度などの性質が一定であるが，混合物は，純物質成分の混合割合によって性質が変化する．例として，混合物である乾燥空気の組成と，その成分である純物質の性質を表1.1に示す．

通常の空気は，ほかに水分0〜4％，微量の二酸化硫黄$SO_2$，窒素酸化物$NO_x$，オゾン$O_3$などを含んでいるが，これらは地域によって変動する．表1.1に示した空気の組成は，地表から100 kmくらいまでほぼ変わらない．それより

表1.1 乾燥空気の組成

|  | 容量(%) | 融点(℃) | 沸点(℃) | 密度(g $l^{-1}$) |
|---|---|---|---|---|
| $N_2$ | 78.08 | $-210$ | $-196$ | 1.25 |
| $O_2$ | 20.95 | $-218$ | $-183$ | 1.43 |
| Ar | 0.93 | $-189$ | $-186$ | 1.78 |
| $CO_2$ | 0.03 | $-78.5$*) | — | 1.96 |
| Ne | $1.5 \times 10^{-3}$ | $-248.7$ | $-245.9$ | 0.90 |
| He | $5 \times 10^{-4}$ | $-272.2$ | $-268.9$ | 0.18 |
| Kr | $1 \times 10^{-4}$ | $-156.6$ | $-152.9$ | 3.74 |
| $H_2$ | $5 \times 10^{-5}$ | $-259.2$ | $-252.8$ | 0.09 |
| Xe | $9 \times 10^{-6}$ | $-111.8$ | $-107.1$ | 5.86 |

密度は0℃,1atmでの値である. *)昇華

上空になると,ヘリウムや水素などの分子量が小さくて軽い気体の割合が増す.地表から20〜25kmのところでは,太陽の紫外線により酸素からオゾン$O_3$が生成し,オゾン層を形成する.オゾン層は短波長の紫外線をカットし,地上の動植物を紫外線から保護する役割を果たしている.近年,太陽光線の作用を受けたフロンや$NO_x$などがオゾンを破壊してオゾン層が減少していることがわかり,地上の生態系に与える影響が問題となっている.

【単体と化合物】

純物質は単体と化合物に分けられる.水$H_2O$を電気分解すると,水素と酸素が一定の割合で生じる.水のように2種以上の元素からできている純物質を**化合物**といい,酸素や水素のように1種類の元素だけからできている純物質を**単体**という.ダイヤモンドと黒鉛,酸素とオゾン,白リンと赤リンなどのように,同じ元素からできているが性質が異なる単体を,互いに**同素体**であるという.同素体の性質が異なるのは,原子の配列や結合の様子が異なることによる.

**有機化合物と無機化合物** 以前は鉱石や岩石などのように無生物をつくっている物質を無機物といい,生物によってつくられる物質を有機物とよんでいた.有機物はすべて炭素の化合物であるが,今日では一酸化炭素CO・二酸化炭素$CO_2$・シアン化物・炭酸塩を除く炭素の化合物を有機化合物とよんでい

る．有機化合物には炭素以外に水素・酸素・窒素・塩素・硫黄・リンなどの元素も含まれているが，構成元素の種類は少ない．しかし生物の組織や生命を維持するために必要な有機化合物の中には，微量ながら銅・亜鉛・鉄・セレンなどの金属も含まれている．有機化合物は分子からできているものが多く，一般に融点や沸点が低く可燃性で，加熱によって分解しやすい．水には溶けにくいが，エタノール $C_2H_5OH$・ジエチルエーテル $C_2H_5OC_2H_5$・ベンゼン $C_6H_6$ などの有機溶媒には溶けやすい．

**高分子化合物** 多数の分子が結合してできた化合物を高分子化合物という．生物界に存在するデンプン・セルロース・タンパク質・ゴムなどは天然の有機高分子化合物である．人工の有機高分子には合成繊維・合成樹脂・合成ゴムなどがある．近年開発されたイオン交換樹脂は陽イオンあるいは陰イオンを透過させたり樹脂中のイオンと交換する機能をもち，水の精製や食塩の製造などに用いられている．シリコン・石英などのケイ素化合物は無機高分子とよばれる．ケイ素化合物はセラミックスの基礎材料である．

〈問〉次の物質はそれぞれ単体，化合物あるいは混合物のいずれか．
　　二酸化炭素，石油，砂糖，塩，石炭，天然ガス，窒素，亜硫酸ガス

## §1.3 原子量・分子量・式量・物質量

**【原子量】**

原子1個の質量はごく小さいので，このままでは取り扱いに不便である．そこで，ある一定数の原子集団の質量を**原子量**と定義して物質の量を表す．原子量は，炭素原子 $^{12}C$ の質量を基準にした相対的質量で表す．炭素原子 $^{12}C$ 12.0 g 中には $6.02 \times 10^{23}$ 個の原子が含まれている．この $6.02 \times 10^{23}$ を**アボガドロ数**という．アボガドロ数個の $^{12}C$ 質量 12.0 g からグラム単位を除いた数値 12.0 を原子量の基準にとる．そして，他の元素アボガドロ数個の質量をグラム単位で表したときの数値を，その原子の原子量としている．原子には同位体が存在し，それらが含まれる割合は元素ごとにほぼ一定である．そのため元素

の原子量というときは，同位体の原子量を平均した値で表す．通常，たんに原子量というときはこの平均原子量を指す．すべての元素の原子量を本書の前見返しに示した．

## 【分子量と式量】

分子量も原子量と同じ基準に基づいて定められている．アボガドロ数個の分子の質量をグラム単位で表した数値を，その分子の**分子量**としている．分子量は分子式に基づいて，分子を構成する原子の原子量の和として求められる．分子が存在しない物質では組成式に基づいて，構成原子の原子量の和として**式量**が求められる．イオンについてもイオン式に基づいて，構成原子の原子量の和としてその式量が求められる．

## 【物質量】

物質を量的に取り扱う場合には，アボガドロ数個の粒子集団を1モル（記号 **mol**）と定義し，原子・分子・イオンなどの物質量は mol を単位として表す．$6.02 \times 10^{23}$ mol$^{-1}$ を**アボガドロ定数**という．物質1 mol の質量は**モル質量**とよばれ，原子量・分子量・式量に単位としてグラムをつけたものである．

〈問〉次の物質の分子量または式量を求めよ．

水，過酸化水素，塩化ナトリウム，塩酸，硫酸，水酸化ナトリウム，水酸化カルシウム，二酸化炭素，アンモニア，エタノール，酢酸，硝酸

**例題1.1** 水1 mol は 18.0 g である．水分子1個の質量はいくらか．

解 $\dfrac{18.0 \text{ g mol}^{-1}}{6.02 \times 10^{23} \text{ mol}^{-1}} = 2.99 \times 10^{-23}$ g

**アボガドロの法則** 水素・窒素・酸素・アルゴンなど分子量の小さな気体は，0 ℃，1気圧（記号 atm）においてその1 mol の体積が 22.4 $l$ を占める．0 ℃，1 atm の状態を**標準状態**という．標準状態にある気体 22.4 $l$ 中には $6.02 \times 10^{23}$ 個の気体分子が含まれている．一般に「同温・同圧・同体積の気体中には，すべての気体について同数の分子が含まれている」という法則がある．これをアボガドロの法則という．アボガドロの法則に基づいて，標準状態

における気体分子の密度(単位 g $l^{-1}$)から,その気体の分子量を求めることができる.分子量は組成式から得られる式量の整数倍であるため,分子量を求めることができれば分子式が得られる.

体積の単位は正式には国際単位系の $dm^3$ を用いるべきであるが,実際には $l$ (リットル)が使われることが多い.したがって,本書では両者を併用することにする.

**例題 1.2** 標準状態における酸素の密度を測定したところ $1.43\,\mathrm{g}\,l^{-1}$ であった.酸素の分子量を求めよ.

**解** $1.43\,\mathrm{g}\,l^{-1} \times 22.4\,l = 32.0\,\mathrm{g}$.したがって分子量は 32.0.

**例題 1.3** 25℃,1 atm のもとで同一容器を用い,ある気体の質量を測定したところ,酸素の2倍であった.この気体は (1) 二酸化炭素 $CO_2$,(2) 二酸化硫黄 $SO_2$,(3) 一酸化炭素 $CO$,(4) アルゴン,(5) 硫化水素 $H_2S$ のいずれか.

**解** アボガドロの法則より,この気体は標準状態においても酸素の2倍の密度を有していることになる.標準状態では 1 mol の酸素は $22.4\,l$ を占めるから,この気体 $22.4\,l$ の質量は $32.0\,\mathrm{g} \times 2 = 64.0\,\mathrm{g}$ である.ゆえに,この気体の分子量は 64.0 である.5種の気体のうち,この値にもっとも近い分子量をもつのは (2) 二酸化硫黄 である.

**例題 1.4** ケイ素の結晶を X 線回折により結晶解析したところ,1辺の長さ 5.43 Å の立方体中に,8個のケイ素原子が含まれていることがわかった.またケイ素の結晶の密度を測定したところ $2.33\,\mathrm{g\,cm^{-3}}$ であった.ケイ素の原子量を求めよ.ただし 1 Å(オングストローム)$= 10^{-10}$ m である.

**解** 1辺の長さ 5.43 Å の立方体の質量が,ケイ素原子8個の質量である.質量は体積と密度の積であるから,ケイ素原子1個の質量は次のようになる.

$$\frac{(5.43 \times 10^{-8}\,\mathrm{cm})^3 \times 2.33\,\mathrm{g\,cm^{-3}}}{8} = 4.66 \times 10^{-23}\,\mathrm{g}$$

したがってアボガドロ数個のケイ素の原子量は次のようになる.

$4.66 \times 10^{-23}\,\mathrm{g} \times 6.02 \times 10^{23} = 28.1\,\mathrm{g}$.したがって原子量は 28.1.

## §1.4　化学反応と化学反応式

　液体の水が水蒸気になっても，水という物質そのものが変化するわけではなく，ただその形態が変化するだけである．このように，物質そのものに変化のない変化を**物理変化**という．これに対して，水素を燃焼させると水素と酸素が反応して水という別の物質を生じるように，物質を構成する原子の結合が組みかえられ，もととは異なった物質を生じる変化を**化学変化**という．化学変化をもたらす反応を**化学反応**という．

　化学式を用いて化学変化を表したものを**化学反応式**という．水素と酸素の反応は次の化学反応式で表される．

$$2H_2 + O_2 \rightarrow 2H_2O$$

　化学反応式では反応物（**反応系**）を左辺に，生成物（**生成系**）を右辺に書き，変化の方向を示す矢印（→）や等号（＝）で両辺を結ぶ．化学反応の前後で変化しない溶媒や触媒などは，省略して書かないのが普通である．化学反応式では，「化学変化の前後において，反応物の質量の総和と，生成物の質量の総和は等しい」という**質量保存則**を満たさなければならない．そのため反応物と生成物には，左辺と右辺における原子の種類と数が一致するよう最も簡単な係数をつける．この係数を**化学量論係数**という．ただし係数が1の場合は省略される．化学量論係数は，反応にあずかる各物質のmol数の関係を示している．また気体では，アボガドロの法則により，化学量論係数は反応に関わる気体物質の体積の関係をも表していることになる．

【当量・化学当量】

　化学反応における物質の量的関係を表すのに**当量**という概念がある．酸素8gを1当量とし，これと直接あるいは間接的に反応して化合物をつくる元素の質量をその元素の**1化学当量**という．当量には，この化学当量のほかに，**酸塩基の当量**（→第6章）や**酸化還元剤の当量**（→第7章）があるが，たんに当量といえばこの化学当量を指す．1 molの酸素原子は，2 molの水素原子と過不足なく反応して水を生じる．酸素原子1 molは2当量であるので，水素原子の1 molは1当量である．化学反応において元素は等しい当量関係で反応する．

原子量を当量で割った値は，その元素の1原子が直接あるいは間接的に水素の何原子と化合するかを表しており，これをその原子の**原子価**という．水素の原子価は1で，酸素の原子価は2である．

〈問〉 エタノールを完全に燃やすと二酸化炭素と水が生成する．この反応を化学反応式で表せ． ($C_2H_5OH + 3O_2 \rightarrow 2CO_2 + 3H_2O$)

**例題1.5** 一酸化炭素の燃焼を化学反応式で表せ．

解　　$2CO + O_2 \rightarrow 2CO_2$　　　(1)

この反応は次のようにも表される．

$CO + \frac{1}{2}O_2 \rightarrow CO_2$　　　(2)

このように化学量論係数は分数で表されることもある．化学量論係数に分数を用いるのは，化学反応式中の係数が1である化学種いずれかの，1 molあたりの反応に注目する場合である．COの燃焼熱や$CO_2$の生成熱に注目するときには (2) の表し方が用いられる (→第5章)．

**例題1.6** 一酸化炭素 $5.0\,l$ と酸素 $4.0\,l$ を完全に反応させた．反応後，気体の体積はいくらになるか．また組成比はいくらになるか．

解　例題1.5で示された化学反応式 (1) の係数の関係から，一酸化炭素 $5.0\,l$ と酸素 $2.5\,l$ とが反応して $5.0\,l$ の二酸化炭素を生じ，$1.5\,l$ の酸素が未反応のまま残っていることがわかる．したがって反応後，気体の体積は $6.5\,l$，組成比は　二酸化炭素：酸素 = 10：3 である．

## §1.5　周期律・周期表

現在，100余種の元素はその化学的性質によって周期表に整理されている．元素を原子番号の順に並べて，元素の化学的性質に周期性のあることを示したものが周期律であり，これを表に示したものが周期表である．現在用いられている周期表を前見返しに示す．縦の欄を**族**，横の欄を**周期**という．周期表の同じ族に属する元素を**同族元素**という．同族元素の性質は互いによく似ており，**アルカリ金属**，**アルカリ土類金属**，**ハロゲン**などのように共通する性質を表す族名でよばれることが多い．

| 族<br>周期 | 1 | 2 | 13 | 14 | 15 | 16 | 17 | 18 |
|---|---|---|---|---|---|---|---|---|
| 1 | H | | | | | | | He |
| 2 | Li | Be | B | C | N | O | F | Ne |
| 3 | Na | Mg | Al | Si | P | S | Cl | Ar |
| 4 | K | Ca | Ga | Ge | As | Se | Br | Kr |
| 5 | Rb | Sr | In | Sn | Sb | Te | I | Xe |
| 6 | Cs | Ba | Tl | Pb | Bi | Po | At | Rn |
| 7 | Fr | Ra | | | | | | |

(□は金属元素，□は非金属元素)

**図1.1 典型元素**

周期表中，第2周期は典型周期とよばれ，典型周期の元素の性質で，その族の元素の性質が代表されるような元素群を**典型元素**という．周期表中第1～2族および第13～18族の元素群がこれにあたる．典型元素だけに注目すると図1.1のような周期表が得られる．図1.1をながめると，左上のHからB，Si，As，Teと斜め右下に線を引いたとき，これより右上方には非金属元素が，左下方には金属元素が配置している．金属元素は常温において固体であり電気や熱をよく伝え，展性や延性を示す．非金属元素は，金属元素のような性質を示さず，常温において気体または固体である．

金属元素は陽イオンになりやすい．陽イオンになりやすい性質を**陽性**が強いという．左下方に位置する元素ほど陽性が強い．また，第18族を除く非金属元素は陰イオンになりやすく，陰イオンになりやすい性質を**陰性**が強いという．右上方に位置する元素ほど陰性が強い．フッ素は最も陰性の強い元素である．

金属元素の単体や酸化物は，一般に酸と反応して溶けやすい．このうちZn，Al，Ga，Sbなどは，酸ともアルカリとも反応するので**両性元素**とよばれる．

第18族の元素群は陽イオンにも陰イオンにもなりにくい．これらは空気中にわずかに存在する元素で，**希ガス**とよばれる．希ガスは化学的に最も不活性な元素である．

これらの典型元素に対して，第4周期から後に見られる第3〜12族の元素群は，族以外に，左右にある元素ともよく似た性質を示す．これらは金属元素と非金属元素をつなぐ場所に位置しているところから**遷移元素**とよばれる．

遷移元素は単体がいずれも**重金属**である（比重が4以下のMgやAlの単体を**軽金属**，比重が4以上の金属を重金属という）．実用金属の多くは遷移元素の単体あるいは合金である．また遷移元素は，有色の化合物や錯体をつくるといった特徴をもっている（→第11章）．表1.2に自然界における元素の分布の例を示す．

表1.2 地殻に存在する主な元素と存在比（％）

| 元素 | 質量(%) | 元素 | 質量(%) | 元素 | 質量(%) |
|---|---|---|---|---|---|
| H | 存 在 | P | 0.12 | Ni | 0.003 |
| Li | 0.003 | S | 0.052 | Cu | 0.006 |
| Be | 0.0002 | Cl | 0.015 | Zn | 0.004 |
| B | 0.0003 | K | 2.59 | Rb | 0.012 |
| C | 0.032 | Ca | 3.63 | Sr | 0.045 |
| N | 0.0015 | Sc | 0.002 | Zr | 0.016 |
| O | 46.6 | Ti | 0.44 | Ba | 0.100 |
| F | 0.070 | V | 0.012 | Ce | 0.005 |
| Na | 2.83 | Cr | 0.010 | Rb | 0.002 |
| Mg | 2.09 | Mn | 0.100 | Th | 0.001 |
| Al | 8.13 | Fe | 5.0 | U | 0.0003 |
| Si | 27.7 | Co | 0.002 | | |

# 練習問題1

⟨1⟩ 炭素・水素・酸素だけからできている化合物がある。この化合物 4.0 mg を完全に燃焼させたところ，二酸化炭素 7.7 mg と水 4.6 mg を生じた。この化合物の組成式を求めよ。

⟨2⟩ 常温で気体の化合物を元素分析したところ，質量比で 72.7％ の O と 27.3％ の C とからできていた。気体の密度を測定したところ，酸素の 1.375 倍であった。この気体の分子式を求めよ。

⟨3⟩ 次の反応を化学反応式で示せ。
1) ナトリウムは水と激しく反応して，水素と水酸化ナトリウムを生じた。
2) 酸素と水素を混合して，電気火花を飛ばしたら水を生じた。
3) 塩素と水素の混合気体に紫外線を照射したら爆発的に反応して塩化水素を生じた。

⟨4⟩ ダイヤモンドの結晶を X 線回折により結晶解析したところ，1辺の長さ 3.56 Å の立方体中に 8 個の炭素原子が含まれていることがわかった。またこの結晶の密度を測定したところ，3.52 g cm$^{-3}$ であった。アボガドロ定数を求めよ。ただし炭素の原子量は 12.0 である。

⟨5⟩ ここに，液体空気から分留した純粋な気体がある。標準状態において体積 1.0 $l$ の容器をこの気体で満たしたときと，この容器が真空のときとでは，質量に 1.25 g の差があった。この気体は何か。

⟨6⟩ プロパン $C_3H_8$ を完全に燃焼させると二酸化炭素と水が生成する。プロパン 0.50 mol を完全燃焼させたとき，二酸化炭素は何 g 生成するか。また生成した二酸化炭素は標準状態で何 $l$ か。

⟨7⟩ 10％の過酸化水素水 170 g に酸化マンガン（IV）を加えると，過酸化水素水は完全に分解して水と酸素を生じた。発生した酸素は何 mol か。また，その体積は標準状態で何 $l$ か。

〈1〉 炭素および水素が燃焼すると，それぞれ $CO_2$ と $H_2O$ を生じる．したがって，この化合物 4.0 mg 中に含まれる C は $7.7 \text{ mg} \times \dfrac{12}{44} = 2.1 \text{ mg}$．H は $4.6 \text{ mg} \times \dfrac{2}{18} = 0.51 \text{ mg}$．よって酸素は 1.39 mg．原子数の比になおすと，C：H：O $= 0.175 : 0.51 : 0.087 \fallingdotseq 2 : 6 : 1$ となる．よって組成式は $C_2H_6O$．

〈2〉 この化合物の組成式は $CO_2$ で式量は 44．分子量は 44．したがって分子式は $CO_2$．

〈3〉 1) $2Na + 2H_2O \rightarrow H_2 + 2NaOH$　2) $O_2 + 2H_2 \rightarrow 2H_2O$
3) $Cl_2 + H_2 \rightarrow 2HCl$

〈4〉 1辺の長さ 3.56 Å の立方体の質量が炭素原子 8 個の質量である．質量は体積と密度の積であるので，炭素原子 1 個の質量は

$$\dfrac{(3.56 \times 10^{-8} \text{ cm})^3 \times 3.52 \text{ g cm}^{-3}}{8} = 1.99 \times 10^{-23} \text{ g}$$

炭素原子 1 mol（12.0 g）中に含まれる炭素原子の数がアボガドロ定数であるので，アボガドロ定数は次のように求められる．

$$\dfrac{12.0 \text{ g mol}^{-1}}{1.99 \times 10^{-23} \text{ g}} = 6.03 \times 10^{23} \text{ mol}^{-1}$$

〈5〉 この気体 1 mol の質量は $\dfrac{1.25 \text{ g} \times 22.4 \, l}{1.0 \, l} = 28 \text{ g}$．したがって分子量は 28．空気の成分で分子量 28 の気体は窒素である．

〈6〉 $C_3H_8 + 5O_2 \rightarrow 3CO_2 + 4H_2O$，プロパン 0.50 mol の燃焼により生成した $CO_2$ は 1.5 mol であり，その質量は $44 \text{ g mol}^{-1} \times 1.5 \text{ mol} = 66 \text{ g}$，体積は $22.4 \, l \text{ mol}^{-1} \times 1.5 \text{ mol} = 33.6 \, l$．

〈7〉 この反応は，次の化学反応式で表される．$2H_2O_2 \rightarrow 2H_2O + O_2$．10 % の過酸化水素水 170 g 中に含まれる過酸化水素の質量は，$170 \text{ g} \times 0.1 = 17 \text{ g}$ である．過酸化水素 1 mol の質量は 34 g であるから 17 g は 0.50 mol となる．したがって発生した酸素は 0.25 mol である．体積は標準状態で $22.4 \, l \text{ mol}^{-1} \times 0.25 \text{ mol} = 5.6 \, l$ となる．

# 第2章 物質の三態

物質には固体，液体，気体という3種の状態がある．これら3種の状態を物質の三態という．固体は構成粒子間の相互作用が強く，粒子が密に配列して一定の位置を保ち，全体として一定の形と体積を保っている．液体の粒子間相互作用は固体ほど強くないが，粒子は位置を変えながら，互いに引力をおよぼしあって一定の体積を保っている．気体において粒子間の引力はきわめて弱く，気体粒子は空間を自由に運動している．気体・液体・固体はそれぞれの存在形態が均一な相（phase）として相互に区別でき，気体は**気相**を，液体は**液相**を，固体は**固相**をなすという．物質の三態は温度・圧力などの条件を変えることによって相互に変わりうる．ある相から他の相に変化することを**相転移**という．この章ではこのような相の変化について学ぶ．

## §2.1 気 体

気体状態の分子は空間を自由に運動し，容器中なら容器いっぱいにひろがって均一な相をなす．このように気体分子が空間をひろがっていく現象を**拡散**という．運動している気体分子は，器壁に衝突して力をおよぼす．器壁の単位面積あたりに垂直に加わる力を**圧力**という．大気の圧力（**大気圧**）は，Torricelli（トリチェリー）の実験により測定された．

**Torricelliの実験** 図2.1に示すように長さ約1mの一端を閉じたガラ

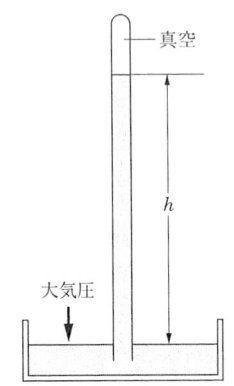

図2.1 気圧の測定（Torricelliの実験）真空部分はTorricelliの真空とよばれる．大気圧は高さ$h$で示される．

ス管に水銀を満たし水銀溜めに倒立させると，ガラス管の水銀は一定の高さまで下がって止まる．このとき，水銀柱が水銀面におよぼす圧力は，大気が水銀面におよぼす圧力とつり合っている．それゆえ大気圧は，水銀柱の高さによって表すことができる．通常の大気圧のもとで，水銀柱の高さは約 760 mm である．これを 760 mmHg と表し，760 mmHg に相当する圧力を 1 **気圧**（記号 **atm**）と定めた．圧力の低い気体を扱う場合には，1 atm という単位は大きすぎるので，Torr という単位をよく用いる．1 Torr は $\frac{1}{760}$ atm であり，1 mmHg に相当する．

**圧力の単位** 記号 atm は圧力の単位としてよく用いられるが，**国際単位系**（後ろ見返し参照）にはない単位である．現在，圧力は国際単位である*パスカル*（記号 **Pa**）に基づいて次のように定義されている．

0 ℃ における水銀の密度は 13595.1 kg m$^{-3}$，重力の加速度は 9.80665 m s$^{-2}$．したがって 760 mmHg の水銀がおよぼす重力は次のように計算される．

$760 \times 10^{-3}$ m $\times$ 13595.1 kg m$^{-3}$ $\times$ 9.80665 m s$^{-2}$ = 101325 kg m s$^{-2}$ m$^{-2}$

ここで，kg m s$^{-2}$ は力の単位でニュートン（記号 **N**）という．1 atm では，1 m$^2$ あたり，101325 N の力が加わることになる．したがって，1 atm = 101325 N m$^{-2}$ である．圧力の単位はパスカルといい，1 Pa = 1 N m$^{-2}$ と定義されている．したがって，1 atm = 101325 Pa である．100 Pa をヘクトパスカルというので，気象学では，1 気圧を 1013 ヘクトパスカルとしている．

## §2.2 固 体

固体のうち，構成粒子が規則正しく配列したものを**結晶**（crystal）といい，規則性をもたないものを**無定形固体**あるいは**非晶質固体**（amorphous solid）という．ガラスやプラスチックは無定形固体の代表的なもので，これらは特定の融点をもたず，温度を上げると徐々に軟化し，やがて液体となる．これに対して結晶は，塩化ナトリウムやダイヤモンドのように，一定の結晶形と特定の融点をもっている（→結晶構造については第 10 章で詳しく学ぶ）．

結晶には，硫酸銅(II) 五水和物 $CuSO_4 \cdot 5H_2O$ のように水分子を成分とする

ものがある．これを**水和物**といい，結晶中に含まれる水を**結晶水**（水和水）という．結晶水は失われやすく，たとえば硫酸銅(II)五水和物を加熱すると**無水物**となる．炭酸ナトリウム十水和物 $Na_2CO_3 \cdot 10H_2O$ や硫酸ナトリウム十水和物 $Na_2SO_4 \cdot 10H_2O$ の結晶水はさらに失われやすく，空気中に放置しておくだけで結晶水を失って粉末状になる．この現象を**風解**という．これとは逆に，水酸化ナトリウム NaOH，塩化マグネシウム $MgCl_2$，塩化カルシウム $CaCl_2$，リン酸 $H_3PO_4$ の結晶は，空気中の水分を吸収して表面から溶けはじめ，ついには全体が溶けて水溶液になる．この現象を**潮解**という．

　結晶を加熱していくと，ある特定の温度で液体となる．この現象を**融解**といい，このときの温度を**融点**という．融点においては固相と液相が共存して平衡状態にある．このとき**系**（取り扱いの対象として考えているものを一般に系という）に加えられる熱エネルギーは粒子間の結合を弱めるためだけに用いられ，結晶のすべてが液体になるまで温度は一定に保たれる．結晶が融解するのに必要な熱エネルギーを**融解熱**という．固体を構成する粒子間の結合が強いほど，融解に多くのエネルギーを必要とする．そのため堅い物質ほど融点は高く，融解熱も大きい（表2.1）．物質1molあたりの融解熱を**モル融解熱**という．

表2.1 融点と融解熱

| 物質 | 融点(℃) | 融解熱($kJ\ mol^{-1}$) |
|---|---|---|
| $H_2O$ | 0 | 6.01 |
| NaCl | 801 | 28.2 |
| KCl | 770 | 26.3 |
| ベンゼン | 5.5 | 9.8 |
| 酢酸 | 16.7 | 11.2 |

　融解とは逆に，液体を冷却していくと一定温度で固体となる．この現象を**凝固**といい，このときの温度を**凝固点**という．凝固点においては，すべての液体が凝固するまで温度は一定に保たれる．凝固に際して融解熱に等しい大きさの**凝固熱**が放出される．融解熱や凝固熱のように，系の温度を変えることなく，

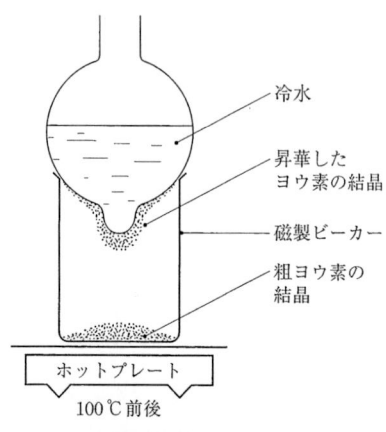

図 2.2 ヨウ素の精製
ヨウ素の結晶を温めると紫色の気体となり，冷却されると黒紫色の結晶となる．

相の変化のためだけに吸収あるいは放出される熱を**潜熱**という．

ヨウ素の結晶を加熱すると，液体にはならず直接気体となる．また生じた気体を冷却すると直接固体となる．このように固相と気相の間で状態変化が起こる現象を**昇華**という．この性質を利用してヨウ素を精製することができる（図2.2）．ドライアイス・ナフタレン・ショウノウなどの固体で昇華が見られる．これらの物質は分子が互いに弱い力でつなぎ止められている．分子からなる結晶を**分子結晶**といい，分子間に働く力を**分子間力**あるいは **van der Waals（ファンデルワールス）力**という．昇華しやすい物質は分子間力が極めて弱く，低い温度でも分子運動が分子間力に容易にうち勝って，分子は気相中に飛び出すことができるのである．

**例題 2.1** 0 ℃，1 atm において，100 g の氷が水に変化するのに必要な熱量はいくらか．ただし氷のモル融解熱は 6.01 kJ mol$^{-1}$ である．

**解** $6.01 \text{ kJ mol}^{-1} \times \dfrac{100 \text{ g}}{18 \text{ g mol}^{-1}} = 33.4 \text{ kJ}$.

## §2.3 液体と気体

液体を構成する分子が，分子を液体状態に留めておくために必要な分子間力より大きな運動エネルギーをもつと，分子は液相中から気相中に飛び出してくる．液体が気体になることを**蒸発**あるいは**気化**といい，蒸発に必要な熱エネルギーを**蒸発熱（気化熱）**という．物質 1 mol あたりの蒸発熱を**モル蒸発熱**という．液体を構成する分子間の相互作用が小さいほど，蒸発熱は小さく気化しやすい．気体の運動エネルギーは温度によって変わるので，蒸発熱も温度によっ

て変わるが,一定の温度では一定の値を示す(表2.2).

蒸発は常温でも起こる.溶液中には,運動エネルギーの小さな分子もあれば,気化するのに十分な運動エネルギーをもった分子も存在するからである.蒸発物質を含む系は,外部から熱の供給がないと,蒸発熱を奪われて系の温度は低下する.

表2.2 沸点と蒸発熱

| 物質 | 沸点(℃) | 蒸発熱(kJ mol$^{-1}$) |
|---|---|---|
| $H_2O$ | 100 | 40.7 |
| $C_2H_5OH$ | 78 | 38.6 |
| $NH_3$ | $-33$ | 23.4 |
| $O_2$ | $-183$ | 6.8 |
| エチルエーテル | 34.5 | 28.9 (0 ℃) |

蒸発とは逆に,気体が液体になる変化を**凝縮**という.凝縮するときは蒸発熱に相当する熱を放出する.気体を冷却して分子の運動エネルギーを小さくしたり,気体を圧縮して分子間の距離を近づけると凝縮しやすくなる.

**空気の液化** 高圧の気体をノズルから急に吹き出させると,一般に温度が低下する.このように気体を,熱エネルギーの供給が間に合わないような短時間のうちに急速に膨張させることを,**断熱膨張**という.気体の温度は一般に,断熱膨張によって低下する.空気を圧縮すると温度が上昇するが,これを冷却したのちノズルから急に吹き出させると,気体温度は著しく低下する.この操作をくり返すと空気の温度はどんどん低下し,やがて凝縮して液体空気が得られる.液体空気を蒸留することにより,酸素・窒素・アルゴンなど空気の成分を分離することができる.二酸化炭素を高圧の二酸化炭素のボンベから吹き出させるとドライアイスを生じるが,これも断熱膨張による温度低下による.

**例題2.2** 100 ℃,1 atm において,100 g の水が水蒸気に変化するのに必要な熱量はいくらか.ただし,水のモル蒸発熱は 40.66 kJ mol$^{-1}$ である.

**解** $40.66 \text{ kJ mol}^{-1} \times \dfrac{100 \text{ g}}{18 \text{ g mol}^{-1}} = 225.9 \text{ kJ}$

## 【蒸気圧】

ある温度において密閉容器中に水を入れ放置すると、やがて単位時間あたりの蒸発分子数と凝縮分子数が等しくなり、蒸発が止まったように見える平衡状態となる。これを水蒸気が飽和した状態という。このとき気相の水蒸気が呈する圧力を**飽和蒸気圧**という。温度が一定であれば飽和蒸気圧は一定の値を示す。温度が上昇すると気体分子の運動が活発になるので、飽和蒸気圧も高くなる。

温度とともに飽和蒸気圧が上昇していき、やがて外圧に等しくなると、液体の内部からも気化がはじまり気泡が発生しはじめる。この現象を**沸騰**といい、このときの温度を**沸点**という。沸点は外圧によって変わるが、1 atm における沸点を標準沸点という。通常はたんに沸点といえばこの標準沸点のことである。

液体を加熱し沸点に達すると沸騰がはじまるが、液体と気体が共存して平衡にある限り、系の温度は変わらない。このとき吸収される蒸発熱は、潜熱として液体分子を気体にするためにのみ使われる。凝縮の場合も、すべての気体が液化するまで系の温度は一定に保たれる。

気体・液体・固体を加熱すると温度が上昇する。系の温度を 1℃ 上昇させるために必要な熱量を**熱容量**という。1 mol あたりの熱容量を**モル熱容量**という。熱容量は温度によって変わるが、ある温度範囲を指定し、その平均熱容量を用いることが多い。

**例題 2.3** 次のページの図 2.3 は、1 atm における水の三態変化について、加えた熱と温度の関係を示したものである。次の問に答えよ。

1) 融点および沸点を指摘せよ。
2) 融解熱および蒸発熱が吸収されるのは、どの過程か指摘せよ。
3) BC と DE では、三態はどのような状態で存在するか。
4) 0℃ の水 100 g を 100℃ の水にするために必要な熱量はいくらか。ただし水の平均モル熱容量は 75.4 J K$^{-1}$ mol$^{-1}$ である (K は絶対温度を表す → §3.1)。

**解** 1) 融点 B, 沸点 D  2) 融解熱 BC, 蒸発熱 DE
3) BC では固相と液相が共存する。DE では液相と気相が共存する

4) $75.4 \text{ J K}^{-1} \text{ mol}^{-1} \times \dfrac{100 \text{ g}}{18 \text{ g mol}^{-1}} \times 100 \text{ K} = 41889 \text{ J} = 41.9 \text{ kJ}$

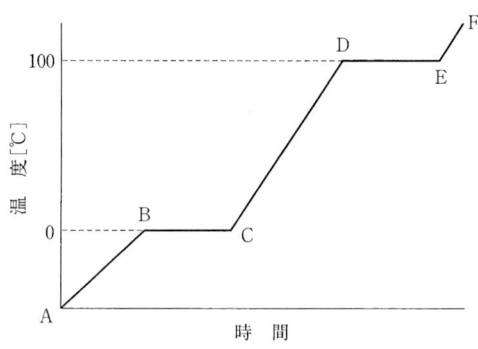

図2.3　1 atm での水の加熱曲線

## §2.4　水の状態図

　水が，氷・液体の水・水蒸気と三態に変化するように，物質はいろいろな相をとりうる．相間の平衡関係を図示したものが**状態図**である．図2.4に水の状態図を示す．状態図には多くの情報が含まれているので，見方をよく理解しておくことが重要である．

　曲線 OA は**蒸気圧曲線**とよばれる．この曲線上には気相と液相が共存し，飽和水蒸気圧の温度変化を示している．飽和水蒸気圧が外圧に等しくなるときの温度が水の沸点であるから，蒸気圧曲線は水の沸点の圧力による変化を表している．水蒸気を温度一定のもとで加圧すると，蒸気圧曲線にぶつかったところで液化（凝縮）が起こる．気体がすべて凝縮するまで，気体の体積は減少しても圧力は一定のままである．温度が高くなると，液化の始まる圧力は蒸気圧曲線 OA に沿って高くなるが，

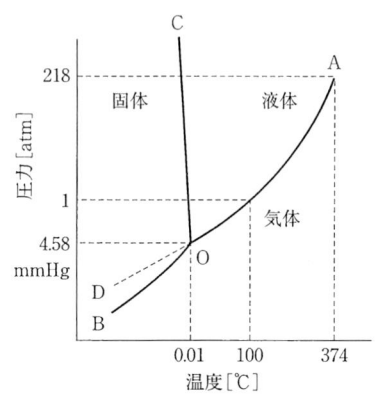

図2.4　水の状態図

ある温度に達するといくら圧力を上げても液化が行われなくなる．この限界点を**臨界点**という．A点は水の臨界点を表す．臨界点における温度・圧力・体積を，それぞれ**臨界温度・臨界圧・臨界体積**といい，それぞれ記号 $T_c$, $P_c$, $V_c$ で表し，これらを**臨界定数**という．水の臨界温度は 647.1 K（374 ℃），臨界圧は 218 atm である．この温度と圧力を超える水は，液体としては密度が低く，気体としては密度の高い，いわば液体と気体の中間的な性質を示す．これを**超臨界水**という．超臨界水は固体内部によく浸透し，これを溶解し分解する性質があるので，ダイオキシンなど廃棄物中の有害物質の抽出や分解にも使われる．超臨界状態にある流体を**超臨界流体**という．低い温度で超臨界状態になり，しかも蒸気圧が高く蒸発により除去しやすい二酸化炭素やエーテルなどは，熱的に不安定な物質の抽出・精製などに利用される．またこの性質を利用して，インスタントコーヒーなどの食品を風味を失うことなく製造するのにも使われている．表 2.3 に数種の物質の臨界定数を示す．

表 2.3 数種の物質の臨界定数

| 気体 | $T_c$(K) | $P_c$(atm) | $V_c$(dm³ mol⁻¹) | $P_c V_c/RT_c$ |
|---|---|---|---|---|
| He | 5.3 | 2.26 | 0.0577 | 0.300 |
| Ar | 151 | 48.0 | 0.0752 | 0.291 |
| $H_2$ | 33.2 | 12.8 | 0.0650 | 0.304 |
| $N_2$ | 126.0 | 33.5 | 0.0900 | 0.292 |
| $O_2$ | 154.3 | 49.7 | 0.0744 | 0.292 |
| $CO_2$ | 304.2 | 72.8 | 0.0942 | 0.275 |
| $H_2O$ | 647.1 | 217.7 | 0.0566 | 0.232 |
| $CH_4$ | 190.6 | 45.8 | 0.0988 | 0.290 |

図 2.4 の曲線 OB は**昇華圧曲線**とよばれ，この曲線上には固相と気相が共存し，固体の飽和蒸気圧（平衡蒸気圧）の温度変化を示している．低温では，氷は融解することなく昇華する．この氷の昇華を利用して，野菜など水分を含んだ食品を冷凍状態で乾燥（凍結乾燥）し，鮮度よく保存することができる．常温では，蒸気圧の大きい二酸化炭素（ドライアイス）・ヨウ素・ナフタレン・ショウノウなどの昇華が見られる．ドライアイスは 5.2 atm, $-56.6$ ℃ において融解するが，$-78.2$ ℃ で飽和蒸気圧 1 atm に達するので，常圧 1 atm の

§2.4 水の状態図　23

もとでは融解するまえに昇華してしまうのである．固体が昇華するとき吸収する熱を**昇華熱**という．ドライアイスは昇華により固体が存在する限り周囲の熱をうばうので，保冷剤として利用されている．同一温度における**モル昇華熱**はモル融解熱とモル蒸発熱の和に等しい．

曲線 OD は**過冷**された水の蒸気圧の温度変化を示す．液体が凝固点以下になっても凝固しないとき，この液体は過冷されたという．過冷された液体は準安定な相で，刺激を与えると瞬時に凝固する．

曲線 OC は**融解曲線**とよばれ，圧力による融点の変化を示している．この曲線上には固相と液相が共存する．水の融点は圧力が上昇すると低下する．1 atm の大気中における融点を**標準融点**という．たんに融点といえば標準融点のことを指す．融解の逆の現象が凝固であり，融解曲線は凝固点の圧力による変化をも示している．O 点では気相・液相・固相が共存し，この点を水の**三重点**という．水の三重点は温度 273.16 K (0.01 ℃)，蒸気圧 4.58 mmHg である．三重点における融点は水の飽和蒸気圧のもとにおける融点である．この値が標準融点よりも 0.01 ℃ 高いのは，三重点では圧力が標準状態より 1 気圧近く低いことと，空気が溶け込んでいないことによる（→第 4 章 凝固点降下，第 14 章 Clapeyron-Clausius の式）．

**例題 2.4**　図 2.5 に数種の物質の蒸気圧曲線を示す．次の問に答えよ．
1) エタノールの沸点は何 ℃ か．
2) 15 ℃ でジエチルエーテルを蒸留したい．外圧を何 mmHg に下げればよいか．
3) 富士山の頂上（大気圧約 480 mmHg）ではご飯がうまく炊けない．その理由を説明せよ．

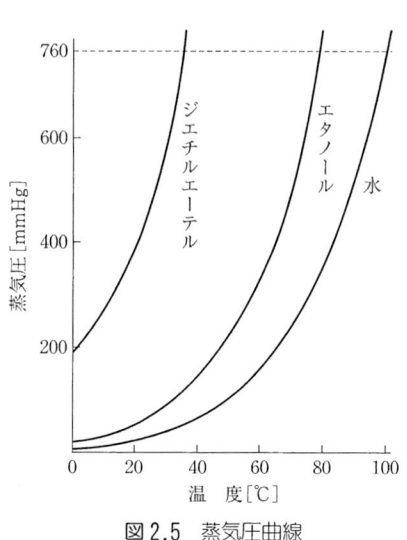

図 2.5　蒸気圧曲線

**解** 1) エタノールの飽和蒸気圧が1気圧となる温度がエタノールの沸点だから約80 ℃.

2) 15 ℃におけるジエチルエーテルの飽和蒸気圧は約300 mmHgであるので，外圧を300 mmHgに下げればよい．

3) 480 mmHgにおいて水は90 ℃以下で沸騰するため，米を煮るには温度が低すぎる．ご飯をうまく炊くには最低95 ℃は必要である．

**例題 2.5** 0 ℃の水が，標準状態の水蒸気になるとき，体積は何倍になるか．ただし 0 ℃における水の密度は 0.9998 g cm$^{-3}$ である．

**解** 1 molの水の体積は0 ℃で $\dfrac{18\,\text{g}}{0.9998\,\text{g cm}^{-3}} = 18.0\,\text{cm}^3$，標準状態の水蒸気では $22.4 \times 10^3\,\text{cm}^3$ を占める．したがって体積は

$$\frac{22.4 \times 10^3\,\text{cm}^3}{18.0\,\text{cm}^3} = 1244\,\text{倍}$$

になる．

## §2.5 蒸留・沸点図

図 2.6 は，ベンゼンと二硫化炭素のように沸点の異なる2種類の液体の混合溶液について，沸点と組成の関係を示したものである．このような状態図を沸点図という．組成 $x$ なる混合溶液を加熱するとA点で沸騰が始まる．このとき蒸気は低沸点の物質を多く含み（B点，組成 $x'$），液相には高沸点の物質が濃縮される．この蒸気を冷却・凝縮により液体としたのち再び蒸留すれば，気相にはさらに低沸点の物質が多く含まれるようになる（C点）．このように蒸留・凝縮を何段もくり返し行うことによって，いくつもの物質を分離する方法を**分留**という．分留を自動的に何段もくり返して行う装置を分留

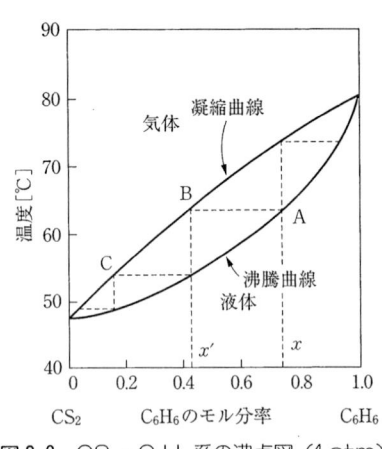

図 2.6 CS$_2$-C$_6$H$_6$系の沸点図（1 atm）

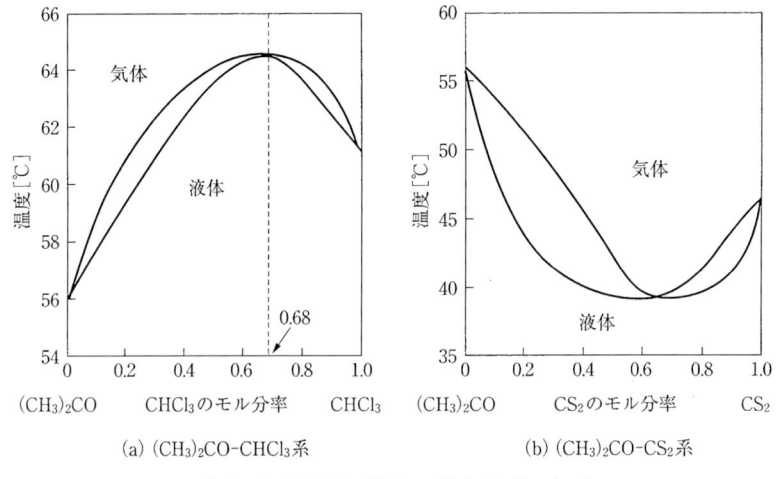

**図 2.7** 極大や極小が現れる沸点図（1 atm）

(a) $(CH_3)_2CO$-$CHCl_3$系
(b) $(CH_3)_2CO$-$CS_2$系

塔といい，石油のような多数の成分を含む混合物は，分留塔を用いて成分が分離精製される．

混合物によっては図 2.7 に示したように，沸点図に極大や極小が現れる場合がある．この場合，極大点や極小点では，溶液と同じ組成の蒸気が留出する．これを**共沸混合物**という．共沸混合物が得られる場合，蒸留によって 2 種類の液体を完全に分離することはできない．塩酸水溶液を蒸留すると，塩酸 20 %，水 80 % の共沸混合物を生じる．したがって塩酸を蒸留しても，20 % 以上の塩酸は得られない．

エタノールは水と共沸混合物を生じ，蒸留によって 95 % 以上の純度のものは得られない．工業的に無水のエタノールを得るには，ベンゼンを加えて蒸留し，水をベンゼンとの共沸混合物として除去している．

## §2.6 融点図

次のページの図 2.8 は，融点の異なる 2 種類の物質を混合した溶液の，融点と組成の関係を示しており，融点図という．図 2.8 は，固相において任意の割合で溶け合う合金の例である．このような固体を**固溶体**という．凝固曲線は溶

**図2.8 Ni-Cu系の融点図**

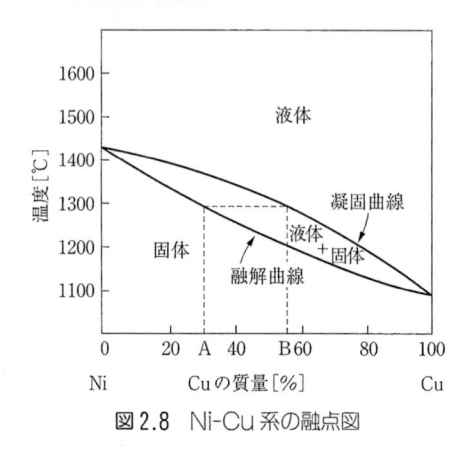

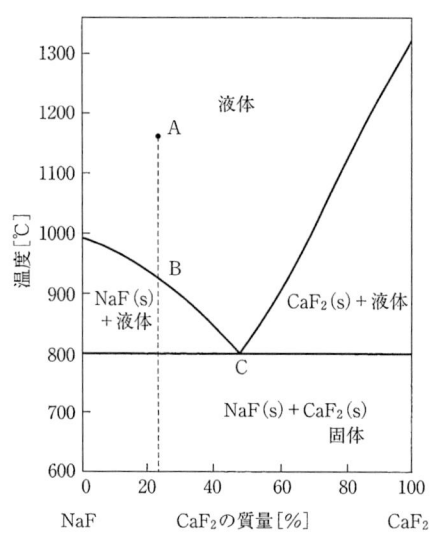

**図2.9 NaF-CaF₂系の融点図**
化学式の後にある (s) は固体状態を表す.

液の組成と凝固点の関係を示し,融解曲線は固溶体の組成と融点の関係を示している.温度1300 ℃では組成Aの固相と組成Bの液相が共存する.

図2.9は,2種類の物質($NaF$と$CaF_2$)が固相ではまったく溶け合わない場合の融点図である.点Aの状態にある液体を冷却すると,凝固点Bで成分NaFの固体を析出しはじめ,液体は$CaF_2$成分に富むようになるが,C点に達すると,全部が凝固してNaFと$CaF_2$の混合物を生ずる.この点を**共融点**といい,共融点で析出する混合物を**共融混合物**という.

氷と塩化ナトリウムを混合すると氷が融けるとともに温度が低下する.したがって,氷-塩化ナトリウム混合物は寒剤として用いられるが,共融点 −21.2 ℃ で,氷77.6 %,塩化ナトリウム23.4 %の共融混合物を生じ,これ以下の低温は得られない.

## 練習問題 2

<1> 池の水が表面から凍り始めるのはなぜか．

<2> 池に浮かぶ氷は全体の体積の何パーセントが水面上に現れているのか．0 ℃ における水の密度は 0.9998 g cm$^{-3}$，氷の密度は 0.9168 g cm$^{-3}$ である．

<3> 窒素が液体および固体のとき，密度はそれぞれ 0.81 g cm$^{-3}$（−196 ℃），1.026 g cm$^{-3}$（−252 ℃）である．標準状態の窒素 1 mol の体積は，液体および固体の何倍か．

<4> 氷・水・水蒸気のうち最もエネルギーの高い状態はどれか．

<5> 水 1 mol について，0 ℃ の氷の状態と，100 ℃ の水蒸気の状態とではエネルギーの差はいくらか．ただし，水の平均モル熱容量は 75.4 J K$^{-1}$ mol$^{-1}$，0 ℃ における氷のモル融解熱は 6.01 kJ mol$^{-1}$，100 ℃ における水のモル蒸発熱は 40.66 kJ mol$^{-1}$ とする．

<6> −10 ℃ の氷 100 g を 100 ℃ の水蒸気にするために必要な熱量はいくらか．ただし氷と水の平均モル熱容量は，それぞれ 35.6 J K$^{-1}$ mol$^{-1}$ および 75.4 J K$^{-1}$ mol$^{-1}$，0 ℃ における氷のモル融解熱は 6.01 kJ mol$^{-1}$，100 ℃ における水のモル蒸発熱は 40.66 kJ mol$^{-1}$ とする．

<7> フラスコに 1/3 ほど水を入れ，フラスコの中の気体を真空ポンプで排気した．フラスコ内の気体の圧力はどこまで下げられるか．ただし，このときの飽和水蒸気圧は 27 mmHg である．

<8> 1 atm のもとで，水を常温からゆっくりと冷却すると，次のページの図 2.10 に示したような冷却曲線が得られた．A から E に至る過程を説明せよ．

<9> 50 ℃ で硫酸銅五水和物を密閉容器に入れ，水蒸気圧を下げていくと，45.4 mmHg で $CuSO_4·5H_2O \rightarrow CuSO_4·3H_2O$ の脱水が起こる．31 mmHg で $CuSO_4·3H_2O \rightarrow CuSO_4·H_2O$，ついで 4.5 mmHg で $CuSO_4·H_2O \rightarrow CuSO_4$ の脱水が起こり無水物となる．このときの質量の時間変化

の様子を図示し，水蒸気圧がどのように変化するか説明せよ．

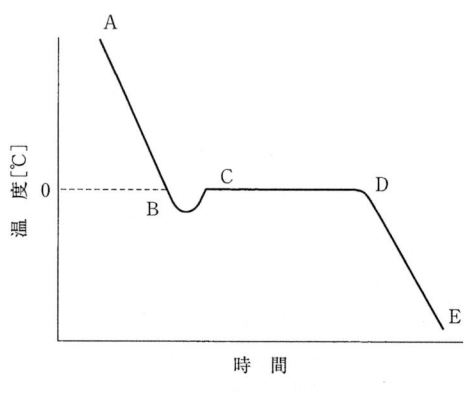

図 2.10 水の冷却曲線

## 解 答

⟨1⟩ 氷は大気と接した表面で生成するが，氷は水よりも密度が低いために沈まず，水面にとどまるからである．池の底には密度の大きい水があるので魚は冬を越すことができる．

⟨2⟩ 水に浮かぶ氷は，水面下の氷の占める体積に等しい水からの浮力を受ける．同じ質量の氷の占める体積は水の $\dfrac{0.9998 \text{ g cm}^{-3}}{0.9168 \text{ g cm}^{-3}} = 1.09$ 倍である．したがって水面に浮いている氷の体積は全体の約 8 % であり，約 92 % は水面下にある．

⟨3⟩ 窒素 1 mol は 28 g である．液体および固体の窒素 1 mol の体積は，それぞれ，34.57 cm³ および 27.29 cm³ と計算される．標準状態の気体の体積は，液体の 648 倍，固体の 821 倍である．

⟨4⟩ 外部から熱を吸収して氷→水→水蒸気と三態の変化をするのであるから，構成分子の運動エネルギーはこの順に高くなり，系としてもこの順にエネルギーの高い状態になっていく．

⟨5⟩ $6.01 \text{ kJ mol}^{-1} + \dfrac{75}{1000} \text{ kJ K}^{-1} \text{ mol}^{-1} \times 100 \text{ K} + 40.66 \text{ kJ mol}^{-1}$
 $= 54.17 \text{ kJ mol}^{-1}$

⟨6⟩ −10 ℃ の氷 100 g を 0 ℃ の氷にするには
$$35.6 \,\mathrm{J\,K^{-1}\,mol^{-1}} \times \frac{100\,\mathrm{g}}{18\,\mathrm{g\,mol^{-1}}} \times 10\,\mathrm{K} = 1978\,\mathrm{J}$$
必要である．同様に各状態の変化にともなう熱を，本文中の例題や問にならって順に計算し，その和をとれば 303.1 kJ となる．

⟨7⟩ 水は飽和水蒸気圧が外圧に等しくなったときに沸騰し始める．したがって，この場合はフラスコ内の気圧が 27 mmHg まで低下すると水が沸騰しはじめ，そこから圧力は低下しない．

⟨8⟩ A → B では液体の水が冷却されて温度が低下する．B → C のくぼみは過冷された水の状態である．過冷された状態は不安定であるため長続きせず，ちょっとした刺激で氷となる．このとき凝固熱を放出するので温度は本来の凝固点になる．C → D は水が凝固し水と氷が共存する．D → E は水がすべて氷となって氷の温度がさらに低下する領域である．

⟨9⟩ 質量は図 2.11 のように変化する．45.4 mmHg で五水和物の脱水が始まり (B 点) 質量が低下するが，水蒸気圧は 45.4 mmHg に保たれる．すべて三水和物になると (C 点) 水蒸気圧は再び低下しはじめ，31 mmHg になると (D 点) 三水和物の脱水が始まり質量が再び低下しはじめる．三水和物がある限り水蒸気圧は 31 mmHg に保たれる．すべて一水和物になると (E 点) 水蒸気圧は再び低下しはじめ，4.5 mmHg になると (F 点) 一水和物の脱水が始まり質量が低下する．一水和物がある限り水蒸気圧は 4.5 mmHg に保たれる．G 点ですべて無水物になったあと，水蒸気圧 4.5 mmHg 以下では無水物として存在する．

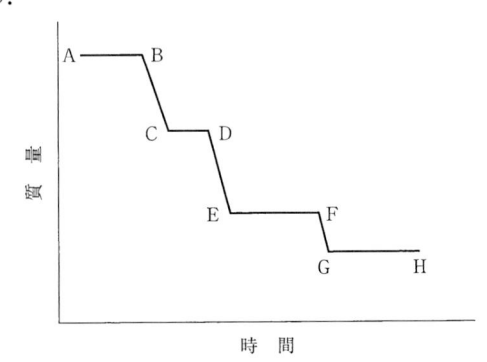

図 2.11 硫酸銅五水和物の質量変化

# 第3章　気体の法則

　気体の体積は圧力や温度の変化によって著しく変化する．しかし気体の体積と温度や圧力の間には一定の関係があり，それらは状態式とよばれる式により相互に関係づけられる．この章では，はじめに理想気体および理想混合気体の状態式を学び，そののち実在気体の取り扱いを学ぶ．また，気体分子の運動論から状態式を導き，温度とは分子運動のエネルギーの尺度であることを学び，気体分子の運動速度を求める方法をも学ぶ．

## §3.1　気体の法則

【理想気体の状態式】

　一定温度のもとで，一定質量の気体を体積可変な容器に封入し，体積を増加させると，気体の圧力は低下する．これは気体の密度が減少し，気体分子が器壁に衝突する回数が少なくなるためである．逆に，圧縮して体積を減少させると，圧力は増大する．1662年，Boyle（ボイル）は「一定温度のもとでは，一定質量の気体の体積は，圧力に反比例する」という **Boyleの法則** を見出した．

　一方，Charles（シャルル）は，一定体積の気体の圧力が，温度に比例して増加することを見出した．さらに，GayLussac（ゲーリュサック）が，一定圧力における気体の体積は，温度が1℃上昇するごとに，0℃のときの$\frac{1}{273}$ずつ膨張することを見出した．0℃および$t$℃のときの気体の体積をそれぞれ$V_0$および$V$とすると，気体の体積と温度の間の関係は次の式で表される．

$$V = V_0\left(1 + \frac{t}{273}\right) \qquad (3\text{-}1)$$

　(3-1)式によると，$-273$℃で気体の体積は理論上0になる．そこで，Kelvin（ケルビン）は$-273$℃（正確には$-273.15$℃）を基準とし，**セルシウス温度**

（セ氏温度）と同じ間隔の温度目盛をもった**絶対温度** $T$ を用いることを提唱した．セルシウス温度 $t\,°\mathrm{C}$ を絶対温度 $T$ で表すと，$T\,(\mathrm{K}) = t\,(°\mathrm{C}) + 273$ となる．絶対温度の単位を**ケルビン**とよび，記号 $\mathrm{K}$ で表す．$0\,°\mathrm{C}$ のときの絶対温度を $T_0$ で表すと，$T_0 = 273\,\mathrm{K}$（正確には $273.15\,\mathrm{K}$）であるので，(3-1)式は次のように書き改められる．

$$V = V_0 \times \frac{T}{T_0} \tag{3-2}$$

すなわち

$$\frac{V}{T} = \frac{V_0}{T_0} \tag{3-3}$$

このように，絶対温度を用いると，気体の体積と温度の関係は「一定圧力のもとでは，一定質量の気体の体積は絶対温度に比例する」と表される．これを **Charles-GayLussac の法則**という（たんに **Charles の法則**ともいう）．

Boyle の法則と Charles-GayLussac の法則を組み合わせると「一定質量の気体の体積 $V$ は，絶対温度 $T$ に比例し，圧力 $P$ に反比例する」ということになる．これを **Boyle-Charles の法則**といい，次式で表される．

$$\frac{PV}{T} = 一定$$

次のページの図 3.1 に示すように，$0\,°\mathrm{C}$ において圧力を下げていくと，$PV$ の値はすべての気体について一定の値に収束し，標準状態（$0\,°\mathrm{C}$, $1\,\mathrm{atm}$）ではすべての気体 $1\,\mathrm{mol}$ の体積が $22.414\,l$ に収束することが示される．このとき，上式の右辺の一定値は次のように計算される．

$$\frac{PV}{T} = 1\,\mathrm{atm} \times \frac{22.414\,l\,\mathrm{mol}^{-1}}{273.15\,\mathrm{K}} = 0.082056\,\mathrm{atm}\,l\,\mathrm{K}^{-1}\,\mathrm{mol}^{-1}$$

この $0.082056\,\mathrm{atm}\,l\,\mathrm{K}^{-1}\,\mathrm{mol}^{-1}$ は，すべての気体に共通する定数である．これを**気体定数**といい，記号 $R$ で表す．

気体定数を用いると，Boyle-Charles の法則は次のように表される．

$$PV = RT \tag{3-4}$$

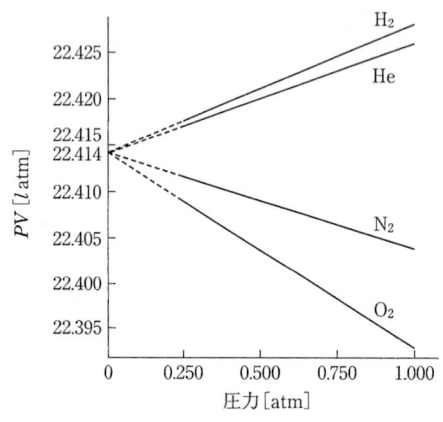

**図 3.1** 0 ℃における $PV$ の圧力による変化

これを $n$ mol の気体に適用すると，次の式が得られる．

$$PV = nRT \qquad (3\text{-}5)$$

(3-5)式は，実在の気体に対しては厳密には成り立たない．(3-5)式が厳密に成り立つのは，気体の圧力が小さい場合だけである．そこで，(3-5)式が厳密に成り立つ気体を**理想気体**と定義し，(3-5)式を**理想気体の状態式**という．

理想気体とは，分子間の相互作用もなく，分子の体積も無視できるという仮想的な気体のことである．実在気体でも，圧力が低く気体密度が低いところでは，分子間の相互作用も小さく，また，気体分子の体積が空間に占める割合も小さいので，理想気体の状態式によく従うようになる．

　圧力の単位 atm は，国際単位系では 1 atm = 101325 Pa = 101325 N m$^{-2}$ であった（→§2.1）．N m はエネルギーの単位 J に等しいので，気体定数は $R =$ 0.082056 × 10$^{-3}$ × 101325 N m K$^{-1}$ mol$^{-1}$ = 8.314 J K$^{-1}$ mol$^{-1}$ でもある．一般に，物理量は数値に単位をつけたものとして定義されている（物理量 = 数値 × 単位）．物理量を計算するときには単位に注意する必要がある．基本物理定数と単位の換算表は後ろ見返しにまとめてあるので，単位の換算に疑問を生じたときはこまめに参照するとよい．

**例題 3.1**　25 ℃，1 atm で 10.0 $l$ の体積を占める気体がある．100 ℃，2 atm ではその体積はいくらになるか．また，この気体の物質量は何 mol か．

**解**　体積は (3-4)式より $V = 10.0 \, l \times \dfrac{373 \, \text{K}}{298 \, \text{K}} \times \dfrac{1 \, \text{atm}}{2 \, \text{atm}} = 6.26 \, l$.

　　物質量は (3-5)式より $n = \dfrac{1 \, \text{atm} \times 10.0 \, l}{0.082 \, \text{atm} \, l \, \text{K}^{-1} \, \text{mol}^{-1} \times 298 \, \text{K}} = 0.41 \, \text{mol}$.

## 【分子量の測定】

(3-5)式により，気体分子の分子量が求められる．いま，ここに，モル質量 $M$ (g mol$^{-1}$) の気体分子 $w$ (g) があるとすると，その物質量は $\frac{w}{M}$ mol である．したがって，この気体に対して，(3-5)式は次のようになる．

$$PV = \frac{w}{M}RT \quad \text{あるいは} \quad M = \frac{wRT}{PV} \tag{3-6}$$

また，気体の密度を $\rho$ (g l$^{-1}$) とすると $\rho = \frac{w}{V}$ であるので，(3-6)式は次のように書き改められる．

$$M = \frac{\rho RT}{P} \tag{3-7}$$

(3-6)式あるいは (3-7)式の関係から，気体の質量・体積・圧力・密度・温度などを測定することにより，気体分子の分子量を求めることができる．

**例題 3.2** 25 ℃，1 atm でプロパンを 1.0 l の容器に入れてその質量を測定したところ，1.80 g であった．プロパンの分子量を求めよ．

**解** (3-6)式あるいは (3-7)式より，

$$M = \frac{1.80 \text{ g} \times 0.082 \text{ atm } l \text{ K}^{-1} \text{ mol}^{-1} \times 298 \text{ K}}{1 \text{ atm} \times 1.0 \, l} = 44.0 \text{ g mol}^{-1}$$

したがって，プロパンの分子量は 44.0．

## §3.2 混合気体の法則

2種類以上の気体の混合気体があるとき，この混合気体全体の呈する圧力を**全圧**といい，各成分気体がそれぞれ単独で混合気体と同体積を占めるときに示す圧力を**分圧**という．「全圧は各成分気体の分圧の和に等しい」．これを **Dalton の分圧の法則**という．実在の気体についてこの法則が厳密に成立するのは，気体の圧力が十分に低いときのみである．Dalton の分圧の法則に従う混合気体を**理想混合気体**と定義する．理想混合気体では気体分子間の相互作用はまったくなく，気体分子はそれぞれ独立にふるまい，また気体分子の体積も無視される．

いま，ある温度 $T$ において，$n_A$ mol の気体 A と $n_B$ mol の気体 B とが混合して体積 $V$ $l$ になったとする．それぞれの成分気体の分圧を $p_A$ atm および $p_B$ atm とし，理想気体の状態式を適用すると，次式のような関係が得られる．

$$p_A V = n_A RT \qquad p_B V = n_B RT \qquad (3\text{-}8)$$

分圧の法則から，理想混合気体の全圧 $P$ atm は $P = p_A + p_B$ であるので，次の関係式が得られる．

$$PV = (n_A + n_B) RT \qquad (3\text{-}9)$$

これが**理想混合気体の状態式**である．(3-8)式と (3-9)式から次の式が得られる．

$$p_A = \frac{P \times n_A}{n_A + n_B} \qquad p_B = \frac{P \times n_B}{n_A + n_B} \qquad (3\text{-}10)$$

ここで $\frac{n_A}{n_A + n_B}$ および $\frac{n_B}{n_A + n_B}$ は，それぞれ，全体の物質量に対する成分 A および成分 B の物質量の比率を表す量で，**モル分率**とよばれる．この場合のモル分率をそれぞれ $x_A$，$x_B$ で表すと，モル分率と物質量との間の関係は次のように表される．

$$x_A = \frac{n_A}{n_A + n_B} \qquad x_B = \frac{n_B}{n_A + n_B} \qquad (3\text{-}11)$$

モル分率の和は 1 に等しい．モル分率を用いると，(3-10)式は次のように表される．

$$p_A = P x_A \qquad p_B = P x_B \qquad (3\text{-}12)$$

Dalton の法則には「同温同圧の気体が混合するとき，混合気体の体積は各気体の体積の和に等しい」といわれるものもある．理想混合気体において，各成分気体が全圧を呈すると考えたときに占める体積を $V_A$ および $V_B$，全体積を $V$ とすると，Dalton の法則は次のように表される．

$$V = V_A + V_B \qquad (3\text{-}13)$$

成分の体積 $V_A$，$V_B$ と全体積 $V$ との関係をモル分率を用いて表すと次のようになる．

$$V_A = V x_A \qquad V_B = V x_B \qquad (3\text{-}14)$$

あるいは

$$\frac{V_A}{V} = x_A \qquad \frac{V_B}{V} = x_B \qquad (3\text{-}15)$$

(3-15)式は，理想混合気体において成分の**体積分率**がモル分率に等しいことを示している．これらの関係は，3種以上の混合気体に拡張することができる．

**例題 3.3** 1 atm の乾燥空気中の窒素，酸素，アルゴンの分圧を求めよ．ただし，乾燥空気の組成は体積分率で，窒素 0.78，酸素 0.21，アルゴン 0.01 とする．また乾燥空気の平均分子量はいくらか．

**解** (3-12)式と (3-15)式から気体の分圧はモル分率に比例し，モル分率は体積分率に等しい．したがって，各気体の分圧は窒素 0.78 atm，酸素 0.21 atm，アルゴン 0.01 atm である．空気の平均分子量は

$$28.0 \times 0.78 + 32.0 \times 0.21 + 40 \times 0.01 = 28.96 \text{ より } 29.0$$

空気の実測の密度は標準状態で $1.293 \text{ g } l^{-1}$ であるので，これを用いると空気の平均分子量は，$1.293 \text{ g } l^{-1} \times 22.414 \, l = 28.98 \text{ g}$ より 29.0 となる．

## §3.3 実在気体の状態式

実在気体は圧力の低いところであれば理想気体の状態式によく従い，1 mol の気体について $\frac{PV}{RT}$ の値も 1 に近い．しかし圧力が高くなるにつれて，この値は 1 からずれてくる．そこで 1 mol あたりの実在気体について，$Z = \frac{PV}{RT}$ を**圧縮因子**と定義し，この値の 1 からのずれによって，理想気体の挙動からのずれを測る．表 3.1 に実在気体 1 mol の標準状態における体積を，また，図 3.2 に種々の気体の $Z$-$P$ 曲線を示す．

表 3.1 実在気体の体積
($l \text{ mol}^{-1}$, 0 ℃, 1 atm)

| | |
|---|---|
| $H_2$ | 22.44 |
| $N_2$ | 22.40 |
| $O_2$ | 22.39 |
| Ar | 22.47 |
| $CH_4$ | 22.38 |
| $NH_3$ | 22.09 |
| $CO_2$ | 22.27 |
| $Cl_2$ | 22.06 |
| $SO_2$ | 21.90 |
| $H_2S$ | 22.28 |

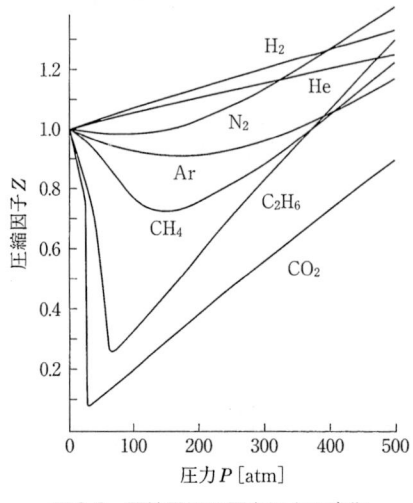

図 3.2 圧縮因子の圧力による変化

実在気体に用いられる状態式には，次の van der Waals の**状態式**がある．

$$\left(P + \frac{n^2 a}{V^2}\right)\left(V - nb\right) = nRT \tag{3-16}$$

この式は，理想気体の状態式に，分子の大きさの効果と分子間引力の効果を補正して導き出されたものである．定数 $a$ は分子間引力に，また，定数 $b$ は排除体積といって分子の体積に関係する．定数 $a$, $b$ を **van der Waals 定数**という．表 3.2 にいくつかの気体の van der Waals 定数の値を示す．

表 3.2 van der Waals 定数 ($a$：atm dm$^6$ mol$^{-2}$, $b$：dm$^3$ mol$^{-1}$)

| 気体 | $a$ | $b$ | 気体 | $a$ | $b$ |
|---|---|---|---|---|---|
| He | 0.034 | 0.0237 | Ar | 1.35 | 0.032 |
| $H_2$ | 0.244 | 0.0266 | $CO_2$ | 3.59 | 0.0427 |
| $N_2$ | 1.39 | 0.0391 | $H_2O$ | 5.46 | 0.0305 |
| $O_2$ | 1.36 | 0.0318 | $CH_4$ | 2.25 | 0.0428 |

**van der Waals の状態式の補正項**　圧縮したり，温度を下げると気体の凝縮が起こることでもわかるように，一般に気体分子は，気体状態でも相互に弱い引力をおよぼし合っている．気体状態を保っているのは，運動エネルギーが分子間の引力より大きいからである．

今，ある 1 個の分子が器壁に衝突した瞬間を考える．このとき分子は周囲の分子の引力により，内部空間の方向に引き戻される力を受けて，器壁への衝撃力は弱められている（図 3.3）．この効果は，

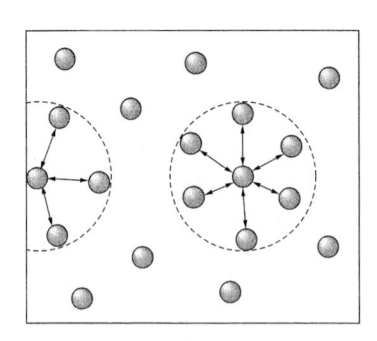

図 3.3 分子間力と器壁での効果

気体の密度 $\frac{n}{V}$ が大きいほど大きく，また単位時間あたり器壁に衝突する分子の数が多いほど大きい．ところで単位時間あたり器壁に衝突する分子の数は，気体の密度が高いほど多い．それゆえ分子が器壁に衝突するときの衝撃力の弱められる効果は，$\frac{n}{V}$ の二乗に比例する．この比例定数を $a$ で表す．分子間引力が大きく液化しやすいものほど $a$ が大である．

次に，分子が体積をもつとして，半径 $r$ の分子同士の衝突を考える（図 3.4）．一対の分子同士が衝突するとき，分子の中心は，お互いに相手の分子の中心から $\frac{4}{3}\pi(2r)^3$ の範囲内には入り込めない．これを**排除体積**という．この排除体積は，分子 1 個の体積 $v = \frac{4}{3}\pi r^3$ の 8 倍である．排除体積は一対の分子に対するものであるので，分子 1 個あたりの排除体積は $4v$ となる．したがって，1 mol あたりの排除体積 $b$ はアボガドロ定数を $L$ とすると次式で与えられる．

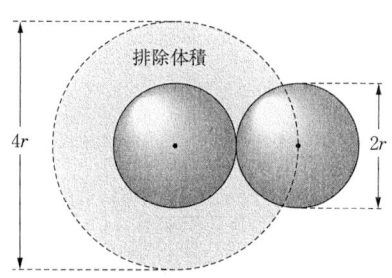

図 3.4 排除体積

$$b = 4Lv = \frac{16}{3} L\pi r^3 \tag{3-17}$$

排除体積 $b$ が実験的に求められれば，気体分子の半径が求められ，分子の大きさを知ることができる．このように，van der Waals の状態式から求められた水素分子の大きさに関する知見は，原子や分子の構造を解明する過程で大きな役割を果たした（→§8.4 Bohr モデル）．

van der Waals 定数は，表 2.3 に示した臨界定数から求められる．van der Waals 定数と臨界定数との間には次の関係がある．

$$a = \frac{27 R^2 T_c^2}{64 P_c} \qquad b = \frac{RT_c}{8P_c} \tag{3-18}$$

**例題 3.4** van der Waals 定数を用いて水素分子および水分子の半径を計算せよ．

**解** 表 3.2 の van der Waals 定数を用いて，(3-17) 式から水素分子の半径を計算すると，

$$r = \left(\frac{(3/16) \times 0.0266 \times 10^{-3} \text{ m}^3 \text{ mol}^{-1}}{6.02 \times 10^{23} \text{ mol}^{-1} \times 3.14}\right)^{\frac{1}{3}} = 1.38 \times 10^{-10} \text{ m} = 1.38 \text{ Å}$$

同様にして水分子の半径を計算すると,

$$r = \left(\frac{(3/16) \times 0.0305 \times 10^{-3} \text{ m}^3 \text{ mol}^{-1}}{6.02 \times 10^{23} \text{ mol}^{-1} \times 3.14}\right)^{\frac{1}{3}} = 1.44 \times 10^{-10} \text{ m} = 1.44 \text{ Å}$$

## §3.4 気体分子運動論

気体の性質を,気体分子の運動に基づいて説明しようとする理論を**気体分子運動論**という.力学の教えるところ(力×作用時間=運動量の変化)により,気体の示す圧力は,気体分子が器壁に衝突したときの単位面積・単位時間あたりの運動量変化に等しい,と解釈される.いま図 3.5 に示すように,1 辺の長さが $a$ cm の立方体の容器中に,$N$ 個の気体分子があったとする.気体分子の運動を左右,前後,上下の 3 方向に分解し,それぞれの方向の速度成分を $u_x$, $u_y$, $u_z$ とすると,$u^2 = u_x^2 + u_y^2 + u_z^2$ である.分子の質量を $m$ とすると,その運動量の $x$ 軸方向の成分は $mu_x$ で表される.分子と器壁との衝突は弾性衝突であるとすると,分子が壁面に当たって逆に $u_x$ の速度で反発されるときの運動量の変化は,1 個の分子あたり $mu_x - (-mu_x) = 2mu_x$ となる.

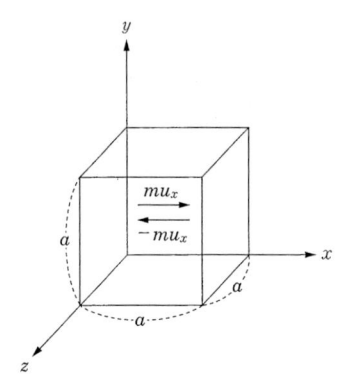

図 3.5 立方体の中の分子の運動

また,分子が $x$ 軸に垂直な 1 つの面に衝突してから,他の面で跳ね返されて再びこの面に衝突するまでには $\frac{2a}{u_x}$ 時間かかる.したがって,$x$ 軸に垂直な 1 つの面の衝突は毎秒 $\frac{u_x}{2a}$ 回おこるので,単位時間あたりの $x$ 方向の運動量変化は $\frac{mu_x^2}{a}$ となる.ところで分子の数はきわめて多いので,$N$ 個の分子の運動量の変化は,1 個あたりの平均値の $N$ 倍 $\frac{N\overline{mu_x^2}}{a}$ で表される.また,分子の運動は 3 方向とも等しいと考えられるので,$\overline{u_x^2} = \overline{u_y^2} = \overline{u_z^2} = \frac{\overline{u^2}}{3}$ の関係が成り立つ.さらに,壁面の受ける圧力 $P$ は単位面積あたりの平均の単位時間

あたりの運動量の変化であるので，結局 次の関係が成り立つ．

$$P = \frac{Nm\overline{u^2}}{3a^3}$$

ここで，体積 $a^3$ を $V$ で表すと次式が得られる．

$$PV = \frac{1}{3} mN\overline{u^2} \tag{3-19}$$

これを **Bernoulli の式**という．この式を変形して $PV = \frac{2}{3}\left(\frac{1}{2} m\overline{u^2}\right) N$ と書くと，（ ）内の $\frac{1}{2} m\overline{u^2}$ は 1 個の分子の平均運動エネルギーを示しているので，$PV$ は気体分子の平均運動エネルギーの $\frac{2}{3}$ に等しいことになる．気体 1 mol について，理想気体の状態式 $PV = RT$ と比較してみると，次の関係が得られる．

$$RT = \frac{2}{3} L \cdot \frac{1}{2} m\overline{u^2}$$

ここで $L$ はアボガドロ定数である．分子 1 個あたりの運動エネルギーとして

$$\frac{1}{2} m\overline{u^2} = \frac{3}{2} \frac{R}{L} T \tag{3-20}$$

が得られる．$\frac{R}{L}$ を**ボルツマン（Boltzman）定数**といい，記号 $k$ で表す．

$$k = \frac{8.3144 \text{ J K}^{-1} \text{ mol}^{-1}}{6.022 \times 10^{23} \text{ mol}^{-1}} = 1.3807 \times 10^{-23} \text{ J K}^{-1} \tag{3-21}$$

分子の運動が方向性をもたないとき，$\overline{u_x^2} = \overline{u_y^2} = \overline{u_z^2} = \frac{\overline{u^2}}{3}$ であるので，1 方向（1 自由度）あたりの分子の平均の運動エネルギーは $\frac{1}{2} kT$ となる．これを**エネルギー等分配則**という．(3-20)式は，温度とは，気体分子の平均の運動エネルギーの尺度を表すものであることを示している．温度が一定のとき，気体分子の平均運動エネルギーは気体の種類によらず同じであるから，分子量の大きな重い気体ほど運動の速度は小さい．ここで気体分子のモル質量を $M$ とすると $M = Lm$ であるので，(3-20)式から次のように**根平均二乗速度**（root mean square velocity）$u_\text{rms}$ が求められる．

$$u_{\rm rms} = (\overline{u^2})^{1/2} = \left(\frac{3RT}{Lm}\right)^{1/2} = \left(\frac{3RT}{M}\right)^{1/2} \qquad (3\text{-}22)$$

根平均二乗速度は分子の平均速度（**平均分子速度**）の約 1.1 倍に相当することが知られている．平均分子速度は分子量が小さくて軽い分子ほど大きい．化学反応は分子の衝突によって進むので，分子の速度は反応の速度に大きな影響を与える．気体分子の運動の速度はある分布をしており，温度が高いほど速度の大きな分子の割合が多くなる．酸素分子の速度分布の温度による変化を図 3.6 に示す．

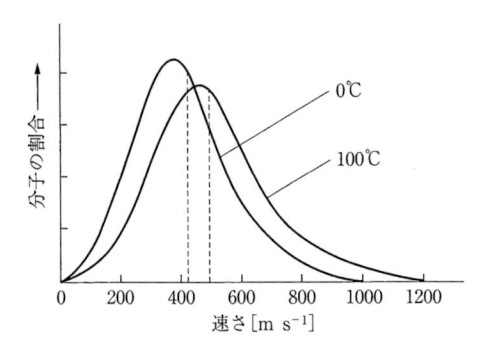

図 3.6　酸素分子の速度分布
点線が示す速さが各温度における平均速度である．

**例題 3.5**　25 ℃ における酸素分子の根平均二乗速度を求めよ．

**解**　(3-22)式から
$$u_{\rm rms} = \left(\frac{3 \times 8.314 \,\text{J K}^{-1}\,\text{mol}^{-1} \times 298 \,\text{K}}{32.0 \times 10^{-3}\,\text{kg mol}^{-1}}\right)^{1/2} = 482 \,\text{m s}^{-1}$$

# 練習問題 3

⟨1⟩ 密封した袋にいれたお菓子をもって富士山に登ったところ，袋はポンポンに膨れ上がった．平地では 30 ℃，760 mmHg であったのに，富士山頂では 7 ℃，470 mmHg であった．袋内部の気体の体積は平地の何倍になろうとするのか．

⟨2⟩ ある気体 5.0 g を 2.0 l の容器に入れて 100 ℃ に保つと，容器内の圧力は 1.74 atm となった．この気体は酸素，塩化水素，プロパン，ブタンのうちのどれか．

⟨3⟩ ある気体燃料の入ったスプレー式のボンベから気体を噴出させ，この気体すべてを水上置換法で捕集したところ 100 ml あった．ボンベの質量を測ると 0.23 g 減少していた．このとき室温は 27 ℃，大気圧は 767 mmHg，飽和水蒸気圧は 27 mmHg であった．この気体燃料はメタン，エタン，プロパン，ブタンのうちのいずれか．

⟨4⟩ 0 ℃，10 atm で 0.50 l の酸素と，20 ℃，5.0 atm で 0.8 l の窒素を混合して，10 ℃，1 l の混合気体を得た．混合気体の全圧と酸素および窒素の分圧を求めよ．

⟨5⟩ 100 ℃，1 atm における水蒸気の密度は 0.5970 g dm$^{-3}$ である．圧縮因子を求めよ．

⟨6⟩ 標準状態における実在の酸素は，理想気体からどれだけずれた挙動を示すか．van der Waals 式と van der Waals 定数を用いて推定せよ．

⟨7⟩ 25 ℃ におけるメタン，二酸化炭素，窒素，亜硫酸ガスのうち最も拡散速度の遅い気体はどれか．また，最も拡散の遅い気体分子と，最も拡散の速い気体分子の運動の速度を比較せよ．

## 解 答

⟨1⟩ 平地での体積を $V_0$ とすると，(3-4)式より富士山頂での体積は $V = V_0 \times \dfrac{280}{303} \times \dfrac{760}{470} = 1.49\, V_0$ となり，1.5倍に膨張しようとする．風船や気球も上空に昇るほど膨張する．

⟨2⟩ この気体 1 mol の質量は，(3-6)式から

$$M = \frac{5.0\,\text{g} \times 0.082\,\text{atm}\,l\,\text{K}^{-1}\,\text{mol}^{-1} \times 373\,\text{K}}{1.74\,\text{atm} \times 2.0\,l} = 43.9\,\text{g mol}^{-1}$$

分子量が 43.9 に最も近いのはプロパンである．

⟨3⟩ 気体 100 m$l$ 中の気体燃料の分圧は，分圧の法則から $767 - 27 = 740$ mmHg である．この気体 1 mol の質量は (3-6)式から

$$M = \frac{0.23\,\text{g} \times 0.082\,\text{atm}\,l\,\text{K}^{-1}\,\text{mol}^{-1} \times 300\,\text{K}}{(740/760)\,\text{atm} \times 0.1\,l} = 58.1\,\text{g mol}^{-1}$$

したがって分子量は 58.1 である．この値に最も近い分子量を示すのはブタンである．

⟨4⟩ 酸素の物質量は (3-5)式から

$$n = \frac{10\,\text{atm} \times 0.5\,l}{0.082\,\text{atm}\,l\,\text{K}^{-1}\,\text{mol}^{-1} \times 273\,\text{K}} = 0.223\,\text{mol}$$

同様にして窒素の物質量は

$$n = \frac{5.0\,\text{atm} \times 0.8\,l}{0.082\,\text{atm}\,l\,\text{K}^{-1}\,\text{mol}^{-1} \times 293\,\text{K}} = 0.166\,\text{mol}$$

したがって，混合気体は 0.389 mol の気体を含むから，全圧は (3-9)式から

$$P = \frac{0.389\,\text{mol} \times 0.082\,\text{atm}\,l\,\text{K}^{-1}\,\text{mol}^{-1} \times 283\,\text{K}}{1\,l} = 9.0\,\text{atm}$$

酸素のモル分率は (3-11)式から $\dfrac{0.223}{0.389} = 0.57$．したがって酸素の分圧は (3-12)式から 5.2 atm．窒素の分圧は 3.8 atm となる．

⟨5⟩ 100 ℃，1 atm における実在の水蒸気 1 mol は $\dfrac{18\,\text{g}}{0.5970\,\text{g dm}^{-3}} = 30.15\,\text{dm}^3$ を占める．圧縮因子の定義から，

$$Z = \frac{1\,\text{atm} \times 30.15\,l\,\text{mol}^{-1}}{0.082\,\text{atm}\,l\,\text{K}^{-1}\,\text{mol}^{-1} \times 373\,\text{K}} = 0.986$$

100 ℃，1 atm における実在の水蒸気を理想気体とする近似は 98.6 % の精度である．

⟨6⟩ (3-16)式を体積について解こうとすると3次式となって面倒なので，次のような近似を行う．まず1 molの酸素について，理想気体からのずれは大きくないと仮定して，(3-16)式左辺の圧力項中の体積を 22.414 dm³ mol⁻¹ とおき，体積項中の体積を未知項として計算する．

$$\left(1.0 \text{ atm} + \frac{1.36 \text{ atm dm}^6 \text{ mol}^{-2}}{22.414^2 \text{ dm}^6 \text{ mol}^{-2}}\right)(V - 0.0318 \text{ dm}^3 \text{ mol}^{-1})$$
$$= 0.082056 \text{ atm dm}^3 \text{ K}^{-1} \text{ mol}^{-1} \times 273.15 \text{ K}$$

これを解いて $V = 22.385$ dm³ が得られる．したがって圧縮因子は $Z = \frac{22.385}{22.414} = 0.999$．標準状態における実在の酸素は，99.9％ 理想気体としてふるまい，理想気体からのずれは 0.1％ である．表3.1に与えてある実際の体積の値を用いてもほぼ同じ結果が得られ，この程度の近似で十分であることがわかる．

⟨7⟩ 気体分子の速度は，平均の速さ（平均分子速度）によって比較される．根平均二乗速度で比較すればよい．各気体分子の根平均二乗速度を例題3.5にならって計算すると，メタン 682 m s⁻¹，二酸化炭素 411 m s⁻¹，窒素 515 m s⁻¹，亜硫酸ガス 341 m s⁻¹ が得られる．亜硫酸ガスの気体分子の速度はメタンの $\frac{1}{2}$ である．亜硫酸ガスは空気よりも重く，拡散速度も遅いので，排出された場所に滞留しやすい．

# 第4章　溶液の性質

　食塩水や砂糖水のように，2種以上の物質を含む液相を溶液という．いろいろな物質は水に溶けて水溶液となるが，その溶解には限度がある．沸点や凝固点も濃度によって規則的に変化する．溶液には電気を通すものもあれば電気を通さないものもある．溶液が電気を導く性質は応用範囲が広い．そのほかにも牛乳などのように微粒子が分散しているコロイド溶液がある．この章では溶液が示す各種の性質を表す法則を学ぶ．

## §4.1　溶　液

　溶液では，溶けている物質を**溶質**，溶かす媒体となった液体を**溶媒**という．塩化ナトリウム水溶液では，塩化ナトリウムが $Na^+$ イオンと $Cl^-$ イオンに分かれている．このように，溶質が溶液中でイオンに分かれる現象を**電離**という．電離して電流を導くことのできる物質を**電解質**という．塩化ナトリウム，水酸化ナトリウム，塩化水素 HCl のように電離する割合の大きいものを**強電解質**といい，酢酸 $CH_3COOH$，硫化水素 $H_2S$，アンモニアのように電離の程度が小さいものを**弱電解質**という．これに対して，ショ糖，尿素，エタノールなどのように，水に溶かしても電離せず分子のままで存在し，電流をほとんど導かない物質を**非電解質**という．電解質を溶解した溶液を**電解質溶液**，非電解質を溶解した溶液を**非電解質溶液**という．

【溶液の濃度】

　溶液の濃度を表す方法として，一般社会においては，溶液の質量に対する溶質の質量の割合を示す質量パーセント（wt％：たんにパーセント濃度といわれている．重量パーセントともいう）がよく用いられている．しかし化学では，主に次の3種の表示法が用いられる．

1) **モル分率**（mole fraction）
   溶液成分の全モル数に対する，溶質モル数の割合で表す．溶質と溶媒の粒子数の関係がわかりやすい．
2) **質量モル濃度**（molality．重量モル濃度ともいう）
   溶媒 1 kg に溶けている溶質のモル数で表す．単位は mol kg$^{-1}$．温度が変化し溶液の密度が変化しても，質量モル濃度の値は変わらない．
3) **容量モル濃度**（molarity, molar concentration）
   正式には溶液 1 m$^3$ 中に含まれる溶質のモル数で表されるが，通常は 1 dm$^3$（普通は 1 リットル：記号 $l$ で表す）中に含まれる溶質のモル数で表す．単位は mol dm$^{-3}$（普通には mol $l^{-1}$）である．これを M という記号で表すことがある．たんにモル濃度といえば容量モル濃度を指す．

## §4.2 固体の溶解度

固体の溶質が，一定量の溶媒に溶解する限度をその固体の**溶解度**という．一般に溶解度は，ある温度において溶媒 100 g に溶解する，溶質のグラム数によって表す．水和物の場合は，無水物の溶解度で表す．溶質が限度まで溶解した溶液を**飽和溶液**という．溶解度と温度の関係を示した曲線を**溶解度曲線**という．図 4.1 にその例を示す．

一般に固体の溶解度は，温度が上昇すると大きくなることが多い．溶解度の温度による変化は物質によって異なっているので，そのことを利用して不純物を含む物質を精製することができる．溶解度の差を利用して物質を精製する方法を**再結晶**という．

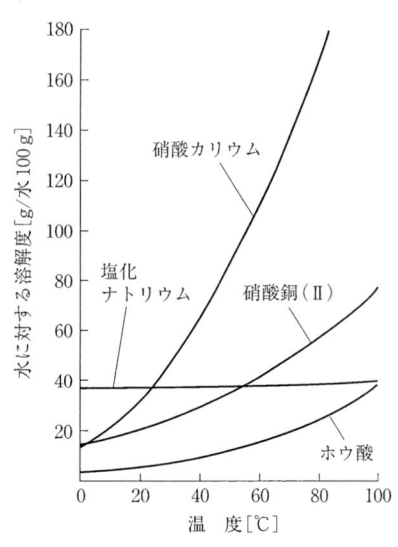

**図 4.1** 溶解度曲線

**例題 4.1** 40 ℃ における塩化ナトリウムの溶解度は 36.3 である．飽和水溶液の容量モル濃度を求めよ．ただし，この飽和水溶液の密度は $1.19\,\mathrm{g\,cm^{-3}}$ である．

**解** 飽和水溶液 $1\,l$ は 1.19 kg．飽和水溶液 136.3 g 中に塩化ナトリウムは 36.3 g 含まれているので，飽和水溶液 $1\,l$ 中に含まれている塩化ナトリウムは

$$\frac{1190\,\mathrm{g} \times (36.3/136.3)}{58.5\,\mathrm{g\,mol^{-1}}} = 5.42\,\mathrm{mol}$$

したがって，容量モル濃度は $5.42\,\mathrm{mol}\,l^{-1}$．

**例題 4.2** 90 ℃ で水 200 g に硝酸ナトリウムを飽和させ，これを 20 ℃ に冷却すると，何 g の結晶が析出するか．90 ℃ と 20 ℃ における硝酸ナトリウムの溶解度は，それぞれ 160 と 88 である．

**解** 水 200 g に溶ける硝酸ナトリウムの質量は，90 ℃ で $\dfrac{160\,\mathrm{g} \times 200\,\mathrm{g}}{100\,\mathrm{g}} = 320\,\mathrm{g}$．20 ℃ で $\dfrac{88\,\mathrm{g} \times 200\,\mathrm{g}}{100\,\mathrm{g}} = 176\,\mathrm{g}$ である．したがって析出する質量は 320 g − 176 g = 144 g である．

## §4.3 気体の溶解度

気体の溶解度は，その気体の圧力が 1 atm のとき，水 $1\,\mathrm{m}l$ に溶解する気体の体積（$\mathrm{m}l$）を標準状態に換算して表す．これを **Bunsen（ブンゼン）の吸収係数** という．水に対する気体の溶解度の例を表 4.1 に示す．

気体の溶解度については，「溶解度が小さい場合，一定温度で一定量の液体に溶解する気体の質量は，その気体の分圧に比例する」という **Henry（ヘンリー）の法則** がある．圧力が 2 倍になれば，溶解する気体の質量は 2 倍になる

表 4.1 水に対する気体の溶解の Bunsen の吸収係数（$\mathrm{atm^{-1}}$）

| 温度(℃) | 空気 | $O_2$ | $N_2$ | $H_2$ | $CO_2$ | HCl | $NH_3$ | $H_2S$ |
|---|---|---|---|---|---|---|---|---|
| 0 | 0.029 | 0.049 | 0.023 | 0.021 | 1.71 | 517 | 477 | 4.6 |
| 20 | 0.018 | 0.031 | 0.016 | 0.018 | 0.88 | 422 | 319 | 2.6 |
| 40 | 0.013 | 0.023 | 0.012 | 0.016 | 0.53 | 386 | 206 | 1.6 |
| 60 | 0.01 | 0.020 | 0.010 | 0.016 | 0.37 | 339 | 130 | 1.2 |
| 80 | 0.01 | 0.018 | 0.0096 | 0.016 | 0.28 | — | 82 | 0.9 |
| 100 | 0.01 | 0.017 | 0.0095 | 0.016 | 0.22 | — | 51 | 0.8 |

$CO_2$, HCl, $NH_3$, $H_2S$ では水と反応するので Henry の法則は成り立たない．

が，圧力と体積は反比例するので，一定温度で一定量の液体に溶解する気体の体積は，圧力が変わっても変化しない．

Henryの法則は次のようにも表される．「希薄溶液における溶質の蒸気圧（溶質蒸気の分圧）は溶液中の溶質の濃度に比例する」．溶質の蒸気圧を $p$，溶質のモル分率を $x$ とすると

$$p = K_H x \qquad (x \to 0) \tag{4-1}$$

表4.2 水に対する気体の溶解のHenry法則定数(20 ℃, 1 atm)

| 気体 | $K_H$(atm) |
|---|---|
| $H_2$ | $6.5 \times 10^4$ |
| $N_2$ | $7.3 \times 10^4$ |
| $O_2$ | $4.0 \times 10^4$ |
| $CO_2$ | $1.4 \times 10^3$ |

ここで $K_H$ は溶媒と溶質の組み合せによって決まる定数で，**Henry 法則定数**という（表4.2）．(4-1) 式で $x \to 0$ は希薄溶液を表す．

標準状態ではすべての気体1 mol が 22.4 $l$ を占めるので，表4.1の数値を22.4で割れば，水 1 $l$ 中に溶けるその気体のモル数がわかる．したがって，これにモル質量をかければ，水 1 $l$ に溶けるその気体の質量がわかる．また，HCl と $NH_3$ を除くと飽和水溶液中に溶けている気体の量はごくわずかであるから，水溶液 1 $l$ 中の物質量は水 1 $l$ の物質量 55.5 mol に等しいと考えてよい．したがって飽和水溶液中の気体の物質量を 55.5 mol で割った値が，溶解している気体のモル分率であるとみなしてよい．なお Bunsen 吸収係数と Henry 法則定数は，計算により相互に換算することができる（→練習問題〈11〉）．

**例題 4.3** 20 ℃ において，1 atm の酸素で飽和した水溶液中の酸素の濃度を求めよ．

**解** 20 ℃ における酸素の Bunsen 吸収係数は 0.031 atm$^{-1}$ である．したがって 1 atm では水溶液 1 $l$ 中には 0.031 $l$ 溶ける．標準状態ではすべての気体 1 mol が 22.4 $l$ を占めるから，溶解酸素の物質量は $\dfrac{0.031 \, l}{22.4 \, l \, \text{mol}^{-1}} = 0.00138$ mol である．この値に酸素のモル質量 32 g mol$^{-1}$ をかけると，水溶液 1 $l$ 中に溶けている酸素の質量は 0.044 g と求められる．この程度の気体が溶解しても溶液の体積は変化しないと考えてよいので，このときの水溶液に溶けている酸素の濃度は 0.00138 mol $l^{-1}$ である．

**例題 4.4** 酸素の水に対する Henry 法則定数は 25 ℃ で $4.34 \times 10^4$ atm である．空気中の酸素の体積百分率は 20.95 % である．25 ℃ で 1 atm の空気と接触して平衡にある水に溶けている酸素のモル濃度はいくらか．

**解** (4-1)式より酸素のモル分率は $\dfrac{1\,\mathrm{atm} \times 20.95 \times 10^{-2}}{4.34 \times 10^4\,\mathrm{atm}} = 4.83 \times 10^{-6}$.

水 $1\,l$ は $55.5\,\mathrm{mol}$ で,水に溶けている酸素のモル数は小さく無視できるので,酸素のモル濃度は $55.5\,\mathrm{mol}\,l^{-1} \times 4.83 \times 10^{-6} = 2.68 \times 10^{-4}\,\mathrm{mol}\,l^{-1}$.

水中生物は,わずかこの程度しか存在しない酸素を利用して生命を維持している.温度が上がると酸素の溶解度は減少し,酸欠状態になりやすい.

## §4.4 希薄溶液の性質

【理想溶液,理想希薄溶液】

ある液体に不揮発性の溶質を溶かしたとき,その液体の蒸気圧は低下する.一定温度における純溶媒の蒸気圧を $P_A^*$ とし,その温度における溶液の蒸気圧のうち,溶媒の示す分圧を $P_A$,溶媒および溶質のモル分率をそれぞれ $x_A$, $x_B$ とすると,希薄溶液では次の関係が成り立つ.

$$\frac{P_A^* - P_A}{P_A^*} = x_B \qquad (x_B \to 0) \qquad (4\text{-}2)$$

左辺は,**蒸気圧の比降下**とよばれ,この値は溶質のモル分率に等しい.両辺から 1 を引くと,次の関係式が得られる.

$$P_A = P_A^* x_A \qquad (x_A \to 1) \qquad (4\text{-}3)$$

すなわち溶媒の示す分圧と純溶媒の蒸気圧の比は,溶媒のモル分率に等しい.

式(4-2)〜(4-3) の関係を **Raoult(ラウール)の法則** という.Raoult の法則に従う溶液を **理想溶液** と定義し,溶媒に関しては Raoult の法則が,また,溶質に関しては Henry の法則 (4-1)式が成り立つような希薄溶液を **理想希薄溶液** という.

【沸点上昇と凝固点降下】

不揮発性の溶質を含む溶液の飽和蒸気圧は低下するが,その結果として,図 4.2 に示すように,沸点が上昇し凝固点が低下する.沸騰しているみそ汁は,沸騰している水よりも熱い.海水が凍るのも約 $-2\,^\circ\mathrm{C}$ で,真水の凍る温度よりも低い.雪が降ると融雪剤として塩化カルシウムを道路に撒くが,これは水の凝固点を下げて雪を解かすためである.

溶液の沸点と溶媒の沸点の差を**沸点上昇度**といい，溶媒の凝固点と溶液の凝固点の差を**凝固点降下度**という．

理想希薄溶液では，沸点上昇度および凝固点降下度は溶質の質量モル濃度に比例し，溶質の種類には関係しない．沸点上昇度を $\Delta T_b$，凝固点降下度を $\Delta T_f$，非電解質の溶質の質量モル濃度を $m \, (\text{mol kg}^{-1})$ とすると，沸点上昇度および凝固点降下度は次の関係式で与えられる．

$$\Delta T_b = K_b m \quad (4\text{-}4)$$

$$\Delta T_f = K_f m \quad (4\text{-}5)$$

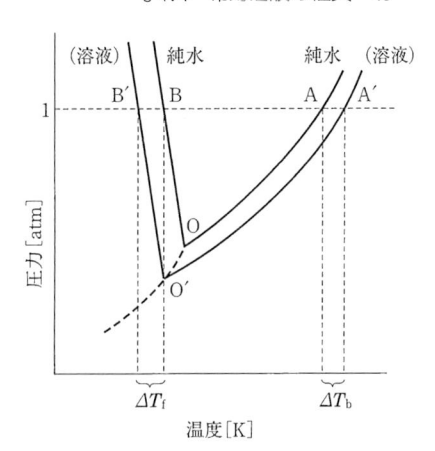

**図 4.2** 水溶液の蒸気圧降下（AOB → A′O′B′），沸点上昇(A → A′)，凝固点降下(B → B′)

ここで $K_b$, $K_f$ は溶媒に固有な定数で，それぞれ**モル沸点上昇定数**，**モル凝固点降下定数**という．いくつかの溶媒の $K_b$，$K_f$ の値を表 4.3，表 4.4 に示す．

モル沸点上昇定数およびモル凝固点降下定数は，溶媒のモル質量 $M_A$，沸点 $T_b$，モル蒸発熱 $\Delta H_{vap}$，凝固点 $T_f$，モル融解熱 $\Delta H_{fus}$ と次の関係がある（$R$ は気体定数）．

$$K_b = \frac{RT_b^2 M_A}{\Delta H_{vap}} \quad (4\text{-}6)$$

$$K_f = \frac{RT_f^2 M_A}{\Delta H_{fus}} \quad (4\text{-}7)$$

表 4.3 モル沸点上昇定数

| 溶媒 | 沸点(K) | モル沸点上昇定数 (K kg mol$^{-1}$) |
|---|---|---|
| 水 | 373.15 | 0.52 |
| ベンゼン | 353.3 | 2.54 |
| アセトン | 329.4 | 1.65 |
| 四塩化炭素 | 349.7 | 5.07 |
| 二硫化炭素 | 319.5 | 2.40 |

表 4.4 モル凝固点降下定数

| 溶媒 | 凝固点(K) | モル凝固点降下定数(K kg mol$^{-1}$) |
|---|---|---|
| 水 | 273.15 | 1.86 |
| ベンゼン | 278.6 | 5.07 |
| ナフタレン | 352.4 | 6.9 |
| 尿素 | 505.25 | 21.5 |
| ショウノウ | 453 | 40 |

**分子量の測定** (4-4)式と (4-5)式に基づいて，溶質の分子量を求めることができる．いま，溶媒 $a$(kg) にモル質量 $M$ (g mol$^{-1}$) なる非電解質 $w$(g) を溶解した溶液があるとする．この溶液の質量モル濃度 $m$ (mol kg$^{-1}$) は

$$m = \frac{w}{Ma} \tag{4-8}$$

これを (4-4)式および (4-5)式に代入すると，沸点上昇度あるいは凝固点降下度は，それぞれ次のように表される．

$$\Delta T_\mathrm{b} = \frac{K_\mathrm{b} w}{Ma} \tag{4-9}$$

$$\Delta T_\mathrm{f} = \frac{K_\mathrm{f} w}{Ma} \tag{4-10}$$

これらの関係から分子量を求めることができる．

**例題 4.5** ショ糖 18.1 g を水 500 g に溶かした水溶液の沸点は，水の沸点よりも 0.055 K 高かった．ショ糖の分子量を求めよ．ただし水のモル沸点上昇定数は 0.52 K である．

**解** (4-9)式に各数値を代入すると，

$$M = \frac{0.52 \text{ K kg mol}^{-1} \times 18.1 \text{ g}}{0.055 \text{ K} \times 0.5 \text{ kg}} = 342 \text{ g mol}^{-1}$$

したがって，分子量は 342．

〈問〉 尿素 CO(NH$_2$)$_2$ 15.0 g を水 500 g に溶解した水溶液の 1 atm における沸点と凝固点を求めよ． （沸点 100.26 ℃, 凝固点 −0.93 ℃）

## 【浸透圧】

セロハン膜や動物の膀胱膜は，小さい水分子は通すが，大きなデンプン分子などは通さない．このような性質を示す膜を**半透膜**という．半透膜にはこのほか魚のうき袋，コロジオン膜，高分子膜，イオン交換膜などがある．

デンプンの薄い水溶液と純水を，図 4.3 のように半透膜で仕切って放置すると，水がデンプン水溶液に入り込んでデンプン水溶液の液面が上昇し，純水の

液面が低下する．この現象を**浸透**という．両液の液面の高さの差がある一定値になったところでつり合って，液面の変動は止まる．このときの両液の液面の差に相当する圧力を，デンプン溶液の**浸透圧**という．生物の細胞膜も半透膜的性質をもっており，血球をはじめ生物の細胞が真水の中では膨張して破裂するのも，水が細胞内に浸透する結果，内部の圧力が高まるからである．塩蔵品も漬け物も，浸透圧の差を利用して水分を減少させるとともに，バクテリアが生育できない塩濃度を維持して保存している．

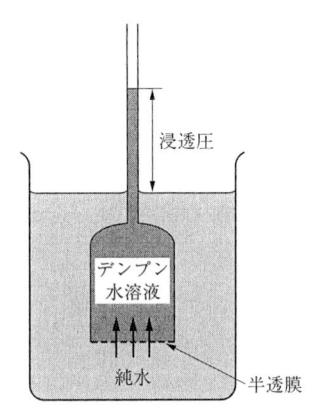

**図4.3 浸透圧の測定**

イオンを通さないような半透膜の片側に塩水を入れ圧力をかけると，水のみが半透膜を透過して真水が得られる．これを**逆浸透**という．真水の不足する地方や遠洋航海の船舶では，逆浸透膜を利用して海水から真水を製造している．

希薄溶液の示す浸透圧は，溶質の種類によらず濃度だけに比例する．いま，温度 $T$(K) において，$V(l)$ 中に $n$ mol の非電解質が溶解している溶液の示す浸透圧を $\Pi$(atm) とすると，次の関係が成り立つ（$R$ は気体定数）．

$$\Pi V = nRT \tag{4-11}$$

この式は気体の状態式と同じ形をしている．$\frac{n}{V}$ は溶質のモル濃度 $c$(mol $l^{-1}$) であるから，(4-11)式は次のように書き改められる．

$$\Pi = cRT \tag{4-12}$$

これを **van't Hoff（ファントホッフ）の法則**という．

この法則を利用すると，溶液の浸透圧を測定することにより，溶質の分子量を求めることができる．いま温度 $T$ において，モル質量 $M$(g mol$^{-1}$) の非電解質 $w$(g) が溶けている溶液が $V(l)$ あるとする．この非電解質の物質量 $n$(mol) は $\frac{w}{M}$ であるので，(4-11)式は次のようになる．

$$M = \frac{wRT}{\Pi V} \qquad (4\text{-}13)$$

　蒸気圧降下，沸点上昇，凝固点降下，浸透圧は溶媒の種類と溶質分子の数（物質量）にのみ依存し，溶質の種類には無関係である．このような性質を溶液の**束一的性質**（colligative property）という．束一的性質はいずれも溶質の分子量測定に用いられるが，高分子物質の場合は浸透圧だけが利用できる．高分子物質の溶液は濃度が低く，沸点上昇度および凝固点降下度が小さすぎて，これらを測定することはできないが，浸透圧法では溶液柱の高さが十分な精度で測定可能な値を示すからである．

**例題 4.6**　ショ糖 1.71 g を水に溶かして 500 ml の水溶液とした．27 ℃ において，この水溶液の浸透圧を測定したところ，0.246 atm であった．ショ糖の分子量を求めよ．

**解**　(4-13)式から

$$M = \frac{1.71 \text{ g} \times 0.082 \text{ atm } l \text{ mol}^{-1} \text{ K}^{-1} \times 300 \text{ K}}{0.246 \text{ atm} \times 0.5 \text{ } l} = 342 \text{ g mol}^{-1}$$

したがって分子量は 342．

## 【電解質溶液】

　電解質は，水溶液中ではイオンに電離しているので，水溶液中に存在する化学種の全濃度（イオンと分子の合計濃度）ははじめに加えた物質の濃度よりも大きくなる．たとえば，単位粒子が完全に電離したとき $n$ 個のイオンを生じる電解質が，はじめに加えた濃度 $C$ のうちの $\alpha$ の割合だけ電離しているとすると，未解離の分子の濃度は $C(1-\alpha)$，イオンの濃度は $nC\alpha$，イオンと分子の合計濃度は $C' = C\{1+(n-1)\alpha\}$ となる．このような場合には，浸透圧，沸点上昇度，凝固点降下度なども非解離の場合よりも大きくなり，次のように修正される．

$$\text{浸透圧} \qquad \Pi = iCRT \qquad (4\text{-}14)$$
$$\text{沸点上昇度} \qquad \Delta T_b = iK_b m \qquad (4\text{-}15)$$
$$\text{凝固点降下度} \qquad \Delta T_f = iK_f m \qquad (4\text{-}16)$$

ここで $i$ は **van't Hoff 係数**と呼ばれる補正項で，はじめに加えた電解質濃度 $C$ と，電離した結果生じたイオンと未解離の分子の合計濃度 $C'$ との比を表し，電離度 $\alpha$ との間には次のような関係がある．

$$i = \frac{C'}{C} = 1 + (n-1)\alpha \tag{4-17}$$

完全解離の強電解質でも濃度が高くなると $i$ は低下する．これは，イオン間相互作用のためにイオン対などが形成され，実効的な濃度が低下したような状態になるからである．また弱電解質では，濃度が低下するとともに $i$ が増加する割合が増える．弱電解質においては電離度が濃度の低下とともに急激に増加するからである．無限希釈の極限では弱電解質も完全に電離し，$i$ は $n$ に近づく．弱電解質では，イオン濃度も低くイオン間相互作用も無視できるので，$n$ がわかっているとき $i$ の値から $\alpha$ を計算することができる．

**例題 4.7** 25 ℃，1 atm で 0.01 mol $l^{-1}$ の塩化ナトリウム水溶液は 0.473 atm の浸透圧を示した．電離度を計算せよ．

**解** (4-14)式から，

$$i = \frac{0.473 \text{ atm}}{0.01 \text{ mol } l^{-1} \times 0.082 \text{ atm } l \text{ K}^{-1} \text{ mol}^{-1} \times 298 \text{ K}} = 1.936$$

したがって，(4-17)式で $n=2$ とおくと $\alpha \fallingdotseq 0.94$ が得られる．

## §4.5 コロイド溶液

【コロイドの種類】

物質が微粒子状に分散している状態を総称して**コロイド**という．デンプン水溶液，石けん水，牛乳などのように，直径が $10^{-7} \sim 10^{-5}$ cm 程度の微粒子（**コロイド粒子**）が水などの溶媒に分散している溶液を**コロイド溶液**という．これに対して，普通の分子やイオンのように，直径が $10^{-8}$ cm 程度の大きさの粒子が分散している溶液を**真の溶液**という．コロイドはわれわれの日常生活と密接な関係がある．ミルク，バター，固形燃料，ヘアスプレー，シャンプー，インキ，塗料，煙，霧など枚挙にいとまがない．血液もリンパ液もコロイド溶液で

あるし，大気や海や河川・湖沼などの水もコロイドである．

一般にコロイド粒子のように，媒質中に分散して浮遊している粒子を**分散質**，水のようにコロイド粒子を分散させている媒質を**分散媒**という．また，分散質と分散媒からなる系を**分散系**という．

牛乳やマヨネーズでは水の中に脂肪の分子が分散しており，バターやグリースなどは脂肪の中に水分子が分散している．このように，コロイド粒子が媒質中に分散しているコロイドを**分散コロイド**という．

1個のコロイド粒子は $10^3 \sim 10^9$ 個の原子からできている．タンパク質やデンプン，ゼリー，ニカワなどの高分子物質は，1個の分子がこの程度の数の原子からできているので，分子自体がコロイド粒子になり，**分子コロイド**とよばれる．

石けん分子は1分子が50個足らずの原子からできており，多数の分子が集合してコロイド粒子をつくる．洗剤水溶液のように分子集合体からなるコロイドを**ミセル**という．

牛乳のように，流動性をもつコロイドを**ゾル**という．分散媒が水の場合を**ヒドロゾル**といい，分散媒が有機溶媒の場合を**オルガノゾル**という．バターや寒天のように流動性が小さくなったコロイドを**ゲル**といい，弾性をもったゲルは**ゼリー**とよばれる．ゲルを乾燥したものを**キセロゲル**といい，シリカゲルや活性炭がその代表的なものである．これらは表面積がきわめて大きく（1 g が数百 $m^2$ の表面積をもつ），種々の物質をよく吸着するので乾燥剤や脱臭剤などに用いられている．モレキュラーシーブは多孔質で，孔に合う大きさの分子のみを吸着するので，分子ふるいとして作用する．コロイド粒子のもつ大きな界面は，触媒として化学工業では広く利用されている．

霧や煙などは，気体中に液体や固体の微粒子が分散したコロイドで，**エーロゾル（気体コロイド）** とよばれている．固体を分散媒とする**固体コロイド**には色ガラスやルビー，オパールなどがある．

【コロイドの性質】

コロイド溶液に横から強い光をあてると，コロイド粒子が光を散乱させるた

め，光の進路が光って見える．これを**チンダル現象**といい，真の溶液には見られない現象である．

また，コロイド溶液を限外顕微鏡で見ると，コロイド粒子によって散乱された光が小さな光点となって不規則なジグザグ運動をしているのが見える．この運動は，重いコロイド粒子に軽い溶媒分子が衝突することにより起こるもので，**ブラウン運動**とよばれている．

塩化鉄(III)の飽和水溶液を加熱すると赤褐色の水酸化鉄(III)のコロイド溶液が得られる．これをセルロース膜やセロハンに包んで流水中に浸すと，$H^+$ や $Cl^-$ はセロハン膜を通過して除かれ，コロイド粒子を精製することができる．このような方法を**透析**という．腎臓病の場合，血液に溶けている老廃物はこの方法を応用した**人工透析法**によって除去される．

水酸化鉄(III)コロイド溶液をU字管に入れ，電極を挿入して，直流電圧をかけると，コロイド粒子は負極の方向に移動する．これは水酸化鉄(III)のコロイド粒子が正に帯電しているからである．このように，電場の中を溶質が移動する現象を**電気泳動**という．コロイド粒子は，その構成物質自身が電離したり，あるいは陽イオンや陰イオンを選択的に吸着したりするために，一般に正または負に帯電している．電気泳動の方向によって，正負の帯電の様子がわかる．硫黄や粘土などのコロイド粒子は負に帯電している．

水酸化鉄(III)コロイド溶液は，コロイド粒子がすべて正に帯電しており，互いに反発しているため，放置しても沈殿しにくい．しかし硫酸ナトリウムを少量加えるだけで容易に沈殿を生じる．硫酸イオンがコロイド粒子に吸着して電荷が中和され，反発力を失って互いに集合し，大きな粒子となるためである．この現象を**凝析**という．コロイド粒子と反対符号の大きな電荷をもつイオンほど，凝析させやすい．土砂で濁った水には負に帯電した粘土のコロイド粒子が分散している．これを浄化するには，アルミニウムイオンが有効である．浄水場における飲料水の急速浄化には，硫酸カリウムアルミニウム（ミョウバン）が用いられている．

水酸化鉄(III)コロイド溶液は少量の電解質を加えるだけで凝析する．この

ようなコロイドはコロイド粒子と水との親和力が小さく，**疎水コロイド**とよばれる．これに対してデンプンやゼラチンは，多量の電解質を加えないと沈殿しない．コロイド粒子と水との親和力が大きく，コロイド粒子が多くの水分子を引きつけて安定しているからである．この種のコロイドを**親水コロイド**という．このように多量の電解質を加えることによってコロイド粒子が沈殿する現象を**塩析**という．

疎水コロイドに親水コロイドを加えると，親水コロイドが疎水コロイドを包んで安定化する．このような目的のために加えられる親水コロイドを**保護コロイド**といい，その作用を**保護作用**という．墨汁にはニカワが，インキにはアラビアゴムが保護コロイドとして加えてある．油などに石けんなどの界面活性剤を添加すると，界面活性剤が保護コロイドとなって油の粒子を包み込んだミセルとなり，水の中に分散させることができる．

## §4.6　電解質溶液の電気伝導率

【電気伝導率】

2個の平板白金電極を互いに向き合うよう組み込んだ容器（伝導率測定容器，図4.4）に，電解質溶液を入れて電圧をかけたとき，その電極間の電気伝導に対してOhmの法則が成り立つ．

$$I = \frac{E}{R} \tag{4-18}$$

ここで$I$は電流（単位アンペア：記号A），$E$は電極間の電位差（単位ボルト：記号V），$R$は電気抵抗（単位オーム：記号Ω）である．抵抗は導体の長さ$l$に比例し，断面積$A$に逆比例する．

$$R = \rho \frac{l}{A} \tag{4-19}$$

ここで$\rho$は**比抵抗**（単位：Ω m）とよばれ，その導体に固有の定数で，導体1 m³の立方体の示す抵抗に相当する．電解質溶液の場合は，電気抵抗の逆数

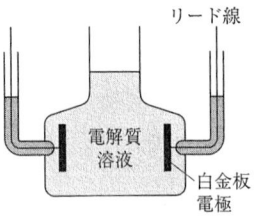

図4.4　伝導率測定容器

であるコンダクタンス（単位ジーメンス：記号 S $(\Omega^{-1})$）が用いられる．比抵抗の逆数を**比伝導率**（単位：$S\,m^{-1}$）とよぶ．比伝導率はたんに**伝導率**あるいは**伝導度**ともよばれ，これを $\kappa$ で表すと，

$$\kappa = \frac{1}{\rho} = \frac{l}{AR} = \frac{K}{R} \qquad (4\text{-}20)$$

である．この式で $K = \dfrac{l}{A}$ は，伝導率測定用の容器によって決まる定数であり**容器定数**という．その値は，比伝導率既知の溶液を入れて容器の抵抗を測定することにより求められる．

　比伝導率は定義によると $1\,m^3$ の立方体の溶液が示す抵抗値の逆数である．これは，一辺 10 cm の正方形の電極 2 個を，1 cm 離して平行に固定したとき，電極間にはさまれた部分の溶液が示す抵抗値の逆数に等しい．最近は，容器定数既知の直読式伝導率測定装置が市販され普及している．

　伝導率は，水質測定や河川水の汚染測定などに利用されている．通常の水道水は $8 \times 10^{-3}\,S\,m^{-1}$ くらいの伝導率を示す．河川水は場所にもよるが $1.1 \times 10^{-2}\,S\,m^{-1}$ くらいであり，塩分を含む海水は $4 \sim 5\,S\,m^{-1}$ くらい，生理食塩水は $1.5\,S\,m^{-1}$ くらいである．蒸留水にも普通は空気中の炭酸ガスが溶け込んでいるので，$10^{-3}\,S\,m^{-1}$ 以上の値を示す．蒸留水を煮沸したり窒素ガスを通気して炭酸ガスを除去すると，$10^{-3}\,S\,m^{-1}$ 以下のものが得られる．伝導率測定用には $10^{-4}\,S\,m^{-1}$ 以下の水が必要である．イオン交換樹脂を通した直後は $10^{-5}\,S\,m^{-1}$ くらいの純水が得られる．この純水をさらに精製したものを超純水という．半導体工業では超純水が重要である．Kohlrausch（コールラウシュ）らが蒸留を繰り返して精製した水の伝導率は，25 ℃，1 atm において $5.5 \times 10^{-6}\,S\,m^{-1}$ であった．これは水の自己解離により生じた水素イオンと水酸化物イオンによるもので，これ以上伝導率の低い水は存在しない．


【モル伝導率】

　電解質の電離度は濃度によって変わるので，溶液の伝導率も濃度によって変わる．そこで，物質量 1 mol あたりに換算した伝導率として**モル伝導率**（記号 $\Lambda$）を次のように定義する．

$$\Lambda = \frac{\kappa}{C} \quad (4\text{-}21)$$

ここで $C$ は容量モル濃度である．モル伝導率の SI 単位は $\text{S m}^2\,\text{mol}^{-1}$ となっている．図 4.5 に，強電解質である KCl と弱電解質である酢酸について，水溶液濃度によるモル伝導率の変化を示す．強電解質では，濃度があまり高くない範囲であれば次の関係が成り立つ．

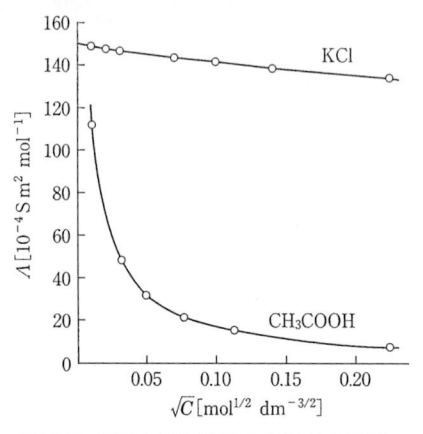

図 4.5 濃度とモル伝導率の関係（25℃）

$$\Lambda = \Lambda_0 - k\,C^{\frac{1}{2}} \quad (4\text{-}22)$$

この場合，$k$ は定数で，$\Lambda_0$ は**無限希釈におけるモル伝導率**である．$\Lambda_0$ はこの関係を利用して実験的に求められる．無限希釈ではイオン間の相互作用を無視できるので，陽イオンと陰イオンは独立に移動して $\Lambda_0$ に寄与すると考えられ，次の関係が成り立つ．

$$\Lambda_0 = \Lambda_+ + \Lambda_- \quad (4\text{-}23)$$

これを Kohlrausch の**イオン独立移動の法則**という．$\Lambda_+$，$\Lambda_-$ は，それぞれ陽イオンおよび陰イオンの**モルイオン伝導率**である．

弱電解質のモル伝導率は，濃度の低いところで急激に増加するので，無限希釈への補外により無限希釈伝導率を求めることができない．そのため弱電解質の無限希釈伝導率は，(4-23)式の関係を用いて計算により求められる．

弱電解質の場合，ある濃度における電離度を $\alpha$ とすると，その濃度におけるモル伝導率は

$$\Lambda = \alpha\Lambda_+ + \alpha\Lambda_- = \alpha\Lambda_0 \quad (4\text{-}24)$$

で与えられる．したがって，

$$\alpha = \frac{\Lambda}{\Lambda_0} \quad (4\text{-}25)$$

§4.6 電解質溶液の電気伝導率

表4.5 モルイオン伝導率
($25\,°C$, $\Lambda/10^{-4}\,S\,m^2\,mol^{-1}$)

| 陽イオン | $\Lambda_+$ | 陰イオン | $\Lambda_-$ |
|---|---|---|---|
| $H^+$ | 349.8 | $OH^-$ | 198 |
| $K^+$ | 73.5 | $Br^-$ | 78.4 |
| $NH^+$ | 73.4 | $Cl^-$ | 76.3 |
| $Na^+$ | 50.1 | $NO_3^-$ | 71.4 |
| $\frac{1}{2}Ca^{2+}$ | 59.5 | $CH_3COO^-$ | 40.9 |
| $\frac{1}{2}Mg^{2+}$ | 53.1 | $\frac{1}{2}SO_4^{2-}$ | 79.8 |

となり, $\Lambda$ の測定値と $\Lambda_0$ が与えられれば電離度 $\alpha$ を計算することができる.

溶液の伝導率はイオン数および電荷とともに増加するので, $Mg^{2+}$, $Ca^{2+}$, $SO_4^{2-}$ など2価イオンのモル伝導率は $\frac{1}{2}$ mol の値で示される. これは化学当量あたりの伝導率となるので, **当量伝導率** ともよばれる.

**例題4.8** HCl, NaCl, $CH_3COONa$ の $\Lambda_0$ はそれぞれ $426.1 \times 10^{-4}\,S\,m^2\,mol^{-1}$, $126.5 \times 10^{-4}\,S\,m^2\,mol^{-1}$, $91.0 \times 10^{-4}\,S\,m^2\,mol^{-1}$ である. このとき, 酢酸 $CH_3COOH$ の $\Lambda_0$ を求めよ.

**解** $\Lambda_0(CH_3COOH) = \Lambda(H^+) + \Lambda(CH_3COO^-)$
$= \Lambda_0(HCl) + \Lambda_0(CH_3COONa) - \Lambda_0(NaCl)$
$= 390.6 \times 10^{-4}\,S\,m^2\,mol^{-1}$

**例題4.9** 容器定数 $99.0\,m^{-1}$ の伝導率測定容器を用いて, $0.05\,mol\,l^{-1}$ 酢酸水溶液の抵抗を測ったところ $2.69 \times 10^3\,\Omega$ であった. 酢酸の電離度を求めよ.

**解** この酢酸水溶液の伝導率は (4-20) 式から $3.68 \times 10^{-2}\,S\,m^{-1}$. モル伝導率は (4-21) 式から

$$\Lambda = \frac{\kappa}{C} = \frac{3.68 \times 10^{-2}\,S\,m^{-1}}{0.05 \times 10^3\,mol\,m^{-3}} = 7.36 \times 10^{-4}\,S\,m^2\,mol^{-1}$$

したがって, 酢酸の電離度は (4-25) 式から ($\Lambda_0$ は例題4.8より),

$$\alpha = \frac{\Lambda}{\Lambda_0} = \frac{7.36 \times 10^{-4}\,S\,m^2\,mol^{-1}}{390.6 \times 10^{-4}\,S\,m^2\,mol^{-1}} = 0.0188$$

## 【イオンの輸率,イオン移動度】

電解質溶液中を電流が流れるとき,電流は陽イオンと陰イオンが分担して運んでいる.各イオンが運ぶ電気量の割合を**輸率**という.陽イオンの輸率を $t_+$, 陰イオンの輸率を $t_-$ とすると,次の関係がある.

$$t_+ + t_- = 1 \tag{4-26}$$

$$t_+ = \frac{\Lambda_+}{\Lambda_+ + \Lambda_-} = \frac{\Lambda_+}{\Lambda_0} \qquad t_- = \frac{\Lambda_-}{\Lambda_+ + \Lambda_-} = \frac{\Lambda_-}{\Lambda_0} \tag{4-27}$$

輸率が陽イオンと陰イオンで異なるのは,電場の中で各イオンの移動速度が異なるためである.イオンが電場で移動する速度 $v$ は,電場が大きくない場合,電場の強さ $E$(電位勾配:$V\,m^{-1}$)に比例する.

$$v = uE \tag{4-28}$$

$u$ は,単位強さの電場におけるイオンの移動速度で,**イオン移動度**とよばれる.SI単位は $m^2\,s^{-1}\,V^{-1}$ である.イオン移動度 $u_+$, $u_-$ とモルイオン伝導率 $\Lambda_+$, $\Lambda_-$ の間には次の関係がある.

表4.6 イオン移動度(25 ℃, $u/10^{-8}\,m^2\,s^{-1}\,V^{-1}$)

| 陽イオン | $u_+$ | 陰イオン | $u_-$ |
|---|---|---|---|
| $H^+$ | 36.30 | $OH^-$ | 20.52 |
| $K^+$ | 7.62 | $Br^-$ | 8.12 |
| $NH_4^+$ | 7.2 | $Cl^-$ | 7.91 |
| $Na^+$ | 5.19 | $NO_3^-$ | 7.40 |
| $Ca^{2+}$ | 6.16 | $CH_3COO^-$ | 4.23 |
| $Mg^{2+}$ | 5.50 | $SO_4^{2-}$ | 8.27 |

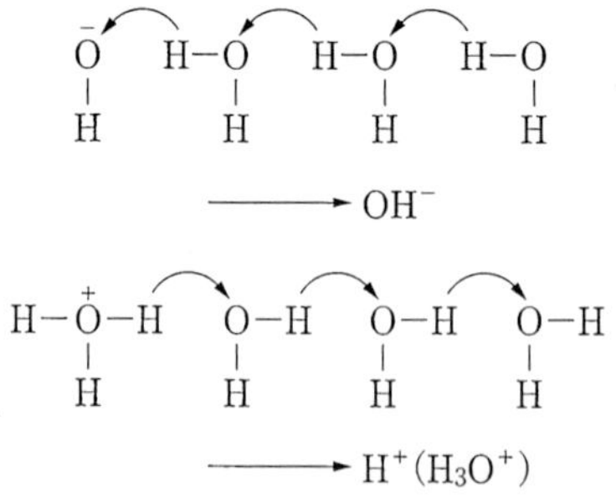

図4.6 $H^+$ イオンと $OH^-$ イオンの移動

§4.6 電解質溶液の電気伝導率 61

$$\Lambda_+ = F u_+ \qquad \Lambda_- = F u_- \qquad (4\text{-}29)$$

ここで $F$ は**ファラデー定数**である．(4-29)式の関係により，モルイオン伝導率 $\Lambda_+$, $\Lambda_-$ の値から，イオン移動度 $u_+$, $u_-$ を求めることができる．表4.6に，代表的なイオンについて水溶液中のイオン移動度の値を示す．$H^+$ イオンと $OH^-$ イオンの移動度が，他のイオンに比べて著しく大きいことがわかる．これは，水分子が**水素結合**で結合しているため，水素原子が隣接する水分子の酸素原子の近傍に移動するだけで，$H^+$ イオンと $OH^-$ イオンが移動することになるからである（図4.6）．水素結合が規則正しくつくられる氷中において $H^+$ イオンの移動は水中より100倍も速い．

陽イオンのみを透過させる陽イオン交換膜と陰イオンのみを透過させる陰イオン交換膜を図4.7のようにセットして海水を入れ，電極間に電圧をかけると，$Na^+$ は陰イオン交換膜を，$Cl^-$ は陽イオン交換膜を透過できないため，濃縮塩溶液と希釈塩溶液ができる．この方法を電気透析法という．電気透析法を用いて，海水濃縮による製塩と，海水の淡水化を同時に行うことができる．

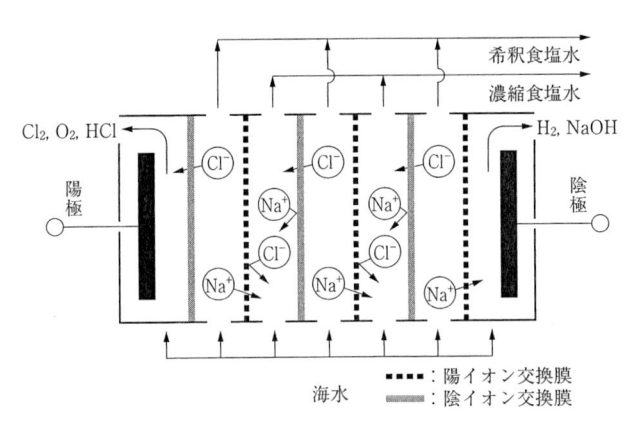

図4.7 電気透析法による海水の濃縮と淡水化

## 練習問題 4

⟨1⟩ 90 ℃ における硝酸ナトリウムの飽和水溶液 300 g を，20 ℃ に冷却すると何 g の結晶が析出するか．90 ℃ と 20 ℃ における硝酸ナトリウムの溶解度は，それぞれ 160, 88 である．

⟨2⟩ 20 ℃，1 atm のもとで，空気で飽和した水溶液 1 $l$ 中に溶けている酸素と窒素の濃度比を求めよ．ただし空気は体積比 4：1 の窒素と酸素からなるものとし，気体の溶解度は表 4.1 あるいは表 4.2 の値を用いよ．

⟨3⟩ 二酸化炭素の水に対する Henry 法則定数は 25 ℃ で $1.64 \times 10^3$ atm，空気中の二酸化炭素の体積百分率は 0.03 % である．25 ℃，1 atm の空気と接触し平衡状態にある水に溶けた二酸化炭素のモル濃度はいくらか．

⟨4⟩ 1 atm のもとで，空気で飽和した水の凝固点降下度を求めよ．ただし空気の組成は，窒素 79 %，酸素 21 % とする．0 ℃ における Bunsen 吸収係数は窒素 0.0231 atm$^{-1}$，酸素 0.0489 atm$^{-1}$ とする．

⟨5⟩ ある非電解質 2.56 g を，ベンゼン $C_6H_6$ 50.0 g に溶解したところ，凝固点は 4.49 ℃ であった．この非電解質の分子量を求めよ．

⟨6⟩ 不凍結剤としてエチレングリコール $C_2H_4(OH)_2$ を水に 50 wt% 加えた．この不凍液の凝固点は何 ℃ か．

⟨7⟩ ショ糖 100 g を水に溶かして 1 $l$ の水溶液とした．37 ℃ のとき，この水溶液の浸透圧は，ほぼ人間の血液の浸透圧に等しい．人間の血液の浸透圧を求めよ．ただし，ショ糖の分子量は 342，人間の体温は 37.0 ℃ とする．

⟨8⟩ 生理食塩水は 100 m$l$ 中に約 0.85 g の食塩を含み，人間の血清と等張（浸透圧が等しいこと）である．37 ℃ における生理食塩水の浸透圧を求めよ．

⟨9⟩ 27 ℃ において，ある非電解質高分子 2.5 g を有機溶媒（密度 0.9 g cm$^{-3}$）に溶かし 300 m$l$ の溶液とした．この溶液の浸透圧を測ったところ，0.0091 atm であった．この物質の分子量はいくらか．また，この浸透圧は溶液柱の高さにすると何 cm に相当するか．水銀の密度を 13.6 g cm$^{-3}$ とする．

⟨10⟩ 25 ℃ において，ある伝導率測定用容器に $0.01\ \mathrm{mol}\ l^{-1}$ KCl 水溶液 ($\kappa = 0.141\ \mathrm{S\ m^{-1}}$) を入れ抵抗を測定したところ $256.5\ \Omega$ であった．容器定数を求めよ．

⟨11⟩ 20 ℃，1 atm における酸素の Bunsen 吸収係数から Henry 法則定数を求めよ．

## 解 答

⟨1⟩ 90 ℃ における硝酸ナトリウムの飽和水溶液 300 g 中には，硝酸ナトリウムが $\dfrac{160 \times 300}{260} = 184.6\ \mathrm{g}$ 溶けており，水は 115.4 g である．20 ℃ で水 115.4 g に溶ける硝酸ナトリウムは $88 \times 115.4 \div 100 = 101.6\ \mathrm{g}$ である．したがって，$184.6\ \mathrm{g} - 101.6\ \mathrm{g} = 83.0\ \mathrm{g}$ 析出する．

⟨2⟩ 1 atm における空気中窒素の分圧は 0.8 atm である．ゆえに，このとき標準状態で水溶液 1 ml 中に溶ける窒素は $0.016 \times 0.8 = 0.013\ \mathrm{ml}$，酸素は $0.031 \times 0.2 = 0.0062\ \mathrm{ml}$ となる．したがって，水に溶けている酸素と窒素の濃度比は，酸素：窒素 $= 0.0062 : 0.013 \fallingdotseq 1 : 2$ となる．

⟨3⟩ (4-1)式から二酸化炭素のモル分率は

$$\frac{1\ \mathrm{atm} \times 3 \times 10^{-4}}{1.64 \times 10^3\ \mathrm{atm}} = 1.83 \times 10^{-7}$$

水 1 l は 55.5 mol であり，水に溶けている二酸化炭素のモル数は無視できるほど小さいので，モル濃度は $55.5 \times 1.83 \times 10^{-7} = 1.02 \times 10^{-5}\ \mathrm{mol}\ l^{-1}$．

⟨4⟩ 0 ℃，1 atm，標準状態で水溶液 1 l 中に溶ける窒素と酸素の濃度は

窒素：$\dfrac{0.0231\ \mathrm{atm^{-1}} \times 0.79\ \mathrm{atm}}{22.4\ l\ \mathrm{mol^{-1}}} = 8.15 \times 10^{-4}\ \mathrm{mol}\ l^{-1}$

酸素：$\dfrac{0.0489\ \mathrm{atm^{-1}} \times 0.21\ \mathrm{atm}}{22.4\ l\ \mathrm{mol^{-1}}} = 4.58 \times 10^{-4}\ \mathrm{mol}\ l^{-1}$

よって窒素と酸素，合わせて $1.27 \times 10^{-3}\ \mathrm{mol}\ l^{-1}$ となる．溶解している気体の量はごくわずかで，容量モル濃度は質量モル濃度に等しいとおいてよいから，凝固点降下度は (4-5)式から $1.86 \times 1.27 \times 10^{-3} = 0.0024\ \mathrm{K}$ となる．第 14 章 練習問題 ⟨6⟩ にあるように，圧力による水の凝固点降下度 0.0075 K と

合わせると，氷の融点は三重点よりも約 0.01 K 低いことが示される．

⟨5⟩ 表 4.4 から凝固点降下度は $5.45 - 4.49 = 0.96$ K．よって (4-10) 式から，

$$M = \frac{5.07 \text{ K mol}^{-1} \text{ kg} \times 2.56 \text{ g}}{0.96 \text{ K} \times 0.05 \text{ kg}} = 270.4 \text{ g mol}^{-1}$$

分子量は 270.4．

⟨6⟩ エチレングリコールの質量モル濃度は $\frac{500 \text{ g kg}^{-1}}{62 \text{ g mol}^{-1}} = 8.06$ mol kg$^{-1}$．よって (4-5) 式から，水の凝固点降下度は $1.86$ K mol$^{-1}$ kg $\times 8.06$ mol kg$^{-1}$ $= 15.0$ K となり，この不凍液は $-15$ ℃ までは凍らない．

⟨7⟩ (4-12) 式から，

$$\Pi = \frac{100 \text{ g } l^{-1}}{342 \text{ g mol}^{-1}} \times 0.082 \text{ atm } l \text{ mol}^{-1} \text{ K}^{-1} \times 310 \text{ K} = 7.43 \text{ atm}$$

人間の血液の浸透圧に等しい浸透圧をもつ飲料は，胃壁から吸収されやすい．スポーツ飲料は適当な浸透圧となるように成分が調節されている．

⟨8⟩ 食塩は完全に電離するとして (4-14) 式から，

$$\Pi = \frac{2 \times 8.5 \text{ g } l^{-1}}{58.5 \text{ g mol}^{-1}} \times 0.082 \text{ atm } l \text{ mol}^{-1} \text{ K}^{-1} \times 310 \text{ K} = 7.39 \text{ atm}$$

⟨9⟩ (4-13) 式から，

$$M = \frac{2.5 \text{ g} \times 0.082 \text{ atm } l \text{ mol}^{-1} \text{ K}^{-1} \times 300 \text{ K}}{0.0091 \text{ atm} \times 0.3 \, l} = 2.25 \times 10^4 \text{ g mol}^{-1}$$

したがって，分子量は $2.25 \times 10^4$．溶液柱の高さは

$$\frac{0.0091 \text{ atm} \times 76 \text{ cm atm}^{-1} \times 13.6 \text{ g cm}^{-3}}{0.9 \text{ g cm}^{-3}} = 10.45 \text{ cm}$$

⟨10⟩ (4-20) 式から $K = \kappa R = 0.141$ S m$^{-1}$ $\times 256.5$ Ω $= 36.17$ m$^{-1}$．単位 S は Ω$^{-1}$ に等しい．

⟨11⟩ Bunsen 吸収係数から求めた酸素の飽和水溶液 $1 \, l$ 中の物質量は 0.00138 mol であった（例題 4.3）．水 $1 \, l$ 中には，水が $\frac{1000 \text{ g}}{18 \text{ g mol}^{-1}} = 55.5$ mol 含まれている．溶解している酸素の量は極めて少ないので，溶液の体積は変化しないものと考えてよいから，酸素のモル分率は $\frac{0.00138}{0.00138 + 55.5} = 0.0000249$．この値を (4-1) 式に代入し $p = 1$ atm とすると，$K_H = 4.02 \times 10^4$ atm が得られる．同様にして窒素，二酸化炭素などの Henry 法則定数が求められる．

# 第5章　化学反応と化学平衡

　化学反応や物質の状態変化には必ずエネルギーの出入りがともなう．このエネルギーの出入りは，普通には熱の出入りとして観測されるので，反応熱から，反応系と生成系のそれぞれのもつエネルギーの差を知ることができる．化学反応には，炭素の燃焼反応のように一方向にしか進まないものもあれば，ヨウ素と水素からヨウ化水素を生じる反応のように反応が完全には進まず平衡状態になるものもある．化学平衡の法則から反応がいずれの方向に進むかを予測することができる．

## §5.1　化学反応と熱エネルギー

　炭素が燃焼して二酸化炭素を生じるときの反応熱は，温度と圧力が一定のもとでは，反応の経路によらず常に一定である．一般に，化学変化にともなって発生あるいは吸収する熱は，変化のはじめの状態と終わりの状態だけで決まり，途中経過する状態によらず一定である．これを**総熱量不変の法則**あるいは**Hess（ヘス）の法則**という．

　このように，それぞれの化学反応にともなう固有の熱の出入りがある．これは，図5.1に示したように，物質それぞれに固有のエネルギー状態があって，反応する物質のもつエネルギーの総和と，生成した物質のもつエネルギーの総和に一定の差があるからである．反応系のエネルギーの総和が生成系のそれよりも高いときは**発熱反応**となり，逆に，反応系のエネルギーの総和が生成系のそれよりも低いときは**吸熱反応**となる．

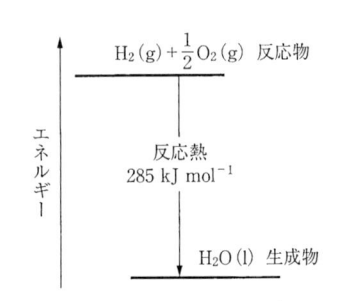

図5.1　反応熱とエンタルピー
反応系のエンタルピー（熱含量）が生成系のエンタルピーよりも285 kJ mol$^{-1}$多いことを示している．また，(g)は気体；(l)は液体状態を表す．

$H_2(g) + \frac{1}{2}O_2(g)$　反応物

エネルギー

反応熱
285 kJ mol$^{-1}$

$H_2O(l)$　生成物

化学反応の熱は，その反応が行われる条件によって異なる．普通，化学反応は一定の圧力のもとで行われることが多い．一定の圧力のもとにおける反応熱を**定圧反応熱**という．このような，一定の圧力のもとで反応熱として現れる系に固有のエネルギーを，**エンタルピー**（熱含量）という．エンタルピーは記号 $H$ で表される．一定の圧力と温度における反応熱は，生成系と反応系のエンタルピーの差に等しく，定圧反応熱を記号 $\Delta H$ で表す．

## §5.2 熱化学

化学反応式(または化学方程式)に反応熱 $\Delta H$ を付記したものを**熱化学方程式**という．たとえば，1 atm，25 ℃ において，水素 1 mol が完全燃焼して水を生じるとき，285.8 kJ の熱が発生する．この反応は次のような熱化学方程式で表される．

$$H_2(g) + \frac{1}{2}O_2(g) \rightarrow H_2O(l) \qquad \Delta H^\circ_{298} = -285.8 \text{ kJ mol}^{-1} \qquad (5\text{-}1)$$

化学式のあとのかっこ内には g, l, s, aq などが入り，それぞれ気体，液体，固体，希薄水溶液といった，その物質の状態を指定する．反応熱は温度と圧力に依存するので，$\Delta H$ にそのときの温度と圧力を添え字として示す．特に，1 気圧下にある状態をその温度における**標準状態**と定義し，右肩に記号 $^\circ$ をつけて表す．温度は右下に添えて示す．(5-1) 式で $\Delta H^\circ_{298}$ と書かれているのは，298 K，1 atm における反応熱という意味である．$\Delta H$ の符号は，熱が系に取り込まれるときを正に，熱が放出されるときを負にとるものと定められている．それゆえ $\Delta H$ は，発熱反応では負の値となり，吸熱反応では正の値となる．単位はジュール（記号 J）を用いる．反応熱の種類と熱化学方程式の例を次に示す．

- **生成熱** $\quad \dfrac{1}{2}H_2(g) + \dfrac{1}{2}I_2(s) \rightarrow HI(g) \qquad \Delta H^\circ_{298} = 25.9 \text{ kJ mol}^{-1}$

物質 1 mol が成分元素の単体から生成するとき発生または吸収される熱

表5.1 反応熱 (kJ mol$^{-1}$, 298.15 K)

| 燃焼熱 | | 生成熱 | | 溶解熱 | |
|---|---|---|---|---|---|
| $H_2$ | 285.8 | $CO_2$ | $-393.5$ | NaCl | 4.3 |
| CO | $-282.6$ | CO | $-110.9$ | NaOH | $-44.3$ |
| $CH_4$ | $-890.4$ | $CH_4$ | $-74.7$ | HCl | $-74.9$ |
| $C_3H_8$ | $-2217.9$ | $NH_3$ | $-46.0$ | KCl | 17.2 |
| $C_2H_5OH$ | $-1366.8$ | $C_6H_6$ | $-49.0$ | $C_2H_5OH$ | $-10.0$ |

- **分解熱**　$H_2O(l) \rightarrow H_2(g) + \frac{1}{2} O_2(g)$　　　$\Delta H^\circ_{298} = 285.8 \text{ kJ mol}^{-1}$

物質 1 mol が成分の単体に分解されるとき発生または吸収される熱

- **解離熱**　$CaCO_3(s) \rightarrow CaO(s) + CO_2(g)$　　$\Delta H^\circ_{298} = 168.9 \text{ kJ mol}^{-1}$

物質 1 mol が解離するとき発生または吸収される熱

- **燃焼熱**　$C(s) + O_2(g) \rightarrow CO_2(g)$　　　$\Delta H^\circ_{298} = -393.5 \text{ kJ mol}^{-1}$

物質 1 mol が完全に燃焼するとき発生する熱

- **溶解熱**　$KNO_3(s) + aq \rightarrow K^+(aq) + NO_3^-(aq)$

$$\Delta H^\circ_{298} = 34.7 \text{ kJ mol}^{-1}$$

物質 1 mol を多量の水 (aq) に溶解するとき発生または吸収される熱

- **融解熱**　$H_2O(s) \rightarrow H_2O(l)$　　　$\Delta H^\circ_{273} = 6.008 \text{ kJ mol}^{-1}$
- **蒸発熱**　$H_2O(l) \rightarrow H_2O(g)$　　　$\Delta H^\circ_{373} = 40.66 \text{ kJ mol}^{-1}$
- **中和熱**　$H^+(aq) + OH^-(aq) = H_2O(l)$　　$\Delta H^\circ_{298} = -56.5 \text{ kJ mol}^{-1}$

1 mol の水素イオンと 1 mol の水酸化物イオンが反応して，酸と塩基が中和されるとき発生する熱

**熱の単位**　従来，化学では，水 1 g を 14.5℃ から 15.5℃ にするために必要な熱を 1 カロリー (記号 cal) と定め，これを熱の単位として長らく用いてきた．現在でも，医学や栄養学の分野ではこの単位が用いられており，人間の基礎代謝や食品の熱量表示として日常よく見聞きする．近年，その他の分野で

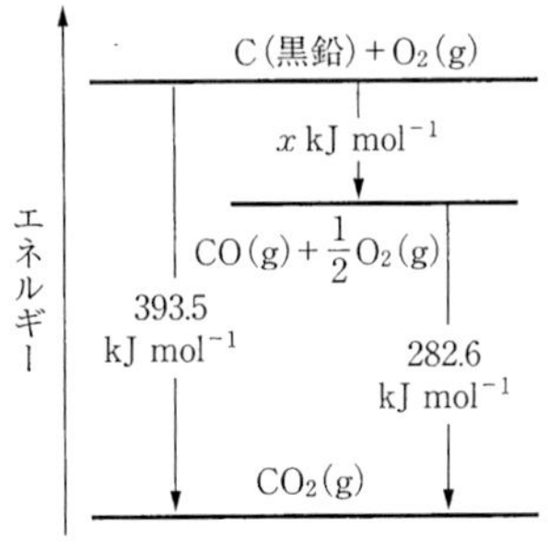

図 5.2　一酸化炭素の生成熱　C (黒鉛) の燃焼熱と CO (g) の燃焼熱の差 $x$ が CO (g) の生成熱となる．

はジュール単位を用いることが多くなり，今日では化学分野でも熱量の単位にジュールを用いる．

## 【Hess の法則の応用】

Hess の法則により，化学反応式に付記されている反応熱は，化学反応式に付随して足したり引いたりすることができる．したがって実測が困難な反応熱は，計算により求められる（図5.2）．

**例題 5.1** 一酸化炭素の生成熱を直接測定することはできない．炭素および一酸化炭素の燃焼熱が次の式(1)および(2)で与えられている．Hess の法則により，一酸化炭素の生成熱を求めよ．

$$C(s) + O_2(g) \rightarrow CO_2(g) \qquad \Delta H_{298}^\circ = -393.5 \text{ kJ mol}^{-1} \qquad (1)$$

$$CO(g) + \frac{1}{2}O_2(g) \rightarrow CO_2(g) \qquad \Delta H_{298}^\circ = -282.6 \text{ kJ mol}^{-1} \qquad (2)$$

**解** 一酸化炭素の生成熱は，図 5.2 に示すように Hess の法則により，式 (1) から式 (2) を引いて得られる．

$$C(s) + \frac{1}{2}O_2(g) \rightarrow CO(g) \qquad \Delta H_{298}^\circ = -110.9 \text{ kJ mol}^{-1} \qquad (3)$$

**例題 5.2** エタノールの生成熱を直接測定することはできない．25 ℃，1 atm における炭素(黒鉛)，水素，エタノールの燃焼熱はそれぞれ 393.5 kJ mol$^{-1}$，285.8 kJ mol$^{-1}$，1366.8 kJ mol$^{-1}$ である．エタノールの生成熱を求めよ．

**解** 与えられた燃焼反応の熱化学方程式は次のように表される．

$$C(s) + O_2(g) \rightarrow CO_2(g) \qquad \Delta H_{298}^\circ = -393.5 \text{ kJ mol}^{-1} \qquad (1)$$

$$H_2(g) + \frac{1}{2}O_2(g) \rightarrow H_2O(l) \qquad \Delta H_{298}^\circ = -285.8 \text{ kJ mol}^{-1} \qquad (2)$$

$$C_2H_5OH(l) + 3O_2(g) \rightarrow 2CO_2(g) + 3H_2O(l)$$
$$\Delta H_{298}^\circ = -1366.8 \text{ kJ mol}^{-1} \qquad (3)$$

エタノールの生成反応は次のように，(1)×2+(2)×3−(3)で与えられる．

$$2C(s) + 3H_2(g) + \frac{1}{2}O_2(g) \rightarrow C_2H_5OH(l) \qquad \Delta H_{298}^\circ = -277.6 \text{ kJ mol}^{-1}$$

エタノールの生成熱は，−277.6 kJ mol$^{-1}$ である．

## §5.3 化学平衡と平衡定数

### 【可逆反応と化学平衡】

炭素の燃焼反応は，酸素が供給される限り，炭素がなくなるまで燃焼が続く．また，亜鉛に希硫酸を作用させると反応物のいずれかがなくなるまで水素が発生する．このように一方向だけに進行する反応を，**不可逆反応**という．この種の反応は気体が発生したり，沈殿を生じる反応に多い．これに対して，水素とヨウ素が反応してヨウ化水素を生じる反応では，ヨウ化水素が水素とヨウ素に解離する逆反応も起こる．このように逆方向にも起こる反応を**可逆反応**といい，次のように表す．

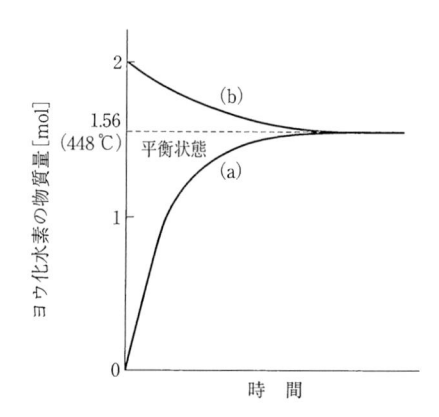

$$H_2(g) + I_2(g) \rightleftarrows 2HI(g) \tag{5-2}$$

図5.3 $H_2 + I_2 \rightleftarrows 2HI$ の平衡状態 水素1mol＋ヨウ素1mol(a)，ヨウ化水素2mol(b)から出発しても，時間が経てば同じ平衡状態になる．

右向きの矢印で示される反応を**正反応**，左向きの矢印で示される反応を**逆反応**という．

一定温度，密閉容器中において水素1molとヨウ素1molを反応させたときのヨウ化水素濃度の時間変化と，ヨウ化水素2molを同じ条件の容器内に放置したときの濃度変化を図5.3に示す．このように可逆反応では，正反応も逆反応も時間が経過すると同じ状態に落ち着き，見かけ上は反応が停止したような状態になる．このような状態を**化学平衡**という．

### 【平衡定数】

化学平衡の状態では，(5-2)式の反応が停止したのではなく，正反応と逆反応の速度が等しくなって見かけ上の変化がないだけである．(5-2)式の反応において，正反応の速度を $v_1$，逆反応の速度を $v_2$ とすると次のような関係が見出される．

$$v_1 = k_1[\mathrm{H}_2][\mathrm{I}_2] \tag{5-3}$$

$$v_2 = k_2[\mathrm{HI}]^2 \tag{5-4}$$

このような式を**速度式**という．[HI]，[$\mathrm{H}_2$]，[$\mathrm{I}_2$] はそれぞれヨウ化水素，水素，ヨウ素のモル濃度を表す．比例定数 $k_1$，$k_2$ は**速度定数**といい，一定温度では反応物質の濃度によらず一定値をとる．平衡状態で $v_1$ と $v_2$ は等しいので，次の関係が得られる．

$$\frac{[\mathrm{HI}]^2}{[\mathrm{H}_2][\mathrm{I}_2]} = \frac{k_1}{k_2} = K \tag{5-5}$$

一般に，この $K$ は，温度が一定のもとでは，一定の値を示す．この $K$ を**平衡定数**という．化学平衡におけるこのような濃度の関係は，**質量作用の法則**または**化学平衡の法則**とよばれる．

一般に，化学反応は次のように表すことができる．

$$a\mathrm{A} + b\mathrm{B} + \cdots\cdots \rightleftarrows m\mathrm{M} + n\mathrm{N} + \cdots\cdots \tag{5-6}$$

この反応が平衡にあるとき，平衡定数は次のように表される．

$$K = \frac{[\mathrm{M}]^m[\mathrm{N}]^n \cdots\cdots}{[\mathrm{A}]^a[\mathrm{B}]^b \cdots\cdots} \tag{5-7}$$

平衡定数の式を書くときは反応系を分母に，生成系を分子に書く習慣になっている．

一般に，(5-7)式の右辺で示されているような，生成系濃度の積と反応系濃度の積の比を**反応商**という．平衡状態における反応商が平衡定数である．反応商の値が平衡定数以下のとき正反応が進み，平衡定数以上のとき逆反応が進む．

**例題 5.3** 水素 0.2 mol，ヨウ素 0.2 mol，ヨウ化水素 1.0 mol を 10 $l$ の容器に入れ，400 ℃ に保った．このとき (5-2) 式は正逆いずれの反応が進むか．
ただし，この反応の平衡定数は 63 である．

**解** このときの (5-2)式で示される反応の反応商を計算すると，

$$\frac{(0.1 \text{ mol } l^{-1})^2}{0.02 \text{ mol } l^{-1} \times 0.02 \text{ mol } l^{-1}} = 25$$

となり平衡定数以下である．したがって，正反応が進む．

## §5.4 化学平衡の例

**【気相化学平衡の例】**

　気体が含まれる化学平衡において，気体成分の濃度は分圧で表されるのが普通である．気体成分の濃度は，物質量を体積で割った $\frac{n}{V}$ に等しいが，理想気体の状態式から $\frac{n}{V} = \frac{P}{RT}$ となり，温度一定であれば圧力に比例するからである．

　銅に濃硝酸を作用させると，二酸化窒素 $NO_2$ と四酸化二窒素 $N_2O_4$ の混合気体が発生する．二酸化窒素 $NO_2$ は褐色の気体であるが，温度を下げたり，圧力を上げると，2分子が結合して無色の四酸化二窒素 $N_2O_4$ になる．逆に四酸化二窒素 $N_2O_4$ は，温度を上げたり，圧力を下げると，解離して2分子の二酸化窒素 $NO_2$ を生じる．二酸化窒素 $NO_2$ と四酸化二窒素 $N_2O_4$ の相互変化は，いずれの方向にも進むことができるので可逆反応である．

$$N_2O_4 \rightleftarrows 2NO_2 \tag{5-8}$$

　四酸化二窒素 $N_2O_4$ の解離度を $\alpha$，混合気体の全圧を $P$ とする．$n$ mol の四酸化二窒素が解離して平衡に達したときの物質量は，$N_2O_4$ が $n(1-\alpha)$ mol，$NO_2$ が $2n\alpha$ mol で，合計 $n(1+\alpha)$ mol となる．したがって，平衡時の分圧は次のように表される．

$$P_{N_2O_4} = \frac{1-\alpha}{1+\alpha}P \qquad P_{NO_2} = \frac{2\alpha}{1+\alpha}P$$

したがって，平衡定数は次の式で与えられる．

$$K_p = \frac{4\alpha^2 P}{1-\alpha^2} \tag{5-9}$$

　平衡定数が与えられているとき，(5-9)式から解離度が求められる．逆に，解離度が実験的に求められれば，(5-9)式から平衡定数が求められる．(5-9)式のように圧力を用いて表した平衡定数 $K_p$ は**圧平衡定数**とよばれる．

　解離度 $\alpha$ は混合気体の密度から求められる．初めは $n$ mol であった気体が平衡時には $n(1+\alpha)$ mol になり，質量は変わらないが体積が $(1+\alpha)$ 倍にな

る．したがって，四酸化二窒素 $N_2O_4$ の密度を $\rho°$，混合気体の密度を $\rho$ とすると次の関係が成り立つ．

$$\frac{\rho°}{\rho} = \frac{n(1+\alpha)}{n} = 1 + \alpha$$

$$\alpha = \frac{\rho° - \rho}{\rho} \tag{5-10}$$

$\rho°$ は測定しなくとも，$N_2O_4$ の分子量から理想気体の状態式を用いて計算できる．$\rho$ がわかれば $\alpha$ が求められる．

**例題 5.4** 25 ℃，1 atm のとき，$N_2O_4$ が一部解離して $NO_2$ と平衡にある気体の密度は 3.176 g dm$^{-3}$ である．平衡定数を求めよ．

**解** $N_2O_4$ の分子量は 92.02 であるため，25 ℃，1 atm のとき $N_2O_4$ の密度は

$$\rho° = \frac{M}{V} = \frac{PM}{RT} = \frac{1 \text{ atm} \times 92.02 \text{ g mol}^{-1}}{0.08206 \text{ atm dm}^3 \text{ mol}^{-1} \text{ K}^{-1} \times 298.15 \text{ K}}$$

$$= 3.761 \text{ g dm}^{-3}$$

したがって，(5-10)式から，

$$\alpha = \frac{\rho° - \rho}{\rho} = \frac{3.761 \text{ g dm}^{-3} - 3.176 \text{ g dm}^{-3}}{3.176 \text{ g dm}^{-3}} = 0.184$$

(5-9)式より，

$$K_p = \frac{4\alpha^2 P}{1 - \alpha^2} = \frac{4 \times 0.184^2 \times 1 \text{ atm}}{1 - 0.184^2} = 0.140 \text{ atm}$$

なお，25 ℃ で全圧 2.5 atm のとき解離度は，(5-9)式で $P = 2.5$ atm とおいて $\alpha = 0.118$ が得られる．

## 【不均一系の化学平衡】

平衡定数の式の中で，平衡に関係しない成分は，その濃度を 1 として式の表現から除かれる．たとえば，純物質の溶解平衡における固体や，水溶液中の酸の解離平衡における溶媒の水などである．前者において溶解度は固体の量に関係せず，後者において水の濃度変化は極めて小さく無視できるからである．

炭酸カルシウム熱分解の気相と固相からなる化学平衡でも，固体の炭酸カルシウムや酸化カルシウムの量は平衡定数の式から除外される．

§5.4 化学平衡の例 73

**例題 5.5** 炭酸カルシウムを密閉容器中で一定温度に保つと，次の解離平衡が成り立つ．

$$CaCO_3(s) \rightleftarrows CaO(s) + CO_2(g) \quad (5\text{-}11)$$

25℃における解離圧は $1.5 \times 10^{-23}$ atm であった．炭酸カルシウムの分解反応の平衡定数を求めよ．

**解** この反応の平衡定数は $K = \dfrac{[CaO][CO_2]}{[CaCO_3]}$ と表されるが，$CaCO_3(s)$ と $CaO(s)$ は固体であるため，これらの濃度は1として式から除かれる．さらに，気体 $CO_2(g)$ の圧力を $P_{CO_2}$ とおくと，$K_p = P_{CO_2}$ となる．すなわち平衡定数は気相中の $CO_2$ 圧力に等しく，$K = 1.5 \times 10^{-23}$ atm となる．

## 【溶解平衡（沈殿平衡）】

塩化銀や硫酸バリウムなどは水に難溶性であるが，わずかながら水に溶け，溶けたものはすべてイオンに電離し，生じたイオンと固体との間には，次のような平衡が成り立っている．

$$AgCl(s) \rightleftarrows Ag^+ + Cl^- \quad (5\text{-}12)$$

平衡状態で溶液中に存在する $Ag^+$ と $Cl^-$ の濃度は，固体 AgCl の量には関係しないので，平衡定数の式では固体 $AgCl(s)$ の濃度を1として，式の表現から除く．したがって，(5-12)式の反応について平衡定数は次のように表される．

$$K_{sp} = [Ag^+][Cl^-] \quad (5\text{-}13)$$

この $K_{sp}$ を **溶解度積** (solubility product) という．溶液中の $Ag^+$ と $Cl^-$ の濃

表 5.2 溶解度積 (25℃)

| 塩 | $K_{sp}$ | 塩 | $K_{sp}$ | 塩 | $K_{sp}$ |
|---|---|---|---|---|---|
| AgCl | $1.8 \times 10^{-10}$ | $PbSO_4$ | $2 \times 10^{-8}$ | ZnS | $3 \times 10^{-22}$ |
| AgBr | $5 \times 10^{-13}$ | $Ag_2CrO_4$ | $2 \times 10^{-12}$ | $Fe(OH)_2$ | $1.6 \times 10^{-16}$ |
| AgI | $1 \times 10^{-16}$ | $PbCrO_4$ | $2 \times 10^{-14}$ | $Fe(OH)_3$ | $1 \times 10^{-39}$ |
| $Hg_2Cl_2$ | $1 \times 10^{-18}$ | HgS | $1 \times 10^{-54}$ | $Al(OH)_3$ | $1 \times 10^{-33}$ |
| $CaCO_3$ | $4.8 \times 10^{-9}$ | CuS | $6 \times 10^{-36}$ | $Mg(OH)_2$ | $6 \times 10^{-12}$ |
| $BaCO_3$ | $5 \times 10^{-9}$ | CdS | $5 \times 10^{-28}$ | $CaC_2O_4$ | $4 \times 10^{-9}$ |
| $BaSO_4$ | $1 \times 10^{-10}$ | PbS | $1 \times 10^{-28}$ | $MgC_2O_4$ | $1 \times 10^{-8}$ |

$K_{sp}$ の単位は $(\text{mol } l^{-1})^{(\nu_+ + \nu_-)}$ である．ここに，$\nu_+$ と $\nu_-$ はそれぞれ陽イオンと陰イオンの化学量論係数である．

度は，その積が溶解度積の値を超えて存在することはできない．溶解度積を超えた分はすべて沈殿となって溶液中から除かれる．したがって，溶解度積の差を利用してイオンの分離を行うことができる．表5.2に代表的な難溶性塩の溶解度積の値を示す．

**例題 5.6** 25 ℃，1 atm において，AgCl が飽和した水溶液中の $[Ag^+]$ を求めよ．

**解** AgCl の溶解度積は $1.8 \times 10^{-10} (\text{mol } l^{-1})^2$，飽和水溶液では $[Ag^+] = [Cl^-]$ であるため

$$K_{sp} = [Ag^+][Cl^-] = [Ag^+]^2 = 1.8 \times 10^{-10} (\text{mol } l^{-1})^2$$

したがって，

$$[Ag^+] = K_{sp}^{\frac{1}{2}} = 1.34 \times 10^{-5} \text{ mol } l^{-1}$$

**共通イオン効果** 難溶性塩の溶液に，その成分イオンの一つを過剰に加えると，溶解度は低下する．これを共通イオン効果という．たとえば次の例題5.7で示すように，塩化銀 AgCl の溶解度は，HCl 水溶液中では純水中より著しく小さい．したがって，$Ag^+$ を含む水溶液に HCl を加えることにより，水溶液中の $Ag^+$ イオンのほとんどすべてを AgCl として沈殿させることができる．

**例題 5.7** 25 ℃，1 atm において，$Ag^+$ を含む水溶液に塩酸を加え，$[Cl^-]$ が 0.3 mol $l^{-1}$ となるようにした．このとき水溶液中の $[Ag^+]$ を求めよ．

**解** この場合も AgCl の溶解度積は $1.8 \times 10^{-10} (\text{mol } l^{-1})^2$ であり，

$$K_{sp} = [Ag^+][Cl^-] = [Ag^+] \times 0.3 \text{ mol } l^{-1} = 1.8 \times 10^{-10} (\text{mol } l^{-1})^2$$

が成り立つ．したがって，$[Ag^+] = 6.0 \times 10^{-10} \text{ mol } l^{-1}$ となる．

0.3 mol $l^{-1}$ 塩酸水溶液中において，銀イオン濃度は $6.0 \times 10^{-10}$ mol $l^{-1}$ と極めて低く，沈殿生成は完成しているものと考えてよい．

## 【分配平衡】

ヨウ素を含む水とベンゼンのように，互いに混ざり合わない2つの液相に溶質が溶けて接しているとき，一定の圧力と温度のもとにある平衡状態では，2液相に溶けている溶質の濃度比は一定値を示す．この状態を**分配平衡**といい，

このときの濃度比を**分配比**という．分配比が大きいとき溶質は一方の溶媒から他方の溶媒に**抽出**されたという．今，溶質 $w$ g を含む水溶液 $v$ ml に水と混ざり合わない溶媒 $s$ ml を加え，この溶質を抽出する．1回抽出後，水溶液に残っている溶質の量が $w_1$ g であったとすると，分配比 $D$ は

$$D = \frac{(w - w_1)/s}{w_1/v} \qquad (5\text{-}14)$$

で与えられる．したがって，

$$w_1 = w\left(\frac{v}{Ds + v}\right)$$

ここで二相を分離し，水溶液に残っている溶質をもう一度同じ操作で抽出すれば，

$$w_2 = w_1\left(\frac{v}{Ds + v}\right) = w\left(\frac{v}{Ds + v}\right)^2$$

となる．これを $n$ 回くり返せば

$$w_n = w\left(\frac{v}{Ds + v}\right)^n \qquad (5\text{-}15)$$

となる．ある量の溶媒を用いて抽出する場合，一度に全量を用いるよりも何回かに分けて使ったほうが有効である．分配比の値がわかっているとき，分離に必要な抽出回数を知ることができる．

分配平衡は物質の分離・精製には重要な手段である．**帯溶融法**（zone melting）による高純度シリコンの製造などに利用されている．

**例題 5.8** 沈殿などを洗浄する場合でも洗液の全量を一度に使用するより，何回かに分けて洗ったほうが有効である．同じ量の洗浄液を用いて $n$ 回洗浄したとき，残存する不純物の量を表す一般式を導け．

**解** 沈殿をろ過した後，沈殿に付着している母液の量を $a$ ml とし，このなかに含まれている不純物の量を $x_0$ とする．使用する洗浄液の量を1回あたり $m$ ml

とする．第 1 回目の洗浄後に沈殿に付着している不純物の量 $x_1$ は

$$x_1 = \left(\frac{a}{a+m}\right)x_0$$

となる．$n$ 回の洗浄後では残存する不純物の量 $x_n$ は

$$x_n = \left(\frac{a}{a+m}\right)^n x_0$$

となる．

## §5.5　平衡移動の法則：Le Chatelier の原理

　平衡状態にある化学反応は，温度，圧力，濃度を変化させると平衡が移動する．平衡の移動に関しては「平衡にある系の温度や圧力を変化させた場合，その変化を打ち消す方向に平衡の移動が起こる」という原理がある．これを**平衡移動の法則**または Le Chatelier（ルシャトリエ）の原理という．

　二酸化窒素と四酸化二窒素の平衡を熱化学方程式で表すと次のようになる．

$$2NO_2(g) \rightleftarrows N_2O_4(g) \qquad \Delta H^\circ_{298} = -58.0 \text{ kJ mol}^{-1} \qquad (5\text{-}16)$$

この反応は発熱反応であり，また，正反応で体積が減少する．二酸化窒素 $NO_2$ は褐色の気体であるが，温度を下げたり圧力を上げたりすると，その変化を抑えようと平衡は右に移動し，無色の四酸化二窒素 $N_2O_4$ が増加して色が薄くなる．逆に温度を上げたり圧力を下げたりすると平衡は左に移動し，褐色の二酸化窒素 $NO_2$ を生じて色が濃くなる．一般に気体の反応では，圧力を高めると気体分子の数が減少する方向に平衡が移動し，反対に圧力を低くすると気体分子の数が多くなる方向に平衡は移動する．反応によっては気体分子の数が変化しないものもある．この場合，化学平衡は圧力の影響を受けない．（Le Chatelier の原理は熱力学的に説明することができる→§14.7）．

## 練習問題5

⟨1⟩ ベンゼンの生成熱は直接測定することはできない．1 atm, 25 ℃ のときの二酸化炭素と水の生成熱は，それぞれ $-393.5$ kJ mol$^{-1}$, $-285.8$ kJ mol$^{-1}$ であり，ベンゼンの燃焼熱は 3267.4 kJ mol$^{-1}$ である．ベンゼンの生成熱を求めよ．

⟨2⟩ 水素 0.2 mol，ヨウ素 0.1 mol，ヨウ化水素 1.0 mol を混合して，460 ℃ で 0.2 atm に保った．平衡における各物質の mol 数を求めよ．ただし，反応 $H_2(g) + I_2(g) \rightleftarrows 2HI(g)$ の平衡定数は 47 である．

⟨3⟩ 空気中の窒素酸化物 NO は，窒素と酸素が高温（ガソリンエンジンや焼却炉など）で次のように反応することによって生成する．

$$N_2(g) + O_2(g) \rightleftarrows 2NO(g)$$

2000 K では，この反応の平衡定数は $2 \times 10^{-9}$ である．2000 K で 1 atm の空気中には NO が何 % 含まれるか．ただし空気は体積比で $N_2 : O_2 = 4 : 1$ の混合物とする．

⟨4⟩ 20 ℃ で 0.5 mol $l^{-1}$ HCl 水溶液と平衡にある気相中の塩化水素の飽和蒸気圧は $3.6 \times 10^{-5}$ mmHg であった．1.0 mol $l^{-1}$ HCl 水溶液における，塩化水素の飽和蒸気圧を求めよ．ただし HCl は水溶液中で完全に電離しているものとする．

⟨5⟩ 25 ℃，1 atm において，0.01 mol $l^{-1}$ の $Cu^{2+}$ と $Zn^{2+}$ を含む水溶液がある．溶液中の硫化物イオン濃度を $[S^{2-}] = 1 \times 10^{-21}$ mol $l^{-1}$ としたとき，水溶液中に残る $[Cu^{2+}]$ と $[Zn^{2+}]$ を求めよ．硫化銅および硫化亜鉛の溶解度積は表 5.2 から引用せよ．

⟨6⟩ 今，沈殿をろ過して母液から分離した．このとき，ろ過した後の沈殿に付着する母液の量は 1 m$l$，不純物の量は 0.03 g であった．1 回あたり 9 m$l$ の洗浄液を用いて 3 回洗浄すると，沈殿に付着して残存する不純物はいくらか．

## 解 答

**〈1〉** 二酸化炭素と水の生成反応とベンゼンの燃焼反応は次の式(1)〜(3)で表される.

$$C(s) + O_2(g) \rightarrow CO_2(g) \qquad \Delta H^\circ_{298} = -393.5 \text{ kJ mol}^{-1} \qquad (1)$$

$$H_2(g) + \frac{1}{2}O_2(g) \rightarrow H_2O(l) \qquad \Delta H^\circ_{298} = -285.8 \text{ kJ mol}^{-1} \qquad (2)$$

$$C_6H_6(l) + \frac{15}{2}O_2(g) \rightarrow 6CO_2(g) + 3H_2O(l)$$
$$\Delta H^\circ_{298} = -3267.4 \text{ kJ mol}^{-1} \qquad (3)$$

ベンゼンの生成反応と生成熱は (1)×6 + (2)×3 − (3) から次のように与えられる.

$$6C(s) + 3H_2(g) \rightarrow C_6H_6(l) \qquad \Delta H^\circ_{298} = 49.0 \text{ kJ mol}^{-1} \qquad (4)$$

**〈2〉** 反応は $H_2(g) + I_2(g) \rightleftarrows 2HI(g)$ である. 生じたヨウ化水素を $x$ mol とすると, 平衡において水素およびヨウ素ともに $0.5x$ mol 減少するが, 全体の mol 数は変化しない. したがって, 平衡における分圧は

$$P_{H_2} = \frac{0.2 \times (0.2 - 0.5x)}{1.3} \text{ atm} \qquad P_{I_2} = \frac{0.2 \times (0.1 - 0.5x)}{1.3} \text{ atm}$$

$$P_{HI} = \frac{0.2 \times (1 + x)}{1.3} \text{ atm}$$

これらを平衡定数の式

$$K = \frac{[HI]^2}{[H_2][I_2]} = \frac{P_{HI}^2}{P_{H_2} \times P_{I_2}} = 47$$

に代入して得られる2次方程式を解くと, $x = -0.0066$ と $x = 0.848$ が得られるが, 意味のある解は前者のみである. したがって, 平衡における物質量は水素 0.203 mol, ヨウ素 0.103 mol, ヨウ化水素 0.993 mol である.

**〈3〉** 平衡定数の式は

$$K = \frac{P_{NO}^2}{P_{N_2} \times P_{O_2}} = 2 \times 10^{-9}$$

である. 生じる NO はわずかと仮定して, この式に $P_{N_2} = 0.8$ atm, $P_{O_2} = 0.2$ atm を代入して計算すると, $P_{NO} = 1.8 \times 10^{-5}$ atm が得られる. したがって, NO は 0.0018 % 含まれる. この量は酸素の 0.01 % 以下であるから, 上の仮定は正しく適用できる.

⟨4⟩ HCl(g) ⇌ HCl(aq)，HCl(aq) ⇌ H⁺ + Cl⁻ であるが，HCl は水溶液中で完全に電離しているので，平衡式は HCl(g) ⇌ H⁺ + Cl⁻ で，$K = \dfrac{[\text{H}^+][\text{Cl}^-]}{P_{\text{HCl}}}$ となる．この式に数値を代入して平衡定数

$$K = \frac{0.5 \text{ mol } l^{-1} \times 0.5 \text{ mol } l^{-1}}{3.6 \times 10^{-5} \text{ mmHg}} = 6.94 \times 10^{3} \text{ mol}^2\ l^{-2}\ \text{mmHg}^{-1}$$

が得られる．$1.0 \text{ mol } l^{-1}$ HCl では

$$P_{\text{HCl}} = \frac{1.0 \text{ mol } l^{-1} \times 1.0 \text{ mol } l^{-1}}{6.94 \times 10^{3} \text{ mol}^2\ l^{-2}\ \text{mmHg}^{-1}} = 1.4 \times 10^{-4} \text{ mmHg}$$

となる．表4.1にあるように HCl 気体の Bunsen 吸収係数は大きいが，蒸気圧は高くはない．酸素や窒素などのように水溶液中で解離しない物質とは違って，解離したり会合したりする物質は，気体の溶解平衡でもそのことを考慮する必要がある．

⟨5⟩ 溶解度積は，

$$[\text{Cu}^{2+}][\text{S}^{2-}] = 6 \times 10^{-36} \text{ mol}^2\ l^{-2} \quad [\text{Zn}^{2+}][\text{S}^{2-}] = 3 \times 10^{-22} \text{ mol}^2\ l^{-2}$$

である．$[\text{S}^{2-}] = 1 \times 10^{-21} \text{ mol } l^{-1}$ のときに，水溶液中に残る金属イオンの濃度は，それぞれ，

$$[\text{Cu}^{2+}] = \frac{6 \times 10^{-36} \text{ mol}^2\ l^{-2}}{1 \times 10^{-21} \text{ mol } l^{-1}} = 6 \times 10^{-15} \text{ mol } l^{-1}$$

$$[\text{Zn}^{2+}] = \frac{3 \times 10^{-22} \text{ mol}^2\ l^{-2}}{1 \times 10^{-21} \text{ mol } l^{-1}} = 3 \times 10^{-1} \text{ mol } l^{-1}$$

である．したがって，銅イオンは完全に沈殿するが，亜鉛イオンはまったく沈殿せず水溶液中に残り，この2種類の金属イオンを完全に分離することができる．

⟨6⟩ 1回の洗浄で不純物の量は $\dfrac{1}{10}$ に減少する．したがって3回の洗浄では $\dfrac{1}{1000}$ に減少し 0.03 mg となる．普通の天秤などでは計測できない程度の微量である．

洗浄液 27 m$l$ を1度に使用した場合は，不純物は $\dfrac{1}{28}$ にしか減少しない．一般に，物質を洗浄する場合は，洗浄液を少量ずつ何回にも分けて洗うほうが，結局は時間もかからず効率的である．

# 第6章　酸と塩基の反応

　酸とよばれる物質は，酸味を呈し，リトマス紙を赤く変色させ，亜鉛などの金属を溶かして水素を発生させる．これに対して塩基の水溶液は，ぬるぬるした感じで，渋い味がし，リトマス紙を青く変色させ，酸と反応すると塩をつくって酸の性質を失わせるなど，酸とは相反する性質を示す．酸の示す性質を酸性，塩基の示す性質を塩基性という．水溶液の酸性あるいは塩基性を知るには酸塩基指示薬を用いる．リトマス試験紙（酸性で赤色，塩基性で青色），フェノールフタレイン（塩基性で赤色，酸性で無色），メチルオレンジ（塩基性で黄色，酸性で赤色）などが代表的な酸塩基指示薬である．また，朝顔，アジサイ，シソの葉などにはアントシアニンという色素が含まれており，酸性では赤色を，塩基性では青色～緑色を呈する．

## §6.1　酸と塩基

　1887年，Arrhenius（アレニウス）は「**酸**とは水溶液中で電離して水素イオン $H^+$ を生じる物質であり，**塩基**とは水溶液中で電離して水酸化物イオン $OH^-$ を生じる物質である」と定義した．この **Arrhenius の酸塩基概念**によると，酸と塩基の反応は次のように表される．

$$\text{酸} \quad HCl \rightleftarrows H^+ + Cl^- \tag{6-1}$$

$$\text{塩基} \quad NaOH \rightleftarrows Na^+ + OH^- \tag{6-2}$$

$$\text{中和} \quad HCl + NaOH \rightleftarrows NaCl + H_2O \tag{6-3}$$

　この Arrhenius の酸塩基の概念は，酸塩基反応のもっとも大きな特徴である中和——酸と塩基との反応により水を生じる——という概念を明確に示しており，水溶液中の酸や塩基を対象とする限り今日でも正しい．しかしこの概念は，ステアリン酸などのように水に溶けなかったり，水に溶けても電離しない有機酸には適用できない．そこで 1923 年，Brønsted と Lowry は，水以外

の溶媒や解離しない有機物の反応にも酸塩基概念が適用できるように酸塩基概念を拡張し,「酸とはプロトン（陽子）を供与しうる物質（**プロトン供与体, proton donor**）であり,塩基とはプロトンを受け取りうる物質（**プロトン受容体, proton acceptor**）である」と定義した.これを **Brønsted の酸塩基概念** という.この酸塩基概念によれば,アンモニアと塩化水素のような気体同士の反応も酸塩基反応として認められることになり,広い範囲の反応を酸塩基概念を用いて整理することができた.ただし NaOH や KOH のような強塩基は,直接にはプロトンをやりとりしない.これらに対しては,Arrhenius の酸塩基概念が適用される.

Brønsted の酸塩基概念に従えば,溶媒も酸あるいは塩基として反応に関与する.たとえば水溶液中における酢酸の電離は,次のように表される.

$$CH_3COOH + H_2O \rightleftarrows CH_3COO^- + H_3O^+ \qquad (6\text{-}4)$$

この反応で $CH_3COOH$ はプロトン供与体であり,溶媒 $H_2O$ はプロトン受容体として作用している.したがって $CH_3COOH$ は酸であり,$H_2O$ は塩基である.逆方向の反応では $CH_3COO^-$ が塩基であり,$H_3O^+$ が酸である.

一般に,酸を HA,塩基を B で表すと,酸と塩基の反応は次のように表される.

$$\underset{\text{酸(1)}}{HA} + \underset{\text{塩基(2)}}{B} \rightleftarrows \underset{\text{塩基(1)}}{A^-} + \underset{\text{酸(2)}}{BH^+} \qquad (6\text{-}5)$$

このように酸と塩基の反応は,一方が酸として作用すれば,必ず他方が塩基として作用するため**酸塩基反応**という.HA と $A^-$,あるいは B と $BH^+$ のような酸塩基対の関係にあるものを,互いに**共役**であるといい,その組を**共役酸塩基対**という.

塩基の場合も同様である.アンモニアの水溶液では次の反応が起こる.

$$NH_3 + H_2O \rightleftarrows NH_4^+ + OH^- \qquad (6\text{-}6)$$

この反応では溶媒 $H_2O$ が酸であり,$OH^-$ はその**共役塩基**である.また,$NH_3$ は塩基であり,その**共役酸**は $NH_4^+$ である.

## 【酸塩基の強さ】

　Arrhenius の酸塩基概念に基づいて，一般に，酸や塩基の電離平衡を (6-7) 式や (6-9) 式のように表し，化学平衡の法則を適用すると，(6-8) 式や (6-10) 式のような関係が得られる．

$$HA \rightleftarrows H^+ + A^- \tag{6-7}$$

$$K_a = \frac{[H^+][A^-]}{[HA]} \tag{6-8}$$

$$BOH \rightleftarrows B^+ + OH^- \tag{6-9}$$

$$K_b = \frac{[B^+][OH^-]}{[BOH]} \tag{6-10}$$

　ここで $K_a$, $K_b$ は，それぞれ酸および塩基の電離平衡定数で，**酸解離定数**および**塩基解離定数**という．表 6.1 および表 6.2 に代表的な酸および塩基の解離定数を示す．

　電離度が大きい酸や塩基ほど解離定数も大きい．そのため酸や塩基の強弱は，電離度あるいは解離定数の大小によって推し量ることができる．ただし水に溶けにくい酸や塩基では，完全に電離しても水溶液中に存在する水素イオン

表 6.1　酸の解離定数

| 酸 | | $pK_a(25℃)$*) |
|---|---|---|
| 亜 硝 酸 | $HNO_2 \rightleftarrows NO_2^- + H^+$ | 3.29 |
| ギ 酸 | $HCOOH \rightleftarrows HCOO^- + H^+$ | 3.75 |
| 酢 酸 | $CH_3COOH \rightleftarrows CH_3COO^- + H^+$ | 4.76 |
| シアン化水素 | $HCN \rightleftarrows CN^- + H^+$ | 9.4 |
| 次亜塩素酸 | $HClO \rightleftarrows ClO^- + H^+$ | 7.53 |
| シュウ酸 | $H_2C_2O_4 \rightleftarrows HC_2O_4^- + H^+$ | 1.27 |
| | $HC_2O_4^- \rightleftarrows C_2O_4^{2-} + H^+$ | 4.27 |
| 炭 酸 | $H_2CO_3 \rightleftarrows HCO_3^- + H^+$ | 6.35 |
| | $HCO_3^- \rightleftarrows CO_3^{2-} + H^+$ | 10.33 |
| 硫 化 水 素 | $H_2S \rightleftarrows HS^- + H^+$ | 7.0 |
| | $HS^- \rightleftarrows S^{2-} + H^+$ | 15.0 |
| リ ン 酸 | $H_3PO_4 \rightleftarrows H_2PO_4^- + H^+$ | 2.15 |
| | $H_2PO_4^- \rightleftarrows HPO_4^{2-} + H^+$ | 7.20 |
| | $HPO_4^{2-} \rightleftarrows PO_4^{3-} + H^+$ | 12.40 |
| ホ ウ 酸 | $B(OH)_3 + H_2O \rightleftarrows B(OH)_4^- + H^+$ | 9.23 |

\*)　$pK_a = -\log K_a$

表 6.2 塩基の解離定数

| 塩　基 | | $pK_b$ *)<br>(25 ℃) |
|---|---|---|
| アンモニア | $NH_3 + H_2O \rightleftarrows NH_4^+ + OH^-$ | 4.75 |
| アニリン | $C_6H_5NH_2 + H_2O \rightleftarrows C_6H_5NH_3^+ + OH^-$ | 9.4 |
| ピリジン | $C_5H_5N + H_2O \rightleftarrows C_5H_5NH^+ + OH^-$ | 8.8 |
| エチレンジアミン | $NH_2(CH_2)_2NH_2 + H_2O \rightleftarrows {}^+H_3N(CH_2)_2NH_2 + OH^-$ | 3.35 |
| | ${}^+H_3N(CH_2)_2NH_2 + H_2O \rightleftarrows {}^+H_3N(CH_2)_2NH_3^+ + OH^-$ | 6.48 |
| トリメチルアミン | $(CH_3)_3N + H_2O \rightleftarrows (CH_3)_3NH^+ + OH^-$ | 4.20 |
| トリエタノールアミン | $(C_2H_4OH)_3N + H_2O \rightleftarrows (C_2H_4OH)_3NH^+ + OH^-$ | 6.24 |
| メチルアミン | $CH_3NH_2 + H_2O \rightleftarrows CH_3NH_3^+ + OH^-$ | 3.4 |

*) $pK_b = -\log K_b$

や水酸化物イオンの量が少なく，それらは弱い酸や弱い塩基である．

Brønsted の酸塩基概念によれば，酸 HA の電離平衡は次のように表される．

$$HA + H_2O \rightleftarrows H_3O^+ + A^- \tag{6-11}$$

一般に，酸 HA が強ければ，その共役塩基 $A^-$ は弱い塩基であり，電離平衡は右に偏っている．逆に，酸 HA が弱い酸であれば，その共役の塩基は強い塩基であり，電離平衡は左に偏っている．

塩基についても酸と同様の共役酸塩基対の関係がある．塩基を B で表すと

$$B + H_2O \rightleftarrows BH^+ + OH^- \tag{6-12}$$

アンモニア $NH_3$ は弱い塩基であるが，その共役酸 $NH_4^+$ は中くらいの強さの酸である．強塩基である NaOH や KOH の電離は，次のように表される．

$$BOH \rightleftarrows B^+ + OH^- \tag{6-13}$$

NaOH や KOH は強い塩基であり，その共役の $Na^+$ や $K^+$ は極めて弱い酸でまったく酸性を示さない．

【酸・塩基の価数】

塩酸 HCl や酢酸 $CH_3COOH$ のように，その 1 mol が 1 mol の $H^+$ を放出する酸を 1 価の酸という．硫酸 $H_2SO_4$ はその 1 mol が 2 mol の $H^+$ を出すので 2 価の酸であり，リン酸 $H_3PO_4$ は 3 価の酸である．

同様にして，NaOH や $NH_3$ のように，その 1 mol が 1 mol の $OH^-$ を放出したり，1 mol の $H^+$ と反応する塩基は 1 価の塩基である．水酸化カルシウム

Ca(OH)$_2$ は2価の塩基，水酸化アルミニウム Al(OH)$_3$ は3価の塩基である．

2価以上の酸や塩基を，多価の酸，多価の塩基という．多価の酸や塩基は，次のように何段にもわたって解離する．

$$H_3PO_4 \rightleftarrows H^+ + H_2PO_4^-$$
$$H_2PO_4^- \rightleftarrows H^+ + HPO_4^{2-}$$
$$HPO_4^{2-} \rightleftarrows H^+ + PO_4^{3-}$$

これを**逐次解離**という．それぞれの解離段階に解離定数がある．これを**逐次解離定数**という．一般に，第1解離定数は第2解離定数よりも大きく，第2解離定数は第3解離定数よりも大きい．解離の段階が進むにつれて解離定数は小さくなる．価数が大きくても，解離定数が小さければ，その酸や塩基は弱い．

【中和反応と加水分解】

中和反応の結果得られる物質を**塩**という．

$$HCl + NaOH \rightleftarrows NaCl + H_2O \qquad (6\text{-}3)$$
$$CH_3COOH + NaOH \rightleftarrows CH_3COONa + H_2O \qquad (6\text{-}14)$$
$$NH_3 + HCl \rightleftarrows NH_4Cl \qquad (6\text{-}15)$$

塩は水に溶けると完全にイオンに電離する（酢酸鉛は例外である）．酢酸ナトリウム CH$_3$COONa やシアン化カリウム KCN のように，弱酸と強塩基とからできた塩は，水に溶けて Na$^+$ や K$^+$ を生じる．これらは弱い酸であり，水と反応しない．一方，CH$_3$COO$^-$ や CN$^-$ は，弱酸の酢酸やシアン化水素に対する共役塩基で，中くらいの強さの塩基である．水とは次のように反応し，水溶液は塩基性を示す．

$$CN^- + H_2O \rightleftarrows HCN + OH^- \qquad (6\text{-}16)$$

このように，塩の電離で生じたイオンが水と反応する現象を**加水分解**という．

弱塩基と強酸からなる塩 NH$_4$Cl では，弱塩基であるアンモニアの共役酸 NH$_4^+$ が，次のように水と反応し酸性を呈する．

$$NH_4^+ + H_2O \rightleftarrows H_3O^+ + NH_3 \qquad (6\text{-}17)$$

強酸と強塩基からなる塩では加水分解は起こらない．

## 【酸化物と水酸化物】

　水に溶けて酸性を示す酸化物を**酸性酸化物**という．二酸化硫黄，二酸化窒素，二酸化炭素など非金属の酸化物がこれに相当する．

$$CO_2 + H_2O \rightleftarrows H_2CO_3$$

　また，酸化カリウムや酸化カルシウムのような金属元素の酸化物は，水に溶けて塩基性を示すので**塩基性酸化物**とよばれる．

$$CaO + H_2O \rightleftarrows Ca(OH)_2$$

　両性の金属元素酸化物や水酸化物は，酸と塩基の両方の性質を示すので，**両性酸化物・両性水酸化物**とよばれる．

$$Al_2O_3 + 6HCl \rightleftarrows 2AlCl_3 + 3H_2O$$
$$Al_2O_3 + 2NaOH + 3H_2O \rightleftarrows 2Na[Al(OH)_4]$$
$$Al(OH)_3 + 3HCl \rightleftarrows AlCl_3 + 3H_2O$$
$$Al(OH)_3 + NaOH \rightleftarrows Na[Al(OH)_4]$$

　酸化物と水の反応では，多くが発熱し，水和熱の大きいものほど酸性・塩基性が強い．酸化物と水酸化物の性質を表6.3に示す．

表6.3　酸化物と水酸化物

| | Na | Mg | Al | Si | P | S | Cl |
|---|---|---|---|---|---|---|---|
| 酸化物 | $Na_2O$ | $MgO$ | $Al_2O_3$ | $SiO_2$ | $P_2O_5$ | $SO_3$ | $Cl_2O_7$ |
| 水酸化物 | $NaOH$ | $Mg(OH)_2$ | $Al(OH)_3$ | $Si(OH)_4$ | $PO(OH)_3$ | $SO_2(OH)_2$ | $ClO_3(OH)$ |
| 水溶液の性質 | 強塩基性 | 弱塩基性 | ほとんど溶けない | ほとんど溶けない ($H_2SiO_3$) | 酸性 ($H_3PO_4$) | 強酸性 ($H_2SO_4$) | 強酸性 ($HClO_4$) |
| 酸・塩基（価数） | 強塩基（1価） | 弱塩基（2価） | 両性（3価） | | 酸（3価） | 強酸（2価） | 強酸（1価） |

## §6.2　中和反応

【酸塩基当量】

　中和反応の本質は，水素イオンと水酸化物イオンとが過不足なく反応して水を生じるということである．

$$H^+ + OH^- \rightleftarrows H_2O \qquad (6\text{-}18)$$

このことは，中和の反応熱が酸や塩基の種類によらず，ほぼ一定であることからもわかる．酸塩基中和反応を定量的に扱うには，酸や塩基の**当量**という概念を導入するのが便利である．

水素イオン1 mol を出すことのできる酸の質量を，その酸の **1 グラム当量**という．したがって酸の1グラム当量とは，その酸1 mol の質量を酸の価数で割ったものに等しい．たとえば，1価の酸である塩化水素の分子量は36.5で，1グラム当量は36.5 g である．2価の酸である硫酸は分子量98で，$\frac{98\,\text{g}}{2} = 49$ g が1グラム当量である．

塩基についても同様に，水酸化物イオン1 mol を出すか，あるいは1 mol の水素イオンを受け取ることのできる塩基の質量を，その塩基の1グラム当量という．水酸化ナトリウム40 g は1グラム当量であり，水酸化カルシウムの1グラム当量は $\frac{74\,\text{g}}{2} = 37$ g である．

中和反応においては，等しいグラム当量の酸と塩基が消費される．水酸化ナトリウム0.1 グラム当量を中和するのに必要な酸の量は，酸の種類に関係なく0.1 グラム当量である．

〈問〉 0.1 mol $l^{-1}$ の KOH 水溶液 20 m$l$ 中には何グラム当量の KOH が含まれているか． (0.002 グラム当量)

〈問〉 0.05 mol $l^{-1}$ の $H_2SO_4$ 水溶液 20 m$l$ 中には何グラム当量の $H_2SO_4$ が含まれているか． (0.002 グラム当量)

【規定度】

酸や塩基の水溶液濃度を表すのに，水溶液1 $l$ 中に含まれる酸や塩基のグラム当量数を用いる単位がある．これを**規定度**という．水溶液1 $l$ 中に，1グラム当量の酸あるいは塩基を含む水溶液の濃度を1規定といい，記号 N で表す．0.1 mol $l^{-1}$ の NaOH 水溶液は 0.1 N である．0.1 mol $l^{-1}$ の硫酸水溶液は0.2 N である．規定度は国際単位系に存在しない単位だが，分析化学ではきわめて便利な濃度の表し方であり，滴定など分析の現場で広く用いられている．

**例題 6.1** 正確に秤量した純結晶性シュウ酸 $(COOH)_2 \cdot 2H_2O$ の 6.303 g を 1 $l$ メスフラスコにとり、標線まで水を加えて 1 $l$ とした。このシュウ酸水溶液は何規定か。

**解** シュウ酸は 2 価の酸である。純結晶性シュウ酸 $(COOH)_2 \cdot 2H_2O$ の式量は 126.05 で、6.303 g は $\dfrac{6.303 \text{ g}}{126.05 \text{ g}/2 \text{ グラム当量}} = 0.1$ グラム当量である。この水溶液は 1 $l$ 中に 0.1 グラム当量の酸を含むから、0.1 規定溶液である。

〈問〉 0.1 N の KOH 水溶液 20 m$l$ 中に含まれる KOH のグラム当量数と、等しいグラム当量数の $H_2SO_4$ を含む $H_2SO_4$ 水溶液 40 m$l$ がある。この $H_2SO_4$ 水溶液の濃度は何規定か。　　　　　　　　　　　　　　　　(0.05 N)

## 【中和滴定】

いま、$n$ 規定の酸の水溶液 $v$ m$l$ と $n'$ 規定の塩基の水溶液 $v'$ m$l$ とが反応してちょうど中和したとすると、消費される酸と塩基のグラム当量数は等しいから、次の関係が成り立つ。

$$n \times \frac{v}{1000} = n' \times \frac{v'}{1000} \tag{6-19}$$

したがって、

$$n \times v = n' \times v' \tag{6-20}$$

この関係を利用して、濃度のわかっている酸あるいは塩基を用い、濃度のわからない塩基あるいは酸の濃度を求めることができる。この方法を酸塩基の**中和滴定**という。中和滴定に用いる濃度既知の酸あるいは塩基の水溶液を**標準溶液**という。酸の標準溶液としては、シュウ酸水溶液や塩酸水溶液などが用いられ、塩基の標準溶液には水酸化ナトリウム水溶液が用いられる。滴定の終点はフェノールフタレインなど**酸塩基指示薬**の色の変化によって判定する。

中和滴定で、定量しようとする試料溶液に標準溶液を加えていったときに、試料溶液中の成分と標準溶液中の成分とが等しいグラム当量数で反応し、理論的には反応が終わったとみなされる点を**当量点**という。また、実際上は滴定の終結点は指示薬の変色によって示され、指示薬の変色によって示される滴定の

終結点を**終点**という．

**例題 6.2** 0.1 N のシュウ酸水溶液 20.0 ml をホールピペットで採り，三角フラスコに入れ，フェノールフタレインを指示薬として加える．そこにビューレットから濃度のわからない水酸化ナトリウム水溶液を加えたところ，終点に達するまで 25.0 ml 要した．この水酸化ナトリウム水溶液の濃度を求めよ．

**解** (6-20)式の関係に数値を入れて計算すると，$n = \dfrac{0.1\,\text{N} \times 20\,\text{m}l}{25\,\text{m}l} = 0.08\,\text{N}$ となる．水酸化ナトリウムは 1 価の塩基であるので濃度は 0.08 mol $l^{-1}$ である．

## §6.3 水のイオン積と pH

【水のイオン積】

水は次のように反応して一部電離し，酸としても塩基としても作用する．

$$H_2O + H_2O \rightleftarrows H_3O^+ + OH^- \tag{6-21}$$

このような，溶媒自身の酸塩基反応により溶媒が電離する反応を，一般に**自己プロトリシス反応**という．オキソニウムイオン $H_3O^+$ は，通常，簡単に $H^+$ で表されるので，水の電離も簡単に次のように表す．

$$H_2O \rightleftarrows H^+ + OH^- \tag{6-22}$$

この電離平衡に化学平衡の法則を適用すると，次のようになる．

$$[H^+][OH^-] = K[H_2O] = K_w \tag{6-23}$$

ここで $K_w$ は水の電離平衡における平衡定数で，**水のイオン積**（ionic product）という．精製した水のイオン積は，25 ℃，1 atm で次の値を示す．

$$K_w = 1.00 \times 10^{-14}\,\text{mol}^2\,l^{-2} \tag{6-24}$$

(6-24)式の関係は，水に酸や塩基が溶けていても成立し，水溶液中に共存する $[H^+]$ と $[OH^-]$ の積は水のイオン積で決まる．

中性の水溶液では $[H^+]$ と $[OH^-]$ とが等しいので，$[H^+] = [OH^-] = 1.00 \times 10^{-7}\,\text{mol}\,l^{-1}$ である．このように，水溶液中の $[H^+]$ や $[OH^-]$ の濃度は小さな値をとることが多く，しかも広い範囲にわたって変化するので，こ

のままでは取り扱いに不便である．そのため[$H^+$]や[$OH^-$]の数値の対数の符号を変えたもので濃度を表す．水素イオン濃度の数値の対数の符号を変えたものが**水素イオン指数**（hydrogen ion exponent）で，記号 **pH** で表す．

$$\mathrm{pH} = -\log [\mathrm{H}^+] \tag{6-25}$$

中性水溶液は pH = 7.0，酸性水溶液は pH < 7.0，塩基性水溶液は pH > 7.0 である．pH 試験紙を用いると 0.2 くらいの精度で pH 値を知ることができる．さらに正確な pH の値は，**pH メータ**を用いて測る．pH メータでは 0.02 の精度で pH を測定することができる．

**例題 6.3** pH メータの読み取り精度を 0.02 とすると，水素イオン濃度はどこまで正確に測定できるか．

**解** $\mathrm{pH}_1 - \mathrm{pH}_2 = 0.02$．したがって，

$$\log \frac{[\mathrm{H}]_2}{[\mathrm{H}]_1} = 0.02 \qquad \frac{[\mathrm{H}]_2}{[\mathrm{H}]_1} = 1.048 \fallingdotseq 1.05$$

であるから 5％ の精度である．このことは，実用上，水素イオンの濃度を求めるときに 5％ 以下の相対誤差は無視してよいことを意味している．

## §6.4 弱酸・弱塩基の電離平衡と pH の計算

弱酸 HA の水溶液中の電離平衡は，次のように表される．

$$\mathrm{HA} \rightleftarrows \mathrm{H}^+ + \mathrm{A}^- \tag{6-7}$$

$$K_\mathrm{a} = \frac{[\mathrm{H}^+][\mathrm{A}^-]}{[\mathrm{HA}]} \tag{6-8}$$

いま，HA のはじめの濃度を $C$，電離度を $\alpha$ とすると，

$$[\mathrm{HA}] = C(1-\alpha) \qquad [\mathrm{H}^+] = [\mathrm{A}^-] = C\alpha \tag{6-26}$$

であるので，これを (6-8) 式に代入すると，次のようになる．

$$K_\mathrm{a} = \frac{C\alpha^2}{1-\alpha} \tag{6-27}$$

この式で，$C\alpha = [\mathrm{H}^+]$ とおくと次式が得られる．

$$[\mathrm{H}^+]^2 + K_\mathrm{a}[\mathrm{H}^+] - K_\mathrm{a}C = 0 \tag{6-28}$$

(6-28)式を $[H^+]$ について解くことにより，弱酸の水溶液の水素イオン濃度を計算することができる．

特に $\alpha \ll 1$ とおけるような弱酸では，$1 - \alpha = 1$ として (6-27)式より

$$\alpha = \left(\frac{K_a}{C}\right)^{\frac{1}{2}} \tag{6-29}$$

となり，水素イオン濃度は，簡単に次の関係で与えられる．

$$[H^+] = C\alpha = (K_a C)^{\frac{1}{2}} \tag{6-30}$$

この場合，pH は

$$\mathrm{pH} = \frac{1}{2}(\mathrm{p}K_a - \log C) \tag{6-31}$$

となる．ここで，$\mathrm{p}K_a = -\log K_a$ は**酸解離指数**とよばれる．

　　この簡略化された (6-29)～(6-31)式が適用できるのは，$1 - \alpha = 1$ と近似できるときである．これは，$\alpha$ を無視するということである．先に，pH を 0.02 の精度で求めるとき 5% 以下の影響しか与えない因子は無視してよいことを示した．したがってこの場合，$\alpha$ が 0.05 以下なら，解離によって生じた $[H^+]$ は，はじめに加えた酸の濃度 $C$ の 5% 以下であり，簡略化した (6-29)～(6-31) 式が適用できることになる．そのため pH を正確に計算したいときは，まず (6-30)式により $[H^+]$ を計算し，この値が $C$ の 5% 以下かどうかを調べる．その結果が条件を満たしていれば，近似は十分である．もし 5% を超えるなら，(6-28)式を解くことになる．また pH 精度が 0.1 でよいのなら，26% 以下の相対誤差を与える因子は無視してよいことになり，ほとんどの場合で簡略化された式を適用できる．本書でも，今後は特に断らない限り，この簡略化された式のみの取り扱いを示す．

塩基の場合も同様に，弱塩基の電離定数（塩基解離定数）を $K_b$ とすると，濃度 $C$ の弱塩基の水溶液に対して，次の式が得られる．

$$[OH^-]^2 + K_b [OH^-] - K_b C = 0 \tag{6-32}$$

ここで，$[OH^-]$ がはじめに加えた塩基の 5% 以下なら，次の簡略化した式

が適用できる.

$$[\mathrm{OH}^-] = (K_\mathrm{b} C)^{\frac{1}{2}} \tag{6-33}$$

$$\mathrm{pH} = \mathrm{p}K_\mathrm{w} - \frac{1}{2}(\mathrm{p}K_\mathrm{b} - \log C) \tag{6-34}$$

## 【共役酸塩基対の解離定数の関係】

酸および塩基の解離定数を $K_\mathrm{a}$, $K_\mathrm{b}$ とし,それらに共役の塩基および酸の解離定数をそれぞれ $K_\mathrm{b}'$, $K_\mathrm{a}'$ とすると次のような関係がある(→練習問題〈3〉).

$$K_\mathrm{a} K_\mathrm{b}' = K_\mathrm{w} \tag{6-35}$$

$$K_\mathrm{b} K_\mathrm{a}' = K_\mathrm{w} \tag{6-36}$$

この関係を用いて共役酸あるいは共役塩基の解離定数を求めることができる.

多価の弱酸や弱塩基では,一般に,第2解離以降で放出される水素イオンや水酸化物イオンの濃度は,第1解離に比べて無視できるほど小さい.したがって多価の酸や塩基溶液のpHを計算するとき,第2解離定数 $K_2$ が第1解離定数 $K_1$ の $\frac{1}{20}$ 以下であれば,実用上ほとんどの場合,第2解離以降の影響を無視して第1解離のみにより,1価と同じ取り扱いで計算すればよい.第2解離が無視できなくなるのは,$K_2$ の値が酸の濃度と同じくらいに大きい場合で,実際上問題になるのは硫酸のみである(→練習問題〈10〉).

**例題 6.4** $0.01\,\mathrm{mol}\,l^{-1}$ 酢酸水溶液の水素イオン濃度を計算し,pHを求めよ.また,(6-28)式と(6-30)式から求め,その値を比較せよ.酸解離定数は表 6.1 から引用せよ.

**解** (6-28)式:pH = 3.39, (6-30)式:pH = 3.38

**例題 6.5** $0.001\,\mathrm{mol}\,l^{-1}$ 酢酸水溶液の水素イオン濃度を,(6-28)式と(6-30)式から求め,その値を比較せよ.酸解離定数は表 6.1 から引用せよ.

**解** (6-28)式:pH = 3.91, (6-30)式:pH = 3.88

**例題 6.6** $0.1\,\mathrm{mol}\,l^{-1}$ 硫化水素水溶液のpHを計算せよ.このときの電離度はいくらか.酸解離定数は表 6.1 から引用せよ.

**解** 表 6.1 の酸解離定数表から $20 \times$ 第2解離定数 $\ll$ 第1解離定数 であるので,

第 1 解離のみを考えて計算すればよい．(6-30)式から

$$[\mathrm{H}^+] = (1 \times 10^{-7} \times 0.1)^{\frac{1}{2}} = 1 \times 10^{-4} \text{ mol } l^{-1}$$

よって，pH = 4.0．電離度は(6-30)式より $\alpha = \dfrac{1 \times 10^{-4}}{0.1} = 0.001$ である．

## §6.5 塩の水溶液

塩の水溶液の pH 計算は，加水分解反応が起こる場合や酸塩基中和滴定で当量点の pH を求める場合，あるいは緩衝液の pH を求める場合などに必要となる．塩の水溶液の pH を求めるには，以下に示す 4 つの場合に分けて行うのがよい．ここで学ぶ pH 計算法は，次節で学ぶ緩衝溶液 pH の求め方とともに，酸塩基滴定曲線の理解にはぜひとも必要なことである．

**【強酸と強塩基の塩】**

塩化ナトリウムを例にとる．NaCl は水溶液中で完全に電離する．

$$\mathrm{NaCl} \rightleftarrows \mathrm{Na}^+ + \mathrm{Cl}^-$$

$\mathrm{Na}^+$ と $\mathrm{Cl}^-$ は弱い酸と塩基であり，ともにまったく酸性も塩基性も示さない．水溶液は中性であり，NaOH のような強塩基を HCl などの強酸で滴定したときは，その当量点における pH は 7.0 である．

**【弱酸と強塩基の塩】**

弱酸と強塩基からなる塩（例；$\mathrm{CH_3COONa}$ や KCN）の水溶液は，加水分解して塩基性を示す．塩が電離して生じる中くらいの強さの塩基 $\mathrm{CH_3COO^-}$ や $\mathrm{CN^-}$ が加水分解し，溶液中に過剰の $\mathrm{OH^-}$ を生じるからである．

$$\mathrm{H_2O} + \mathrm{A}^- \rightleftarrows \mathrm{HA} + \mathrm{OH}^-$$

この加水分解反応に平衡の法則を適用すると，次のようになる．

$$\frac{[\mathrm{HA}][\mathrm{OH}^-]}{[\mathrm{A}^-]} = K_\mathrm{h}$$

ここで $K_\mathrm{h}$ を**加水分解定数**という．この式は次のように変形される．

$$K_\mathrm{h} = \frac{[\mathrm{HA}]}{[\mathrm{H}^+][\mathrm{A}^-]} ([\mathrm{H}^+][\mathrm{OH}^-]) = \frac{K_\mathrm{w}}{K_\mathrm{a}}$$

(6-35)式の関係から，加水分解定数 $K_\mathrm{h}$ は弱酸の共役塩基の塩基解離定数に

等しいことがわかる．したがって弱酸と強塩基からなる塩の水溶液は，弱酸の共役塩基の水溶液とみなすことができる．塩基の水溶液に対しては (6-33) 式の関係が成り立つから，共役塩基の塩基解離定数 $K_b' = K_w/K_a$ を用いると，

$$[\mathrm{OH^-}] = (K_b' C)^{\frac{1}{2}}$$

したがって，

$$\mathrm{pH} = \mathrm{p}K_w - \frac{1}{2}(\mathrm{p}K_b' - \log C) \qquad (6\text{-}37)$$

が得られる．この場合，$K_b'$ の代わりに酸の酸解離定数 $K_a$ を用いると (6-35) 式の関係から，次の式が得られる．

$$\mathrm{pH} = \frac{1}{2}(\mathrm{p}K_w + \mathrm{p}K_a + \log C) \qquad (6\text{-}38)$$

**例題 6.7** $0.01\ \mathrm{mol}\ l^{-1}$ 酢酸ナトリウム水溶液の pH を求めよ．

**解** この塩が溶液中で電離して生じる $\mathrm{Na^+}$ はまったく酸性を示さない．一方，$\mathrm{CH_3COO^-}$ は塩基であり，加水分解して共役の酸 $\mathrm{CH_3COOH}$ との間に次の平衡が存在している．

$$\mathrm{CH_3COO^-} + \mathrm{H_2O} \rightleftarrows \mathrm{CH_3COOH} + \mathrm{OH^-}$$

したがってこの水溶液は，$\mathrm{p}K_a = 4.76$ の弱酸 $\mathrm{CH_3COOH}$ に対する共役塩基水溶液，つまり $\mathrm{p}K_b' = 14.0 - 4.76 = 9.24$ の塩基の水溶液と同等である．したがって (6-37) 式から

$$\mathrm{pH} = \mathrm{p}K_w - \frac{1}{2}(\mathrm{p}K_b' - \log C) = 8.38$$

この場合 $K_a$ を用いて (6-38) 式からも同じ結果が得られる．

## 【弱塩基と強酸からなる塩】

弱塩基と強酸からなる塩（例：$\mathrm{NH_4Cl}$）では，弱塩基 $\mathrm{NH_3}$ に対する共役の酸 $\mathrm{NH_4^+}$ が次のように水と反応して酸性を呈する．

$$\mathrm{NH_4^+} + \mathrm{H_2O} \rightleftarrows \mathrm{H_3O^+} + \mathrm{NH_3}$$

したがって水溶液は，弱塩基に対する共役酸の水溶液とみなされる．この場合の加水分解定数は，共役酸の酸解離定数に等しい．酸の水溶液に対しては，一般に近似式 (6-30) 式の関係が成り立つから，$K_a' = K_w/K_b$ として

で与えられる．したがって，pH は

$$\mathrm{pH} = \frac{1}{2}(\mathrm{p}K_\mathrm{a}' - \log C) \qquad (6\text{-}39)$$

で与えられる．この場合，$K_\mathrm{a}'$ の代わりに塩基解離定数 $K_\mathrm{b}$ を用いると

$$\mathrm{pH} = \frac{1}{2}(\mathrm{p}K_\mathrm{w} - \mathrm{p}K_\mathrm{b} - \log C) \qquad (6\text{-}40)$$

が得られる．

**例題 6.8** $0.05\ \mathrm{mol}\ l^{-1}$ 塩化アンモニウム水溶液の pH を求めよ．

**解** この塩が溶液中で電離して生じる $\mathrm{Cl}^-$ はまったく塩基性を示さない．一方，$\mathrm{NH}_4^+$ は酸であり，加水分解して共役の塩基 $\mathrm{NH}_3$ との間に次の平衡が存在している．$\mathrm{NH}_4^+ + \mathrm{H}_2\mathrm{O} \rightleftarrows \mathrm{NH}_3 + \mathrm{H}_3\mathrm{O}^+$．したがって，この水溶液は $\mathrm{p}K_\mathrm{b} = 4.75$ の弱塩基 $\mathrm{NH}_3$ の共役酸の水溶液，つまり $\mathrm{p}K_\mathrm{a}' = 14.0 - 4.75 = 9.25$ の酸の水溶液と同等である．したがって (6-30) 式から

$$[\mathrm{H}^+] = (K_\mathrm{a}'C)^{\frac{1}{2}} = 5.3 \times 10^{-6}\ \mathrm{mol}\ l^{-1}$$

よって，pH = 5.28．(6-39) 式，(6-40) 式からも同じ結果が得られる．

**【弱酸と弱塩基の塩】**

例として酢酸アンモニウムの水溶液を考える．酢酸アンモニウムは水溶液中で完全に電離している．

$$\mathrm{CH_3COONH_4} \rightleftarrows \mathrm{CH_3COO^-} + \mathrm{NH_4^+} \qquad (6\text{-}41)$$

この電離で生じた $\mathrm{CH_3COO^-}$ と $\mathrm{NH_4^+}$ は，いずれも加水分解を受ける．

$$\mathrm{CH_3COO^-} + \mathrm{H_2O} \rightleftarrows \mathrm{CH_3COOH} + \mathrm{OH^-}$$

$$\mathrm{NH_4^+} + \mathrm{H_2O} \rightleftarrows \mathrm{NH_3} + \mathrm{H_3O^+}$$

$\mathrm{CH_3COO^-}$ と $\mathrm{NH_4^+}$ が受ける加水分解の程度は同じくらいで，加水分解反応は全体として次のようになる．

$$\mathrm{CH_3COO^-} + \mathrm{NH_4^+} \rightleftarrows \mathrm{CH_3COOH} + \mathrm{NH_3} \qquad (6\text{-}42)$$

この加水分解反応定数を $K_h$, $CH_3COOH$ の酸解離定数を $K_a$, $NH_3$ の塩基解離定数を $K_b$ とすると，次の関係が得られる．

$$K_h = \frac{[CH_3COOH][NH_3]}{[CH_3COO^-][NH_4^+]} = \frac{K_w}{K_a K_b}$$

また(6-41)式と (6-42)式から

$$[CH_3COO^-] = [NH_4^+] \qquad [CH_3COOH] = [NH_3] \qquad (6\text{-}43)$$

であり，$CH_3COOH$ の解離平衡式から次の関係が得られる．

$$[H^+] = K_a \frac{[CH_3COOH]}{[CH_3COO^-]} = K_a K_h^{\frac{1}{2}} = \left(\frac{K_a K_w}{K_b}\right)^{\frac{1}{2}} \qquad (6\text{-}44)$$

したがって，

$$pH = \frac{1}{2}(pK_a + pK_w - pK_b) \qquad (6\text{-}45)$$

このように弱酸と弱塩基からなる塩の水溶液の pH は，濃度に無関係である．

(6-45)式の関係は，通常用いられる程度の濃度の溶液に対しては，広い pH 範囲にわたって適用できる．

**例題 6.9** $0.01 \text{ mol } l^{-1}$ 酢酸アンモニウム水溶液の pH を求めよ．

**解** $pK_a = 4.76$, $pK_b = 4.75$ であるので (6-45)式より pH = 7.01．pH は濃度によらない．

## §6.6 緩衝溶液

弱酸水溶液にその塩を加えた混合溶液は，希釈したり少量の酸や塩基を加えても pH はあまり変化しない．このような作用を**緩衝作用**といい，緩衝作用を示す水溶液を**緩衝溶液**という．弱酸 HA の水溶液にその塩 MA を加えると，塩の解離により弱酸の陰イオン $A^-$ が多量に生じるので，弱酸の電離が抑制される．その結果，水溶液中では $[HA] \sim C_a$, $[A^-] \sim C_s$ と近似できる．ここで，$C_a$ は酸の全濃度，$C_s$ は塩の全濃度である．この混合溶液の水素イオン濃度は，酸の電離平衡に対する (6-8)式から，

で与えられる．したがって pH は次の式で与えられる．

$$\mathrm{[H^+]} = K_\mathrm{a} \frac{\mathrm{[HA]}}{\mathrm{[A^-]}} = \frac{K_\mathrm{a} C_\mathrm{a}}{C_\mathrm{s}}$$

$$\mathrm{pH} = \mathrm{p}K_\mathrm{a} + \log \frac{C_\mathrm{s}}{C_\mathrm{a}} \qquad (6\text{-}46)$$

同様に，弱塩基とその塩からなる水溶液では，塩基の全濃度を $C_\mathrm{b}$ とすると

$$\mathrm{[OH^-]} = \frac{K_\mathrm{b} C_\mathrm{b}}{C_\mathrm{s}} \qquad \mathrm{[H^+]} = \frac{(K_\mathrm{w}/K_\mathrm{b}) C_\mathrm{s}}{C_\mathrm{b}}$$

となり，pH は次の式で求められる．

$$\mathrm{pH} = \mathrm{p}K_\mathrm{w} - \mathrm{p}K_\mathrm{b} - \log \frac{C_\mathrm{s}}{C_\mathrm{b}} \qquad (6\text{-}47)$$

緩衝作用の大きさは，次に示す緩衝能または緩衝指数によって測られる．緩衝能は，pH を 1 単位変化させるために必要な強塩基または強酸の量で表す．緩衝能を $\beta$ として，次のようになる．

$$\beta = \frac{dC_\mathrm{b}}{d\mathrm{pH}} \quad \text{あるいは} \quad \beta = -\frac{dC_\mathrm{a}}{d\mathrm{pH}} \qquad (6\text{-}48)$$

化学反応の多くは pH の影響を受ける．特に酵素などの生理活性な物質は pH の影響を大きく受ける．生体中の体液は緩衝溶液となっている．また植物の生育も土壌の酸性・塩基性の影響を受ける．土壌も緩衝作用がある．人間の血清は pH 7.4，海水は pH 8.3 の緩衝溶液である．分析化学では，pH による化学反応の違いを巧みに利用して，種々の化学種の分析が行われる．

**例題 6.10** $0.1\,\mathrm{mol}\,l^{-1}$ 酢酸水溶液 $20\,\mathrm{m}l$ に，$0.1\,\mathrm{mol}\,l^{-1}$ 水酸化ナトリウム水溶液 $10\,\mathrm{m}l$ 加えた溶液の pH を求めよ．

**解** $0.1\,\mathrm{mol}\,l^{-1}$ 水酸化ナトリウム水溶液 $10\,\mathrm{m}l$ を中和するのに，$0.1\,\mathrm{mol}\,l^{-1}$ 酢酸水溶液 $10\,\mathrm{m}l$ が消費される．したがって得られる溶液は，酢酸濃度 $0.033\,\mathrm{mol}\,l^{-1}$ と酢酸ナトリウム濃度 $0.033\,\mathrm{mol}\,l^{-1}$ の緩衝溶液となる．よって，

$$\mathrm{pH} = 4.76 + \log \frac{0.033\,\mathrm{mol}\,l^{-1}}{0.033\,\mathrm{mol}\,l^{-1}} = 4.76$$

## §6.7 酸塩基滴定曲線

図6.1に，酸の水溶液に塩基を加えて滴定したときの**滴定曲線**を示す．滴定曲線は実験によって求められるが，滴定曲線上のpHと滴定率の関係は，これまでのpHの計算方法に従って求めることができる．強酸を強塩基で滴定する場合のpH変化は，残存する酸や塩基が完全に電離すると仮定し，その濃度から容易に計算できる．弱酸を強塩基で滴定する場合は，はじめのpHは弱酸のpHを求める (6-31) 式により計算できる．次いで当量点までは弱酸とその塩の混合溶液であるため，緩衝溶液のpHを求める (6-46) 式により計算できる．この領域では，緩衝作用のために，塩基を加えてもpHがあまり変化しない．緩衝作用は滴定の中点（半分中和された点）でもっとも大きい．滴定の中点では $C_s = C_a$ なので，この点におけるpHの値は $pK_a$ に等しい．

当量点では，弱酸と強塩基のつくる塩の溶液となるので，加水分解の式 (6-37) 式によりpHを計算することができる．当量点を過ぎると，過剰な強塩基の水溶液となるので，塩基の濃度からpHが計算できる．

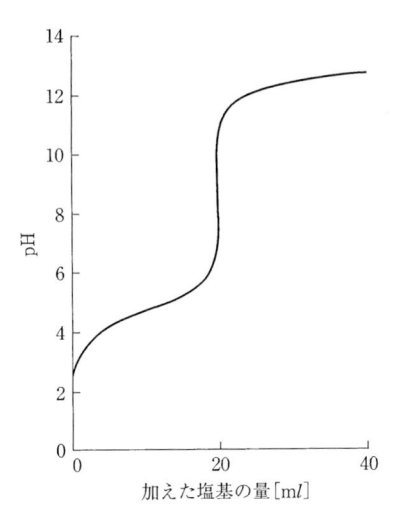

**図6.1** 0.1 mol $l^{-1}$ CH$_3$COOH 水溶液20 m$l$ を 0.1 mol $l^{-1}$ NaOH 水溶液で滴定したときの滴定曲線

**例題 6.11** 図 6.1 に示した 0.1 mol $l^{-1}$ の $CH_3COOH$ 水溶液 20 m$l$ を，0.1 mol $l^{-1}$ NaOH 水溶液で滴定したときの滴定曲線を計算で求めよ．

**解** 滴定曲線上の pH の値を上の説明にしたがって何点か計算し，それらを滑らかな曲線でつなげばよい．例として，加えた NaOH の m$l$ 数と，（ ）内にそのときの pH の数値を示しておく．

0 m$l$ (2.88)，2 m$l$ (3.81)，5 m$l$ (4.28)，10 m$l$ (4.76)，15 m$l$ (5.24)，20 m$l$ (8.73)，25 m$l$ (12.05)，30 m$l$ (12.30)，40 m$l$ (12.52)．

## §6.8 酸塩基指示薬

水溶液の pH や中和滴定の終点を知るためには，**酸塩基指示薬**が用いられる．指示薬はそれ自身が弱酸あるいは弱塩基であり，その共役塩基あるいは共役酸が異なる色を呈するものである (表 6.4)．指示薬の酸型を HIn，塩基型を In$^-$ で表し，酸解離定数を $K_{In}$ とすると，

$$HIn = H^+ + In^- \qquad K_{In} = \frac{[H^+][In^-]}{[HIn]}$$

フェノールフタレインは無色の弱酸であり，その共役塩基が強い赤色を呈する．指示薬の変色は一定の pH の範囲で起こる．これを**変色域**という．変色域は指示薬の p$K_{In}$ を中心に±1 の範囲内にあるものが多く，変色により溶液の pH を知ることができる．ただし指示薬自身が酸や塩基であるため，多量に加えると滴定試薬を余計に消費し誤差を与えることになる．したがって加える指示薬の量は，必要最小限の量にとどめるようにする．

表 6.4 酸塩基指示薬

| 指示薬 | 変色域(pH) | 酸色 | 塩基色 |
|---|---|---|---|
| メチルオレンジ | 3.1〜4.4 | 赤 | 黄 |
| メチルレッド | 4.2〜6.3 | 赤 | 黄 |
| リトマス | 5.0〜8.0 | 赤 | 青 |
| ニュートラルレッド | 6.8〜8.0 | 赤 | 黄 |
| チモールブルー | 8.0〜9.6 | 黄 | 青 |
| フェノールフタレイン | 8.2〜10.0 | 無色 | 赤 |

## §6.9 沈殿反応と酸塩基

硫化物の溶解度の差を利用して,特定のイオンを選択的に分別沈殿させ,他のイオンを水溶液中にとどめておくことができる.硫化物イオンは弱塩基であるから,水溶液中の $[S^{2-}]$ は pH の影響を大きく受け,硫化物の溶解度も pH によって大きく変わる.このことは,分析化学で金属イオンを分離するために利用されている.たとえば $Cu^{2+}$ と $Zn^{2+}$ は,硫化物の溶解度が pH によって変化する差を利用して分離される.

硫化水素は 2 価の酸であり,水溶液中では次のように電離し,$H_2S$ のほかに $HS^-$,$S^{2-}$ が生じる.これらの平衡は次のように表される.

$$H_2S = H^+ + HS^- \qquad K_1 = \frac{[H^+][HS^-]}{[H_2S]} = 1 \times 10^{-7} \qquad (6\text{-}49)$$

$$HS^- = H^+ + S^{2-} \qquad K_2 = \frac{[H^+][S^{2-}]}{[HS^-]} = 1 \times 10^{-15} \qquad (6\text{-}50)$$

硫化水素の全濃度を $C(H_2S)$ とすると,次の関係がある.

$$C(H_2S) = [H_2S] + [HS^-] + [S^{2-}] \qquad (6\text{-}51)$$

(6-49)式と (6-50)式を用いて (6-51)式から $[H_2S]$ と $[HS^-]$ を消去すると,次の式が得られる.

$$C(H_2S) = [S^{2-}]\left(1 + \frac{[H^+]}{K_2} + \frac{[H^+]^2}{K_1 K_2}\right) \qquad (6\text{-}52)$$

この式により,任意の水素イオン濃度における $S^{2-}$ の濃度が計算できる.特に $[H^+] \gg K_1$,$[H^+] \gg K_2$ のときは,(6-52)式の ( ) 内の第 1 項および第 2 項は,第 3 項に比べて無視できるほど小さくなるので(確かめよ),次のような近似式により $[S^{2-}]$ を計算することができる.

$$[S^{2-}] = \frac{C(H_2S) K_1 K_2}{[H^+]^2} \qquad (6\text{-}53)$$

**例題 6.12** 25℃,1 atm において硫化水素を飽和させた水溶液 ($C(H_2O) = 0.1$ mol $l^{-1}$) に,6 mol $l^{-1}$ HCl を加えて $[H^+] = 0.3$ mol $l^{-1}$ となるようにしたときの $[S^{2-}]$ を計算せよ.

**解** 硫化水素の飽和水溶液は，常温では約 $0.1\,\mathrm{mol}\,l^{-1}$ である．今，$[\mathrm{H}^+] \gg K_1$, $[\mathrm{H}^+] \gg K_2$ であるので，$C(\mathrm{H_2S}) \fallingdotseq [\mathrm{H_2S}]$ である．水溶液中の $[\mathrm{S}^{2-}]$ 濃度は (6-53) 式から次のように計算される．

$$[\mathrm{S}^{2-}] = \frac{0.1\,K_1\,K_2}{[\mathrm{H}^+]^2} = \frac{1 \times 10^{-23}}{[\mathrm{H}^+]^2}\,\mathrm{mol}\,l^{-1}$$

したがって $[\mathrm{H}^+] = 0.3\,\mathrm{mol}\,l^{-1}$ のときは，$[\mathrm{S}^{2-}] = 1.1 \times 10^{-22}\,\mathrm{mol}\,l^{-1}$ となる．

**例題 6.13** $0.01\,\mathrm{mol}\,l^{-1}$ の $\mathrm{CuSO_4}$ と $0.01\,\mathrm{mol}\,l^{-1}$ の $\mathrm{ZnSO_4}$ を含む水素イオン濃度 $0.3\,\mathrm{mol}\,l^{-1}$ の水溶液がある．この溶液に硫化水素を飽和させたとき，水溶液中に残る $\mathrm{Cu}^{2+}$ および $\mathrm{Zn}^{2+}$ の濃度はいくらか．ただし，硫化水素の飽和濃度は $0.1\,\mathrm{mol}\,l^{-1}$ で硫化水素を飽和させても水溶液の体積は変わらないものとする．

**解** $\mathrm{ZnS}$ と $\mathrm{CuS}$ の $K_{\mathrm{sp}}$ はそれぞれ $3 \times 10^{-22}$, $6 \times 10^{-36}$ である．また例題 6.12 から，水素イオン濃度 $0.3\,\mathrm{mol}\,l^{-1}$ のとき $[\mathrm{S}^{2-}] = 1.1 \times 10^{-22}\,\mathrm{mol}\,l^{-1}$ である．このとき水溶液中に存在する $\mathrm{Cu}^{2+}$ と $\mathrm{Zn}^{2+}$ の最高濃度は

$$[\mathrm{Cu}^{2+}] = \frac{6 \times 10^{-36}}{1.1 \times 10^{-22}} = 5.5 \times 10^{-14}\,\mathrm{mol}\,l^{-1}$$

$$[\mathrm{Zn}^{2+}] = \frac{3 \times 10^{-22}}{1.1 \times 10^{-22}} = 2.7\,\mathrm{mol}\,l^{-1}$$

となる．通常，試料溶液中の金属イオン濃度は $0.1\,\mathrm{mol}\,l^{-1}$ 以下であるので，試料溶液中の $\mathrm{Cu}^{2+}$ はほとんど完全に沈殿するが，$\mathrm{Zn}^{2+}$ は溶液中にとどまる．

## 練習問題6

⟨1⟩ 食酢 20.0 ml を水に溶かして 100 ml とした．この食酢の水溶液を 20.0 ml 採り，0.1 N 水酸化ナトリウム水溶液で滴定したところ，終点に達するまで 25.0 ml 要した．はじめの食酢中，酸濃度は何%（質量%）であったか．ただし食酢中の酸はすべて酢酸であるとし，また食酢の比重を 1.0 とする．

⟨2⟩ Kohlrausch らが蒸留をくり返して精製した水の伝導率は，25 ℃ において $5.5 \times 10^{-6}$ S m$^{-1}$ であった．これは水の自己解離によるものとして，水のイオン積を求めよ．水のモル伝導率は表4.5を参照して求めよ．

⟨3⟩ 酸とその共役塩基の解離定数を $K_a$，$K_b'$ とすると，(6-35)式で示される $K_a K_b' = K_w$ の関係があることを示せ．

⟨4⟩ 0.01 mol $l^{-1}$ アンモニア水溶液の pH を求めよ．

⟨5⟩ 大気は平均 0.03 % の $CO_2$ を含んでいる．20 ℃，1 atm のもとで，大気と平衡にある純水の pH を計算せよ．ただし 20 ℃ における $CO_2$ の Bunsen 吸収係数は 0.88 atm$^{-1}$ で，水に溶けた $CO_2$ は炭酸 $H_2CO_3$ の形で存在し，水溶液中では次の平衡が成り立っているものとする．

$$H_2CO_3 \rightleftarrows H^+ + HCO_3^- \qquad K_1 = 4.5 \times 10^{-7} \qquad (1)$$
$$HCO_3^- \rightleftarrows H^+ + CO_3^{2-} \qquad K_2 = 4.7 \times 10^{-11} \qquad (2)$$

⟨6⟩ 25 ℃ における 0.1 mol $l^{-1}$ 炭酸ナトリウム水溶液の pH を計算せよ．

⟨7⟩ 硫化水素は弱酸で，例題6.6から電離度は 0.001 であることがわかった．水溶液中ではほとんど $H_2S$ の形で存在する．25 ℃，1 atm において，硫化水素ガスを通気したとき，水溶液中の硫化水素の飽和濃度はいくらか．25 ℃ における硫化水素の Bunsen 吸収係数は 2.3 atm$^{-1}$ である．

⟨8⟩ 0.10 mol $l^{-1}$ の酢酸と 0.10 mol $l^{-1}$ の酢酸ナトリウムを含む緩衝溶液 100 ml がある．この溶液に 0.10 mol $l^{-1}$ HCl 水溶液を 5 ml 加えたとき，pH はいくら変化するか．また 0.1 mol $l^{-1}$ NaOH 水溶液を 5 ml 加えたときはどうか．

⟨9⟩ $Zn^{2+}$ の水溶液に，アンモニアと塩化アンモニウムを加え pH = 9 に調節し

102　第6章　酸と塩基の反応

てから $H_2S$ を飽和させたとき，水溶液中に溶存する $[Zn^{2+}]$ はいくらか．ただし，$K_{sp}(ZnS) = 3 \times 10^{-22}$，$H_2S$ の全濃度は $0.1\,mol\,l^{-1}$ とする．

⟨10⟩ 25℃，$0.01\,mol\,l^{-1}$ 硫酸水溶液の pH を求めよ．ただし，$K_1 = 10^3$，$K_2 = 1.2 \times 10^{-2}$ である．

⟨11⟩ 多価の酸や塩基では，第1解離定数は第2解離定数よりも大きく，第2解離定数は第3解離定数よりも大きい．解離の段階が進むにつれて解離定数が小さくなるのはなぜか．

## 解　答

⟨1⟩ 食酢水溶液の濃度は $x = \dfrac{0.1\,N \times 25.0}{20.0} = 0.125\,N$．したがって食酢 $1\,l$ 中には酢酸が $0.125 \times 5 = 0.625$ グラム当量，つまり $60\,g \times 0.625 = 37.5\,g$ 含まれていた．食酢の比重は 1.0 だから，酸の濃度は 3.75 wt%．

⟨2⟩ 水のモル濃度は，$\dfrac{1000}{18}\,mol\,dm^{-3} = 55.5 \times 10^3\,mol\,m^{-3}$ である．したがって水のモル伝導率は，

$$\Lambda = \frac{\kappa}{C} = \frac{5.5 \times 10^{-6}\,S\,m^{-1}}{55.5 \times 10^3\,mol\,m^{-3}} = 0.99 \times 10^{-10}\,S\,m^2\,mol^{-1}$$

また水の無限希釈モル伝導率は

$$\Lambda_0(H_2O) = \Lambda(H^+) + \Lambda(OH^-) = 548 \times 10^{-4}\,S\,m^2\,mol^{-1}$$

であり，電離度は $\alpha = \Lambda/\Lambda_0 = 1.8 \times 10^{-9}$ となる．したがって

$$[H^+] = [OH^-] = C\alpha = 1.0 \times 10^{-7}\,mol\,dm^{-3}$$

水のイオン積は

$$K_w = [H^+][OH^-] = 1.0 \times 10^{-14}\,mol^2\,dm^{-6}$$

⟨3⟩ $HA \rightleftarrows H^+ + A^-$　　$K_a = \dfrac{[H^+][A^-]}{[HA]}$　　(1)

$A^- + H_2O \rightleftarrows HA + OH^-$　　$K_b' = \dfrac{[HA][OH^-]}{[A^-]}$　　(2)

(1)×(2) から，$K_a \times K_b' = [H^+][OH^-] = K_w$．

⟨4⟩ 式(6-33)〜(6-34) から

$[OH^-] = 4.22 \times 10^{-4}\,mol\,l^{-1}$，$[H^+] = 2.37 \times 10^{-11}\,mol\,l^{-1}$，pH = 10.6

検算すれば，この場合は簡略式が使えることがわかる．

⟨5⟩ 大気中の $CO_2$ 分圧は $\dfrac{1 \times 0.03}{100} = 3 \times 10^{-4}$ atm. したがって水溶液中 $H_2CO_3$ の全濃度は

$$\dfrac{0.88 \text{ atm}^{-1} \times 3 \times 10^{-4} \text{ atm}}{22.4 \ l \text{ mol}^{-1}} = 1.18 \times 10^{-5} \text{ mol } l^{-1}$$

$K_1 \gg K_2$ であるから第2解離で生じる $H^+$ の寄与は無視し，(6-28)式に $K_1$ および水溶液中 $H_2CO_3$ 全濃度の値を代入して2次方程式を解けばよい．$[H^+] = 2.1 \times 10^{-6}$ mol $l^{-1}$ が得られる．したがって pH = 5.68.

簡略化した (6-30)式を用いれば

$$[H^+] = (K_1 C)^{\frac{1}{2}} = (1.18 \times 10^{-5} \times 4.5 \times 10^{-7})^{\frac{1}{2}} = 2.3 \times 10^{-6} \text{ mol } l^{-1}$$

したがって pH = 5.64 となる．pH = 5.68 のとき，水溶液中の $H_2CO_3$ と $HCO_3^-$ の濃度比は，(1) の平衡式から $\dfrac{[HCO_3^-]}{[H_2CO_3]} = 0.214$ となり，溶解した $CO_2$ は約 82% が $H_2CO_3$ として，また約 18% が炭酸水素イオン $HCO_3^-$ として存在する．このとき溶解している $CO_3^{2-}$ の濃度の近似値は，(2) の平衡定数の式に $[H^+] = 2.1 \times 10^{-6}$ mol $l^{-1}$，$[HCO_3^-] = 1.18 \times 10^{-5} \times 0.18 = 2.12 \times 10^{-6}$ mol $l^{-1}$ を代入し，$[CO_3^{2-}] = 4.8 \times 10^{-11}$ mol $l^{-1}$ となる．

⟨6⟩ 炭酸ナトリウムは弱酸である炭酸と強塩基である水酸化ナトリウムの塩であるため，水溶液中では次のように2段に加水分解して塩基性を示す．

$$CO_3^{2-} + H_2O \rightleftarrows HCO_3^- + OH^- \qquad K_{b1} = \dfrac{K_w}{K_{a2}} = 2.14 \times 10^{-4}$$

$$HCO_3^- + H_2O \rightleftarrows H_2CO_3 + OH^- \qquad K_{b2} = \dfrac{K_w}{K_{a1}} = 2.24 \times 10^{-8}$$

$K_{b1} \gg K_{b2}$ であるから，第1段の加水分解のみを考えればよい．

$$[OH^-] = (K_{b1} C)^{1/2} = (0.1 \times 2.14 \times 10^{-4})^{1/2} = 4.62 \times 10^{-3} \text{ mol } l^{-1}$$

したがって $[H^+] = 2.16 \times 10^{-12}$ mol $l^{-1}$，pH = 11.7 である．

⟨7⟩ 水溶液 1 $l$ 中に溶ける $H_2S$ の飽和濃度は

$$\dfrac{2.3 \text{ atm}^{-1} \times 1 \text{ atm}}{22.4 \ l \text{ mol}^{-1}} = 0.10 \text{ mol } l^{-1}$$

⟨8⟩ この緩衝溶液に HCl を加えると，その分だけ酢酸濃度が高くなり，酢酸ナトリウム濃度は低下する．したがって

$$\text{pH} = 4.76 + \log \dfrac{0.10(100-5)/105}{0.10(100+5)/105} = 4.76 - 0.04 = 4.72$$

NaOH を加えた場合は逆に酢酸濃度が低下し，酢酸ナトリウム濃度が高くなる．

$$\text{pH} = 4.75 + \log \frac{0.10(100+5)/105}{0.10(100-5)/105} = 4.76 + 0.04 = 4.80$$

〈9〉 pH = 9 では $[S^{2-}] = 1 \times 10^{-7}\,\text{mol}\,l^{-1}$ となる．したがって溶存し得る $Zn^{2+}$ の最高濃度は，$[Zn^{2+}] = 3 \times 10^{-15}\,\text{mol}\,l^{-1}$ となる．したがって pH = 9 では $Zn^{2+}$ も ZnS として完全に沈殿する．

〈10〉 硫酸の第1解離は $H_2SO_4 \rightleftarrows H^+ + HSO_4^-$，$K_1 = \dfrac{[H^+][HSO_4^-]}{[H_2SO_4]} = 10^3$ であり完全解離と考えてよく，水溶液中に $0.01\,\text{mol}\,l^{-1}$ の $[H^+]$ と $[HSO_4^-]$ が放出される．第2解離は $HSO_4^- \rightleftarrows H^+ + SO_4^{2-}$ であり，放出される $[H^+]$ を $x\,\text{mol}\,l^{-1}$ とすると，

$$K_2 = \frac{[H^+][SO_4^{2-}]}{[HSO_4^-]} = \frac{(0.01+x)x}{0.01-x} = 1.2 \times 10^{-2}$$

となる．これを解いて $x = 0.0045$．したがって $[H^+] = 0.0145\,\text{mol}\,l^{-1}$，pH = 1.84 となる．

　第2解離も完全解離の近似をすると，$[H^+] = 0.02\,\text{mol}\,l^{-1}$，pH = 1.70 となる．この場合 $[H^+]$ の誤差は 38 % あるが，pH に与える影響は 0.14 である．

〈11〉 Le Chatelier の法則により，第1解離で生じる $H^+$ は第2解離を抑える．また，第2解離で生じる陰イオンは2価であるので，第1解離で生じる1価の陰イオンよりも $H^+$ と強く結合して解離を抑える．したがって，一般に高次の解離反応の解離定数は小さくなる．

# 第7章　酸化還元反応

　空気中で木材などの物質が燃焼する反応は，古くから知られている酸化反応である．また，砂鉄を木炭と混合して鉄を得るなどの精錬法は，古くから知られた還元反応の応用である．植物は太陽光のエネルギーを用いて二酸化炭素を還元し，デンプンを合成している．我々は呼吸により体内に取り入れた酸素を用いて食物を酸化燃焼させ，そのエネルギーによって生命活動を維持している．そのほか，電池の中で起こる反応，金属が酸に溶ける反応や鉄がさびる反応など，身近な化学反応の多くは酸化還元反応である．

## §7.1　酸化還元反応

　硫酸銅(II)の水溶液は青色をしている．この溶液に亜鉛の粒を入れると，時間が経つにつれて，溶液の色は薄くなり，それと同時に亜鉛の表面が褐色になる．これは，亜鉛がイオンになって溶けだし，Cu(II)イオンが銅となって析出したためである．この変化を化学反応式で表すと，次のようになる．

$$CuSO_4 + Zn \to Cu + ZnSO_4 \tag{7-1}$$

この反応で硫酸イオンは変化していないから，変化した化学種だけに注目すると，次のように表される．

$$Cu^{2+} + Zn \to Cu + Zn^{2+} \tag{7-2}$$

(7-2)式のように化学反応をイオンで表した反応式を**イオン反応式**という．この反応は次の2つの反応の組み合わせからできている．

$$Zn - 2e \to Zn^{2+} \tag{7-3}$$

$$Cu^{2+} + 2e \to Cu \tag{7-4}$$

すなわち，Znが2個の電子を失って$Zn^{2+}$になる反応と，$Cu^{2+}$が2個の電子を受け取ってCuになる反応との組み合わせである．このとき，亜鉛は**酸化**

され，Cu(II) イオンは**還元**されたという．(7-3)式のように電子が奪われる反応を**酸化反応**，(7-4)式のように電子を受け取る反応を**還元反応**という．酸化反応と還元反応を含む化学反応は，一方が酸化されれば，必ず他方は還元されるので，**酸化還元反応**とよばれる．

(7-3)式や(7-4)式のように，イオンと電子で表した反応式を**イオン電子反応式**という．また，これらは全体の反応の部分的反応であることから**半反応式**ともいう．酸化還元反応は，全体としては常に電気的に中性であるため，半反応式は電子が過不足なく使われるように組み合わされる．

**例題 7.1** ヨウ化カリウムの水溶液に，塩素水（塩素殺菌された水道水など）を加えたとき，ヨウ素が遊離する反応をイオン反応式で表し，半反応式を示せ．

解　イオン反応式　$2I^- + Cl_2 \rightarrow I_2 + 2Cl^-$

　　半反応式　　　$2I^- - 2e \rightarrow I_2$　　　$Cl_2 + 2e \rightarrow 2Cl^-$

次のような反応では，半反応式が書きにくい．しかし各原子の電荷の変化を調べると，電子の授受がはっきりする．

$$2Cu + O_2 \rightarrow 2CuO \tag{7-5}$$

$$CuO + H_2 \rightarrow Cu + H_2O \tag{7-6}$$

(7-5)式で生成した CuO は $Cu^{2+}$ と $O^{2-}$ とからなるイオン結晶である．したがって Cu は 2 個の電子を失い $Cu^{2+}$ に酸化され，酸素は 2 個の電子を得て $O^{2-}$ に還元されたことになる．(7-6)式の反応では，$Cu^{2+}$ イオンが 2 個の電子を得て Cu に還元され，水素が 1 個の電子を失って $H^+$ に酸化されている．

物質が燃焼する反応や，金属が酸化されて金属酸化物を生じ，それが水素で還元されて金属を遊離する反応は昔からよく知られている．以前は酸化還元反応を「ある物質が酸素と化合するか水素を失う反応を酸化といい，酸素を奪われるか水素と化合する反応を還元という」と定義していた．酸素が酸化物を生じる反応では必ず相手から電子を奪う．また，水素が還元作用を示すときには，必ず相手に電子を与える．したがって，この古い酸化還元反応の定義も，電子の授受に基づく定義に含まれる．

共有結合をもつ化合物の酸化還元反応では，次に示すように，電子の授受がはっきりしない場合が多い．

$$2H_2 + O_2 \rightarrow 2H_2O \qquad (7\text{-}7)$$

$$2CO + O_2 \rightarrow 2CO_2 \qquad (7\text{-}8)$$

$$H_2S + H_2O_2 \rightarrow S + 2H_2O \qquad (7\text{-}9)$$

このような例では，酸素と水素の授受に基づく酸化還元の定義のほうがわかりやすい．このような反応では各原子の電気陰性度を考慮し電荷を各原子に完全にかたよらせて，その原子のもつ電荷を**酸化数**と定義する．この酸化数でもって，原子の酸化状態を比較することができる．たとえば CO 分子における炭素の酸化数は $+2$, 酸素の酸化数は $-2$ である．また $CO_2$ 分子における，炭素の酸化数は $+4$, 酸素のそれは $-2$ である．$H_2O$ 分子では水素原子 $+1$, 酸素原子 $-2$ である．このように各原子の酸化数の変化を比較すると，(7-7)式や (7-8)式の反応では，水素や一酸化炭素が電子を失って酸化され，酸素が電子を与えられて還元されたことになる．

酸化還元反応により，原子やイオンは酸化数を増減させる．酸化還元反応を「酸化によって，原子やイオンは正の酸化数を増加させるか，負の酸化数を減少させる．還元では逆に，正の酸化数を減少させるか，負の酸化数を増大させる」ということもできる．

**酸化数** 酸化数は，厳密には物質の構造や電子状態がわかっていないと決められないが，現在，次のような基準が定められている．

(1) 単体を構成する原子の酸化数は 0 とする．つまり同種の原子が結合しているときは，その間に電子の授受はないものとする．
(2) 単原子イオンの酸化数はイオンの価数（電荷）に等しいとする．
(3) フッ化物イオンは常に $-1$ とする．フッ化物イオンは最も陰性の強いイオンである．
(4) 酸素原子の酸化数は $-2$ である．例外として過酸化物（$O_2^{2-}$ を含む）は $-1$, 超酸化物（$O_2^-$ を含む）は $-\dfrac{1}{2}$, $OF_2$ では $+2$ をとる．

(5) 水素は，非金属元素と結合したとき +1，金属元素と結合したとき -1 をとる．

(6) 共有結合では，共有結合電子対をすべて電気陰性度が大きいほうの原子に割り当てたとき，各原子に残る見かけの電荷を酸化数とする．化合物中に含まれる各原子の酸化数の和は 0 となる．

(7) 多原子イオンでは，各原子の酸化数の和が，そのイオンの価数に等しくなる．

**例題 7.2** 硫化水素の水溶液に過酸化水素水を加えると，硫黄が遊離して白濁する．この反応で，酸化あるいは還元されたのはどの分子か指摘せよ．

**解** この反応は次の化学反応式で表される．

$$H_2S + H_2O_2 \rightarrow S + 2H_2O$$

この反応では，硫黄の酸化数は -2 から 0 に変化し，酸素の酸化数は -1 から -2 に変化した．したがって，$H_2S$ が酸化され，$H_2O_2$ が還元された．

## 【酸化剤と還元剤】

酸化還元反応において，酸化作用を示す物質を**酸化剤**，還元作用を示す物質を**還元剤**という．代表的な酸化剤，還元剤と，その水溶液中における半反応式を表 7.1 に示す．強い酸化剤は主に酸化作用を，また強い還元剤は主に還元作用を示すが，中くらいの強さの過酸化水素，二酸化硫黄，亜硫酸イオン，亜硝酸イオンなどは，相手と条件により酸化剤としても還元剤としても作用する．

塩素には漂白作用や殺菌作用があり，浄水場では水道水の殺菌に，家庭でも漂白剤や殺菌剤に利用されている．この作用は，塩素のもつ強い酸化力による．魚などの水棲動物に害のないよう水道水中の塩素を除去するには，チオ硫酸ナトリウム（ハイポ）を加えて還元している．二酸化硫黄は羊毛や絹などの漂白に用いられているが，これは二酸化硫黄の還元作用によるものである．

## 【酸化還元反応の例】

酸化還元反応では，酸化数が複雑に変化するものがあるので，反応に関与する物質の化学的性質をよく理解しておくことが必要である．

表7.1 酸化剤・還元剤の水溶液中の半反応式

| | | |
|---|---|---|
| 酸化剤 | 塩素 $Cl_2$ | $Cl_2 + 2e \rightarrow 2Cl^-$ |
| | ヨウ素 $I_2$ | $I_2 + 2e \rightarrow 2I^-$ |
| | 過酸化水素(酸性) $H_2O_2$ | $H_2O_2 + 2H^+ + 2e \rightarrow 2H_2O$ |
| | 硝酸(濃) $HNO_3$ | $HNO_3 + H^+ + e \rightarrow H_2O + NO_2$ |
| | 硝酸(希) $HNO_3$ | $HNO_3 + 3H^+ + 3e \rightarrow 2H_2O + NO$ |
| | 硫酸(熱濃) $H_2SO_4$ | $H_2SO_4 + 2H^+ + 2e \rightarrow 2H_2O + SO_2$ |
| | 過マンガン酸カリウム(酸性) $KMnO_4$ | $MnO_4^- + 8H^+ + 5e \rightarrow 4H_2O + Mn^{2+}$ |
| | 過マンガン酸カリウム(塩基性) $KMnO_4$ | $MnO_4^- + 2H_2O + 3e \rightarrow MnO_2 + 4OH^-$ |
| | 二クロム酸カリウム(酸性) $K_2Cr_2O_7$ | $Cr_2O_7^{2-} + 14H^+ + 6e \rightarrow 7H_2O + 2Cr^{3+}$ |
| | 二酸化硫黄 $SO_2$ | $SO_2 + 4H^+ + 4e \rightarrow 2H_2O + S$ |
| | オゾン $O_3$ | $O_3 + 2H^+ + 2e \rightarrow H_2O + O_2$ |
| 還元剤 | 水素 $H_2$ | $H_2 \rightarrow 2H^+ + 2e$ |
| | 過酸化水素 $H_2O_2$ | $H_2O_2 \rightarrow O_2 + 2H^+ + 2e$ |
| | 硫化水素 $H_2S$ | $H_2S \rightarrow S + 2H^+ + 2e$ |
| | ヨウ化カリウム $KI$ | $2I^- \rightarrow I_2 + 2e$ |
| | シュウ酸 $(COOH)_2$ | $(COOH)_2 \rightarrow 2CO_2 + 2H^+ + 2e$ |
| | 二酸化硫黄 $SO_2$ | $SO_2 + 2H_2O \rightarrow SO_4^{2-} + 4H^+ + 2e$ |
| | チオ硫酸イオン | $2S_2O_3^{2-} \rightarrow S_4O_6^{2-} + 2e$ |

**例** 銅が希硝酸と反応すると,Cu は $Cu^{2+}$ に酸化され,硝酸は NO に還元される.溶液を濃縮すると $Cu(NO_3)_2$ が得られる.この反応を化学反応式で表そう.$NO_3^-$ が還元されて NO になる半反応式は表7.1で与えられているが,はじめに,この半反応式がどのようにして導かれるかを示す.

まず $NO_3^-$ が還元されて NO になるから,窒素の酸化数は $+5$ から $+2$ に減少する.これをイオン電子反応式で示すと次のようになる.

$$NO_3^- + 3e \rightarrow NO + 2O^{2-} \tag{7-10}$$

酸性水溶液中で $O^{2-}$ は安定に存在できず,ただちに $H^+$ と反応して $H_2O$ となる.

$$2O^{2-} + 4H^+ \rightarrow 2H_2O \tag{7-11}$$

したがって,$NO_3^-$ が還元され NO になる半反応式は次のようになる.

$$NO_3^- + 4H^+ + 3e \rightarrow NO + 2H_2O \tag{7-12}$$

一方,Cu が酸化されて $Cu^{2+}$ になる半反応式は次の通りである.

$$Cu - 2e \rightarrow Cu^{2+} \tag{7-13}$$

ここで酸化反応と還元反応の電子数をつり合わせると，次のイオン反応式が得られる．

$$3Cu + 2NO_3^- + 8H^+ \rightarrow 3Cu^{2+} + 2NO + 4H_2O \tag{7-14}$$

さらに反応で使われなかった $6NO_3^-$ を両辺に補って整理すると，次の化学反応式が得られる．

$$3Cu + 8HNO_3 \rightarrow 3Cu(NO_3)_2 + 2NO + 4H_2O \tag{7-15}$$

**例題 7.3** 表 7.1 の酸性水溶液中における過マンガン酸イオン $MnO_4^-$ が，$Mn^{2+}$ まで還元される半反応式を導け．

**解** 酸性水溶液中，$MnO_4^-$ から $Mn^{2+}$ への変化においてマンガンの酸化数は $+7$ から $+2$ へと減少している．

$$MnO_4^- + 5e \rightarrow Mn^{2+} + 4O^{2-}$$
$$4O^{2-} + 8H^+ \rightarrow 4H_2O$$

この2つの式を辺々加えると，次のように表 7.1 と同じ半反応式が得られる．

$$MnO_4^- + 8H^+ + 5e \rightarrow Mn^{2+} + 4H_2O$$

**例題 7.4** 硫酸酸性水溶液中，$KMnO_4$ とシュウ酸の反応を化学反応式で示せ．

**解** シュウ酸イオンはこの反応で二酸化炭素に酸化され，炭素の酸化数は $+3$ から $+4$ に増加する．

$$C_2O_4^{2-} - 2e \rightarrow 2CO_2$$

$MnO_4^-$ の酸化作用の半反応式と組み合わせると，次のイオン反応式が得られる．

$$5C_2O_4^{2-} + 2MnO_4^- + 16H^+ \rightarrow 2Mn^{2+} + 10CO_2 + 8H_2O$$

この反応を化学反応式で示すと，次のようになる．

$$5H_2C_2O_4 + 2KMnO_4 + 3H_2SO_4 \rightarrow 2MnSO_4 + 10CO_2 + 8H_2O + K_2SO_4$$

## §7.2 酸化剤・還元剤の当量

酸化還元反応では電子が過不足なく消費されるので，酸化剤と還元剤の反応を定量的に扱うには，**酸化剤**や**還元剤**の**当量**という概念を導入するのが便利である．

ある還元剤の 1 mol が 1 mol の電子を出すとき，その還元剤を 1 当量の還元剤であるという．還元剤の 1 mol が 2 mol の電子を出すとき，その還元剤は 2 当量の還元剤である．また，電子 1 mol を出すことのできる還元剤の質量を，その還元剤の 1 グラム当量という．したがって還元剤の 1 グラム当量とは，その還元剤 1 mol の質量を当量数で割ったものに等しい．たとえば 2 当量の還元剤であるシュウ酸二水和物 $(COOH)_2 \cdot 2H_2O$ の式量は 126.07 で，1 グラム当量は $\dfrac{126.07\,\text{g}}{2} = 63.035\,\text{g}$ である．金属亜鉛も 2 当量の還元剤であり，原子量は 98 であるから，$\dfrac{98\,\text{g}}{2} = 49\,\text{g}$ が 1 グラム当量である．

　同様に，ある酸化剤の 1 mol が 1 mol の電子を受け取るとき，その酸化剤を 1 当量の酸化剤であるという．また，電子 1 mol を受け取ることのできる酸化剤の質量を，その酸化剤の 1 グラム当量という．過マンガン酸カリウムは 5 当量の酸化剤で，その 1 mol は 5 グラム当量である．したがって過マンガン酸カリウムの 1 グラム当量は $\dfrac{158.04\,\text{g}}{5} = 31.608\,\text{g}$ である．

　酸化剤と還元剤の反応では，等しいグラム当量の酸化剤と還元剤とが消費される．シュウ酸 0.1 グラム当量と過不足なく反応する酸化剤の量は，酸化剤の種類に関係なく 0.1 グラム当量である．

〈問〉 $0.1\,\text{mol}\,l^{-1}$ の $KMnO_4$ 水溶液 20 m$l$ 中には何グラム当量の $KMnO_4$ が含まれているか．　　　　　　　　$\left(\dfrac{0.1 \times 5 \times 20}{1000} = 0.01 \text{グラム当量}\right)$

〈問〉 $0.05\,\text{mol}\,l^{-1}$ のシュウ酸水溶液 20 m$l$ 中には何グラム当量のシュウ酸が含まれているか．　　　　　　　　$\left(\dfrac{0.05 \times 2 \times 20}{1000} = 0.002 \text{グラム当量}\right)$

## 【酸化剤・還元剤の溶液の規定度】

　水溶液 1 $l$ 中に溶けている酸化剤あるいは還元剤のグラム当量数で表した濃度を**規定度**という．1 $l$ 中に 1 グラム当量の酸化剤あるいは還元剤を含む溶液は，規定度 1 であり，1 規定の溶液という．規定度は記号 N で表す．

〈問〉 $0.002\,\text{mol}\,l^{-1}$ の $KMnO_4$ 水溶液は何規定か．また，$0.05\,\text{mol}\,l^{-1}$ のシュウ酸水溶液は何規定か．　　　　　　　　　　　　　　　　　　　(0.01 N，0.1 N)

〈問〉 0.02 N のシュウ酸水溶液 20 m$l$ 中に含まれるシュウ酸のグラム当量数に等しいグラム当量数の KMnO₄ を含む KMnO₄ 水溶液 40 m$l$ がある．この KMnO₄ 水溶液の濃度は何規定か． (0.01 N)

## §7.3 酸化還元滴定

今，$n$ N の酸化剤水溶液 $v$ m$l$ と $n'$ N の還元剤水溶液 $v'$ m$l$ が，ちょうど過不足なく反応したとする．消費される酸化剤と還元剤のグラム当量数は等しいから，次の関係が成り立つ．

$$n \times \frac{v}{1000} = n' \times \frac{v'}{1000} \qquad (7\text{-}16)$$

したがって，

$$n \times v = n' \times v' \qquad (7\text{-}17)$$

この (7-16) 式や (7-17) 式の関係を利用して，濃度のわかっている酸化剤あるいは還元剤を用いて滴定することにより，濃度のわからない還元剤あるいは酸化剤の濃度を求めることができる．この方法を**酸化還元滴定法**という．滴定に用いる濃度既知の水溶液を**標準溶液**という．標準溶液としてよく用いられるのは，過マンガン酸カリウムやシュウ酸の水溶液である．

　過マンガン酸カリウム水溶液は不安定で不純物を含み，また変化しやすいので，使用にあたってはあらかじめ濃度を正確に定める必要がある．この操作を**標定**という．標定に用いる物質を**一次標準物質**という．一次標準物質としては通常，シュウ酸 $H_2C_2O_4 \cdot 2H_2O$ やシュウ酸ナトリウム $Na_2C_2O_4$ が用いられる．これらは再結晶などにより純物質を得ることができ，吸湿性もなく，正確に秤量できるからである．

〈問〉正確に秤量したシュウ酸 $(COOH)_2 \cdot 2H_2O$ の 6.304 g を 1 $l$ メスフラスコにとり，標線まで水を加えて 1 $l$ とした．このシュウ酸水溶液は何規定か． (0.100 N)

例題7.5　0.100 N のシュウ酸水溶液 20.0 ml をホールピペットで採り，三角フラスコに入れて硫酸を加えた後，濃度のわからない過マンガン酸カリウム水溶液をビュレットから加えた．25.0 ml 加えたとき，溶液はピンク色を呈した．この過マンガン酸カリウム水溶液の濃度は何 mol $l^{-1}$ か．

解　過マンガン酸カリウム水溶液の濃度は $\dfrac{0.100\,\text{N} \times 20.0\,\text{m}l}{25.0\,\text{m}l} = 0.080\,\text{N}$ である．これは5当量の酸化剤であるから，0.080 N 溶液は $\dfrac{0.080}{5} = 0.016$ mol $l^{-1}$ 溶液である．

## 【COD の測定】

水の環境汚染の程度を示す指標の1つに**化学的酸素要求量**（Chemical Oxygen Demand，略して COD）がある．これは水中の被酸化性物質を酸化するのに必要な酸素の量を示すものである．まず過マンガン酸カリウムを用いて酸化還元滴定を行い，消費された過マンガン酸カリウムの量を測定する．これを酸素に換算し，検水 1 l あたり消費される酸素のグラム数を百万分率（ppm）で表す．被酸化性物質は主として有機物である．

例題7.6　ある川の水 50 ml を滴定すると，0.01 N 過マンガン酸カリウム標準溶液を 5.0 ml 消費した．この川の水 1 l 中には，何グラム当量の被酸化性物質が含まれているか．COD はいくらか．

解　検水 1 l 中の被酸化性物質の量は，$0.01 \times \dfrac{5}{1000} \times \dfrac{1000}{50} = 0.001$ グラム当量．酸素 1 グラム当量は 8 g である．したがって，この検水 1 l 中に含まれる被酸化性物質は酸素を $8\,\text{g} \times 0.001 = 0.008\,\text{g}$ 消費する．これは COD 8 ppm に相当する．飲料水は COD が 10 ppm 以下，また，排水は COD が 15 ppm 以下でなければならないと定められている．

**ヨウ素滴定**　ヨウ素の酸化還元反応は，次のように表される．

$$I_2 + 2e \rightleftarrows 2I^- \tag{7-18}$$

ヨウ化物イオンは強い酸化剤にあうと，電子を奪われてヨウ素を生じる．また，ヨウ素は還元剤にあうと酸化剤として作用し，ヨウ化物イオンを生じる．生じたヨウ素あるいは消費されたヨウ素を，チオ硫酸ナトリウムの標準溶液で滴定することにより，酸化性物質あるいは還元性物質を定量することができる．

これを**ヨウ素滴定法**という．

$$I_2 + 2S_2O_3^{2-} \rightarrow S_4O_6^{2-} + 2I^- \qquad (7\text{-}19)$$

空気中の**オキシダント**とは，オゾンや窒素酸化物 $NO_x$ などのように，ヨウ化カリウムと反応してヨウ素を遊離する物質すべてを指していう．

**例題7.7** 25 ℃，1 atm において，火山ガス $5\,l$ を $0.10\,\text{mol}\,l^{-1}$ ヨウ素水溶液 100 $ml$ に通し二酸化硫黄と硫化水素を吸収させた．このときヨウ素により，二酸化硫黄は硫酸に，硫化水素は硫黄に酸化される．この吸収液 100 $ml$ を水で薄めて $1\,l$ とし，この中から 100 $ml$ をビーカー A にとり，100 $ml$ をビーカー B にとった．A の溶液は，デンプンを指示薬として $0.02\,\text{mol}\,l^{-1}$ チオ硫酸ナトリウム水溶液で滴定したところ 40.0 $ml$ を要した．B の溶液に塩化バリウム水溶液を加えたところ，93.2 $mg$ の硫酸バリウムを生じた．25 ℃，1 atm において，この火山ガス $5\,l$ 中に含まれている二酸化硫黄と硫化水素の体積はいくらか．ただし，気体は理想気体とする．

**解** ヨウ素水溶液に硫化水素と二酸化硫黄を吸収させたとき，次の(1)と(2)の反応が起こる．

$$I_2 + H_2S \rightarrow 2HI + S \qquad (1)$$

$$I_2 + SO_2 + 2H_2O \rightarrow 2HI + H_2SO_4 \qquad (2)$$

硫酸バリウムを生じる反応は次のとおりである．

$$H_2SO_4 + BaCl_2 \rightarrow BaSO_4 + 2HCl \qquad (3)$$

したがって B の溶液に含まれる $SO_2$ のモル数は，生じた $BaSO_4$ のモル数に等しい．$BaSO_4$ の式量は 233.3，すなわち $SO_2$ は B 液中に $\dfrac{93.2 \times 10^{-3}\,\text{g}}{233.3\,\text{g mol}^{-1}} = 4 \times 10^{-4}\,\text{mol}$ あった．A 溶液に残存しているヨウ素は (7-19) 式より

$$\dfrac{(1/2) \times 0.02 \times 40.0}{1000}\,\text{mol} = 4 \times 10^{-4}\,\text{mol}$$

消費されたヨウ素は

$$\left(0.10 \times \dfrac{100}{1000} \times \dfrac{1}{10}\right)\,\text{mol} - 4 \times 10^{-4}\,\text{mol} = 6 \times 10^{-4}\,\text{mol}$$

これは $SO_2$ と $H_2S$ の合量であるので，$H_2S$ は $2 \times 10^{-4}\,\text{mol}$ となる．したがって，25 ℃，1 atm において火山ガス $5\,l$ 中には，$SO_2$ 98 $ml$，$H_2S$ 49 $ml$ が含まれていた．

## §7.4 イオン化傾向

　亜鉛を希硫酸に浸すと水素を発しながら溶けて，亜鉛イオンを生じる．このように水溶液中で，金属がイオンを生じる傾向を**イオン化傾向**という．

　一般に金属元素の原子は，電子を失って陽イオンになりやすいが，そのイオン化傾向は金属によって異なる．(7-2)式で示したように，硫酸銅(II)水溶液に亜鉛粒を入れると，亜鉛がイオンになって溶けだしCu(II)イオンが銅となって析出する．これも亜鉛のほうが銅よりイオン化傾向が大きく，次のような電子の授受が行われるからである．

$$Cu^{2+} + Zn \rightarrow Cu + Zn^{2+} \qquad (7-2)$$

また，硝酸銀水溶液中に銅線を入れると，銅の表面に銀が析出して灰白色となり，溶液中には$Cu^{2+}$が溶けだして青色を呈してくる．この反応もイオン化傾向の差により，次のような電子の授受反応が進むからである．

$$2Ag^+ + Cu \rightarrow 2Ag + Cu^{2+} \qquad (7-20)$$

　金属を，イオン化傾向の大きいものから小さいものへと順番に並べると，次のようになる．これを**イオン化列**という．

表7.2　金属の反応性

| 金属 | K Ca Na | Mg Al | Zn Fe Ni Sn Pb Cu | Hg Ag Pt Au |
|---|---|---|---|---|
| 空気中で酸素との反応 | 乾燥空気中ですみやかに酸化される | 乾燥空気中で徐々に酸化される | 湿った空気中で徐々に酸化される | 反応しない |
| 水との反応 | 常温で反応 | 高温で水蒸気と反応する | 反応しない | |
| 酸との反応 | 塩酸や希硫酸と反応して水素を発生して溶ける | | 硝酸や熱濃硫酸と反応して溶ける | 王水に溶ける |

表7.3　金属の精錬方法

| 金属 | 精錬方法 |
|---|---|
| Au, Pt | 単体として天然に産出する． |
| Cu | 鉱石から銅の硫化物を取り出し，空気で酸化する． |
| Pb, Zn | 鉱石の硫化物を酸化物にかえ，炭素などで還元する． |
| Fe, Sn | 鉱石の酸化物を炭素などで還元する． |
| Al, Mg, Na, Ca, K | 鉱石の酸化物や塩化物を融解し，電気分解により還元する． |

K, Na, Ca, Mg, Al, Mn, Zn, Fe, Co, Ni, Sn, (H), Cu, Hg, Ag, Pt, Au

イオン化傾向の大きい金属ほど強い還元作用を示し，化学的により活性である．次にイオン化傾向の差による金属の性質の違いを示す（表7.2, 7.3）．

(1) 酸素との反応：KやNa，Caは，乾燥空気中でも常温ですみやかに酸化される．Mg, Alは乾燥空気中で徐々に酸化される．Cuまでの金属は湿った空気中で徐々に酸化される．HgやAgの酸化は極めて遅く，むしろ酸化物は加熱すると容易に酸素を放出する．

(2) 水との反応：K, Na, Caは常温で水を還元して水素を発生し，水酸化物を生じる．Mgは熱水と反応して水酸化物と水素を生じる．また，AlからNiまでの金属は，高温の水蒸気と反応して酸化物と水素を生じる．Pbよりもイオン化傾向の小さな金属は水とは反応しない．

(3) 酸との反応：水素よりもイオン化傾向の大きな金属は，希酸に溶けて水素を発生する．Cu, Ag, Hgは希酸に溶けず，酸化作用のある硝酸や熱濃硫酸に溶ける．Pbは塩酸や硫酸には溶けないが，硝酸には溶ける．PtやAuは硝酸にも溶けないが，さらに酸化力の強い王水（濃硝酸1 ＋ 濃塩酸3）には溶ける．

(4) 金属の精錬法：AuやPtは単体として天然に産出する．HgからAuまでは酸化物を強熱すれば金属が遊離する．銅は鉱石から硫化物を取り出し空気で酸化する．亜鉛からスズまではコークスや一酸化炭素による還元法で金属が得られる．Alよりもイオン化傾向の大きな金属は，鉱石の酸化物や塩化物を融解し，電気分解によって還元しなければならない．

## 【イオン化傾向の応用】

ブリキは鉄の表面にスズをメッキしたもので，缶詰や菓子の缶などに用いられている．スズは表面が緻密な酸化物で覆われ，さびにくく，鉄の表面を保護する．しかしいったん表面に傷がつくと，スズよりイオン化傾向の大きい鉄がイオンとなって溶けだし，電子が錫のほうに移る局所的な電池が構成され，かえって鉄のさびが促進される．

トタンは，鉄よりイオン化傾向が大きい亜鉛を鉄の表面にメッキしたものである．表面に傷がついても亜鉛がイオンとなって溶けだし，電子は鉄に移って鉄が保護される．そのため傷つきやすく水にふれるバケツや屋根のおおいなどに用いられる．同じ原理はトタン以外でも利用されている．建物の鉄筋鉄骨や水道管などの鉄管のそばに亜鉛棒を埋め込んで導線で短絡したり，船舶などに亜鉛板を張り付けたりして，鉄の構造体を保護するのである．この目的で用いられる亜鉛のような金属を**犠牲金属**という．

## §7.5 電池と電池反応

硫酸銅(II) 水溶液に亜鉛粒を入れたとき，亜鉛と銅のイオン化傾向の差による (7-2)式の反応は自然に起こる．この反応では溶液の温度が上昇することでもわかるように，エネルギーが外部に放出される．しかしこのままでは，放出されるエネルギーを有効な仕事として利用することはできない．そこで図 7.1 に示すような装置を用いれば，(7-2)式の反応にともなうエネルギー変化を，電気的なエネルギーとして取り出すことができる．

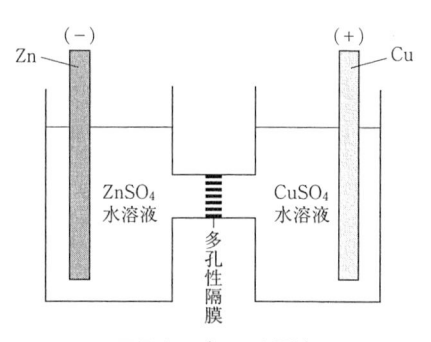

図 7.1 ダニエル電池

このように，化学変化にともなって放出されるエネルギーを電気的エネルギーに変える装置を**電池**（galvanic cell）という．例えば図 7.1 に示すのは，ダニエル電池とよばれるものである．亜鉛と銅を二つの電極とし，亜鉛電極を硫酸亜鉛水溶液に浸した**半電池**と，銅電極を硫酸銅水溶液に浸した半電池とから構成され，両溶液は混合しないように多孔性の**隔膜**で仕切られている．ここで両電極を導線で接続すると，銅電極から亜鉛電極に向けて電流が流れる．このとき電池内では次のような反応が起こる．

$$\text{亜鉛電極} \quad Zn - 2e \rightleftarrows Zn^{2+} \tag{7-21}$$

$$\text{銅電極} \quad Cu^{2+} + 2e \rightleftarrows Cu \tag{7-22}$$

$$\text{全体} \quad Zn + Cu^{2+} \rightleftarrows Zn^{2+} + Cu \tag{7-23}$$

このように電池内で起こる反応を**電池反応**という．酸化反応が行われる電極を**陽極**（anode, アノード），還元反応の行われる電極を**陰極**（cathode, カソード）という．

亜鉛は銅よりイオン化傾向が大きいので，亜鉛電極は，銅電極より多くの電子が蓄積され，亜鉛電極は銅電極に対して負の**電位**を示す．銅電極は亜鉛電極に対して約 1.1 V 高い電位を示す．電池の両極間の電位差を**電池の起電力**という．ここで両電極を導線で接続すると，過剰の電子は亜鉛電極から銅電極に向けて移動し，電流が銅電極から亜鉛電極に向けて流れることになる．電池においては電流が流出する電極を**正極**，電流が流入する電極を**負極**という．

ダニエル電池の構成は図 7.1 に示した通りであるが，これを簡潔に示すために，次のような**電池図**が用いられる．

$$Zn \mid Zn^{2+} \parallel Cu^{2+} \mid Cu \tag{7-24}$$

ここで，金属と溶液の境界は｜で表し，異なる溶液の境界は‖で表す．

**例題 7.8** 銅板と亜鉛板を希硫酸中に浸した電池をボルタの電池（起電力約 1.1 V）という．その構成は次のように書き表される．

$$(-) \; Zn \mid H_2SO_4 \, aq \mid Cu \; (+)$$

両電極を導線で接続したとき，両極で起こる電池反応を書け．

**解** イオン化傾向の大きい亜鉛が $Zn^{2+}$ となって溶ける．$Zn \rightarrow Zn^{2+} + 2e$（陽極反応）．電子は導線を通って銅電極に移動し，銅電極上では水素イオンが還元されて水素が発生する．$2H^+ + 2e \rightarrow H_2$（陰極反応）．この電池では発生した水素が銅電極表面に吸着して電流の流れを妨げ起電力が低下する．この現象を**分極**という．過酸化水素水を加えて水素を水にまで酸化すると起電力が回復する．分極を防ぐために加えられる物質を**減極剤**という．

実用電池でも原理はまったく同じであるが，実用的に動作するように工夫が

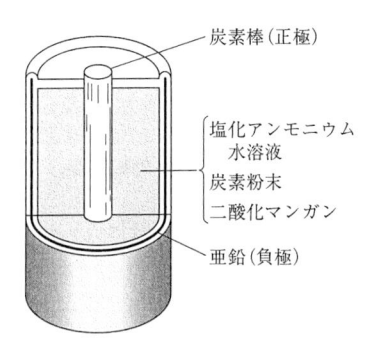

図 7.2 マンガン乾電池 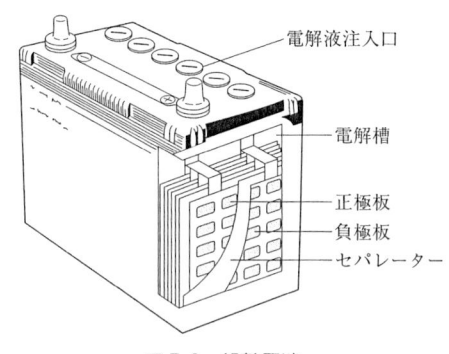   図 7.3 鉛蓄電池

なされている．広く用いられているマンガン乾電池（起電力約 1.5 V）は次のような構造になっている（図 7.2）．

(−)　Zn｜$NH_4Cl$｜$MnO_2$，C（グラファイト：炭素棒）(+)

マンガン乾電池の電池反応は複雑であるが，おおむね次のようなものである．

陽極反応　$Zn \rightarrow Zn^{2+} + 2e$

陰極反応　$2MnO_2 + 2NH_4^+ + 2e \rightarrow Mn_2O_3 \cdot H_2O + 2NH_3$

電池内の通電は主に電解質として加えられている $NH_4Cl$ による．陽極で発生する $Zn^{2+}$ は，$NH_3$ と反応して除かれ分極を防ぎ，また，陰極で発生する水素は $MnO_2$ が酸化剤（減極剤）として作用し分極を防いでいる．

ニッケル-カドミウム電池（起電力 約 1.4 V）は携帯用の小型電気製品の電源に広く用いられている．電池の構成と電池反応は次のようになっている．

(−)　Cd｜KOH｜NiOOH　(+)

陽極反応　$Cd + 2OH^- \rightarrow Cd(OH)_2 + 2e$

陰極反応　$2NiOOH + 2H_2O + 2e \rightarrow 2Ni(OH)_2 + 2OH^-$

マンガン乾電池は一度放電してしまうと充電による再生ができないが，ニッケル-カドミウム電池は充電により再生が可能である．前者のように充電による再利用ができない電池を **1 次電池** といい，後者のように充電により再利用が可能な電池を **2 次電池** という．自動車に用いられている鉛蓄電池（図 7.3）は代表的な 2 次電池である．

**例題 7.9** 鉛蓄電池（起電力約 2.1 V）は，鉛 Pb を陽極（負極），酸化鉛 (IV) $PbO_2$ を陰極（正極）として希硫酸中に浸した構造（図 7.3）で，

$$(-)\ Pb\ |\ H_2SO_4\ (aq)\ |\ PbO_2\ (+)$$

と表される．放電（→）および充電（←）では次の電池反応が起こる．

$$Pb + 2H_2SO_4 + PbO_2 \rightleftarrows 2PbSO_4 + 2H_2O$$

放電するとき，両極で起こる化学反応を示せ．

**解**　陽極反応：$Pb + SO_4^{2-} \rightarrow PbSO_4 + 2e$

陰極反応：$PbO_2 + 4H^+ + SO_4^{2-} + 2e \rightarrow PbSO_4 + 2H_2O$

充電の際はこれらの反応が逆方向に進み，もとの状態にもどすことができる．

## §7.6　電気分解・Faraday の法則

電解質溶液に電流を通じると，電源の正極に接続した電極（陽極）上では酸化反応が，電源の負極に接続した電極（陰極）上では還元反応が起こる．これを電気分解（電解）という．電極としては，それ自体が電気分解によって酸化や還元を受けにくい白金や炭素棒が用いられる．このような電極を電気的に不活性な電極という．このとき陰極では，$Ag^+$ や $Cu^{2+}$ のようにイオン化傾向の小さな金属イオンが還元されて，金属として析出する．$Na^+$ や $K^+$ のようにイオン化傾向の大きな金属イオンは還元されず，代わりに水の電離で生じる $H^+$ が還元され水素を発生する．$Na^+$ や $K^+$ のようにイオン化傾向の大きな金属イオンの場合は，水を含まない高温の溶融塩の状態で電気分解する必要がある．陽極では $I^-$ や $Cl^-$ などが酸化されやすく，$I_2$ や $Cl_2$ を生じる．$SO_4^{2-}$ や $NO_3^-$ は酸化されにくく，代わりに水の電離で生じる $OH^-$ が酸化され酸素が発生する．なおハロゲンの電気分解ではハロゲンが白金と反応するため白金電極は用いない．

電気分解法は，水分解による酸素と水素の製造，食塩水の電気分解による塩素と水酸化ナトリウムの製造など工業的にも重要である．最近では優れた電極材料とイオン交換膜が開発され，図 7.4 に示すような食塩電解法により高純度で高濃度の水酸化ナトリウムが効率よく製造されている．

§7.6 電気分解・Faradayの法則　121

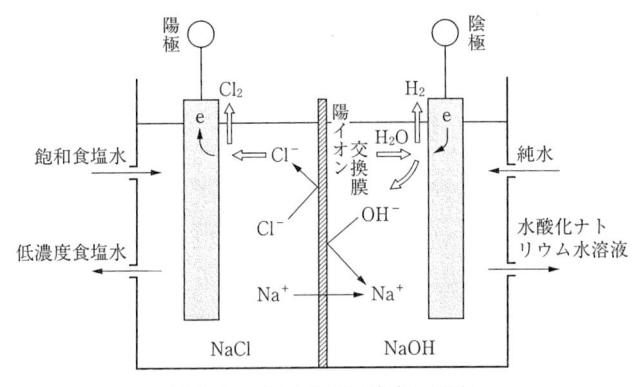

**図7.4　イオン交換膜食塩電解法**

**例題7.10**　塩化ナトリウムの水溶液を，炭素を陽極，鉄網を陰極として電気分解するとき，両極それぞれで起こる反応を示せ．

**解**　陰極反応：$2H^+ + 2e \to H_2$．陽極反応：$2Cl^- \to Cl_2 + 2e$．Naはイオン化傾向が水素より大きいので，陰極では水の電離によって生じている水素イオンが還元される．その結果，溶液中にはNaOHが残される．

電気分解における電気量と変化する物質の量との間には，次の**Faraday（ファラデー）の法則**がある．「電気分解によって変化する物質の量は，通じた電気量に比例する．電気量が同じなら，変化する物質のグラム当量数は物質によらず一定である」．1ファラデー（96485クーロン）の電気量によって，どの電極でも1グラム当量のイオンの変化が起こる．イオンの1グラム当量とは，イオン1 molの質量をそのイオンの価数で割ったものであり，たとえば酸素8 g，水素1 g，銀108 g，銅31.8 gなどである．

**例題7.11**　硝酸銀の水溶液を電気分解したところ，陰極に1.98 gの銀が析出した．通じた電気量は何クーロンか．

**解**　$Ag^+$の1グラム当量は$\dfrac{108\,\text{g}}{1} = 108\,\text{g}$である．96485クーロンの電気量で108 gの銀が析出する．したがって1.98 gの銀を析出させるのに必要な電気量は，

$$\dfrac{96485\,\text{クーロン} \times 1.98\,\text{g}}{108\,\text{g}} = 1769\,\text{クーロン}である．$$

## 練習問題7

⟨1⟩ メタノールの合成反応は次の通りである．
$$CO + 2H_2 \rightarrow CH_3OH$$
この反応によって酸化あるいは還元されたのはどれか．

⟨2⟩ 植物は太陽光エネルギーを吸収し，次の反応により空気中の二酸化炭素と水からデンプンを合成している．
$$6CO_2 + 12H_2O^* \rightarrow C_6H_{12}O_6 + 6H_2O + 6O_2^*$$
この反応で発生した酸素分子には水分子の酸素原子（$O^*$）がすべて含まれる．この反応によって酸化あるいは還元されたのは何か．

⟨3⟩ 空気中の窒素は，根粒菌などの窒素固定細菌の触媒作用で固定される．
$$N_2 + 3H_2O \rightarrow 2NH_3 + \frac{3}{2}O_2$$
この反応により酸化あるいは還元されたのは何か．

⟨4⟩ 次の反応における酸化剤と還元剤を示せ．
$$MnO_2 + 4HCl \rightarrow MnCl_2 + Cl_2 + 2H_2O$$

⟨5⟩ 次の反応を化学反応式で示せ．
（ⅰ）銅を空気中で加熱したら，表面に黒い酸化銅を生じた．
（ⅱ）酸化銅を加熱しながら水素を通じると，もとの銅にもどった．
（ⅲ）硫化水素の水溶液に二酸化硫黄を通じると，硫黄が遊離して白濁した．
（ⅳ）ヨウ化カリウムとオゾンの反応でヨウ素が遊離した．

⟨6⟩ $NO_3^-$ が還元されて $NO_2$ になる半反応式を導け．

⟨7⟩ 銅の濃硝酸への溶解反応では，Cu は $Cu^{2+}$ に酸化され，硝酸は $NO_2$ に還元される．溶液を濃縮すると $Cu(NO_3)_2$ が得られる．銅の濃硝酸への溶解反応を化学反応式で表せ．

⟨8⟩ 中性および塩基性水溶液中においては，過マンガン酸イオンは $MnO_2$ にまで還元される．中性および塩基性水溶液中における過マンガン酸カリウムと過酸化水素との反応を，化学反応式で示せ．

⟨9⟩ 消毒薬として市販されているオキシドールは過酸化水素の水溶液である。今，市販のオキシドール 0.15 g をビーカーに測り採って，20 ml の純水を加え，さらに硫酸酸性にしてから，0.10 N 過マンガン酸カリウム標準溶液で滴定したところ 26.3 ml を要した。このオキシドール中の過酸化水素の濃度は何 % か。

⟨10⟩ 水酸化カルシウムに塩素ガスを通じるとさらし粉が生じる。

$$2Cl_2 + 2Ca(OH)_2 \rightarrow CaCl_2 \cdot Ca(ClO)_2 \cdot 2H_2O$$

さらし粉 1.00 g を水 200 ml に溶かし，その 10 ml を，0.1 mol $l^{-1}$ ヨウ化カリウム水溶液 40 ml と 2.5 mol $l^{-1}$ 塩酸 10 ml を含む水溶液に加えた。これを 0.05 mol $l^{-1}$ チオ硫酸ナトリウム水溶液で滴定したところ，28.40 ml 要した。このさらし粉は何 % の有効塩素を含んでいるのか。さらし粉とヨウ化水素との反応は次の通りである。

$$CaCl(ClO) + 2HCl + 2KI \rightarrow I_2 + 2KCl + CaCl_2 + H_2O$$

⟨11⟩ 水酸化ナトリウムの水溶液を，白金電極を用いて電気分解するとき，陰極および陽極で起こる反応を示せ。

⟨12⟩ 水酸化ナトリウムの水溶液に 0.5 アンペアの電流を 30 分間通して電気分解した。25 ℃，1 atm のとき陽極で発生する気体の体積はいくらか。

---

# 解 答

⟨1⟩ 炭素の酸化数は +2 から -2 に変化し，水素の酸化数は 0 から +1 に変化した。したがって，一酸化炭素は還元され，水素は酸化された。

⟨2⟩ 二酸化炭素の炭素は +4 価から 0 価に還元され，水分子の酸素は -2 価から 0 価に酸化された。結局，水が二酸化炭素を還元したとも見られる。

太陽光エネルギーを吸収し，水分子から二酸化炭素へ電子を移動させるのが葉緑素（クロロフィル）の働きである。炭素は +4 価から 0 価に還元されて太陽光のエネルギーを蓄えている。我々は，酸素を呼吸により体内に取り入れてこのデンプンを燃焼させ，炭素を 0 価から +4 価に酸化し，そのとき放出

されるエネルギーを利用して生命活動を維持している．

⟨3⟩ 窒素は0価から−3価に還元され，酸素は−2価から0価に酸化された．水が窒素を還元してアンモニアを生じるとともに，自らは窒素により酸化されて酸素を放出している．

⟨4⟩ 酸化剤：$MnO_2$，還元剤：$Cl^-$．この反応は塩素の実験室的製法で使われる．

⟨5⟩ （i） $2Cu + O_2 \rightarrow 2CuO$　（ii） $CuO + H_2 \rightarrow Cu + H_2O$
（iii） $2H_2S + SO_2 \rightarrow 3S + 2H_2O$
（iv） $2KI + O_3 + H_2O \rightarrow I_2 + 2KOH + O_2$

⟨6⟩ $NO_3^- + e \rightarrow NO_2 + O^{2-}$，$O^{2-} + 2H^+ \rightarrow H_2O$．したがって，
$$NO_3^- + 2H^+ + e \rightarrow NO_2 + H_2O$$

⟨7⟩ $NO_3^-$ が還元されて $NO_2$ になる半反応式は次の通りである．
$$NO_3^- + 2H^+ + e \rightarrow NO_2 + H_2O$$
これを，Cu が酸化されて $Cu^{2+}$ になる半反応式 $Cu + 2e \rightarrow Cu^{2+}$ と組み合わせると，次のイオン反応式が得られる．
$$Cu + 2NO_3^- + 4H^+ \rightarrow Cu^{2+} + 2NO_2 + 2H_2O$$
ここで，反応に使われなかった $2NO_3^-$ を補って整理すると，
$$Cu + 4HNO_3 \rightarrow Cu(NO_3)_2 + 2NO_2 + 2H_2O$$

⟨8⟩ $MnO_4^-$ から $MnO_2$ への変化ではマンガンの酸化数は +7 から +4 へと減少している．表7.1にある半反応式は，次のように導かれる．
$$MnO_4^- + 3e \rightarrow MnO_2 + 2O^{2-} \quad\quad 2O^{2-} + 2H_2O \rightarrow 4OH^-$$
この2つの式を辺々足し算すると，次のように半反応式が得られる．
$$MnO_4^- + 2H_2O + 3e \rightarrow MnO_2 + 4OH^-$$
過酸化水素の還元作用を表す半反応式は $H_2O_2 + 2OH^- - 2e \rightarrow O_2 + 2H_2O$ である．全体の電子数をつり合わせると，イオン反応式は
$$2MnO_4^- + 3H_2O_2 \rightarrow 2MnO_2 + 3O_2 + 2OH^- + 2H_2O$$
反応に無関係な化学種も補うと，化学反応式は
$$2KMnO_4 + 3H_2O_2 \rightarrow 2MnO_2 + 3O_2 + 2KOH + 2H_2O$$

⟨9⟩ オキシドール 0.15 g 中の過酸化水素は $\dfrac{0.10 \times 26.3}{1000} = 2.63 \times 10^{-3}$ グラム当量の還元剤として作用した．過酸化水素は2価の還元剤であるので，オキシ

ドール 0.15 g 中には，$\frac{1}{2} \times 2.63 \times 10^{-3} \times 34 = 0.045$ g 含まれていた．したがって濃度は $\frac{0.045}{0.15} \times 100 = 30\%$．

⟨10⟩ さらし粉の酸化作用は，次亜塩素酸イオン ClO⁻ が Cl⁻ に還元される，つまり塩素が +1 価から −1 価に還元されるときの作用によるもので，有効塩素の含量とは +1 価の塩素の含量のことである．ClO⁻ 1 mol は 1 mol のヨウ素（$I_2$ として）を生じ，1 mol のヨウ素は (7-19) 式から 2 mol のチオ硫酸ナトリウムと反応する．すなわち含まれている ClO⁻ のモル数は，消費されたチオ硫酸ナトリウムのモル数の 1/2 である．今の場合，消費されたチオ硫酸ナトリウムのモル数は $\frac{0.05 \times 28.40}{1000}$ mol $= 0.00142$ mol である．ゆえに，これと等量の ClO⁻ は 0.00071 mol で，これに含まれる塩素は $\frac{0.00071 \text{ mol} \times 35.5 \text{ g}}{51.5 \text{ g}} = 0.00049$ mol．したがって，さらし粉 1.0 g 中に含まれていた +1 価の塩素は $0.00049 \text{ mol} \times \frac{200 \text{ m}l}{10 \text{ m}l} \times 35.5 \text{ g mol}^{-1} = 0.35$ g．有効塩素の含量は 35%．

⟨11⟩ 陰極反応：$2H^+ + 2e \rightarrow H_2$．陽極反応：$2OH^- \rightarrow H_2O + \frac{1}{2} O_2 + 2e$．この水溶液の電気分解は，結局は水の電気分解であり，水素と酸素の工業的製法として利用されている．水酸化ナトリウムは導電性をよくするための電解質として働く．希硫酸水溶液を電気分解するときも，陰極に水素が，陽極に酸素が得られる．

⟨12⟩ 電気分解に要した電気量は，$0.5 \times 30 \times 60 = 900$ クーロンである．陽極では，次のように，水酸化物イオンが放電して酸素が発生する．

$$4OH^- \rightarrow 2H_2O + O_2 + 4e$$

したがって，96485 クーロンの電気量によって $\frac{1}{4}$ mol の酸素が発生する．25℃, 1 atm においてその体積は

$$\frac{22.4 \times (1/4) \times 298}{273} = 6.11 \ l$$

である．したがって 900 クーロンの電気量では $\frac{6.11 \times 900}{96485} = 5.7 \times 10^{-2} \ l$ の酸素が発生する．

# 物質の構造と性質

# 第II部

　第II部は，物質の構造と性質を原子の電子配置に基づく微視的な面から学習する内容である．原子が結合して分子が形成される原理や，さらに多数の原子が集合してわれわれの目で見える大きさの結晶などの物質が構成され，それらの分子や物質の性質が原子の電子配置に基づいていることを理解する．

　第8章「原子の構造と電子配置」と第9章「化学結合」は分野を問わず理系の最も基本となるものである．第10章「結晶・固体化学」では結晶構造の組み上がる仕組みを理解し，基本的な結晶格子構造の特徴を把握してほしい．第11章「錯体化学」はやや高度な内容であり，高校までの学習では深くは触れてはいないものであるが，身近な自然界には錯体は多く，専門課程では必須の知識であるのでここで一通りの基礎知識を得ておくことは将来大いに役立つことであろう．

# 第8章　原子の構造と電子配置

　塩化ナトリウムの水溶液を，白金線あるいはタングステン線につけて，バーナーの炎の中に入れると炎は黄色に輝く．これを炎色反応という．リチウムは深紅色，カリウムは紫色，銅は緑色，カルシウムはオレンジ色というように，各金属はその元素に特有の炎色反応を示す．また，希薄な気体を入れた放電管は，封入した気体特有の色を発する．ネオンを封入したものは赤色，アルゴンは青紫色，水銀は青白色，水素は桃色に発光する．これらの元素の発光は，花火，ネオンサイン，水銀灯，ナトリウムランプ，ハロゲンランプなどの照明に応用されている．オーロラもまた，原子や分子が宇宙線のエネルギーを受けて発光する現象である．元素に特有の色を発する光は，元素からのメッセージといえる．この光の研究を通して，原子の構造と電子配置が明らかにされてきた．

## §8.1　原子スペクトル

　元素が発する光の色の違いは，光の**波長**の違いによって現れる．プリズムを用いて光を波長ごとに分ける操作を**分光**といい，そのための装置を**分光器**という．太陽光や白熱電灯の光を分光器にかけると，連続的に変化する虹のような色模様が見られる．これを**連続スペクトル**という．これに対し，水素などを封入した放電管からの光を分光すると，連続スペクトルに加えて封入された原子に固有の波長をもった輝く**線スペクトル**が数本観測される．水素原子の線スペクトルを図8.1に示す．線スペクトルは，可視光線域のみならず，**紫外線域**や**赤外線域**でも観測される．

　線スペクトルは各元素に固有のものである．宇宙に存在する元素は，宇宙から地球に届く光を分光器にかけて知ることができる．ヘリウムが太陽のコロナ中に発見されたのも分光学の成果である．このように線スペクトルを分析する

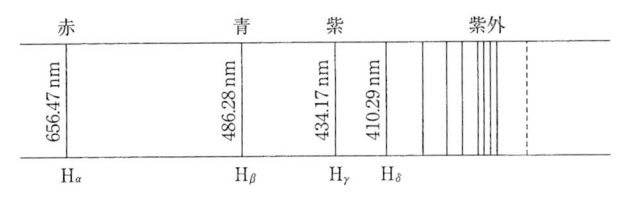

図8.1 水素原子の線スペクトル

ことにより，鉱石・鉱物・鉄鋼などの成分を知ることができるし，また新しい元素の発見にもつながったので，19世紀後半に線スペクトルは詳しく研究されていた．その結果，水素の線スペクトルは波長を$\lambda$（単位m）とすると，次の関係式で整理されることがわかった．

$$\frac{1}{\lambda} = R_\infty \left( \frac{1}{n^2} - \frac{1}{m^2} \right) \qquad m > n > 0：整数 \qquad (8\text{-}1)$$

$m$, $n$は整数，$R_\infty$は **Rydberg 定数**とよばれる定数で，$R_\infty = 1.0967758 \times 10^7$ m$^{-1}$の値をもつ．$n = 1, 2, 3, 4, 5$の**スペクトル系列**をそれぞれLyman系列，**Balmer系列**，Paschen系列，Brakett系列，Pfund系列という．可視部に現れる線スペクトルはBalmer系列に属する．Lyman系列は紫外線スペクトルを，Paschen系列以下は赤外線スペクトルを表す．このような線スペクトルを与えるのは水素原子に限らない．炎色反応や気体の放電管で元素特有の色が発するのは，それら原子特有の線スペクトルが存在することによる．分子も，原子と同様に光を吸収・放出する．二酸化炭素は目に見えない熱線（赤外線）を吸収・放出するので，大気に蓄積される量が増大すると地球温暖化の原因になるとして問題になっている．

ところで，原子が高圧放電管や高温の炎の中で発光しても，原子が壊れることはない．発光によって原子核が変らないことから，原子の発光は**核外電子**のエネルギー状態の変化によるものと考えられる．He$^+$やLi$^{2+}$など水素原子と同じように核外電子が1個のものは，水素原子とまったく同じ比になるスペクトル系列がある．こうしたことも，発光が核外電子に由来することを示している．イオンが存在することからもわかるように，核外電子は失われることもあ

り，電子のエネルギー状態は比較的容易に変わりうる．

　光を吸収すると電子のエネルギーは高くなり，光を放出すると電子のエネルギーは低下するはずである．線スペクトルの存在は，電子のエネルギー状態が連続的に変わるのではなく，不連続な状態になっていることを示している．

## §8.2　光の粒子性

　17世紀，光は微粒子の流れであるとする考えと，波動であるとする考えがあった．19世紀には光の干渉，偏光，回折などの実験により，光は横波であるという波動説が認められるようになった．ところが一方で，光は粒子であると考えざるを得ないような現象も見出された．例えば光を金属に照射したとき電子が飛び出す現象（**光電効果**）である．光が波動であるとすると，そのエネルギーは振幅の二乗に比例するのであるから，光の強度を上げればそれに比例して数多くの電子が飛び出すはずである．しかし実際は，ある振動数以上の光を照射した場合にしか電子は飛び出さない．それ以下の振動数の光では，いくら強度を大きくしても電子は飛び出さない．また，飛び出してくる電子のエネルギーは照射した光の振動数に比例するが，その強度にはよらないこともわかった（図8.2）．そこでEinsteinは，光は振動数に比例するエネルギーをもった粒子的な性質を示すという**光量子仮説**（1905年）を提出した．

　量子とは，あるエネルギーをもった粒子的存在という意味である．光電効果は，金属中の電子が，十分なエネルギーをもった光量子の衝突によってはじき出されるとして，はじめて説明のつく現象である．これより少し前にPlankが，高温炉からの輻射熱のエネルギー分布は，光が振動数に比例したエネルギーの塊（**エネルギー量子**）として放出されるものだと考えないことには説明がつかないことを見出していた（1900年）．光の量子説はその後，光

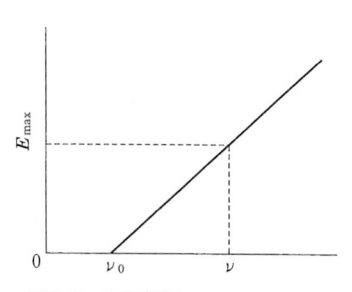

図8.2　光電効果
　最大運動エネルギー $E_{max}$ と入射光の振動数 $\nu$ の関係．$\nu_0$ は電子の飛出す最小振動数．

と電子の衝突は玉突きのような弾性衝突であるという Compton の実験 (1922) によっていっそう明確なものとなり，今日では，光が粒子性と波動性という二重の性質をあわせもつことが広く認められている．光が粒子性をもつという性質は**太陽電池**などに利用されている．

光が光量子としてふるまうとき，光のエネルギー（記号 $E$，単位 J）と振動数（記号 $\nu$，単位 $s^{-1}$）との間には次のような関係がある．

$$E = h\nu \tag{8-2}$$

これを **Plank の式**という．ここに，比例定数 $h$ は**プランク定数**とよばれ，$h = 6.6261 \times 10^{-34}$ J s の値をもつ．なお，**振動数** $\nu$，光の**波長** $\lambda$，**光速**（記号 $c$，単位 m s$^{-1}$）の間には，次の関係がある．

$$振動数(\nu) \times 波長(\lambda) = 光速(c) \tag{8-3}$$

**例題 8.1** 波長 500 nm の光量子 1 個のエネルギーを計算せよ．

**解** (8-2), (8-3)式から $E = \dfrac{6.6261 \times 10^{-34} \text{ Js} \times 3 \times 10^{8} \text{ ms}^{-1}}{500 \times 10^{-9} \text{ m}} = 3.98 \times 10^{-19}$ J

## §8.3 電子の波動性

光は波動性と粒子性という二重の性質をもつことが明らかになったが，1923 年，de Broglie（ドブロイ）は，一般に，運動する粒子は波動性をともない，粒子性と波動性の二重の性質を示すという **de Broglie 波（物質波）** の概念を提起した．これによると，電子を粒子と考えたときの運動量 $p$ と，波動と考えたときの波長 $\lambda$ との間には次の関係があるとされた．

$$p = \frac{h}{\lambda} \tag{8-4}$$

これを **de Broglie の式**という．電子の波動性は，1927 年，Davisson と Germer によるニッケル単結晶板の電子線回折実験によって実証された．

**例題 8.2** 1000 ボルトで加速された電子の de Broglie 波の波長を計算せよ．

**解** 1000 ボルトで加速された電子のエネルギーは，
$1.602 \times 10^{-19}$ C $\times 1000$ V $= 1.602 \times 10^{-16}$ J

である．この値は電子の運動エネルギーに等しいから，電子の速度は，
$$v = \left(\frac{2 \times 1.602 \times 10^{-16} \text{ J}}{9.11 \times 10^{-31} \text{ kg}}\right)^{1/2} = 1.88 \times 10^7 \text{ m s}^{-1}$$
したがって，de Broglie 波の波長は (8-4) 式から
$$\lambda = \frac{6.626 \times 10^{-34} \text{ J s}}{9.11 \times 10^{-31} \text{ kg} \times 1.88 \times 10^7 \text{ m s}^{-1}} = 3.87 \times 10^{-11} \text{ m}$$
となる．一般に，$E$ ボルトで加速された電子のエネルギーは $eE$ ジュールであるので，$\lambda = \dfrac{h}{(2meE)^{1/2}}$ ($m$ は電子の質量) である．定数を代入して計算すると $\lambda = \left(\dfrac{150}{E}\right)^{1/2} \times 10^{-10}$ m によって与えられる．**電子線回折，中性子線回折，電子顕微鏡**などは de Broglie 波の応用例である．

## §8.4 Bohr モデル

1911 年，Rutherford（ラザフォード）は，ラジウム Ra から放射される $\alpha$ 線を金の薄膜にあてると，大部分の $\alpha$ 粒子は薄膜を通り抜けるが，$1/10^6$ 程度の割合で鋭く散乱されるものがあることを観測した．そこで，原子の中心には正電荷の集中した小さな重い核があると仮定し，散乱分布を計算したところ，核の半径は $10^{-15}$ m くらいで，原子の質量はほとんど核の質量に等しいことがわかった．このことから，原子番号が $Z$ の原子では $+Ze$ なる正電荷をもつ重い原子核の周りに，$10^{-10}$ m くらいの半径を描いて電子が周回する原子モデルが与えられた．

水素原子は $Z = +1$ であるから，図 8.3 に示すように，$+e$ の電荷をもった原子核の周りを，電荷 $-e$ の電子が半径 $r$ の円軌道を描いて運動していることになる．電子の質量を $m$，速度を $v$ とすると，電子に働く遠心力は $\dfrac{mv^2}{r}$ である．この遠心力が，原子核と電子の間の電気的なクーロン引力とつり合っているとすると，次の関係式が成り立つ．

$$\frac{mv^2}{r} = \frac{e^2}{4\pi\varepsilon_0 r^2} \tag{8-5}$$

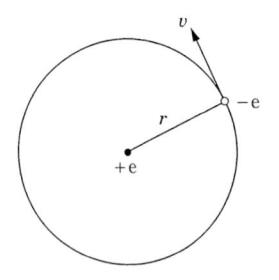

図 8.3 水素原子における電子の運動

ここで，$\varepsilon_0$ は真空中の**誘電率**である．

しかしこのモデルでは，水素原子の示す不連続な原子スペクトルは説明ができない．電磁気学によれば，電子のように帯電した粒子が円運動を行うと，必ず電磁波を放出する．すると電子はエネルギーを失って，軌道の半径は減少し，回転運動の周期は連続的に減少する．つまり放出される光は連続スペクトルになるはずである．しかも電子が最終的に原子核に吸収されてしまうのであるから，原子は安定に存在しえないことになる．

1913年，Bohr（ボーア）は，水素原子のスペクトルを量子説に基づいて説明するには，電子の描く円軌道の**角運動量** $mrv$ が $\dfrac{h}{2\pi}$ の整数倍しか許されないことを導き出した．

$$mrv = \frac{nh}{2\pi} \qquad n = 1,\ 2,\ 3,\ \cdots \qquad (8\text{-}6)$$

これをBohrの**量子条件**といい，$n$を**量子数**という．(8-6)式を(8-5)式に代入すると，次のように，円軌道の半径として飛び飛びの値が得られる．

$$r = \frac{n^2 \varepsilon_0 h^2}{\pi m e^2} = n^2 a_0 \qquad n = 1,\ 2,\ 3,\ \cdots \qquad (8\text{-}7)$$

$a_0$は最小の軌道半径で**ボーア半径**とよばれる．定数を代入して計算すると$a_0 = 0.53\,\text{Å}$となり，van der Waalsの状態式から求められていた水素原子の半径の値に近い値が得られた．どれか一つの軌道に電子がとどまるとき，光は放出されない．この状態を**定常状態**という．電子が一つの軌道からほかの軌道に移るときだけ，光の吸収や放出が起こる．

Bohrモデルで示された電子の周期的軌道運動においても，物質波が生じていると考えられる．Bohrの理論でいう定常状態とは，図8.4に示すように，物質波が軌道に沿って1周したとき，位相がつながって定常波ができることに対応していると考えられる．この対応関係は，定常波の波長を$\lambda$とすると，

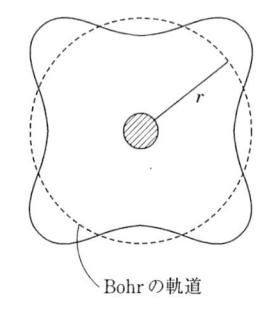

**図8.4** Bohrモデルにおける定常波

$$2\pi r = n\lambda \tag{8-8}$$

ここで，(8-4)式の関係を用いると，(8-6)式の Bohr の量子条件が得られる．

電子の全エネルギーは，運動エネルギーと位置エネルギーの和である．

$$E = \frac{1}{2}mv^2 - \frac{e^2}{4\pi\varepsilon_0 r} \tag{8-9}$$

(8-9)式に，(8-5)式と (8-8)式の関係を使うと，電子の全エネルギーが次の式で与えられる．

$$E_n = -\frac{me^4}{8\varepsilon_0^2 h^2} \cdot \frac{1}{n^2} \qquad n = 1, 2, 3, \cdots \tag{8-10}$$

このように，水素原子の電子がとるエネルギー状態は，不連続になっていることが示された．量子数 $n$ は電子のエネルギー状態を区別する整数である．$n=1$ は最も低いエネルギー状態で，これを**基底状態**という．$n \geqq 2$ を**励起状態**という．このようなエネルギー状態を図示したものを**エネルギー準位図**という．水素原子のエネルギー準位図を図 8.5 に示す．エネルギーの値は電子が原子に束縛されているとき，負の値をとると約束する．電子のエネルギーが正になると，電子は原子から離れて自由に空間を運動するようになる．

電子が1つの軌道から他の軌道に移ることを**電子遷移**という．このとき吸収あるいは放出される光のエネ

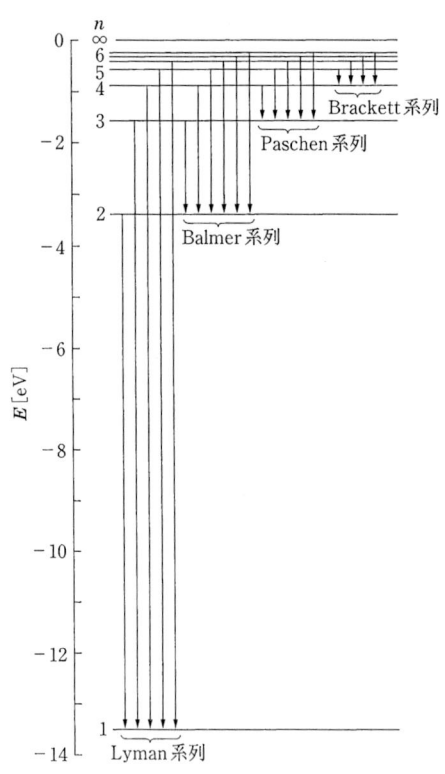

**図 8.5** 水素原子のエネルギー準位図と電子遷移の関係．電子遷移と原子スペクトルの関係を示している．

ルギーは，2つの軌道の，エネルギー準位の差に等しい．量子数が $n_1$ と $n_2$ の2つのエネルギー準位を $E_{n_1}$ および $E_{n_2}$ ($E_{n_2} > E_{n_1}$) とすると，光の振動数は，(8-2)式より次の式で与えられる．

$$h\nu = E_{n_2} - E_{n_1} \tag{8-11}$$

これを Bohr の**振動数条件**という．(8-3)式，(8-10)式，(8-11)式から

$$\frac{1}{\lambda} = \frac{me^4}{8c\varepsilon_0^2 h^3}\left(\frac{1}{n_1^2} - \frac{1}{n_2^2}\right) \qquad n_2 > n_1 \tag{8-12}$$

この式は (8-1)式と同じ形をしている．定数項を計算すると $1.097 \times 10^7 \text{ m}^{-1}$ となり，Rydberg 定数と一致する．このように水素原子のスペクトルは Bohr モデルでよく説明することができた．Rydberg 定数を用いると，水素原子の電子エネルギー準位は，次のように簡潔な形で表される．

$$E_n = -R_\infty hc \frac{1}{n^2} \qquad n = 1,\ 2,\ 3,\ \cdots \tag{8-13}$$

Bohr の理論を水素原子以外の多電子原子に適用するには，次のような近似が行われる．今，ある電子に注目する．この電子から見たとき，他の電子は原子核の正電荷を一部遮蔽する効果をおよぼすと考えられる．この遮蔽の効果を表す定数を**遮蔽定数**という．遮蔽定数を $S$ とすると，核荷電 $+Ze$ なる原子の電子エネルギー準位は，次の式で近似される．

$$E_n = -\frac{R_\infty hc(Z-S)^2}{n^2} \qquad n = 1,\ 2,\ 3,\ \cdots \tag{8-14}$$

したがって多電子原子の電子遷移に基づく光の波長は，次の式で与えられる．

$$\frac{1}{\lambda} = R_\infty (Z-S)^2 \left(\frac{1}{n_1^2} - \frac{1}{n_2^2}\right) \qquad n_2 > n_1 \tag{8-15}$$

$Z$ が大きくなると，低い準位の電子遷移にともなって，放出あるいは吸収される光の波長は短くなり，エネルギーの大きな **X 線**のような電磁波となる．

**例題 8.3** 水素原子の Bohr モデルで $n = 1$ の軌道にある電子は原子核の周りを 1 秒間に何回転するか．

**解** $n=1$ だから半径は $a_0 = 0.53 \times 10^{-10}$ m．円周は $3.33 \times 10^{-10}$ m．速度は (8-6)式から［または，(8-5)式から求めてもよい］，

$$v = \frac{6.6261 \times 10^{-34} \text{ J s}}{9.11 \times 10^{-31} \text{ kg} \times 0.53 \times 10^{-10} \text{ m} \times 2 \times 3.14} = 2.19 \times 10^6 \text{ m s}^{-1}$$

したがって回転数は $\dfrac{2.19 \times 10^6 \text{ m s}^{-1}}{3.33 \times 10^{-10} \text{ m}} = 6.58 \times 10^{15} \text{ s}^{-1}$．

**例題 8.4** 水素原子の基底状態のエネルギーを求めよ．

**解** (8-13)式で $n=1$ とおくと，

$$E = \frac{-1.097 \times 10^7 \text{ m} \times 6.626 \times 10^{-34} \text{ J s} \times 3 \times 10^8 \text{ m}}{1^2}$$
$$= -2.18 \times 10^{-18} \text{ J} = -13.61 \text{ eV}$$

電子のエネルギーは eV 単位を用いると扱いやすく便利である．1 eV とは電子 1 個が 1 V の電位差のなかで獲得するエネルギー $1.602 \times 10^{-19}$ J である．電子 1 mol あたりでは 1 eV = 96.485 kJ mol$^{-1}$ の関係がある．

## 【Moseley（モーズリー）の法則】

1895 年，Röntgen は電子線を金属（対陰極）にあてると，波長が短く透過性の強い X 線が放出されることを見出した．この X 線も連続的なスペクトルのほかに，対陰極の元素に固有の不連続な線スペクトルを示す（図 8.6 参照）．これを **特性 X 線** という．特性 X 線は，波長が最も短い K 系列から順番に，L 系列，M 系列，… などの系列に分類される（さらに細かく，長波長のものから $K_\alpha$，$K_\beta$，$K_\gamma$，$K_\delta$ 等に分けられる）．

1913 年，Moseley は多数の元素の特性 X 線で，K 系列および L 系列の X 線波長 $\lambda$ と原子番号 $Z$ との間に次の関係があることを見出した（図 8.7）．

$$\sqrt{\frac{1}{\lambda}} = K(Z-S) \tag{8-16}$$

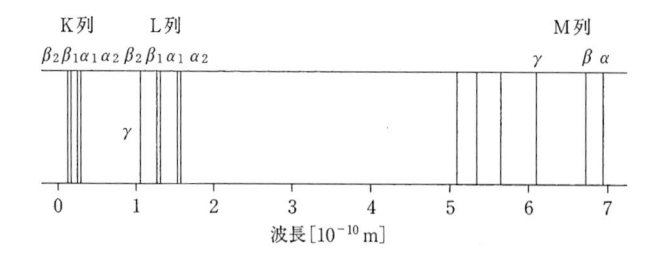

**図 8.6** タングステンの特性 X 線スペクトル

ここで，$K$ および $S$ は各系列に固有の定数である．これを **Moseley の法則**という．

(8-15)式は

$$\left\{ R_\infty\left(\frac{1}{n_1^2} - \frac{1}{n_2^2}\right)\right\}^{1/2} = K$$

とおくと (8-16)式に一致する．このことから原子番号とは，原子核の正電荷の大きさ，すなわちその原子がもつ陽子の数，あるいは電子の数を表していることになる．

また，K 系列，L 系列，… などとよんでいた線スペクトルの実体もわかった．高速でエネルギーの高い電子が原子に衝突したとき，原子核に近くエネルギー準位が低い $n = 1, 2, …$ などの電子を叩き出して，その空所になった準位へ，より高いエネルギー準位にある電子が落ちるとき発せられる X 線なのである（図 8.8）．K 殻，L 殻，M 殻，N 殻，… が $n = 1, 2, 3, 4, …$ の準位に対応していること，またそれぞれの殻に収容される電子の数もわかってきた．各殻に収容される最大の電子数は，K 殻が 2 個，L 殻が 8 個，M 殻が 18 個，N 殻が 32 個である．一般に，$n$ 番目の殻に最大 $2n^2$ 個の電子が収容される．

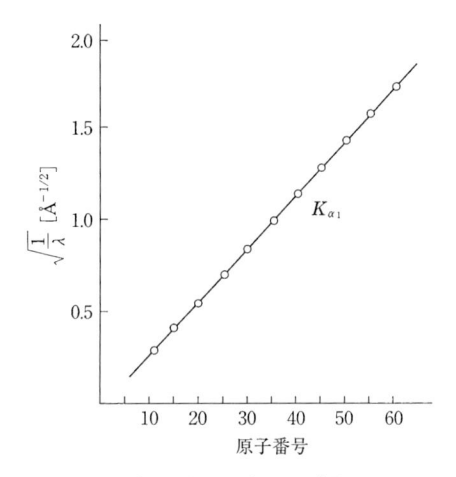

**図 8.7** Moseley の法則

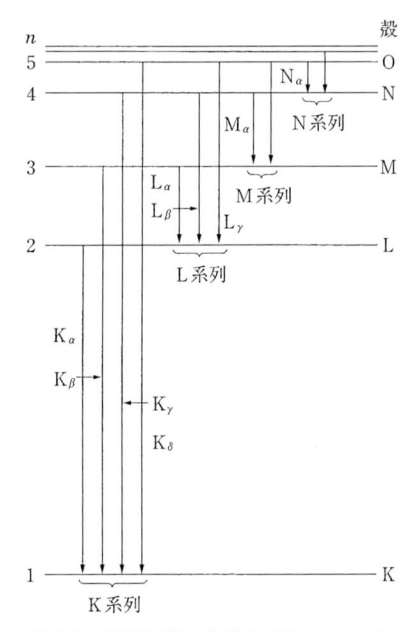

**図 8.8** 電子遷移と特性 X 線スペクトルの関係

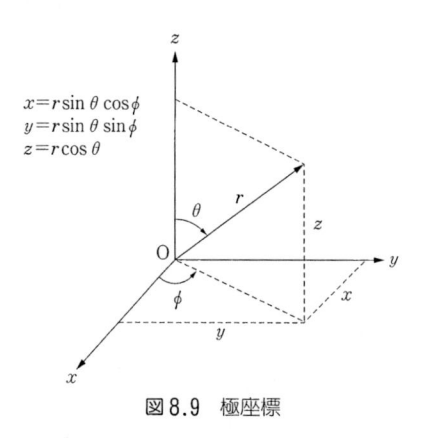

## §8.5　電子の軌道・波動関数

$x = r\sin\theta\cos\phi$
$y = r\sin\theta\sin\phi$
$z = r\cos\theta$

**図8.9　極座標**

Bohrモデルは水素原子スペクトルをほぼ完全に説明できたが，原子の電子軌道が円軌道だけでは，原子が分子を形成したとき，多様な構造をつくり出すしくみを明らかにすることはできない．そこで，楕円軌道などを考える試みも行われたが，数学的に複雑になりすぎて，多電子系には応用できなかった．

1926年，Schrödingerは波動の式に(8-4)式の関係を用いて電子の粒子性を加味することにより，電子の状態をより正しく表すことができるだろうと考えて次に示す**Schrödingerの波動方程式**を導き出した．

$$\frac{\partial^2 \psi}{\partial x^2} + \frac{\partial^2 \psi}{\partial y^2} + \frac{\partial^2 \psi}{\partial z^2} + \frac{8\pi^2 m}{h^2}(E-V)\psi = 0 \quad (8\text{-}17)$$

ここで$\psi$は**波動関数**とよばれる．$m$は電子の質量，$E$および$V$は，それぞれ電子の全エネルギーおよびポテンシャルエネルギー（位置のエネルギー）を表す．Schrödingerの波動方程式は図8.9に示した極座標を用いて解くことができるが，数学的な準備が必要となるため，ここでは結果だけを説明する．

Schrödingerの方程式の解として得られる波動関数のいくつかを表8.1に，波動関数の空間的な分布を図8.10に示す．波動関数は軌道（orbital）とよばれるが，これは粒子の軌跡（orbit）という意味はもたない．波動の強度は振幅を表す波動関数の2乗によって与えられる．したがって波動関数の2乗は，その点に**電子を見出す確率（密度）**に相当すると解釈される．電子の存在する確率を空間に濃淡で示すと雲のようになるので，これを**電子雲**（electron cloud）という．図8.10に示した軌道の形も，電子を見出す確率が約0.8となるような空間領域を限定して電子雲により表したものである．

図に示された波動関数のよび方は，次の3種の量子数で区別されている．

§8.5 電子の軌道・波動関数　139

表8.1 水素原子の波動関数

| $n$ | $l$ | $m$ | 波動関数 | 記号 |
|---|---|---|---|---|
| 1 | 0 | 0 | $\dfrac{1}{\sqrt{\pi}}\left(\dfrac{1}{a_0}\right)^{3/2}\exp\left(-\dfrac{r}{a_0}\right)$ | 1s |
| 2 | 0 | 0 | $\dfrac{1}{4\sqrt{2}\,\pi}\left(\dfrac{1}{a_0}\right)^{3/2}\left(2-\dfrac{r}{a_0}\right)\exp\left(-\dfrac{r}{2a_0}\right)$ | 2s |
| 2 | 1 | 0 | $\dfrac{1}{4\sqrt{2}\,\pi}\left(\dfrac{1}{a_0}\right)^{3/2}\dfrac{r}{a_0}\exp\left(-\dfrac{r}{2a_0}\right)\cos\theta$ | $2\mathrm{p}_z$ |
| 2 | 1 | 1 | $\dfrac{1}{4\sqrt{2}\,\pi}\left(\dfrac{1}{a_0}\right)^{3/2}\dfrac{r}{a_0}\exp\left(-\dfrac{r}{2a_0}\right)\sin\theta\cos\phi$ | $2\mathrm{p}_x$ |
| 2 | 1 | -1 | $\dfrac{1}{4\sqrt{2}\,\pi}\left(\dfrac{1}{a_0}\right)^{3/2}\dfrac{r}{a_0}\exp\left(-\dfrac{r}{2a_0}\right)\sin\theta\sin\phi$ | $2\mathrm{p}_y$ |

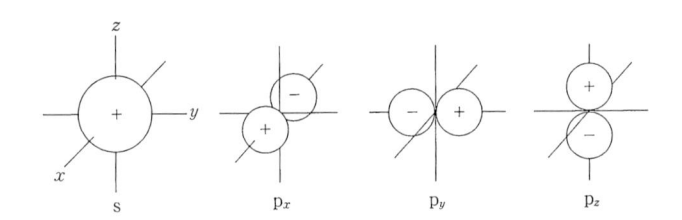

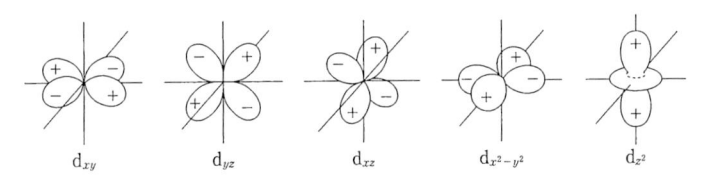

**図 8.10** 波動関数の空間分布図

（ⅰ）**主量子数**（記号 $n$）：Schrödinger の波動方程式を解くと，エネルギーについては，Bohr の理論で得られたものと同じになる．

$$E_n = -R_\infty hc \frac{1}{n^2} \qquad n=1,\ 2,\ 3,\ \cdots \qquad (8\text{-}18)$$

ここで $n$ は主量子数とよばれ，電子エネルギーの大きさを規定する．$n$ は 1, 2, 3, … と正の整数値をとり，$n$ が大きいほどエネルギー準位が高い．$n$ の大きい波動関数ほど，図 8.10 に示したように節が多く，空間的な広がりも大きい．

(ii) **方位量子数**（記号 $l$）：電子軌道の形を規定する．エネルギーが同じ準位にある軌道でも，それが図 8.10 に示した s 軌道のように球対称なのか，それとも $p_x$, $p_y$, $p_z$ などのように偏心しているかによって，角運動量が異なる．$n$ で規定される準位には，角運動量の異なる $n$ 種の軌道が存在し，それらの軌道を方位量子数によって区別する．方位量子数は $l = 0, 1, 2, \cdots, (n-1)$ の値をとる．$l = 0$ の軌道は **s 軌道**とよばれ，$n = 1$ で $l = 0$ の軌道は 1s 軌道，$n = 2$ で $l = 0$ の軌道は 2s 軌道という．s 軌道の電子の分布は球対称である．$l = 1$ の軌道は **p 軌道**とよばれ，$n = 2$ で $l = 1$ なら 2p 軌道という．また，$l = 2$ の軌道は **d 軌道**とよばれ，$n = 3$ で $l = 2$ なら 3d 軌道という．図 8.10 に示したように，p 軌道や d 軌道は方向性をもち，$l$ の値の大きい軌道ほど軌道の形は複雑なものになる．

(iii) **磁気量子数**（記号 $m$）：図 8.10 の 3 個の p 軌道は同じ形をしているが，その方向が異なっている．このような軌道の方向の違いを磁気量子数で区別する．一般に，電荷をもった電子の円運動は磁気モーメントを生じる．そのため同じ角運動量をもった軌道でも，磁場の中に置かれたとき，磁場の方向に対して磁気モーメントの方向が異なると，磁場との相互作用の大きさも異なる．このように磁場との相互作用の大きさが異なる軌道を，磁気量子数で区別するのである．磁気量子数は $m = 0, \pm 1, \pm 2, \cdots, \pm(l-1), \pm l$ の値をとり，方位量子数 $l$ で規定される軌道は $(2l + 1)$ 個 存在する．図 8.10 の p 軌道では，$m = 0$ が $p_z$ 軌道を，$m = 1$ が $p_x$ 軌道を，$m = -1$ が $p_y$ 軌道を表している．これらは同じ角運動量をもっていて，磁場をかけない限り区別できない．同じエネルギー状態にいくつかの異なる軌道が存在するとき，それらは**縮重**（**縮退**）しているという．p 軌道は 3 重に縮重している．また，d 軌道は 5 重に縮重している．磁場によって軌道の縮重が解ける現象を **Zeeman（ゼーマン）効果**という．

## §8.6 スピン量子数

Naの炎色反応やNaランプの示す黄色の光は，スペクトルの上ではD線とよばれている．スペクトルを詳しく調べると，このD線は，図8.11に示すように2本の線に分裂していることがわかった．この原因は，電子の自転運動（スピン）に右回りと左回りの2つの方向があり（図8.12)，そのため軌道運動との磁気的な相互作用にエネルギー差を生じるためであるとされた．このスピンの方向をスピン量子数で区別する．スピン量子数の値は $+\frac{1}{2}$ と $-\frac{1}{2}$ であり，それぞれ↑（上向きスピン：$\alpha$)，↓（下向きスピン：$\beta$) で表す．スピンのために，s軌道以外の各軌道のエネルギー準位が $+\frac{1}{2}\frac{h}{2\pi}$ および $-\frac{1}{2}\frac{h}{2\pi}$ の2つに分裂する．

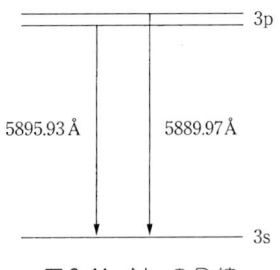

図8.11 NaのD線

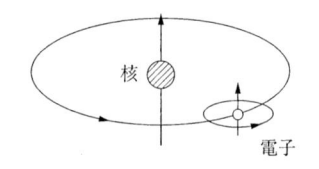

図8.12 電子の軌道運動と自転（スピン）運動

## §8.7 電子配置と周期律

電子の軌道（波動関数）は4つの量子数によって規定され，そのよび方と形も図8.10に示したように区別できるようになった．次に，これらの軌道の属するエネルギー準位と，電子のつまり具合を明らかにしなければならない．個々の軌道が属するエネルギー準位は，原子スペクトルから正確に決められる．その結果，多電子原子の電子エネルギー準位は，次のような順序になっていることがわかった．

1s＜2s＜2p＜3s＜3p＜(4s, 3d)＜4p＜(5s, 4d)
＜5p＜(6s, 4f, 5d)＜6p＜(7s, 5f, 6d)

（ ）内の準位は接近しており，順序が逆転する場合もある．4s軌道と3d軌道の関係は次のように説明される．図8.13に示されるように，$n$ の値が同じなら，$l$ の値が大きい軌道ほど電子の分布が原子核から遠く離れて大きく，内側

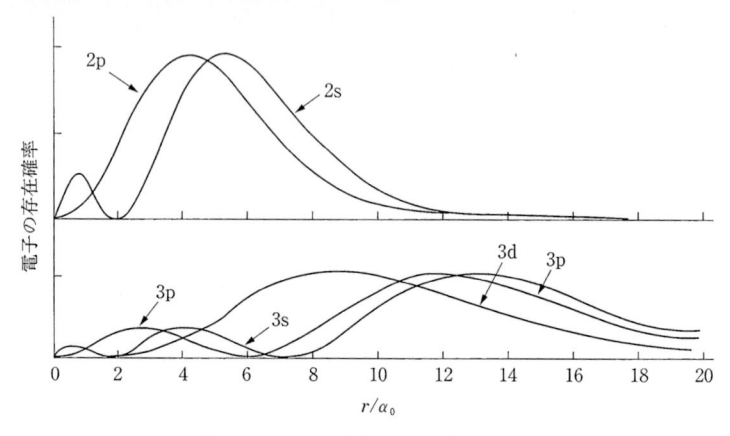

**図 8.13** s, p, d 軌道の空間分布の詳細

に存在する電子の遮蔽効果が大きいためエネルギーが高くなる．またs軌道は，p軌道やd軌道より広い範囲にわたって分布している．そのため電子間反発はs軌道のほうが小さく，それだけp軌道やd軌道よりも安定な軌道である．4s軌道は3d軌道よりも原子核に近いところにも分布しているので，それだけ他の電子の遮蔽効果が小さく，原子核の有効核電荷の影響を大きく受けている．そのため，4s軌道のほうが3d軌道よりもエネルギーが低くなる．5s軌道と4d軌道の関係も同様である．これらの影響を総合すると，エネルギー準位は，図8.14で示した順序に従って高くなっていく．

これらの軌道に電子が配置されるとき，電子はエネルギー準位の低い軌道から順番に入る．これを**築き上げの原理**（**構成原理**）という．水素原子は電子が1個しかなく，1s軌道に入る．これを $(1s)^1$ と書く．ヘリウムは

**図 8.14** 軌道のエネルギー準位

$(1s)^2$ である．リチウムは実測スペクトルが基底状態で 2s 軌道に電子 1 個存在する遷移の特徴を示すため（練習問題〈5〉），電子配置は $(1s)^2(2s)^1$ となる．

このように，実測される原子スペクトルの特徴から電子配置を決めていくと，1 つの軌道には最高 2 個の電子しか入り得ず，しかも 2 個の電子は，互いに反対のスピンをもっていなければならないことがわかった．これを **Pauli (パウリ) の排他原理** という．

電子は築き上げの原理と Pauli の排他原理に従って，低いエネルギー準位から順番につめていく．Be は $(1s)^2(2s)^2$ であり，B は $(1s)^2(2s)^2(2p)^1$ である．炭素原子は p 電子が 2 個になる．2 個以上の電子が 3 個の p 軌道に入るとき，電子は互いに電気的な反発作用を避けるため，できるだけ異なる軌道に，スピンを同じ方向にそろえて入ろうとする．これを **Hund（フント）の規則** という．C では $(1s)^2(2s)^2(2p_x)^1(2p_y)^1$ のようになる．1 つの軌道に電子が 1 個しか入っていないとき，これを **不対電子** という．炭素原子は基底状態のとき 2 個の不対電子をもっている．

窒素原子は $(1s)^2(2s)^2(2p_x)^1(2p_y)^1(2p_z)^1$ となり，不対電子の数は 3 個ある．酸素原子になると 4 個の p 電子中 2 個は，p 軌道中の 1 つにスピンを反平行にして入り，電子配置は $(1s)^2(2s)^2(2p_x)^2(2p_y)^1(2p_z)^1$ のようになる．希ガスのネオンまでくると，2p 軌道は 6 個の電子で満たされ，L 殻に不対電子はなくなる．周期表では，ここで第 2 周期が終わっている（表 8.2 参照）．第 3 周期は，3s 軌道に電子が 1 個入るナトリウムから始まり，3p 軌道が満たされ

表 8.2 第 2 周期の元素の電子配置

| 元素 | 電子配置 | 1s | 2s | $2p_x$ | $2p_y$ | $2p_z$ |
|---|---|---|---|---|---|---|
| $_3$Li | $(1s)^2(2s)^1$ | ↑↓ | ↑ | | | |
| $_4$Be | $(1s)^2(2s)^2$ | ↑↓ | ↑↓ | | | |
| $_5$B | $(1s)^2(2s)^2(2p)^1$ | ↑↓ | ↑↓ | ↑ | | |
| $_6$C | $(1s)^2(2s)^2(2p)^2$ | ↑↓ | ↑↓ | ↑ | ↑ | |
| $_7$N | $(1s)^2(2s)^2(2p)^3$ | ↑↓ | ↑↓ | ↑ | ↑ | ↑ |
| $_8$O | $(1s)^2(2s)^2(2p)^4$ | ↑↓ | ↑↓ | ↑↓ | ↑ | ↑ |
| $_9$F | $(1s)^2(2s)^2(2p)^5$ | ↑↓ | ↑↓ | ↑↓ | ↑↓ | ↑ |
| $_{10}$Ne | $(1s)^2(2s)^2(2p)^6$ | ↑↓ | ↑↓ | ↑↓ | ↑↓ | ↑↓ |

る希ガスArで終る．第3周期よりも後の元素になると，最外殻が完全に満たされることはなく，$nl$ で指定される軌道が満たされる8個が最大である．このように $nl$ で指定される軌道が電子で満たされ，不対電子がなくなった電子配置（オクテット）を**閉殻構造**という．最も外側の電子殻が閉殻構造になっているとき，原子は安定である．周期表は閉殻構造をとる希ガスArで周期が終わっている．

第4周期は，4s軌道に電子が1個入ったカリウムから始まるが，原子番号が20より大きな元素になると，4p軌道より3d軌道のエネルギー準位が低くなり，$_{21}$Scからは3d軌道に電子が入る．3d軌道への電子のつまり方はやや不規則で，Crは $(3d)^5(4s)^1$，Cuは $(3d)^{10}(4s)^1$ となっている．3d軌道は，半分埋められるか，あるいは完全に埋められるかした状態が安定なようである．ScからCuまでの9個の元素を**第1遷移元素**という．遷移元素とはもともと，元素を原子番号順に並べたとき，その性質が金属性から非金属性へと移り変わるところに位置していたことからつけられた呼称であった．今日では電子配置に基づき，「遷移元素とは，d軌道が不完全にしか満たされていない元素群である」と定義されている．Gaから4p軌道が順々に埋められ，希ガスKrで満たされて第4周期が終わる．以下同様に電子をつめていくことにより，巻末の付表3に示したような元素の基底状態における電子配置がそれぞれ定められる．

電子配置から見ると，元素の性質の周期性は，その最外殻の電子配置の類似性に基づくことがわかる．アルカリ金属元素の最外殻の電子配置は $(n s)^1$ であり，アルカリ土類金属元素は $(n s)^2$ である．ハロゲン元素は $(n s)^2(n p)^5$ であるし，希ガスは $(n s)^2(n p)^6$ である．このように元素の化学的性質が最外殻の電子配置によって特徴づけられることから，最外殻の電子を**価電子**（原子価電子）という．周期表の縦に並んだ同族元素群は，価電子の軌道がよく似ているので，化学的性質も互いによく似るのである．

〈問〉第3周期の元素の電子配置を表8.2にならって書け．（内殻のK殻やL殻が電子で満たされているときはLi：K $(2s)^1$，Al：KL $(3s)^2(3p)^1$ とも書く）．

## §8.8 イオン化エネルギーと電子親和力

【イオン化エネルギー】

　気体の原子に紫外線や加速した電子線をあてると，原子は電子を放出してイオンを生じる．そのとき，最外殻にある電子が最も離脱しやすい．最外殻にある電子を1個取り去るのに必要な最小のエネルギーを，第1イオン化エネルギーという．

$$M \xrightarrow{I_p} M^+ + e \qquad I_p：イオン化エネルギー$$

　**イオン化エネルギーはイオン化ポテンシャル**ともよばれる．さらに，第2，第3の電子を1個ずつ取り出すのに要するエネルギーを第2，第3イオン化エネルギーという（表8.3）．Naでは3s軌道にある1個の電子を放出するのに必要なエネルギーが第1イオン化エネルギーである．2番目の電子を取り出すには内殻の2p軌道から取らねばならず，それには大きなエネルギーが必要であり，$Na^{2+}$にはなりにくい．一般に，主量子数が1異なる内殻電子のイオン化エネルギーは，約1桁大きくなる．Mgは$(3s)^2$であり，2個の3s電子を放出して$Mg^{2+}$になるが，内殻の2p軌道の電子を取り出す$Mg^{3+}$にはなりにくい．

　第1イオン化エネルギーと元素の原子番号との間には，図8.15に示すような周期的な関係がある．イオン化エネルギーの小さい原子ほど陽イオンになりやすい．アルカリ金属元素は1価の陽イオンになりやすく，ハロゲン元素はなりにくい．希ガス元素は特になりにくい．

　遷移元素には，種々の酸化数をとる元素がある．酸化数を異にする原因は，

表8.3　イオン化エネルギー　$(kJ\ mol^{-1})$

| 元素 | 第1 | 第2 | 第3 | 第4 |
|---|---|---|---|---|
| H　：$(1s)^1$ | 1312 | — | — | — |
| He　：$(1s)^2$ | 2372 | 5249 | — | — |
| Li　：$(1s)^2(2s)^1$ | 520 | 7296 | 11809 | — |
| Be　：$(1s)^2(2s)^2$ | 899 | 1757 | 14849 | 21005 |
| Na　：$KL(3s)^1$ | 495 | 4563 | 6943 | 9540 |
| Mg　：$KL(3s)^2$ | 738 | 1450 | 7730 | 10546 |
| Al　：$KL(3s)^2(3p)^1$ | 577 | 1816 | 2744 | 10806 |

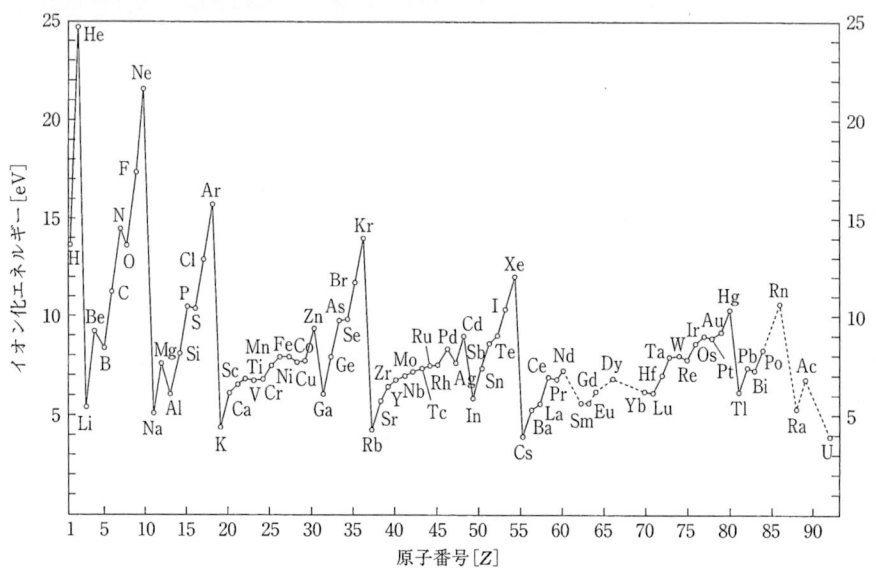

**図 8.15** 原子のイオン化エネルギー

同じ軌道にある 3d 電子の離脱によるものである．同じ軌道にある電子の離脱は，イオン化エネルギーにそれほど大きな差がなく，多様な酸化数を取りやすい．

**例題 8.5** イオン化エネルギーが，周期表中同周期の元素においては原子番号の増大とともに大きくなり，同族元素では原子番号の大きな元素ほど小さくなっているのはどうしてか．理由を考えよ．

**解** 同周期の元素の場合，同じ種類の電子軌道なら，原子番号が大きくなるほど軌道はより原子核に近くなり，有効核電荷が増すのでイオン化エネルギーは大きくなる．

　　同族元素の場合は，原子番号が大きくなるほど軌道が原子核から遠くなり，有効核電荷が減少するのでイオン化エネルギーは減少する．

§8.8 イオン化エネルギーと電子親和力 147

【電子親和力】

イオン化エネルギーとは逆に，原子と電子の結合しやすさを示すものに電子親和力がある．電子親和力は，気体の原子が電子1個を取り込むときに放出されるエネルギーである．

$$X(g) + e(g) \xrightarrow{-E_A} X^-(g) \qquad E_A：電子親和力$$

$$(\,Cl(g) + e(g) \rightarrow Cl^-(g) \qquad E_A = 3.61\,eV\,)$$

表8.4に電子親和力の例を示す．一般に電子親和力は，同周期の元素において原子番号の大きな元素ほど大きく，同族においては原子番号が大きい元素ほど小さくなっている．

電子親和力が正の大きな値をもつ元素は，陰イオンになりやすい．ハロゲン元素の電子親和力は特に大きく，陰イオンになりやすい．水素原子が陰イオンになるのも比較的容易である．陽性の強いアルカリ金属の水素化合物を電解すると，水素は陽極で得られ，この水素化物中で水素が負の酸化数をもっていることがわかる．陰イオンになりやすい元素は，最外殻の電子が原子核の正電荷を完全に遮蔽しきれず，そのため，外から電子を取り入れて安定な希ガスの電子配置をとろうとするのである．

表8.4 電子親和力（eV）

| | |
|---|---|
| H | 0.75 |
| B | 0.28 |
| Al | 0.44 |
| C | 1.25 |
| N | (−0.1) |
| P | 0.75 |
| O | 1.47 |
| S | 2.07 |
| F | 3.45 |
| Cl | 3.61 |
| Br | 3.36 |
| I | 3.06 |

注：（ ）の値は近似値である．

例題8.6　同族元素の電子親和力は，原子番号が大きい元素ほど小さくなっているのはなぜか．

解　同族元素の場合，原子番号が大きくなるほど同じ種類の軌道が原子核から遠くなり，有効核電荷が減少するため電子親和力は減少する．

## 練習問題 8

⟨1⟩ 水素原子の $n=1$ から $n=5$ までのエネルギー準位を求めよ．イオン化エネルギーはいくらか．

⟨2⟩ 周期表で，同族元素が上から下へ行くほど金属性を増すのはどうしてか．

⟨3⟩ $Na^+$ と $F^-$，$K^+$ と $Cl^-$ はそれぞれ同じ電子配置をしているのに，イオン半径を比較すると $Na^+$ と $F^-$ では $0.98$ Å と $1.33$ Å，$K^+$ と $Cl^-$ では $1.33$ Å と $1.81$ Å のように異なっているのはなぜか．

⟨4⟩ 図 8.8 に見られるように，$K_\alpha$ 系列のX線は，K殻の電子が1個叩き出されてできた空所にL殻の電子が遷移することにより生じる．すべての金属について $K_\alpha$ 系列の遮蔽定数は1である．このことからどのようなことがわかるか．

⟨5⟩ Li 蒸気の吸収スペクトルは $2s \to np$ ($n=2, 3, \cdots$) の電子遷移によるもののみが明瞭に観測される．発光スペクトルには $np \to 2s$ 遷移が観測されるが，$np \to 1s$ 遷移は観測されない．Li の基底状態の電子配置はどのようになっていると考えられるか．

⟨6⟩ 水素原子について，$n=3$ から $n=2$ への電子遷移によって放出される光の波長を求めよ．

⟨7⟩ 次の物体の de Broglie 波長を求めよ．
 1) 20 ℃，1 atm において，440 m s$^{-1}$ で運動する気体の酸素分子．
 2) 150 km h$^{-1}$ で飛行する質量 300 g の野球のボール．

⟨8⟩ $_{74}$W および $_{77}$Ir の特性X線における $L_{\alpha_1}$ 系列の波長は，それぞれ $0.14735$ nm および $0.13485$ nm である．1923年，Coster と Hevesy は，$L_{\alpha_1}$ 系列中に波長 $0.15655$ nm の新元素を発見した．この元素はなにか．

⟨9⟩ He の第1イオン化エネルギーは $24.58$ eV である．遮蔽定数を求めよ．また，第2イオン化エネルギーは $54.41$ eV である．He の2個の電子がともに 1s 軌道にあることを示せ．

# 解 答

⟨1⟩ (8-10)式または (8-13)式により，$n=1$ のエネルギーを計算すると，$-13.6$ eV が得られる．エネルギーの絶対値は $n$ の2乗に逆比例するので，$n=2$ から $n=5$ までの準位は順次，$-3.4$ eV，$-1.51$ eV，$-0.85$ eV，$-0.54$ eV と求められる．水素原子のイオン化エネルギー $I_p$ は $n=1$ のエネルギー準位の電子を取り去るのに必要なエネルギーであるので，$I_p=13.6$ eV．

⟨2⟩ 同族元素の最外殻電子は，同じ種類の軌道を占めている．原子番号が大きくなるほど軌道は原子核から遠くなり有効核電荷が減少するので，電子が離脱しやすくなるのである．

⟨3⟩ $Na^+$ と $F^-$ は同じ $(1s)^2(2s)^2(2p)^6$ であるが，原子番号の大きな $Na^+$ のほうが有効核電荷が大きいため，軌道は原子核に近づくからである．$K^+$ と $Cl^-$ は $(1s)^2(2s)^2(2p)^6(3s)^2(3p)^6$ で，イオン半径に差のある理由は $Na^+$ と $F^-$ の場合と同様である．

⟨4⟩ L殻から見て内殻のK殻の遮蔽定数が1であるということは，K殻から電子が1個叩き出されても，K殻に電子がもう1個残っていることを示している．したがって，基底状態でK殻に電子が2個収容されており，K殻は 1s 軌道のみからなっていることがわかる．

⟨5⟩ 2s 軌道からの電子遷移による吸収スペクトルのみが観測されるということは，それよりエネルギーの高い 2p，3s，3p などの軌道に電子は存在しない．発光スペクトルでは 1s 軌道への電子遷移は見られないので，1s 軌道はすでに全部つまっている．Li の電子3個は 1s 軌道に2個，2s 軌道に1個収容されて，$(1s)^2(2s)^1$ という電子配置をしているものと考えられる．

　波動関数が定める軌道を，s，p，d，f 軌道などとよんでいるのは，$l=0$，1，2，3，… に対応して現れるスペクトル系列を，分光学では sharp, principal, diffuse, fundamental とよんでいたことによる．

⟨6⟩ (8-15)式で $Z=1$，$S=0$ とおいて
$$\frac{1}{\lambda}=1.097\times 10^7\,\text{m}^{-1}\times\left(\frac{1}{2^2}-\frac{1}{3^2}\right),\quad \lambda=6.56\times 10^{-7}\,\text{m}=656\,\text{nm}$$
水素放電管の桃色の発光は，この電子遷移によるものである．

⟨7⟩ 1) 酸素分子の運動量は

$$\frac{32.0 \text{ g mol}^{-1}}{6.022 \times 10^{23} \text{ mol}^{-1}} \times 440 \text{ m s}^{-1} = 2.34 \times 10^{-20} \text{ g m s}^{-1}$$

したがって，

$$\lambda = \frac{6.6261 \times 10^{-34} \text{ J s}}{2.34 \times 10^{-20} \text{ g m s}^{-1}} = 2.83 \times 10^{-11} \text{ m}$$

2) 時速 150 km h$^{-1}$ は秒速 41.7 m s$^{-1}$ である．したがって，

$$\lambda = \frac{6.6261 \times 10^{-34} \text{ J s}}{300 \times 41.7 \text{ g m s}^{-1}} = 5.3 \times 10^{-35} \text{ m}$$

酸素分子の大きさは直径 $2.83 \times 10^{-10}$ m くらい，野球ボールは直径 $8 \times 10^{-2}$ m くらいである．小さな粒子ほど波動性が目立ってくる．

⟨8⟩ Moseley の法則 (8-16) 式に，$_{74}$W および $_{77}$Ir の特性 X 線における L$_{\alpha 1}$ 系列の波長 0.14735 nm および 0.13485 nm を代入し，連立方程式を解くと，$K = 1244 \text{ m}^{-\frac{1}{2}}$，$S = 7.80$ が求められる．(8-16) 式に，これらの値と新元素の波長 0.15655 nm を代入すると $Z = 72.05$ が得られる．新元素は 72 番ハフニウム Hf である．

⟨9⟩ (8-14) 式 $E_n = \dfrac{-R_\infty hc(Z-S)^2}{n^2}$ で $Z = 2$ とおき，各定数を代入して計算すると，$n = 1$ のとき $S = 0.66$ が得られる．$n = 2$ 以上で $S$ は負となり意味のある解が得られない．次に第 2 イオン化エネルギーの場合，$S = 0$ であるはずなので，(8-14) 式から $n = 1.0$ が得られる．これより He の電子 2 個はともに 1s 軌道にあることがわかる．

# 第 9 章　化学結合

　原子が 2 個以上結合すると分子ができる．現在では，分子を構成する原子間の結合の長さや結合の角度も，結晶の X 線回折や気体の電子線回折などにより，正確に測定することができる．その結果，分子の形状には，正四面体形，正三角形，直線形，屈曲形などがあり，結合の強さや結合の長さなども種々あることがわかってきた．こうした多様な分子構造や，分子が形成されるしくみを理解するには，化学結合という概念の本質をよく理解する必要がある．

## §9.1　イオン結合と共有結合

　塩化ナトリウムのように，陽性と陰性のそれぞれ強い元素の組み合わせからなる化合物では，陽性の強い Na 原子から陰性の強い Cl 原子に電子が移り，$Na^+$ と $Cl^-$ という正負イオン間の静電的引力によって結合が維持される．このような結合を**イオン結合**という．

　これに対して，電気的な陽性・陰性の程度にあまり差のない原子間の結合では，1 つの原子から他の原子に電子が移されることはなく，各原子が電子を出し合い共有することにより結合が維持されている．このような結合を**共有結合**という．共有結合の典型的な例は $H_2$，$Cl_2$ などの**等核 2 原子分子**において見られる．

　共有結合についての初期の理論では，各原子が不対電子を出しあって電子対をつくり，これを共有することにより希ガスの電子配置とよく似た閉殻構造となり，安定な分子ができるとされた（Lewis のオクテット説）．水素分子は，2 個の水素原子が電子 1 個ずつを出しあってこれを共有し，水素分子中においてそれぞれの水素原子は希ガスのヘリウムに類似した電子配置をとっている．また塩素分子では，塩素原子の最外殻にある 1 個の不対電子を 2 個の塩素原子が

互いに共有することにより，それぞれの塩素原子のまわりの電子配置はアルゴンの閉殻構造と類似したものになっている．ここで，共有結合をつくっている電子対を**共有電子対**といい，共有結合に関与しない電子対は，**非共有電子対**または**孤立電子対**（lone pair electrons）という．一組の共有電子対がつくる1つの共有結合を**単結合**（一重結合）といい，1本の線（**価標**）で表す．共有結合が2個，3個ある場合をそれぞれ**二重結合**，**三重結合**といい，それぞれ，2本，3本の価標で表す．分子の構造を元素記号と価標を使って表し，原子間の結合のしかたをわかりやすく示した式を**構造式**という．共通の化学的性質を示す原子団を**官能基**といい，官能基を用いて表した式を**示性式**という．構造式や示性式は化学式の一種である．構造式には，結合の長さや結合の角度が書き入れてある場合もある（→図9.8）．

オクテット説による共有結合の説明は定性的なものであり，共有結合が形成されるとどれだけエネルギー的に安定化するのか，また，なぜ二酸化炭素が直線状分子であり，水分子は折れ線状なのかといった分子の立体構造に関する疑問にはほとんど答えられない．共有結合を不対電子の共有とする考え方にしたがって，酸素の2重結合もすべて2個の不対電子の共有によるものと考えると，酸素分子には不対電子がなくなり，常磁性を示すことについても説明できなくなる．共有結合の本質を理解するには，電子の共有という概念の中身をさらによく検討する必要がある．

〈問〉フッ素 $F_2$ の分子内には非共有電子対が何組存在するか．また，フッ素分子中においてフッ素原子は，どの希ガスに類似した電子配置をしているか．

(6組，Ne)


## §9.2 分子軌道法・水素分子の形成

共有結合の形成される様子を，2個の水素原子から水素分子が形成されるという最も基本的な場合を例にとって説明する．

いま，図9.1に示すように，遠く離れていた2個のH原子が，互いの波動

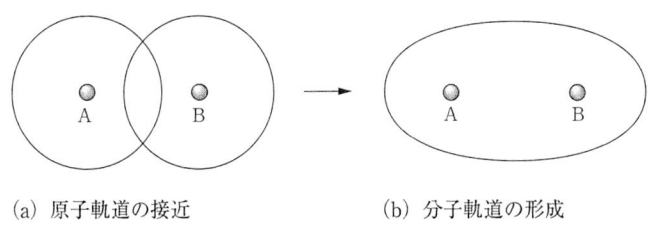

(a) 原子軌道の接近　　　　(b) 分子軌道の形成

図9.1　水素分子の形成

関数（電子雲）が重なるところまで接近すると，それぞれの原子軌道に属していた価電子が，電子雲の重なり部分において相手方の原子核からのクーロン引力も同等に受け，相手原子の軌道に移ってしまう可能性が生じる．電子の運動は高速であるため，時間平均すると，この電子は2個の原子にまたがって分子全体に拡がる**分子軌道**に存在しているものと考えられる．このようなモデルに基づき，分子内電子の分布状態や電子エネルギーを計算する方法を**分子軌道法**という．

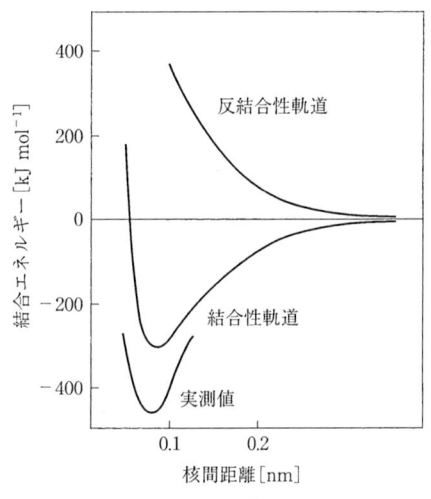

図9.2　水素分子のポテンシャル図

分子軌道法により，水素分子の結合エネルギーを計算すると，図9.2に示すような結果が得られる．この図は，2個の水素原子が接近し，互いの波動関数が干渉しあうようになると，エネルギー値に極小を与える安定な分子軌道と，常に反発的で不安定な分子軌道とが形成されることを示している．安定な状態を与える分子軌道を**結合性軌道**といい，不安定な状態を表す分子軌道を**反結合性軌道**という．結合性軌道では，2個の水素原子が接近するにつれエネルギーが低下するが，さらに核間距離が縮まると，原子核間の電荷が反発するためエ

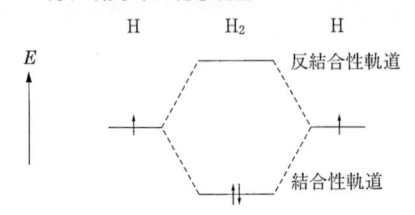

**図9.3** 水素分子のエネルギー準位（$E$）
矢印はスピンの向きを表す

の関係を図示すると，図9.3のように表される．

ネルギーは急速に増加する．エネルギーが極小となるところが，2個の水素原子の**平衡核間距離**である．平衡核間距離は**原子間距離**とも，**結合距離**ともいう．原子軌道・結合性軌道・反結合性軌道のエネルギー準位

　分子が形成されると電子は分子軌道に入るが，原子の場合と同様にエネルギーの低い準位から順番につめられる．水素分子には電子が2個存在するので，この2個の電子はPauliの排他原理に従い，低い結合性軌道にスピンを逆方向にして入る．したがって，電子がそれぞれの原子軌道にあるよりは，分子軌道を形成したほうがエネルギー的に安定な状態になり，安定な水素分子が形成される．$H_2^+$イオンも，1個の電子が結合性軌道にあるので，水素原子に比べると安定化エネルギーは少ないが，実際に存在しうる化学種である．

　分子を形成することによる電子のエネルギー状態の変化を計算する方法として，分子軌道法の他に**原子価結合法**がある．この方法は図9.1(a)の段階で，共有される原子価電子は，お互いの位置を交換しながら，2つの原子軌道の間を行ったり来たりして2個の原子核をつなぎ止めているものと考えて，電子のエネルギーを計算するものである．計算の結果は図9.2に示した分子軌道法の場合とよく似た結果が得られている．ただし，計算が分子軌道法よりも複雑であるため，現在では分子軌道法が主に用いられている．

## 【結合性軌道と反結合性軌道】

　水素分子の分子軌道は，水素原子2個の波動関数の1次結合で表される．これは，一般に2つの波動の干渉波がその波動の1次結合（重ね合せ）で表されることと同じ理由による．

　結合性軌道を$\Psi_+$，反結合性軌道を$\Psi_-$，水素原子2個（A，Bと表すことにする）の1s軌道を$\psi_A(1s)$，$\psi_B(1s)$とすると，結合性軌道と反結合性軌道はそれぞれ次のように表される．

$$\Psi_+ = N_+(\psi_A(1s) + \psi_B(1s)) \quad (9\text{-}1)$$

$$\Psi_- = N_-(\psi_A(1s) - \psi_B(1s)) \quad (9\text{-}2)$$

ここで $N_+$, $N_-$ は**規格化定数**といい，分子軌道を全空間にわたって積分したとき1になるよう定められる．これは**規格化条件**といって，波動関数が電子の位置を特定できないとしても，電子は空間のどこかに必ず存在するという条件を満たさねばならないからである．このように，分子軌道を原子軌道の1次結合で近似する方法を**LCAO法**（Linear Combination of Atomic Orbitals）という．

分子軸上でそれぞれの属する原子核を中心に $\Psi_+$ と $\Psi_-$ を示すと，図9.4および図9.5のようになる．$\Psi_+$ あるいは $\Psi_-$ を2乗すると，原子軌道の場合と同じように分子内の電子密度が求められる．結合性軌道では，2個の水素原子間の波動は強められ，ここに電子が存在する確率が高くなって結合を生じる．これに対して反結合性軌道の場合は，2個の水素原子間で波動がうち消し合って弱まり，電子の存在する確率が低下している．したがって結合が形成されないだけではなく，原子核間の反発によって2個の水素原子は互いに遠ざかろうとする．

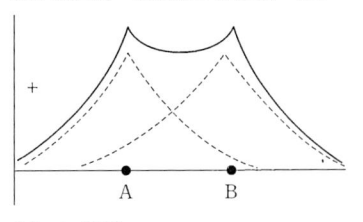

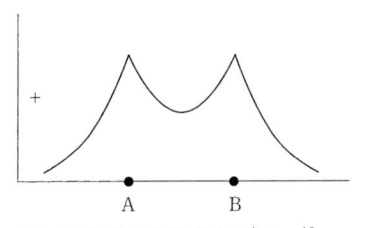

(a) $\Psi_+$ 関数

(b) $\Psi_+$ 関数の電子密度：$|\Psi_+|^2$

図9.4 結合性軌道

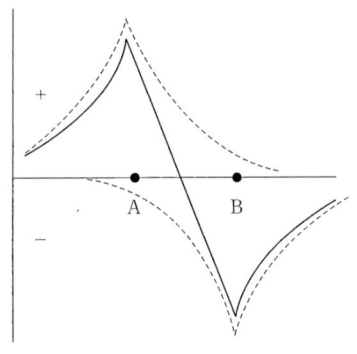

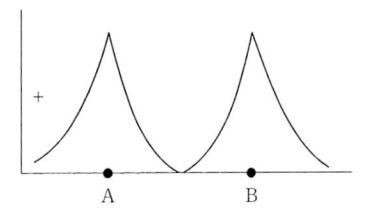

(a) $\Psi_-$ 関数

(b) $\Psi_-$ 関数の電子密度：$|\Psi_-|^2$

図9.5 反結合性軌道

原子軌道を波動関数で表すとき，2つの原子軌道が干渉しあって分子軌道が形成される過程は，弾力性のある支持棒に2つの振り子を固定して，お互いをゆるく結合したモデルに対比させることができる．このとき振り子は互いにエネルギーを伝え合って干渉し複雑な運動をするが，これは2つの干渉波が合成されたものである．1つは位相をそろえた干渉，いま1つは位相を逆にした干渉である．位相をそろえた干渉波においては，振動数が低下しエネルギーも低くなる．これを**共鳴**という．これに対して，位相を逆にした干渉波は，振動数が増加しエネルギーも高くなる．これを水素分子の分子軌道にあてはめると，結合性軌道は前者に，反結合性軌道は後者に相当する．

## §9.3 等核2原子分子

水素分子以外の等核2原子分子結合においても，水素原子の場合と同じように分子軌道が形成され，エネルギー的に安定化する場合は分子ができるものと考えられる．He原子は $(1s)^2$ であり，2個のHe原子の1s軌道から結合性軌道と反結合性軌道ができる．$He_2$ 分子になるとすると，4個の電子のうち2個は結合性軌道に入るが，残る2個は反結合性軌道に入り，結合性軌道の安定化が相殺されてしまう．このため $He_2$ は不安定で存在しえない．$He_2^+$ の場合は電子3個のうち2個が結合性軌道に入り，1個が反結合性軌道に入るため，全体としては安定化エネルギーが残り，$He_2^+$ は存在しうることがわかる．同様の理由で $Li_2$ は存在し得るが，$Be_2$ は存在しえない．

【σ結合とπ結合】

第2周期の $N_2$, $O_2$, $F_2$ において，価電子は2p軌道の電子である．今，$2p_x$ 軌道の方向を分子軸の方向（結合の方向）にとると，$2p_y$ 軌道と $2p_z$ 軌道はいずれも分子軸に直交している．したがって，原子軌道の重なりによって生じる結合様式には，次の2種類があることになる．1つは，図9.6(a)〜(c)に示したように，分子軸の方向にある軌道の重なりによって生じる結合で，これを **σ結合** という．σ結合によりできた分子軌道をσ軌道といい，水素分子の1s軌道の重なりでできた分子軌道をσ1sのように表す．s軌道と $p_x$ 軌道の重

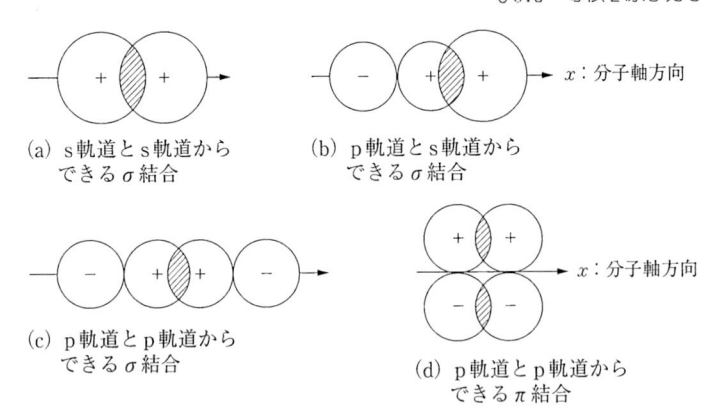

§9.3 等核2原子分子　157

(a) s軌道とs軌道からできるσ結合

(b) p軌道とs軌道からできるσ結合

(c) p軌道とp軌道からできるσ結合

(d) p軌道とp軌道からできるπ結合

$x$:分子軸方向

図9.6　σ結合とπ結合

なりによって生じる結合もσ軌道である[図9.6(b)]．また，$2p_x$軌道の重なりにより生じるσ軌道は$σ2p_x$のように表す[図9.6(c)]．もう1つの結合様式は，分子軸に直交する軌道の重なりにより生じるもので，これを**π結合**という[図9.6(d)]．π結合によりできた分子軌道を**π軌道**といい$π2p_y$，$π2p_z$のように表す．π軌道にある電子を**π電子**という．σ軌道はπ軌道よりも電子雲の重なりが大きく，σ結合はπ結合よりも強い．分子軌道が反結合性軌道の場合は右肩に＊印をつけ，$σ^*1s$，$σ^*2p_x$，$π^*2p_y$，$π^*2p_z$と表す．

図9.7に窒素，酸素，フッ素分子の，分子軌道のエネルギー準位と電子配置を示す．分子軌道に電子が配置されるとき，電子はエネルギーの低い準位から順番に，Pauliの排他原理とHundの規則に従ってつめられていく．酸素分子には2個の不対電子がある．不対電子があると，電子スピンによる磁気モーメントのため分子は**常磁性**を示す．したがって液体酸素は磁石に引き寄せられるのである．

　同じ$n=2$の原子軌道からできる分子軌道の準位が，酸素分子型と窒素分子型とに分かれるのは，2s軌道と2p軌道のエネルギー差が異なるためである．エネルギー差が小さい場合，2s軌道と2p軌道に相互作用が起き窒素分子型の準位を与える（B, C, N）．エネルギー差が大きいと2s軌道と2p軌道に相互作用は起きず，酸素分子型の準位になる（O, F）．

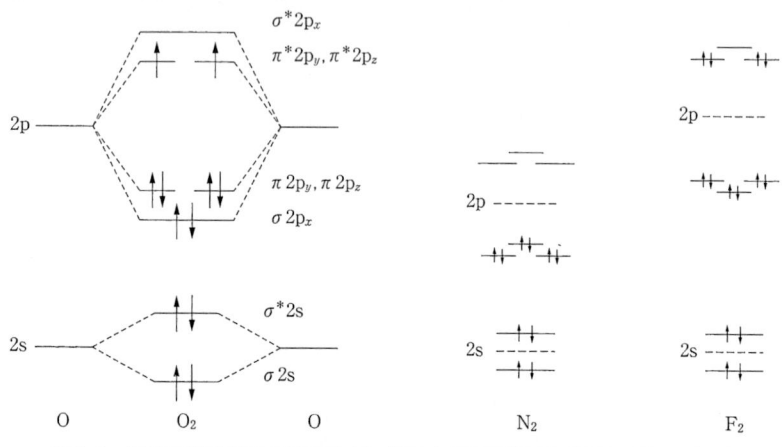

**図9.7** 異核2原子分子のエネルギー準位と電子配置(矢印はスピンの向き)

酸素分子やフッ素分子は,反結合性軌道にも電子が入っている.結合性軌道に入った電子数のほうが多いので,全体としてはエネルギー的に安定化して分子が存在する.結合性軌道中の電子数を $n$,反結合性軌道中の電子数を $n^*$ とすると,結合の強さは,次式で定義される**結合次数**の大きさにより測られる.

$$p = \frac{n - n^*}{2} \tag{9-3}$$

**例題 9.1** $F_2$,$O_2$,$N_2$ の結合を説明せよ.

**解** 分子軸の方向を $x$ 軸にとる.$F_2$ では $\sigma 2p_x$ の単結合.$O_2$ では $\sigma 2p_x$ と $\pi 2p_y$ の二重結合.$N_2$ は $\sigma 2p_x$ と $\pi 2p_y$ および $\pi 2p_z$ の三重結合.図9.7の電子配置から,結合次数は1,2および3と計算され,それぞれの共有結合の数に一致する.

## §9.4 異核2原子分子・共有結合の部分的イオン性

等核2原子分子は,分子内における電子の偏りはない.しかし HCl のような**異核2原子分子**の場合,電荷は一部 Cl 原子に偏り,結合に $H^{\delta+}$—$Cl^{\delta-}$ という極性が現れ,共有結合にいくらか**イオン結合性**が入ってくる.ここに $\delta+$,$\delta-$ はそれぞれ部分的な正負の電荷の偏りを表す.H 原子と Cl 原子では,電

§9.4 異核2原子分子・共有結合の部分的イオン性　159

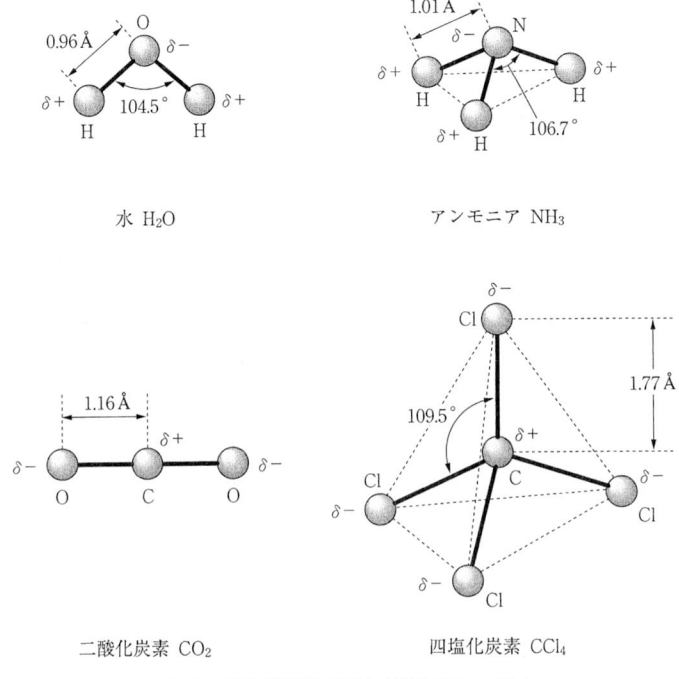

水 $H_2O$

アンモニア $NH_3$

二酸化炭素 $CO_2$

四塩化炭素 $CCl_4$

図9.8　異核多原子分子と双極子モーメント

子を引きつける強さに差があるためである．このように極性をもった分子を**極性分子**という．また分子全体としては極性を示さない分子を**無極性分子**という（図9.8）．

　分子内における電荷の偏りの程度は，分子の**双極子モーメント**の大きさからわかる．双極子モーメントとは正負の点電荷の大きさに，その点電荷間の距離を掛けたもので，誘電率の測定から求められる．表9.1に双極子モーメントの値を示す．

　双極子モーメントには方向性があり，負の電荷から正の電荷の方向にとる．多原子分子では，分子内の個々の結合に電荷の偏りがあったとしても，その偏りが分子の中心に対して対称的であれば，分子全体として示す双極子モーメントは小さくなる．表9.1で，対称的な分子構造をもった $CO_2$ や $CH_4$ にその例

表 9.1 双極子モーメント

| 分子 | $\mu/10^{-30}$ Cm | 分子 | $\mu/10^{-30}$ Cm | 分子 | $\mu/10^{-30}$ Cm |
|---|---|---|---|---|---|
| HF | 6.60 | $H_2O$ | 6.17 | $C_6H_6$ | 0.0 |
| HCl | 3.44 | $H_2S$ | 3.1 | $C_6H_5CH_3$ | 1.2 |
| HBr | 2.6 | $NH_3$ | 4.9 | $C_6H_5Cl$ | 5.7 |
| HI | 1.3 | $CH_4$ | 0.0 | $o\text{-}C_6H_4Cl_2$ | 8.4 |
| CO | 0.4 | $CH_3Cl$ | 6.2 | $m\text{-}C_6H_4Cl_2$ | 5.6 |
| $CO_2$ | 0.0 | $CH_3OH$ | 5.6 | $p\text{-}C_6H_4Cl_2$ | 0.0 |

が見られる.このように,双極子モーメントは分子の構造に関する知見を与えてくれる.

HCl 分子における H—Cl 結合のイオン性は次のようにして見積もることができる.H—Cl 結合の長さは 1.27 Å である.したがって,完全に電荷が偏り $H^+$—$Cl^-$ のようなイオン結合を生じたとすると,双極子モーメントの大きさは次のようになる.

$$\mu = 1.602 \times 10^{-19}\,\text{C} \times 1.27 \times 10^{-10}\,\text{m} = 20.35 \times 10^{-30}\,\text{C m}$$

実測の双極子モーメントは表 9.1 から $3.44 \times 10^{-30}$ C m である.したがって H—Cl 結合のイオン性は $\dfrac{3.44 \times 10^{-30}\,\text{C m}}{20.35 \times 10^{-30}\,\text{C m}} \times 100 = 17\,\%$ となる.

**例題 9.2** 表 9.1 からハロゲン化水素 H—F,H—Br,H—I における結合のイオン性を求めよ.結合距離はそれぞれ 0.92 Å,1.4 Å,1.6 Å である.

**解** 上例の H—Cl の場合と同様に計算すればよい.H—F:45 %,H—Br:12 %,H—I:6 %.

## §9.5 電気陰性度

異核 2 原子分子で,結合原子間に電荷の偏りが現れるのは,原子が電子を引きつける強さに差があるからである.原子が電子を引きつける強さの程度を表すのに**電気陰性度**という概念がある.

原子の電気陰性度の影響が現れる現象として,共有結合にイオン性が入ってくるとその結合が強められるということに,Pauling は注目した.

表 9.2 に示した結合エネルギー値を見ると,異種原子 A,B 間における単

表 9.2 結合エネルギー (kJ mol$^{-1}$)

| 結合 | 結合エネルギー | 結合 | 結合エネルギー | 結合 | 結合エネルギー |
|---|---|---|---|---|---|
| H—H | 436 | Cl—Cl | 243 | H—F | 563 |
| C—C | 344 | Br—Br | 193 | H—Cl | 432 |
| C=C | 615 | I—I | 151 | H—Br | 366 |
| C≡C | 812 | C—H | 416 | H—I | 299 |
| O—O | 143 | N—H | 391 | C—O | 350 |
| S—S | 266 | O—H | 463 | C=O | 725 |
| F—F | 158 | S—H | 368 | C—Cl | 328 |

結合の結合エネルギー $D(A—B)$ は,等核 2 原子間の結合エネルギー $D(A—A)$,$D(B—B)$ の幾何平均より常に大きいことがわかる.この差を $\varDelta(A—B)$ とすると,次の関係が常に成り立つ.

$$\varDelta(A—B) = D(A—B) - \sqrt{D(A—A) \times D(B—B)} > 0 \qquad (9\text{-}4)$$

実測される $\varDelta(A—B)$ は,異種原子間における共有結合のイオン性が大きくなるほど大きい.ところで共有結合のイオン性は,結合原子の電気的陰性の差が大きいほど大きくなるはずである.そこで Pauling は,$\varDelta(A—B)$ が原子 A,B の電気陰性度 $x_A$,$x_B$ の差に対応づけられるとして,次の関係ができるだけ多くの結合について満足されるよう,電気陰性度の値を定めた.

$$|x_A - x_B| = \sqrt{\varDelta(A—B)} \qquad (9\text{-}5)$$

この式で,根号内の $\varDelta(A—B)$ 値は eV 単位で表す.電気陰性度の最も大きいフッ素に 4.0 という値を割り当て,それを基準に他の原子の値を決めた.表 9.3 に Pauling の電気陰性度を示す.

電気陰性度は結合電子対の偏りを判断するのに役立つ.たとえば結合 A—B のイオン性は,次式で見積もることができる.

$$\text{イオン性}(\%) = 16|x_A - x_B| + 3.5|x_A - x_B|^2 \qquad (9\text{-}6)$$

また,窒素と硫黄,リンと硫黄の化合物は $x_N > x_S > x_P$ なので,前者を硫黄の窒化物,後者をリンの硫化物と見なすことができる.一般に,電気陰性度に 2 以上の差があるとイオン結合性が顕著になる.

このほかに電気陰性度の尺度としては,Mulliken によって提案されたものがある.Mulliken は,電子親和力とイオン化エネルギーの和を $\frac{1}{2}$ にして電気陰

表 9.3 電気陰性度

| H | | | | | | | | | | | | | | | | |
|---|---|---|---|---|---|---|---|---|---|---|---|---|---|---|---|---|
| 2.1 | | | | | | | | | | | | | | | | |
| Li | Be | | | | | | | | | | | B | C | N | O | F |
| 1.0 | 1.5 | | | | | | | | | | | 2.0 | 2.5 | 3.0 | 3.5 | 4.0 |
| Na | Mg | | | | | | | | | | | Al | Si | P | S | Cl |
| 0.9 | 1.2 | | | | | | | | | | | 1.5 | 1.8 | 2.1 | 2.5 | 3.0 |
| K | Ca | Sc | Ti | V | Cr | Mn | Fe | Co | Ni | Cu | Zn | Ga | Ge | As | Se | Br |
| 0.8 | 1.0 | 1.3 | 1.5 | 1.6 | 1.6 | 1.5 | 1.8 | 1.8 | 1.8 | 1.9 | 1.6 | 1.6 | 1.8 | 2.0 | 2.4 | 2.8 |
| Rb | Sr | Y | Zr | Nb | Mo | Tc | Ru | Rh | Pd | Ag | Cd | In | Sn | Sb | Te | I |
| 0.8 | 1.0 | 1.2 | 1.4 | 1.6 | 1.8 | 1.9 | 2.2 | 2.2 | 2.2 | 1.9 | 1.7 | 1.7 | 1.8 | 1.9 | 2.1 | 2.5 |
| Cs | Ba | La-Lu | Hf | Ta | W | Re | Os | Ir | Pt | Au | Hg | Tl | Pb | Bi | Po | At |
| 0.7 | 0.9 | 1.1-1.2 | 1.3 | 1.5 | 1.7 | 1.9 | 2.2 | 2.2 | 2.2 | 2.4 | 1.9 | 1.8 | 1.8 | 1.9 | 2.0 | 2.2 |
| Fr | Ra | Ac | Th | Pa | U | Np-No | | | | | | | | | | |
| 0.7 | 0.9 | 1.1 | 1.3 | 1.5 | 1.7 | 1.3 | | | | | | | | | | |

性度の尺度とすることを提案した．Mulliken の尺度 $M_A$，$M_B$ と Pauling の尺度 $x_A$，$x_B$ との間には，次の関係があることが知られている．

$$M_A - M_B = 2.78(x_A - x_B)$$

## §9.6 多原子分子・共有結合の方向性

共有結合の強さは原子軌道が重なる度合いに比例する．そのため結合原子における電子軌道の方向性が，分子の形を決めると考えられる．例として，水分子が酸素原子と水素原子から形成される場合を考える（図 9.9）．酸素原子の電子配置を $(1s)^2(2s)^2(2p_x)^1(2p_y)^1(2p_z)^2$ とすると，水素原子との結合方向を $x$ 軸と $y$ 軸に指定したことになる．1 個の水素原子は $x$ 軸の方向から，もう 1 個の水素原子は $y$ 軸の方向から近づいて，$\sigma$ 結合をつくるときに軌道の重なりは最大となる．このように，結合にあずかる電子軌道の重なりが最大となる原子配列において分

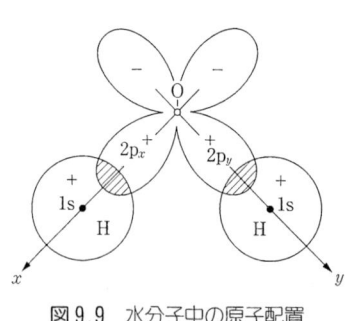

図 9.9 水分子中の原子配置

子ができる．これを**最大重なりの原理**という．水の場合，H—O—H の結合角は 90°に近いと予想される．実測値は 104.5°で，90°より少し広い．これは水素原子同士の反発によるものと説明される．また，酸素と同族元素の水素化物 $H_2S$，$H_2Se$，$H_2Te$ は，原子番号が大きくなるにつれてそれぞれ 92°，90°，89°と，予想される角度に近い値を示すようになる．原子番号とともに原子間距離が長くなり，水素原子同士の反発が小さくなるためである．

同様に，第 15 族元素の水素化物 $NH_3$，$PH_3$，$AsH_3$，$SbH_3$ は，最外殻の電子配置が $(np_x)^1(np_y)^1(np_z)^1$ で，不対電子は 3 個あり，互いに直角な 3 本の M—H 結合ができると予想される．実測された M—H の 3 つの結合角は，それぞれ 106.75°，94°，91.5°，91.5°である．ここでも M—H 間の距離が長くなるにつれ，水素原子同士の反発が小さくなり，予想される角度に近い値を示すようになっている．

## §9.7 炭素原子・混成軌道

炭素は，タンパク質，炭水化物，油脂など，生物体を構成する主要な元素である．炭素化合物の原子間結合の長さや角度は，X線回折，電子線回折，赤外スペクトルなどの分光学，磁気共鳴といった精密な実験によって調べられ，多くの分子構造が明らかにされている．炭素化合物は一般に，炭素の原子価が 4 価であり，炭素原子を中心とした立体構造をもつ．その形態と結合角は，メタンが正四面体構造で 109.5°，エチレンが平面構造で 120°，アセチレンや二酸化炭素が直線構造で 180°とわかっている．

ところで炭素原子の基底状態における電子配置は $(1s)^2(2s)^2(2p_x)^1(2p_y)^1$ である．この電子配置を見ると，炭素原子は 2 価であり，結合角は 90°に近いと予想されるが，実測される炭素化合物の実体は随分とかけ離れている．

Pauling は，こうした炭素化合物の結合を説明するために，次に述べるような**混成軌道**の概念を導入した．

まず，1 個の 2s 電子を空（から）の $2p_z$ 軌道に上げる．この操作を**昇位**という．昇位の結果，炭素の最外殻の電子配置は $(2s)^1(2p_x)^1(2p_y)^1(2p_z)^1$ となる．これ

は励起状態であり，この電子配置にするには約 400 kJ mol$^{-1}$ 必要である．しかし，この昇位により不対電子の数が 2 から 4 に増えたので，その分多くの結合をつくることができる．その結果，昇位に要したエネルギーを結合エネルギーで十分まかなうことができ，分子を形成した場合にはエネルギーが数百 kJ mol$^{-1}$ 低くなることがわかった．

昇位によりできた電子配置において，1 つの 2s 軌道と 3 つの 2p 軌道の適当な 1 次結合をつくると新しい軌道ができる．これを混成軌道という．この操作は，炭素原子の中心の位置でいくつかの波動を重ねると，新しい波動ができることに対応している．異なる楽器が固有の音色をもっている理由と似ている．各楽器が異なる音色を出すのは，さまざまな波動を混成して，楽器固有の波動をつくりだしているからである．混成軌道の空間配置は，軌道間の電子反発が小さくなるようお互い最も遠く離れている．混成軌道の種類を図 9.10 に示す．

次にこれらの混成軌道について簡単に説明する．

## 【sp 混成軌道】

1 つの 2s 軌道と 1 つの 2p 軌道からできる軌道を sp 混成軌道という．sp 混成軌道は，図 9.10(a) に示すように，s＋p と s－p の 2 つの混成のしかたにより生じる軌道である．混成の結果，直線上 180°の方向にのびた等価な 2 つの軌道ができる．アセチレンなど**アルキン**分子の三重結合のうち 1 つは，この sp 混成軌道の σ 結合からできている．炭素原子が sp 混成軌道をつくるとき，sp 混成軌道と垂直の方向に，不対電子の入った互いに垂直な 2 つの 2p 軌道が残る．この 2p 軌道の不対電子は，隣接する炭素原子がもつ 2 つの 2p 軌道の不対電子と，2 つの π 結合を形成する．炭素―炭素間の三重結合は，1 つの σ 結合と 2 つの π 結合からなる．$CO_2$ や $BeCl_2$ も sp 混成軌道からなる直線状分子である．

## 【sp$^2$ 混成軌道】

1 つの 2s 軌道と 2 つの 2p 軌道からできる軌道を sp$^2$ 混成軌道という．sp$^2$ 混成軌道は，平面上で互いに 120°の角度をなす等価な 3 つの軌道からなっている．エチレン，プロピレンなど**アルケン**分子における炭素原子間二重結合の

(a) sp混成軌道

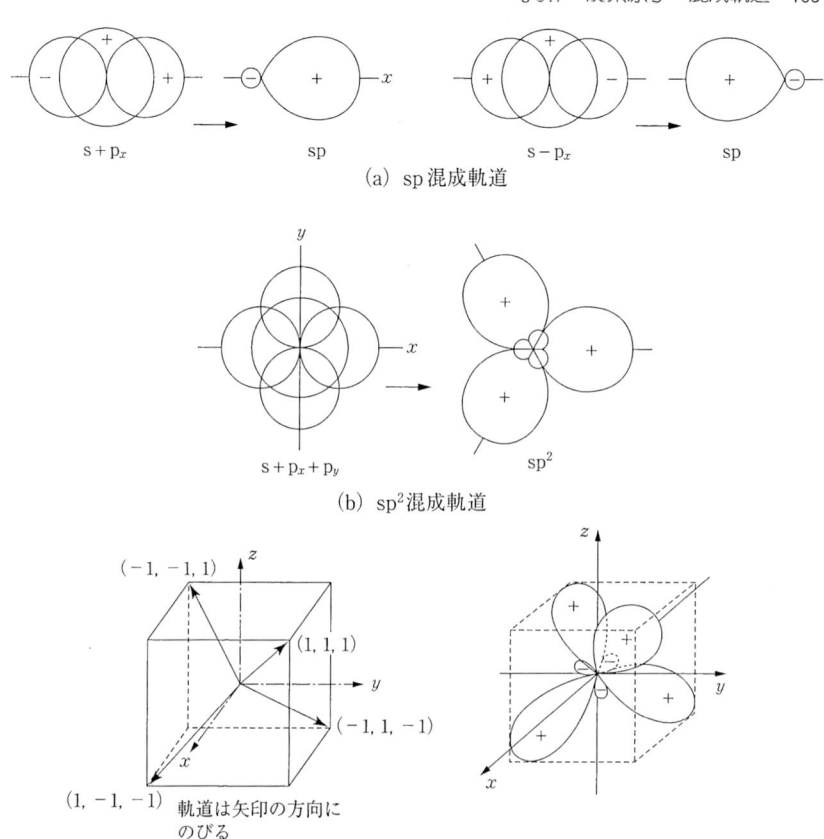

(b) sp² 混成軌道

(c) sp³混成軌道

図 9.10　混成軌道

うち，1つはこの sp² 混成軌道の σ 結合からできている．炭素原子が sp² 混成軌道をつくるとき，sp² 混成軌道と垂直の方向に，不対電子の入った 2p 軌道が1つ残る．この不対電子は隣接する炭素原子の 2p 軌道の不対電子と π 結合をつくる．その結果，二重結合のまわりの骨格は平面に固定され，自由に回転できない．π 結合は σ 結合より弱いため，π 電子は化学反応を受けやすい．
したがってアルケンは**付加反応**を受けやすく，化学的に活性である．$BCl_3$ やホウ酸 $B(OH)_3$ などホウ素化合物も sp² 混成軌道からなっている．ベンゼン環も sp² 混成軌道からできている．一般に，平面構造をとる多原子分子の骨格

は sp² 混成軌道からできている．

**【sp³ 混成軌道】**

1つの 2s 軌道と 3つの 2p 軌道からできる軌道を sp³ 混成軌道という．sp³ 混成軌道は，正四面体の中心から，4つの頂点の方向に対称的にのびた4つの等価な軌道からなっている．炭素原子の sp³ 混成軌道のそれぞれが，水素原子と σ 結合をつくっているのがメタンである．水素原子の代わりに塩素原子が結合すると，四塩化炭素，クロロホルム，ジクロルメタンなどハロメタンができる．エタン，プロパン，ブタンなど**アルカン**の骨格は，炭素原子の sp³ 混成軌道でできている．炭素原子間は σ 結合の単結合であり，分子は結合軸のまわりを自由に回転することができる．

**例題 9.3** $CO_2$ は直線状分子で構造式 $O=C=O$ で表される．この結合を説明せよ．

**解** 分子軸の方向を $x$ 軸にとるとする．炭素原子がもつ 2つの sp 混成軌道と，酸素原子がもつ 2つの $2p_x$ 軌道との間で σ 結合をつくり，炭素原子に残る互いに直角をなす 2つの 2p 軌道の不対電子と，酸素原子それぞれに 1つずつ残る 2p 軌道の不対電子との間で互いに直角をなす 2つの π 結合をつくる．

## §9.8 共役二重結合

ブタジエンやベンゼン分子では一重結合と二重結合が1つおきにつながっている．このような結合を**共役二重結合**という．ベンゼン（図 9.11）のように環状の共役二重結合をもつ炭素化合物を**芳香族化合物**という．ベンゼンにおける炭素原子間の距離は，通常の炭素－炭素間一重結合 (1.54 Å) と二重結合 (1.34 Å) の中間の値 (1.39 Å) を示し，結合角もすべて 120° で，炭素原子間の結合はみな等価である．したがって π 電子は，特定の炭素原子間に局在しているのではなく，分子全体にわたって分布していると見なされる．これを **π 電子の非局在化**という．ベンゼン分子は π 電子の非局在化によりエネルギーが低下し，より安定な分子となっている．安定化したエネルギーを**非局在化エネルギー**という．

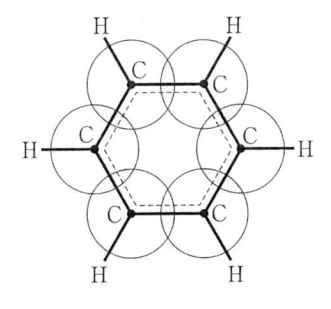

C—C間とC—H間の実線で示した結合はC原子のsp²混成軌道によるσ結合．円はC原子の2p軌道で，陰をつけた部分はπ結合の形成を示す．π電子は点線で示したように分子全体に移動できるので，ベンゼン環は ⌬ のようにも表現される．

上から見たπ結合の重なりとσ結合

図9.11　ベンゼン

　フラーレン（図9.12）は炭素原子60個がすべてsp²混成軌道でつながり，6員環20個と5員環12個がサッカーボールの形をなしている．残った2p軌道の不対電子は共役二重結合となる．$K^+$などの金属イオンを加えて電荷をもたせると，高い導電性を示す．

　直鎖状の共役二重結合をもつ分子でも，π電子の非局在化が起こり，分子軸は平面構造となる．ブタジエンは，炭素原子間の結合距離が単結合より少し短く，二重結合性を帯びている．

　ポリアセチレン（図9.13），ポリスチレン，ポリピロール（図9.14），ポリチオフェンなど，共役二重結合をもつ高分子化合物では，電子が非局在化するため，面に沿った方向への電気伝導性が現れ，電荷をもたせると高い導電性を示す．有機化合物の導電体・超伝導体・磁性体は新しい素材として注目されている．

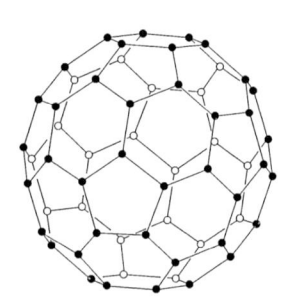

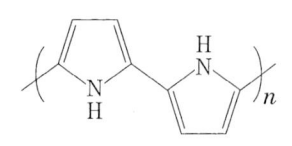

図9.12　フラーレン $C_{60}$
●は手前側に，○は後側にある原子．

$-(CH=CH)_n-$

図9.13　ポリアセチレン

図9.14　ポリピロール

## §9.9 分子間の相互作用

【分子結晶】

ドライアイスは，二酸化炭素分子が集合してできた結晶である（図9.15）．このように分子が集合してできた結晶を**分子結晶**という．ヨウ素，ナフタレン，硫黄（$S_8$）などが代表的な分子結晶である．また，常温では気体の希ガスや塩素なども，低温で固化すると分子結晶になる．分子結晶は分子間に働く力により規則正しい分子配列をなしている．この分子間に働く力を**分子間力**あるいは van der Waals 力という．分子間力が $0.1 \sim 30 \, \text{kJ} \, \text{mol}^{-1}$ と弱いために分子結晶は軟らかく，一般に融点が低く昇華しやすい．

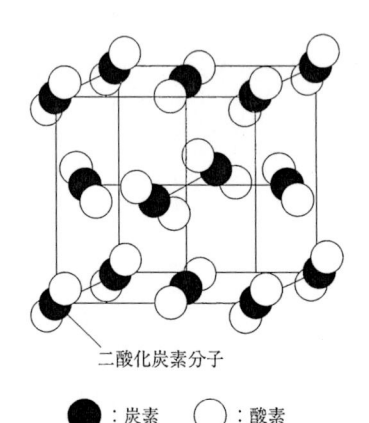

図9.15 分子結晶
●：炭素　○：酸素

分子間力は次のようにして生じる．分子や原子が電気的に中性であり極性を示さないとしても，ある瞬間を考えると，電子の運動によって分子や原子内部においては正電荷と負電荷の中心が一致せず，電荷のかたよりによる**電気双極子**を生じている．この電気双極子の間には電気的な引力と斥力が働くが，時間平均すれば引力の作用時間のほうが長い．これは磁気を帯びた鉄粉が集合したり，希ガスなどの単原子気体が低温になると凝縮することからもわかる．希ガスやハロゲンなどの無極性分子は分子量が大きくなるにつれて分極しやすくなり，分子間に働く力も強くなる．それゆえ融点は，分子量が増加するとともに高くなる．極性分子は無極性分子よりも分子間相互作用が強く，沸点は高い．

同じ分子の液体と気体が接するとき，表面にある液体分子は分子間力のために液体内部に引き戻されようとする．この力が**表面張力**として現れる．液体と気体が接するとき液体は表面張力のために表面積を最小に保とうとする．

【水素結合】

図9.16にいろいろな元素の水素化物の沸点と融点を示す．無極性である第14族元素の水素化物の沸点は，分子量の増加とともに高くなっていることが

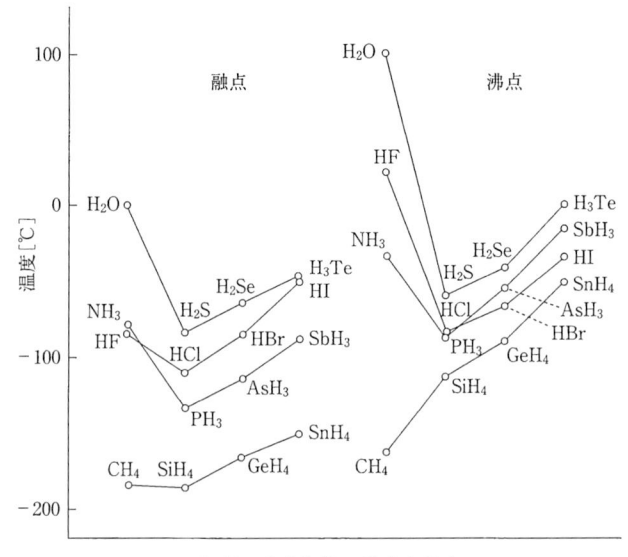

**図 9.16** 水素化物の沸点と融点

わかる．これに対して，窒素，酸素，フッ素の水素化物の沸点は，同族元素の水素化物の沸点の傾向から著しくずれている．

窒素，酸素，フッ素は電気陰性度が高く，水素原子との結合は極性が大きい．そのため水素原子をはさんで分子間に静電的な引力が働き，分子が会合している．

**図 9.17** 水素結合

このように，電気陰性度の大きい原子間に水素原子が介在して生じる結合を**水素結合**という（図 9.17）．水素結合の強さは $10 \sim 30 \, \text{kJ mol}^{-1}$ で，共有結合の解離エネルギー（水の O—H：$493 \, \text{kJ mol}^{-1}$）やイオン結合の解離エネルギー（NaCl で $411 \, \text{kJ mol}^{-1}$）に比べてずっと弱い．

水素結合を形成している分子結晶には，ホウ酸（$H_3BO_3$）や氷がある．氷は 1 個の水分子のまわりに 4 個の水分子が正四面体的に配列し，図 9.18 に示

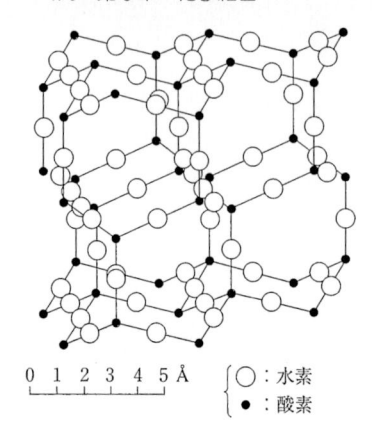

図9.18　氷の構造
○：水素
●：酸素

したように隙間の多い構造をしている．これは，酸素原子の4つのsp³混成軌道のうち，不対電子の入った2つが水素原子との結合に使われ，孤立電子対の入った残る2つが，隣接する他の水分子の水素原子と水素結合を形成していることによる．氷が融解すると，水素結合で固定されていた水分子は一部解放され，隙間をうめて体積が減少し，水の密度は4℃で最大となる．その後は温度の上昇とともに熱膨張によって体積が増加し，密度は低下する．

　自然界では，地上の水が気体となって水素結合から解放されると，水分子が酸素分子や窒素分子より軽いために上昇気流を生じ，上空で冷やされて凝縮し霧や雲となる．さらに水素結合による凝集が進んで水滴が大きくなると，やがて雨となって地上にもどる．

**例題9.4**　もし，水分子が水素結合せず，分子間力のみで液体状態が維持されていたとしたら，沸点と融点はそれぞれ何℃くらいと推定されるか．

　**解**　図9.16で酸素と同族水素化物の沸点と融点を図の上で横軸の酸素の位置まで延長すると，沸点約 $-70$ ℃，融点約 $-100$ ℃ となる．

## 【溶解と分子間力】

　水分子の酸素原子がもつ孤立電子対は，$Na^+$ のような陽性の強いイオンに結合しやすい．また，水分子の水素原子は $Cl^-$ のような陰性の強いイオンに結合しやすい．それゆえ水は，NaClのようなイオン性化合物に作用して水和イオンを形成し，イオン間の相互作用を弱めて溶解させる能力が大きい．イオンに結合している水分子の数を**水和数**といい，水との相互作用のエネルギーは**水和熱**という．水和熱はイオン半径が小さいほど，また，水和数が大きいほど大きい．アルカリ金属イオンの水和熱は $Li^+$(536 kJ mol$^{-1}$)，$Na^+$(421 kJ mol$^{-1}$), K$^+$(337 kJ mol$^{-1}$), Rb$^+$(313 kJ mol$^{-1}$), Cs$^+$(287 kJ mol$^{-1}$) の順になっており，原子番号が大きいイオンほど電荷密度が低下して水和が弱くなっていることを示している．

アルコール，アセトンなどは分子に極性があるため，水とは水素結合を形成してよく溶ける．ベンゼン，四塩化炭素，ヨウ素などの無極性分子は，水と水素結合をつくらず，混合しようとしても極性のある水分子が静電的相互作用により凝集しようとするので混ざらず溶けない．しかし無極性分子同士なら，分子間力が弱いため熱運動によって互いによく混和する．こうしたことから性質の似たもの同士はよく溶けるといわれる．

水中の油（炭化水素）のように，水との接触を嫌う性質を**疎水性**という．水分子は炭化水素と水素結合をつくることができないので，炭化水素との界面にある水分子同士はより強く水素結合して炭化水素を取り囲むように水和殻をつくり表面積を最小に保とうとする．そのため，炭化水素などの疎水性物質は水中では水和殻に閉じ込められて会合したり凝集し，**ミセル**を形成する．

## §9.10　金属と半導体

第3周期典型元素の単体を例にとって，単体の形状および性質と価電子数との関係を説明する．

Ar は $(3s)^2(3p)^6$ の電子配置で価電子はなく，このまま安定な単原子分子として存在する．Cl$(3s)^2(3p)^5$ は最外殻で1個の電子が不足しているため，2個の Cl 原子が電子1個ずつを共有し，いずれの原子も希ガスの電子配置をとって，安定な2原子分子となる．S$(3s)^2(3p)^4$ は最外殻で2個の電子が不足しているため，隣接する2個の原子と電子2個ずつを共有し，S$_8$ の8員環や多数の原子が長鎖状につながった巨大分子となる．結合角は sp$^3$ 混成軌道に近い（図 9.19）．P$(3s)^2(3p)^3$ は最外殻で3個の電子が不足しているため，隣接する3個の原子と電子を共有し，白リン P$_4$ のような閉じた正四面体構造の分子や，黒リンのような巨大分子となる（図 9.20）．結合角は白リンが60°で，p 軌道のなす角度90°よりも小さく，分子はやや不安定である．黒リンの結合角は sp$^3$

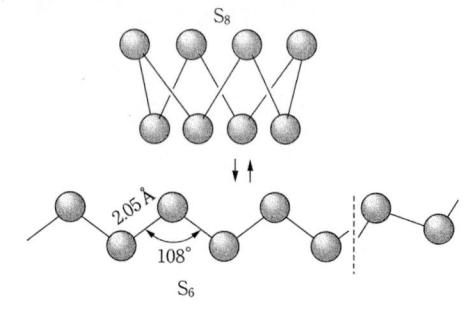

図 9.19 硫黄

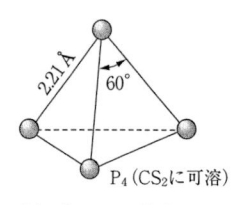

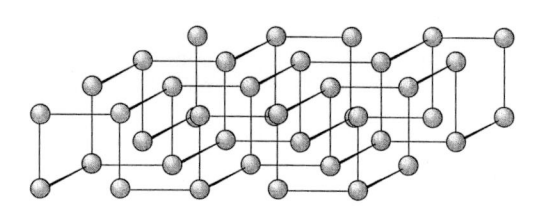

(a) 白リンの構造　　(b) 黒リン結晶の原子配列

図 9.20 リン

混成軌道に近く（102°）安定である．$Si(3s)^2(3p)^2$ は最外殻で 4 個の電子が不足しているため，炭素と同様，隣接する 4 個の原子と $sp^3$ 混成軌道を共有し，正四面体構造のつながった巨大分子となる．

Ar や $Cl_2$ は分子が小さく，融点は低く，常温において気体である．これに対して，硫黄 $S_8$ や白リン $P_4$ は融点も高くなる．巨大分子の黒リン P やケイ素 Si は，さらに融点も硬度も高くなる．

価電子 3 以下の元素が金属となる．Al，Mg，Na などの金属元素は，電子を共有して希ガスの電子配置をとるには，電子が不足している．むしろ，これらの原子は電子を放出し，陽イオンになりやすい．放出された電子は個々の原子から離れ，金属イオンの間を自由に動き回って結合電子の不足を補っている．このように，自由に動き回る電子を**自由電子**という．自由電子により維持されている結合を**金属結合**という．自由電子の存在は分子軌道法により次のように説明される．Na 金属中において Na 原子の 3s 電子軌道の 1 次結合をつ

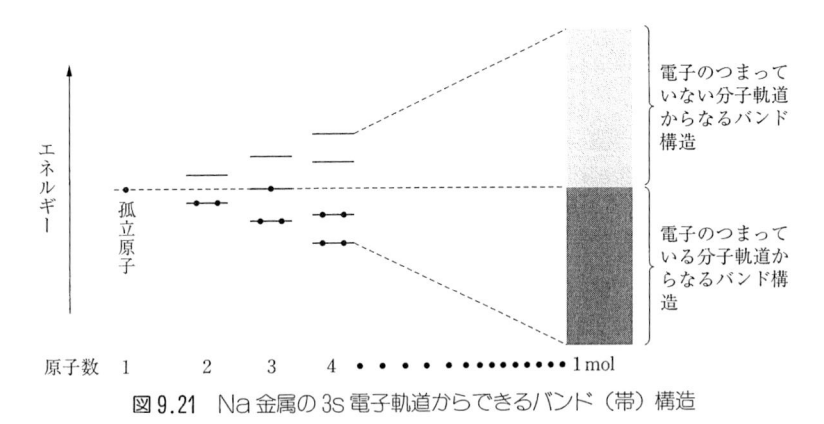

**図 9.21** Na 金属の 3s 電子軌道からできるバンド（帯）構造

くると，図 9.21 に示すように，わずかずつエネルギーが異なった無数の分子軌道からなるエネルギーのバンド**構造**が得られる．

Na は $(3s)^1$ であり，Na 原子の電子は 3s 軌道からできるバンドの半分までしかつまっていない．したがって電子は，小さな電場によってもバンドの上半分を占める空(あき)の分子軌道に励起され，金属全体を運動することができる．これが自由電子である．金属がもつ熱や電気の良導体としての性質は，自由電子の存在による．また金属が金属光沢をもつのは，光が動き回る自由電子に反射されるためである．金属結合に関与する電子の数は共有結合より少ないので，金属結合は共有結合よりも弱い．金属ナトリウムの結合エネルギーは約 100 kJ mol$^{-1}$ で，通常の共有結合エネルギーの $\frac{1}{4}$ くらいである．したがって金属には一般に展性・延性があり，融点も硬度も高くはない．

図 9.22 に一般の固体のバンド構造を示す．固体のバンド構造で，電子の動きうる空の準位があるバンドを**伝導帯** (conduction band) という．これに対し，完全につまって電子の動きうる空の準位がないバンドを**充満帯**という．伝導帯に電子が存在しないものは，電場をかけても電気の流れない**絶縁体**である．絶縁体は充満帯よりエネルギーの高いところに伝導帯がある．充満帯と伝導帯との間は**禁制帯**とよばれ，ここに電子は存在しえない．充満帯と伝導帯とのエネルギー差をバンドギャップエネルギーという．格子定数が大きくなり結

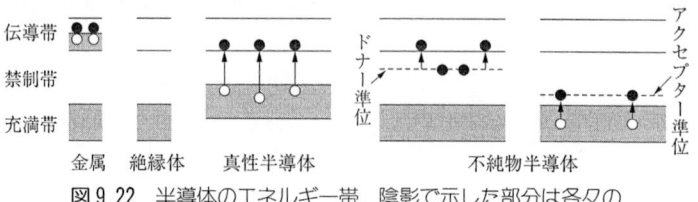

**図9.22** 半導体のエネルギー帯. 陰影で示した部分は各々の充満帯である. ●は励起された電子, ○は正孔を表す.

合が弱くなると, 禁制帯の幅は小さくなり, 熱エネルギーを与えるだけで電子を充満帯から伝導帯に上げることができる. このような物質を**半導体**という. ダイヤモンドは絶縁体であるが, ケイ素やゲルマニウムは単体の状態で半導体である. これを**真性半導体**という. 禁制帯の幅はダイヤモンド 5.4 eV, ケイ素 1.17 eV, Ge 0.74 eV である. 禁制帯の幅が 1 eV 以下のとき半導体とされる.

ケイ素やゲルマニウムに不純物として第13族のホウ素を加えると, ホウ素の価電子が1個少ないので一部結合が弱まり, 禁制帯に電子を受容できる準位が生じる. ケイ素やゲルマニウムの充満帯にあった電子は, この空(あき)の準位に容易に励起されるようになる. その結果, 充満帯に, 正の電荷をもった粒子と同じように電気を伝える正孔が生じ, 半導体の電気伝導性は増す. このような目的で加えるホウ素のような不純物を**アクセプター**という. 正孔が電気伝導を担うような半導体を **p 型半導体**という. これに対して, ケイ素やゲルマニウムに第15族のヒ素を加えると, ヒ素の価電子が1個多いので, 禁制帯に電子の入った準位が生じる. この準位にある電子は容易に伝導帯に励起され, 半導体の電気伝導性が増す. この場合, ヒ素のような不純物を**ドナー**といい, 電子が電流を運ぶ半導体を **n 型半導体**という. **格子欠陥**も不純物と同じような作用を示す. 不純物や欠陥の存在によって, 半導体としての性質が決まるものを, **不純物半導体**(仮性または外来型半導体)という.

第13族元素と第15族元素の組み合わせからは, **化合物半導体**とよばれる GaAs や InP などが得られる. 化合物半導体は電子の移動が速く, 光と電流を相互に変換する性質を示すので, 太陽電池や発光ダイオードなどに利用される.

## 練習問題9

⟨1⟩ $NH_4^+$ イオンは正四面体構造をしている．この構造を電子配置から説明せよ．

⟨2⟩ 水分子およびアンモニア分子の結合を混成軌道により説明せよ．

⟨3⟩ 塩化ベリリウム $BeCl_2$ は双極子モーメントをもたない．また，2つの Be—Cl 結合は等価な共有結合であり化学的に区別できない．$BeCl_2$ の結合を説明せよ．

⟨4⟩ アレン $CH_2CCH_2$ は直線状分子である．2個の $CH_2$ 面は90°をなす．この結合を説明せよ．

⟨5⟩ $F_2$, $O_2$, $N_2$, $He_2$, $H_2^-$, $H_2^+$, $O_2^-$, $O_2^{2-}$ の結合次数はいくらか．

⟨6⟩ アセチレンの重合体であるポリアセチレン $+CH=CH+_n$ は交互炭化水素系の直鎖状高分子である．還元して電荷を与えると電気伝導性を示す．この性質を説明せよ．

⟨7⟩ 半導体は温度を上げれば電気抵抗が低下し伝導性は増す．逆に金属は温度を上げると抵抗が増加する．どのようなことが考えられるか．

⟨8⟩ 水分子において OH 結合の角度は 104.5°である．2個の水素原子をメチル基で置換したジメチルエーテルで，酸素原子の結合角が 111°と広がっているのはなぜか．

⟨9⟩ $NH_3$ は $PH_3$ より分子量が小さい．$NH_3$ のほうが沸点が高いのはなぜか．

## 解　答

⟨1⟩ $N^+$ の昇位した電子配置は $(2s)^1(2p_x)^1(2p_y)^1(2p_z)^1$ である．外殻電子が $sp^3$ 混成軌道をつくり，それぞれが水素原子と σ 結合を形成している．

⟨2⟩ 酸素の外殻電子配置は $(2s)^2(2p_x)^2(2p_y)^1(2p_z)^1$ から $sp^3$ 混成軌道をつくり，そのうちの2つの軌道を水素原子との σ 結合の形成に使い，残る2つに孤立電子対を収容している．したがって2つの O—H 結合の角度は正四面体の

109°に近い104.5°である．109°よりも少し狭いのは，2つの孤立電子対が電子反発するためである．アンモニアも同様に窒素の $(2s)^2(2p_x)^1(2p_y)^1(2p_z)^1$ という電子配置から $sp^3$ 混成軌道をつくり，そのうちの3つの軌道を水素原子との $\sigma$ 結合形成に使い，残る1つに孤立電子対を収容している．

⟨3⟩ $BeCl_2$ は双極子モーメントをもたないから直線状分子である．Be の基底状態の外殻電子配置 $(2s)^2$ から電子1個を昇位させ，$(2s)^1(2p_x)^1$ として sp 混成軌道2つをつくる．そのそれぞれが Cl の 3p 電子と等価な $\sigma$ 結合を形成している．

⟨4⟩ 中心にある炭素原子の sp 混成軌道と，両端の $CH_2$ に含まれる炭素原子の $sp^2$ 混成軌道との間で $\sigma$ 結合が形成される．そして中心の炭素原子に残った互いに直角をなす2つの p 軌道と，$CH_2$ の炭素原子に残った p 軌道とが $\pi$ 結合をつくっている．

⟨5⟩ $F_2$，$O_2$，$N_2$ では，結合次数がそれぞれ 1，2 および 3 となり，それぞれの共有結合の数に一致する．$He_2$ だと0になってしまうため $He_2$ は存在しないが，$H_2^-$，$H_2^+$，$O_2^-$，$O_2^{2-}$ はそれぞれ $\frac{1}{2}$，$\frac{1}{2}$，$\frac{3}{2}$，1である．これらのイオンは分子ほど安定ではないが存在しうる．

⟨6⟩ 交互炭化水素の $\pi$ 電子は非局在化して分子全体に分布する．したがって過剰な電荷を与えられると，この過剰な電荷は高分子鎖を伝わって伝導することができるのである．

⟨7⟩ 半導体は，温度が高くなると伝導帯に励起される電子が増加し，伝導性が高くなる．金属は，格子を形成するイオンの熱振動が激しくなって，衝突により自由電子の移動が妨げられるのである．

⟨8⟩ メチル基は水素原子より大きいので，メチル基間の立体的な反発によるものと考えられる．

⟨9⟩ 表9.3から，H と P の電気陰性度はほぼ等しいが，N の電気陰性度は H より大きく $NH_3$ では水素結合が形成されることがわかる．$NH_3$ 分子が気化するためにはこの水素結合を切断せねばならず，それだけ沸点が高くなる．

# 第 10 章　結晶・固体化学

　原子・分子・イオンが多数集まると目に見える物質が形成される．結晶は構成要素である原子・分子・イオンが規則正しく配列した固体である．金属の結晶は，原子が互いに密になるようつまっている．イオン結晶は，大きなイオンが密になるようにつまり，その隙間に小さなイオンが入っている．セラミックスをはじめとする最近の無機・有機材料の発展はめざましいが，それらの性質は，基本的には結晶構造と粒子界面の性質によってきまるので，代表的な結晶構造の特徴を理解しておくことは重要である．

## §10.1　結晶格子

　金属結合やイオン結合は方向性をもたず，結晶は原子が互いに密になるようつまっている．原子やイオンを剛体球と考えて空間に配列したとき，剛体球の中心の位置を**格子点**といい，この格子点の配列を**結晶格子**または**空間格子**という．空間格子を形づくる最小の単位を単位格子という．最も簡単な結晶格子は，図10.1に示したように，各頂点に格子点をもつ立方体を最小単位とするもので，これを**単純立方格子**という．図10.2のように，単純立方格子の中心

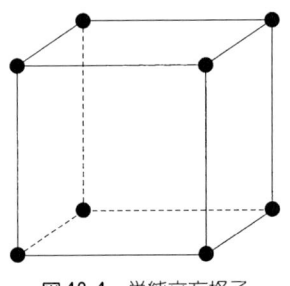

図 10.1　単純立方格子　　　　図 10.2　体心立方格子

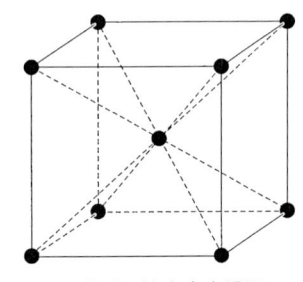

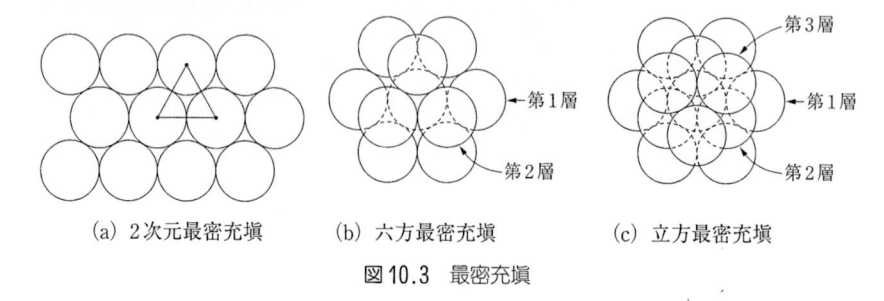

(a) 2次元最密充填　　(b) 六方最密充填　　(c) 立方最密充填

図 10.3　最密充填

に 1 個の球が位置しているような単位格子を**体心立方格子**という．同じ大きさで互いに隣接する球からできている単純立方格子は，1 個の球に隣接する球の数（**配位数**）は 6 で，単位格子中に占める球の体積比は 52 % である．また体心立方格子は配位数 8 で，単位格子中に占める球の体積比は 68 % である．

図 10.3(a) に示すように，平面上に各球の中心が正三角形の頂点にくるよう配列すると，2 次元の最密充填配列ができる．これを第 1 層として，互いに接する 3 個の球がつくるくぼみに球が落ち込むよう第 2 層を配列すると，図 10.3 (b) に示すような 3 次元の最密充填構造が得られる．ここで，第 2 層のくぼみの位置を見ると，第 1 層の球の中心の真上にあるものと，第 1 層のくぼみの真上にあるものとの 2 種類あることがわかる．そこで，第 2 層の上に第 3 層を乗せるには 2 通りの方法が考えられる．(1) 第 1 層の球の中心と重なる位置に乗せる方法と，(2) 第 1 層のくぼみに重なる位置に乗せる方法である．

(2) の方法で得られた第 3 層の上に乗る第 4 層は，第 1 層と同じものとなる．上から見ると，(1) の方法で得られた配列は第 1 層と第 3 層が重なって見え，(2) の方法で得られた配列は第 1 層と第 4 層が重なって見える［図 10.3 (c)］．

(1) の格子点だけを取り出して配列すると，図 10.4 に示した単位格子が得られる．これを**六方最密格子**という．(2) の場合は図 10.5 に示した**面心立方格子（立方最密格子）**が得られる．面心立方格子

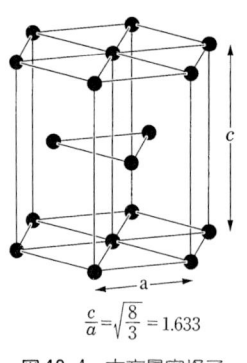

$\dfrac{c}{a} = \sqrt{\dfrac{8}{3}} = 1.633$

図 10.4　六方最密格子

は，図 10.5 を矢印で示した対角線の方向にながめると，層の重なり方がよくわかる．六方最密格子と面心立方格子はいずれも配位数 12 で，単位格子中に占める球の体積比は 74% である．

以上は最も基本的な結晶格子である．しかし実際の結晶は，大きさの異なる異種の原子やイオンが格子点を占めたり，格子の隙間に小さな原子やイオンが入り，格子点間隔は必ずしも等間隔とは限らず，また，稜が相互になす角も直角とは限らない．そこで図 10.6 に示すように，結晶の単位格子は 3 個の稜の長さ $a$, $b$, $c$ およびそれらのなす角 $\alpha$, $\beta$, $\gamma$ により定められる．これらを格子定数という．

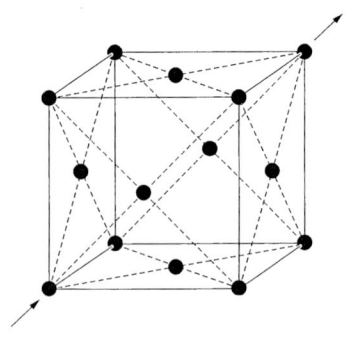

図 10.5 面心立方格子

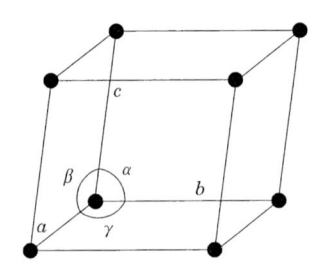

図 10.6 空間格子と格子定数

結晶は，空間格子の対称性によって，7 種の結晶系と 14 種の格子に分類されている．

**例題 10.1** 各単位格子中に含まれる格子点の数はいくらか．

**解** 隣接する単位格子との格子点の共有を考慮する．単純立方格子では，1 個の格子点を隣接する 8 個の単位格子と共有している．したがって，単位格子中には球が $\frac{1}{8} \times 8 = 1$ 個含まれていることになる．面心立方格子では $\frac{1}{8} \times 8 + \frac{1}{2} \times 6 = 4$ 個，六方最密格子では $\frac{1}{6} \times 12 + \frac{1}{2} \times 2 + 3 = 6$ 個，体心立方格子では $\frac{1}{8} \times 8 + 1 = 2$ 個となる．

## §10.2 金属・合金

金属の単体は金属結合により金属結晶をつくる．アルカリ金属は価電子が 1 原子あたり 1 個しかないので，結合はやや弱く隙間の多い体心立方格子構造と

なる．単体は軽く，ナイフで切ることができるほど柔らかい．アルカリ土類金属やAlは自由電子の密度が高くなり，結合も一層強い最密充填構造をとって融点・沸点ともに上昇する．第3周期にあるAlまでの金属は**軽金属**（比重4以下）とよばれる．MgやAlは軽金属材料として，単体や合金（ジュラルミン，シルミンなど）で利用されている．第4周期以降の金属元素は，共有結合性も帯びるようになり，結合には方向性が現れる．そのため原子間距離にも異方性を生じ，最密充填構造が歪んでくる．

体心立方格子構造をとるものは，アルカリ金属の他にクロム，$\alpha$-鉄，モリブデン，タングステン，ニオブ，タンタル，白金などがある．これらは加工性にすぐれた金属である．

面心立方格子構造をとるものには銅，ニッケル，$\gamma$-鉄，アルミニウム，金，銀などがある．面心立方格子構造は対称性がよく，外力によって原子配列面がすべっても，結晶中の原子配置があまり変化しない．また，原子配列のすべり面の数も多いので展性・延性を示す．実用金属として単独でも用いられる．

六方最密格子構造をとるものにはベリリウム，マグネシウム，亜鉛，カドミウム，チタン，コバルトなどがある．面心立方格子に比べて原子配列にすべり面が少なく硬いが，結合力の弱いものは外力に対してねじれ変形を起こし，もろい．多くは合金として用いられる．

普通に金属とよばれているものは，鉄，チタン，銅などの遷移金属である．遷移金属元素は密度が大きく，強度が大で弾性があり，融点も高い．WやMoは，融点がいずれも3382℃，2610℃と高温に耐える．

金属は，目的にかなった性質をもたせるために種々の**合金**として用いられる．合金の組成は成分の長所を活かすように選ばれる．たとえば**黄銅**（Cu-Zn）は，Cuの格子の間にZnが溶け込み，剛直な面心立方格子構造を維持しつつ加工性を改善している．しかしZnの含量が多くなりすぎると，体心立方格子を経て六方最密格子となり，もろくなってしまう．**青銅**（Cu-Sn, Sn 2〜35％）は，Sn含量の少ないものは貨幣や美術工芸品に，10％くらいのものは道具類に，15〜25％のものは音響がよく寺院などの鐘に用いられる．

航空機やロケットのエンジン部材として用いられる**超耐熱合金** $Ni_3Al$（スーパーアロイ）は，Ni に Al および数種の高融点金属（Co, Cr, Nb, Ta, Mo, W, Re など）を添加したもので，面心立方格子の Ni 相中に同じ面心立方格子の $Ni_2Al$ 相の単結晶が並んだ構造をしている．合金の組成は，これら 2 種の面心立方格子の格子定数がわずかに異なるよう選ばれ，単結晶中の応力や亀裂が相の境界で止まり，それ以上破壊が進まないようにしている．

　**形状記憶合金**といって，加熱すると元の形状にもどる性質をもった合金がある．Cu-Ti，Ni-Ti が代表的なものである．高温では面心立方格子だが，温度を下げると体心立方格子に転移し，体積を増すとともに加工しやすくなる．加工したのち加熱すると，もとの面心立方格子にもどり，形状も収縮して元に戻る．この性質を利用して，パイプ継ぎ手，メガネフレーム，歯列矯正用ワイヤなどに用いられている．

　**水素吸蔵金属・合金**は水素化物を形成することにより，水素を多量に吸蔵する金属・合金である．**金属水素化物**はエネルギー貯蔵材料，二次電池などのエネルギー変換材料として注目されている．水素化物を形成しやすい La と，水素を透過させやすい Ni との金属間化合物 $LaNi_5$ は，水素密度が気体状態の場合より高く，常温・常圧（1〜2 atm）で水素を吸・脱着するので，ニッケル-水素化物電池に用いられている．図 10.7 に示すようにこの合金では，La のつくる格子の格子点間に Ni が入っており，さらに水素は $LaNi_5$ の格子の隙間を押しひろげるようにして吸蔵される．

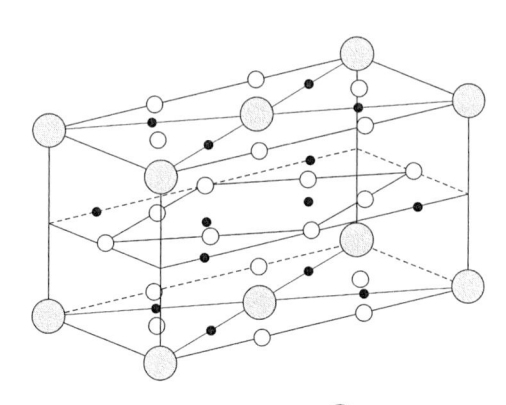

● : 水素　○ : ニッケル　◯ : ランタン

**図 10.7**　水素吸蔵合金の例（$LaNi_5H_4$）

## §10.3 イオン結晶・結晶イオン半径

塩化ナトリウムのようなイオン結晶は，陽イオンと陰イオンの間に生じる静電的なクーロン引力により結合が維持されている．クーロン引力には方向性がなく，結晶中のイオンは可能な限り多くの反対電荷イオンと隣接し，最も密になるように配列する．陽イオンと陰イオンが互いに接してその配列が対称的であるとき，**結晶エネルギー**は最も低い．クーロン引力はかなり強いため，一般にイオン結晶は硬く，その融点は比較的高い．イオン結晶が固体状態にあるとき，イオンは動けず電気を導かないが，融解したり，水に溶解するとイオンに分かれて電気伝導性を示す．

イオン結晶において，ある1個のイオンに最も近い反対符号イオンの数を配

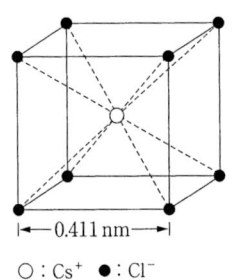

○：$Cs^+$  ●：$Cl^-$
図10.8 塩化セシウム型

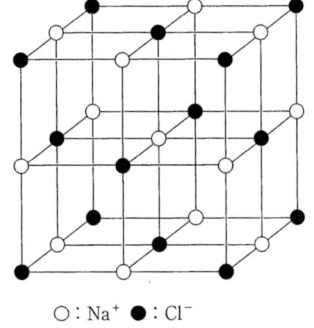

○：$Na^+$  ●：$Cl^-$
図10.9 塩化ナトリウム型

○：$Zn^{2+}$  ●：$S^{2-}$
図10.10 閃亜鉛鉱型

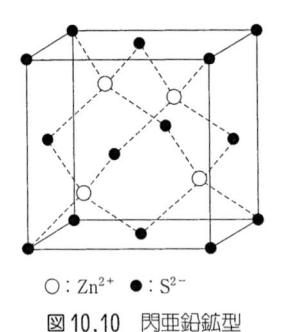

○：$Zn^{2+}$  ●：$S^{2-}$
図10.11 ウルツ鉱型
六方最密格子を縦に切った1/3を示したもの

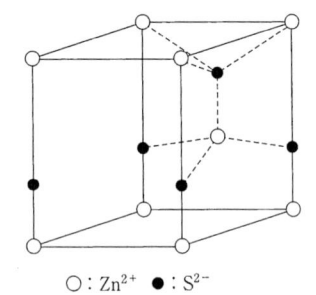

## §10.3 イオン結晶・結晶イオン半径

表10.1 イオン半径(Å)

| 1 | | 2 | | 3 | | 4 | | 5 | | 6 | | 7 | |
|---|---|---|---|---|---|---|---|---|---|---|---|---|---|
| $Li^+$ | 0.68 | $Be^{2+}$ | 0.34 | $Se^{3+}$ | 0.83 | $Ti^{4+}$ | 0.64 | $V^{3+}$ | 0.67 | $Cr^{3+}$ | 0.64 | $Mn^{2+}$ | 0.91 |
| $Na^+$ | 0.98 | $Mg^{2+}$ | 0.72 | $Y^{3+}$ | 0.97 | $Zr^{4+}$ | 0.82 | $V^{4+}$ | 0.61 | $Cr^{6+}$ | 0.36 | $Mn^{4+}$ | 0.52 |
| $K^+$ | 1.33 | $Ca^{2+}$ | 1.04 | $La^{3+}$ | 1.04 | $Hf^{4+}$ | 0.82 | $V^{5+}$ | 0.40 | $Mo^{6+}$ | 0.66 | $Mn^{7+}$ | 0.46 |
| $Rb^+$ | 1.49 | $Sr^{2+}$ | 1.20 | | | | | $Nb^{5+}$ | 0.66 | $W^{4+}$ | 0.68 | $Re^{6+}$ | 0.52 |
| $Cs^+$ | 1.65 | $Ba^{2+}$ | 1.38 | | | | | $Ta^{5+}$ | 0.66 | $W^{6+}$ | 0.65 | | |

| 8 | | 9 | | 10 | | 11 | | 12 | | 13 | | 14 | |
|---|---|---|---|---|---|---|---|---|---|---|---|---|---|
| $Fe^{2+}$ | 0.80 | $Co^{2+}$ | 0.78 | $Ni^{2+}$ | 0.74 | $Cu^{2+}$ | 0.80 | $Zn^{2+}$ | 0.83 | $B^{3+}$ | 0.20 | $C^{4-}$ | 1.60 |
| $Fe^{3+}$ | 0.67 | $Co^{3+}$ | 0.67 | $Pd^{4+}$ | 0.64 | $Ag^+$ | 1.13 | $Cd^{2+}$ | 0.99 | $Al^{3+}$ | 0.57 | $Si^{4+}$ | 0.39 |
| $Ru^{4+}$ | 0.62 | $Rh^{3+}$ | 0.75 | $Pt^{4+}$ | 0.64 | $Au^+$ | 1.37 | $Hg^{2+}$ | 1.12 | $Ga^{3+}$ | 0.62 | $Ge^{4+}$ | 0.44 |
| $Os^{4+}$ | 0.65 | $Ir^{4+}$ | 0.65 | | | | | | | $In^{3+}$ | 0.92 | $Sn^{4+}$ | 0.67 |

| 15 | | 16 | | 17 | |
|---|---|---|---|---|---|
| $N^{3-}$ | 1.48 | $O^{2-}$ | 1.36 | $F^-$ | 1.33 |
| $P^{3-}$ | 1.86 | $S^{2-}$ | 1.86 | $Cl^-$ | 1.81 |
| $As^{3+}$ | 0.69 | $Se^{2-}$ | 1.93 | $Br^-$ | 1.96 |
| $Sb^{3+}$ | 0.90 | $Te^{2-}$ | 2.11 | $I^-$ | 2.20 |

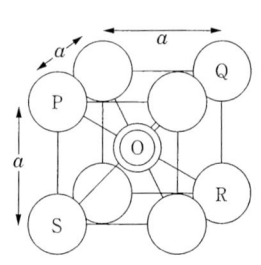

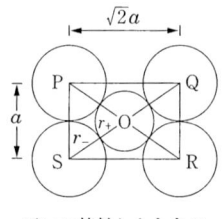

(a) 8配位 ($\frac{r_+}{r_-} = 0.732$)

互いに接触したときの(110)面に沿う切断面

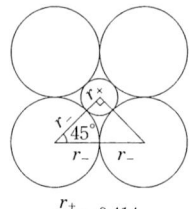

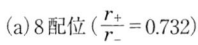

(b) 6配位正八面体 ($\frac{r_+}{r_-} = 0.414$)

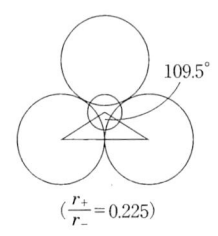

(c) 4配位正四面体 ($\frac{r_+}{r_-} = 0.225$)

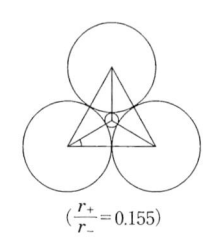

(d) 3配位平面三角形 ($\frac{r_+}{r_-} = 0.155$)

(e) 直線および2配位折れ線型 ($\frac{r_+}{r_-} < 0.155$)

図10.12 限界半径比

位数という．*MX* という一般式で表される結晶は，陽イオンと陰イオンの配位数が等しい．*MX* 型の代表的な構造は，図 10.8〜10.11 に示した**塩化セシウム型，塩化ナトリウム型，閃亜鉛鉱型，ウルツ鉱型**があり，配位数はそれぞれ 8，6，4，4 である．配位数は，陽イオンと陰イオンの相対的な大きさによって決まる．イオン半径の値を表 10.1 に，配位数とイオンの相対的な大きさの関係を図 10.12 に示す．

**塩化セシウム型構造**は，8 個の陰イオンがつくる単純立方格子の体心の隙間に陽イオンが入った体心立方格子の 8 配位構造である［図 10.12 (a)］．CsCl 結晶は，$Cl^-$ が単純立方格子構造をつくり，体心に $Cs^+$ が入っている．$Cs^+$ と $Cl^-$ の数の比は 1：1 で，電荷バランスが保たれている．この構造をとるものには CsBr，CsI,，TlCl，TlBr などがある．これらはイオン性が高く透光性に優れ，赤外分光器のプリズムや出力の大きい炭酸ガスレーザー用**光ファイバー**として，レーザーメスなどに利用されている．

塩化セシウム型 8 配位構造は，陽イオンと陰イオンが半径比 0.732 以下になると接触しなくなり，陰イオン同士の電気的反発を生じ不安定になる．この半径比を 8 配位構造の**限界半径比**という．

陽イオンと陰イオンの半径比が 8 配位構造の限界半径比以下になったとき，1 個の陽イオンの周りにできるだけ多くの陰イオンを接触させるには，配位数を下げ，小さな陽イオンを大きな陰イオン 4 個が取り囲み，さらに上下から 1 個ずつ接するように重ねればよい［図 10.12 (b)］．結局，6 個の陰イオンがつくる正八面体の構造の中心に陽イオンが納まっていることになる．これを**6 配位正八面体構造**といい，**塩化ナトリウム型**結晶がこの構造をとる．

このように，6 個の陰イオンにより八面体的に囲まれる場所を**八面体サイト**という．塩化ナトリウム結晶では，大きな $Cl^-$ が面心立方格子をつくり，小さな $Na^+$ が 6 個の $Cl^-$ による八面体サイトに納まっている．NaCl 型結晶構造をとるものには，ハロゲン化物，酸化物，窒化物などがある．イオン性の高い NaCl や KCl などは隙間に電子が少なく，光をよく透過させるので赤外分光器のプリズムなどに用いられている．対称性のよい結晶構造であるが，多価のイ

オンを成分とすると組成比が 1 : 1 からずれるため，電荷の非対称性を生じ特有の電気的性質を示すようになる．超伝導性を示す炭化ニオブ NbC や窒化ジルコニウム ZrN，半導体である不定比化合物酸化チタン $Ti_xO_{2x-1}$ や酸化鉄 $Fe_xO$，磁性材料の窒化テルビウム TbN などがこの構造をとる．

　NaCl 型結晶構造で，陽イオンと陰イオンが隙間なく接触するようになると，陽イオンと陰イオンの半径の比は $\frac{r_+}{r_-} = 0.414$ となる．この半径比を 6 配位正八面体構造の限界半径比という．半径比がこれ以下になると，配位数を下げ，3 個の陰イオンがつくるくぼみの上に陽イオンをのせ，その上からもう 1 個の陰イオンをかぶせた，図 10.12 (c) のような構造となる．陽イオンは 4 個の陰イオンのつくる正四面体の中心に納まっているので，この構造を **4 配位正四面体構造**という．また，4 個の陰イオンに正四面体的に囲まれる場所を**四面体サイト**という．四面体サイトに納まるのは，必ずしもイオンとは限らない．共有結合でも軌道の方向性が合うものはこの構造をとる．たとえば，炭素，ケイ素，硫黄原子は，$sp^3$ 混成軌道により四面体サイトの位置に無理なく納まる．

　閃亜鉛鉱では，$S^{2-}$ が面心立方格子をつくりその四面体サイトの半分に $Zn^{2+}$ が入っている．結合は共有結合性を帯びており電気伝導性は低いが，禁制帯の幅がせまいものは半導体となる．GaAs，GaP，CdS などの化合物半導体がこの型の構造をとる．GaAs や GaP は電流を通じると発光するので，**発光ダイオード**やレーザーの光源として重要である．また CdS は**太陽電池**に用いられている．

　**ウルツ鉱**は $S^{2-}$ が六方最密格子をつくりその四面体サイトの半分に $Zn^{2+}$ が入っており，閃亜鉛鉱型によく似た構造をしている．次の §10.4 で述べる共有結晶のダイヤモンド型構造も，よく似た構造をしている．ダイヤモンド型・閃亜鉛鉱型・ウルツ鉱型の構造は，格子振動により熱をよく伝える性質がある．ウルツ鉱型の構造をとる窒化アルミニウムは，高い熱伝導性と絶縁性をもち，半導体用基板として用いられている．酸化亜鉛 ZnO は半導体で，電子セラミックスの基礎材料として用いられている．

表 10.2 限界半径比と代表的な結晶の型

| 結晶型 | 陽イオンの配位数 | 半径比 | 例 |
| --- | --- | --- | --- |
| 塩化セシウム型 | 8(立方体) | >0.732 | CsCl, CsBr, CsI |
| ホタル石型 | 8(立方体) | >0.732 | $CaF_2$ |
| 塩化ナトリウム型 | 6(八面体) | 0.414〜0.732 | NaCl, KCl, NaBr, MgO, CaO |
| ルチル型 | 6(八面体) | >0.414 | $TiO_2$, $SnO_2$, $PbO_2$ |
| 閃亜鉛鉱型 | 4(四面体) | 0.225〜0.414 | CdS, CuI, ZnS |
| ウルツ鉱型 | 4(四面体) | 0.225〜0.414 | CdS, ZnS, BeO |

4配位正四面体構造で，陽イオンと陰イオンが半径比 $\frac{r_+}{r_-} = 0.225$ 以下になると接触しなくなり，正四面体構造は不安定となる．このとき陽イオンと陰イオンを接触させるには，さらに配位数を下げ，陽イオンが3個の陰イオンと接して平面上に配置されればよく，これを **3配位平面三角形構造** という．この構造の限界半径比は 0.155 である［図 10.12 (d)］．さらに半径比が下がると2配位となる［図 10.12 (e)］．表 10.2 に限界半径比と代表的な結晶の型を示す．

**例題 10.2** 面心立方格子および六方最密格子には，八面体サイトおよび四面体サイトがそれぞれ何個あるか．

**解** 面心立方格子に四面体サイトは8個，八面体サイトは4個ある．六方最密格子には四面体サイトと八面体サイトがそれぞれ12および6個ある．以下の説明文をよく読み，忍耐強く図を眺め，これらのサイトがどこにあるか理解しておくとよい．

NaCl 結晶は，$Cl^-$ のつくる面心立方格子構造の八面体サイトすべてに $Na^+$ が入っている．格子点数は4であり，$Na^+$ と $Cl^-$ の数の比は 4：4 と電荷バランスが保たれている．ホタル石構造は，$Ca^{2+}$ のつくる面心立方格子の四面体サイトすべてに $F^-$ が入っている．単位格子あたり $Ca^{2+}$ と $F^-$ の比は 4：8 となり電荷バランスが保たれている．また，図 10.13 に示したホタル石構造は，$F^-$ のつくる単純立方格子の単位格子1つおきに $Ca^{2+}$ が入った構造でもある．閃亜鉛鉱は，

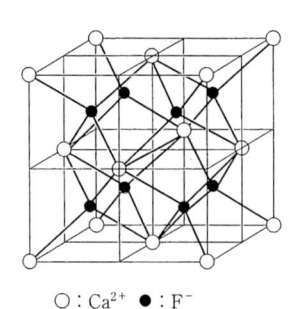

○：$Ca^{2+}$  ●：$F^-$

図 10.13 ホタル石の構造

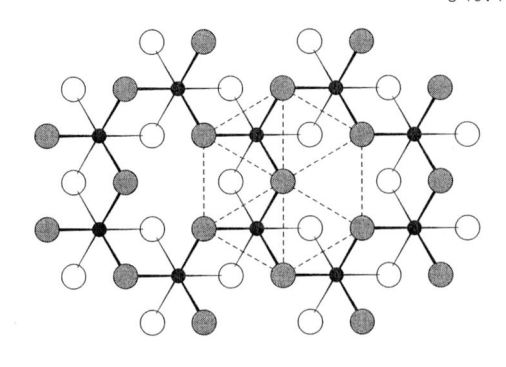

● : Al³⁺  ◐ : 上の層の OH の O
○ : 下の層の OH の O

図 10.14　Al(OH)₃ の構造
点線は上から見た六方最密格子の一つを示す.

$Zn^{2+}$ と $S^{2-}$ がともに2価であるため, 四面体サイトの半分だけに入って, $Zn^{2+}$ と $S^{2-}$ の比が 4 : 4 となり, 電荷バランスを保っている. ウルツ鉱は, 格子点の数が6であり, $S^{2-}$ のつくる六方最密格子の四面体サイトの半分だけに $Zn^{2+}$ が入って, $Zn^{2+}$ と $S^{2-}$ の比は 6 : 6 となり電荷バランスを保っている.

$Al_2O_3$ や $Al(OH)_3$ は, $O^{2-}$ や $OH^-$ が六方最密充塡に近い配列となり, その隙間の八面体サイトに $Al^{3+}$ が入る (図 10.14). $Al(OH)_3$ では $Al^{3+}$ が, 6個の八面体サイト中2個しか入っていない. これは電荷バランスを保つためには, 単位格子中の $Al^{3+}$ と $OH^-$ の比が 1 : 3 でなければならないからである.

## §10.4　共有結晶

ダイヤモンドのように, すべての原子が共有結合によって連なった結晶を共有結晶という. 一般に共有結合は強いため, 共有結晶の融点は高く, また硬度も大きく変形しにくい.

図 10.15 に示したダイヤモンドでは, 炭素原子が面心立方格子をつくり, その四面体サイトの半分に同じ炭素原子が入った構造をしている. これ

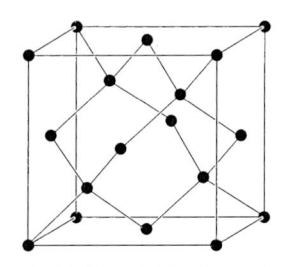

図 10.15　ダイヤモンド型

をダイヤモンド型構造という．結合は sp$^3$ 混成軌道により，各炭素原子が 4 個の炭素原子に正四面体的に囲まれ，結晶全体が 1 つの巨大分子となっている．ダイヤモンド型の共有結晶には同族のケイ素（シリコン），ゲルマニウム，灰色スズなどがある．Si は真性半導体で，微量の不純物を添加することにより電気伝導性が制御できるので，シリコンウェハとして半導体基板材料に広く用いられている．炭化ケイ素（カーボランダム）はダイヤモンドを人造しようとして見出されたもので，超硬質材の研削材や研磨剤として用いられるほか，耐火煉瓦として金属溶融用炉材としても用いられている．

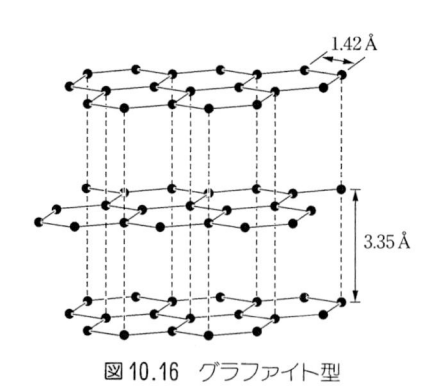

ダイヤモンドの同素体である黒鉛（グラファイト）において炭素原子は，ベンゼン環を縮合させたような網目状平面構造が層状に積みあげられている（図 10.16）．これを**グラファイト型構造**という．各炭素原子のもつ p 電子は，平面内の非局在化 π 軌道を形成し，この平面内では電気を通しやすい（$10^{-3}$ Ω cm）．しかし垂直方向には電気を通しにくく，伝導性は平面の $10^{-4}$ くらいである．層と層の間にアルカリ金属やハロゲン化物などを取りこんだ層間化合物をつくりやすく，この性質は Li 電池の電極材料や超伝導性物質の開発に応用されている．窒化ホウ素はグラファイト構造で，面内の隣り合った C を B と N で置き換えた構造をしている．グラファイト構造は，層と層の結合が van der Waals 力によるもので弱く，層間で剝離しやすく潤滑性がある．グラファイトや窒化ホウ素は研磨剤や固体潤滑剤として用いられる．

図 10.16 グラファイト型

石英 $SiO_2$ は図 10.17 に示すように，ダイヤモンド型のケイ素結合間に酸素原子が入った，**シリカ型**とよばれる構造をしている．

炭素の同素体としては，サッカーボールのような形状をした $C_{60}$，$C_{70}$ などのフラーレンがある（図 9.12）．内部にアルカリ金属を包含させると超伝導などの性質を示すため，新しい機能性材料として注目されている．

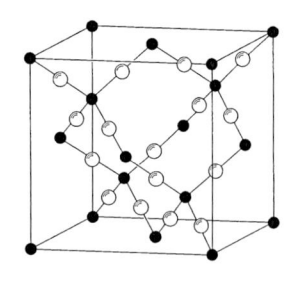

◎：酸素　●：ケイ素
図 10.17　シリカ型クリストバル石の構造（高温型）

**例題 10.3**　図 10.15 に示したダイヤモンドは，炭素原子が面心立方格子をつくり，その四面体サイトの半分に同じ炭素原子が入った構造をしている．なぜ，すべての四面体サイトに入らないのか．

**解**　炭素の原子価は 4 である．四面体サイトのすべてに入るには原子価が足りない．

## §10.5　水酸化物とオキソ酸

酸と塩基の構造と性質は，第 3 周期の各元素の水酸化物の構造と性質を，イオン半径比と化学結合の関係から調べるとよくわかる．

X 線回折から，NaOH，$Mg(OH)_2$，$Al(OH)_3$ の結晶では，1 個の陽イオンの周りに 6 個の $OH^-$ が八面体形に配位し，その $OH^-$ がさらに他の陽イオンにも配位した構造であることがわかっている．イオン半径比も 0.68，0.46，0.41 と 6 配位八面体構造の範囲に入っている．M—OH 結合が $M^+$ と $OH^-$ に電離しやすいとき，この水酸化物は水に溶けて強塩基性を示す．NaOH がこれに相当する．$Mg(OH)_2$ は，$Mg^{2+}$ の電荷が大きく $OH^-$ との静電的引力が強いため，電離はわずかで水に溶けにくい．$Al(OH)_3$ は，$Al^{3+}$ の電荷がさらに大きくなり，$OH^-$ との静電的引力が強く電離せず，巨大分子となって水に不溶である．

ケイ素の水酸化物はイオン半径比が 0.28 で配位数は 4 である．$Si(OH)_4$ は

配位数と原子価が一致し電荷が中和されているので，このまま分子として存在する．この分子はSiのsp³混成軌道からなる正四面体構造をしており，SiとOHの結合は共有結合性である．酸素の電子がSiと共有され，Si—OH結合はOとHの間で切れる．解離で生じる$H^+$は他の金属イオンに置き換えることができるので，$Si(OH)_4$は酸としての性質を示す．したがってこの分子は$H_4SiO_4$のように酸型で表される．このように，分子中に酸素原子を含んだ酸を**オキソ酸**という．M—OH結合は，Mが非金属となってM—O間結合の共有結合性が大きくなると，オキソ酸を生じるのである．$Al(OH)_3$は$Al^{3+}$と$OH^-$の静電的引力が大きく，さらにM—O間結合も共有結合性を帯びるので**両性**を示す．

第15族以上にある非金属元素の，最高原子価のイオン$P^{5+}$，$S^{6+}$，$Cl^{7+}$の水酸化物については，配位数がすべて4であることがイオン半径比からもわかっている．いずれも原子価のほうが配位数を上回っている．したがって電気的中性の法則から要求される$P(OH)_5$のような構造をとることはできず，$2(OH^-) - H_2O \rightarrow O^{2-}$という縮合により，$O^{2-}$と$OH^-$の和が配位数に等しくなるまで脱水される．

リンの水酸化物では，次のように1分子の水が脱水されると原子価と配位数が一致し，分子として存在しうるようになる．

$$P(OH)_5 - H_2O \rightarrow PO(OH)_3$$

したがってリン酸の立体構造は正四面体構造であり，PとOは二重結合で，PとOHは単結合で結ばれている．いずれも共有結合である．リン酸の分子式を，酸としての化学的性質を重視して酸型で書くと，$H_3PO_4$となる．

一般に重金属の水酸化物は加熱すると脱水するが，金属イオンと$OH^-$の結合に共有結合性が増すと，さらに脱水しやすくなる．水酸化銅(II)は少し加熱するだけで脱水し，酸化銅(II)を生じる．また水酸化銀は室温で脱水して酸化銀を生じる．

$$Cu(OH)_2 - H_2O \rightarrow CuO$$
$$2AgOH - H_2O \rightarrow Ag_2O$$

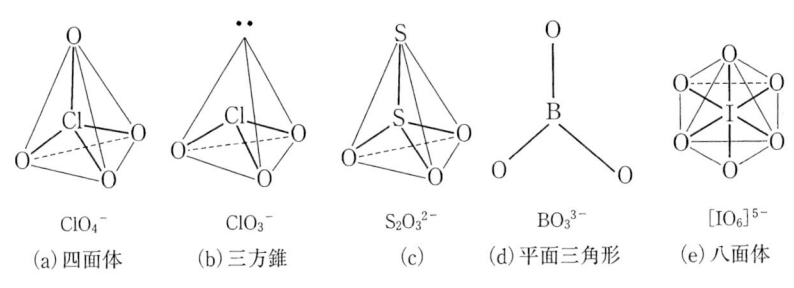

§10.5 水酸化物とオキソ酸 191

ClO₄⁻ (a)四面体　ClO₃⁻ (b)三方錐　S₂O₃²⁻ (c)　BO₃³⁻ (d)平面三角形　[IO₆]⁵⁻ (e)八面体

図 10.18 オキソ酸の立体構造

表 10.3 オキソ酸

| 立体構造 | 例 |
|---|---|
| 平面三角形 | $H_3BO_3$, $HNO_3$ |
| 三 方 錐 | $HClO_3$, $H_2SO_3$ |
| 四 面 体 | $HClO_4$, $H_2SO_4$, $H_2CrO_4$, $H_3PO_4$, $H_2SeO_4$, $HIO_4$, $H_4SiO_4$ |
| 八 面 体 | $H_5IO_6$, $H_6TeO_6$ |
| ポリマー | 縮合オキソ酸 $H_2Cr_2O_7$, $H_4P_2O_7$, ポリリン酸, 縮合ケイ酸など |

　オキソ酸の立体構造は，混成軌道に孤立電子対や酸素原子との共有結合を入れたものとして説明される．いくつかの例を図 10.18，表 10.3 に示す．

　オキソ酸が頂点にある原子を共有すると，ポリ酸ができる．二クロム酸やピロリン酸は，それぞれ，クロム酸やリン酸の 2 分子から 1 分子の水が脱水して生じたものである．リン，ケイ素，バナジウム，モリブデン，タングステンなどのオキソ酸は，このような縮合をくり返して，複雑な縮合オキソ酸塩を形成する性質がある．

**例題 10.4**　$N^{5+}$ 水酸化物の配位数は 3 である．硝酸 $HNO_3$ の平面構造を説明せよ．

　**解**　$N(OH)_5 - 2H_2O \rightarrow NO_2(OH)$．よって 3 配位平面構造である．窒素原子の軌道は $sp^2$ 混成軌道である．

192　第10章　結晶・固体化学

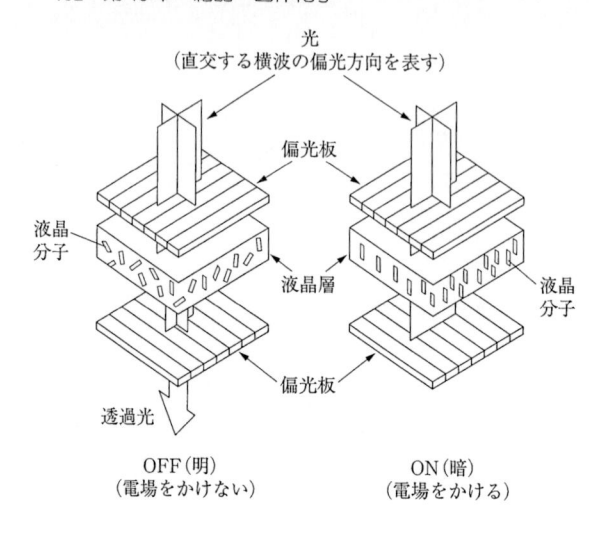

図10.19　液晶による光の屈折と液晶相を示す化合物の例

## §10.6　液　晶

　有機化合物の中には，コレステロール安息香酸や $p$-アゾキシアニソールのように，融解した状態でも ある温度範囲において**複屈折性**（入射光が2方向に屈折する現象で，結晶に特有の光学的異方性）を示すものがある．このように，液体状態で結晶と同じような光学的異方性を示す状態を**液晶**という．固体

の結晶と違って液晶は液体状態であるため,電場や磁場をかけることで分子が容易に一方向へ規則正しく配向する性質をもつ.図10.19に示すように互いに90度ねじった2枚の偏光板で液晶をはさみ,電場をかけると,液晶が一方向に配向して偏光を通さなくなり,板面は暗くなる.電場がなくなれば液晶は自由な配向となるので,偏光は液晶層を通過する間に少しずつ回転し,90度ねじれた偏光板の間を通過でき,板面は明るくなる.この性質を利用して液晶は,時計・電卓・パソコン・携帯電話などの表示装置に用いられている.液晶を用いた表示装置は,酸化インジウムの**透明電極**をつけた2枚の**偏光ガラス板**の間に,10〜100 μm の厚さで液晶層を封入したものである.液晶としてはシアノビフェニール系液晶が主に用いられている.液晶状態をとる化合物は細長い棒状あるい葉状をしている.

液晶は次の3種に分類されている.分子配列が平行で規則正しく層状に配列し結晶に近い性質を示す**スメクチック液晶**,分子配列は平行ではあるが層状にはなっておらず流動性のある**ネマチック液晶**,規則性は高いが層ごとに分子配列の方向がらせん状にずれている**コレステリック液晶**である.ネマチック液晶が表示素子として広く用いられている.生体膜や生体組織も液晶である.これらが一定の形を保持しつつ,柔軟な性質を失わないのは,液晶状態にあるからである.

## §10.7 セラミックス

セラミックスとは高温の加熱処理をほどこした無機化合物をいう.従来からあるガラス,陶磁器,セメント,レンガ,タイルのほか,近年では機械的・電磁気的・光学的性質などを付与された**ファインセラミックス**も数多く実用化され,先端技術開発の担い手となっている.ここでは主として**酸化物セラミックス**について述べる.

$Al_2O_3$ は,例題10.2で述べたように八面体サイトや四面体サイトが空いており,これらの隙間には種々の大きさの物質が入ることができる.このため酸化アルミニウムは,吸着剤・分子ふるい・医薬・触媒の担体などとして利用さ

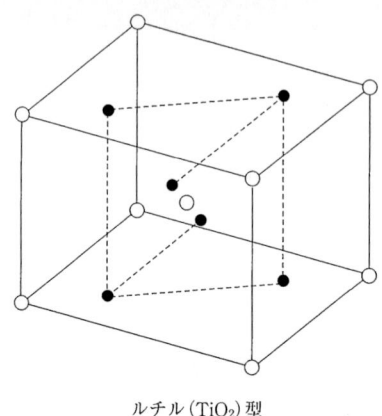

ルチル(TiO₂)型
○：$Ti^{4+}$　●：$O^{2-}$

------は$Ti^{4+}$を中心とする八面体構造

図10.20　ルチル型構造

酸化レニウム(ReO₃)型
●：$Re^{6+}$　○：$O^{2-}$

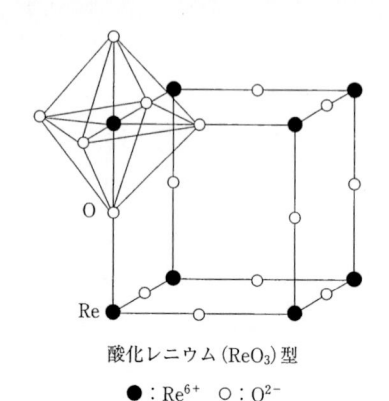

図10.21　酸化レニウム型構造

れる。また酸化アルミニウム自身が代表的なセラミックスで，IC素子のパッケージなど電子部品に使われている。

二酸化チタン$TiO_2$はチタニアとよばれ，安定で堅牢な白色顔料である。これは**ルチル型構造**で，Tiが体心立方格子構造をとり，中心のTiを6個の酸素が6配位八面体的に囲んでいる（図10.20）。この6配位八面体構造の配置は少しゆがんだ形をしており，正電荷と陰電荷の中心がずれているため，極性をもっている。したがって，二酸化チタンは高い誘電率を示し，コンデンサー材料として用いられる。また紫外線を吸収することで光化学反応に触媒的作用を示すので，殺菌や$NO_x$の分解などへの応用が試みられている。

酸化レニウム型（$ReO_3$）構造は，Reが単純立方格子構造をつくり，各稜の中心にOを配置した構造で，見方を変え

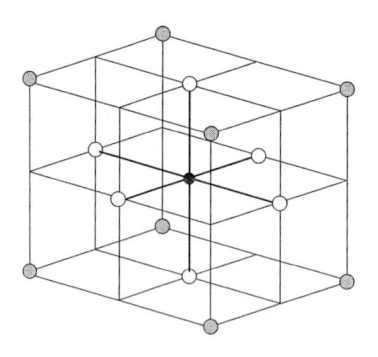

ペロブスカイト($CaTiO_3$)型
●：$Ti^{4+}$　◐：$Ca^{2+}$　○：$O^{2-}$

図10.22　ペロブスカイト型構造

れば Re が 6 個の酸素のつくる八面体サイトに入っている（図 10.21）．酸素のつくる平面内を酸化物イオンが移動しうるので，イオン伝導による高い電気伝導性を示す．

　酸化レニウム型構造で Re の代わりに Ti が入り，中央の隙間に Ca が入ると，ペロブスカイト（$CaTiO_3$）型構造になる（図 10.22）．Ca を Ba で置き換えたチタン酸バリウムは格子が少しゆがんだ構造となり，強誘電性（電場をかけると容易に分極して電気を蓄える性質）を示し，容量の大きな小型のコンデンサーや**圧電素子**（圧力をかけると分極して電圧を生じる半導体）に用いられる．チタン酸バリウムに微量の酸化バナジウム（$V_2O_5$）など添加物を加えることで，**サーミスタ**（温度によって抵抗が大きく変化する半導体）のような電子部品がつくられ，火災警報装置，赤外線検出器，暖房・乾燥機などの異常発熱検知部品に用いられる．酸化ニッケル，酸化コバルト，酸化マンガンなどの遷移金属酸化物もサーミスタとして用いられる．

　酸化物超伝導体である $BiSrCaCu_2O_x$ や $K_2NiF_4$ もペロブスカイト型構造を基本としている．La—Ba—Cu—O は高い温度で超電導性を示す酸化物である．Bi—Sr—Ca—Cu—O や Y—Ba—Cu—O は転移温度 90 K，Tl—Ba—Ca—Cu—O 系では転移温度は 120 K にもなる．超伝導の機構は，2 次元的な Cu—O 面を正孔が移動することと考えられている．

　そのほか，酸化インジウム（$In_2O_3$）や酸化スズ（$SnO_2$）には電気伝導性があり，しかも光を透過させるので，ガラス上に塗布し，薄膜状の透明電極として液晶スクリーンに用いられる．酸化ジルコニウム（$ZrO_2$）は多孔性で，気体酸素と $ZrO_2$ 中の酸化物イオンの交換平衡により，気体中の酸素分圧に応じた電位を生じるため**酸素センサー**として自動車などに用いられる．酸化スズ（$SnO_2$）や酸化亜鉛（ZnO）は可燃性ガスにふれると電気抵抗が変化するので，**ガスセンサー**に使われる．酸化亜鉛（ZnO）—酸化クロム（$Cr_2O_3$），$MgCr_2O_4$—$TiO_2$ などの多孔質セラミックスは，水分を吸着すると電気抵抗が変わるので，**湿度センサー**として空調機器，計測機器，調理機器などに用いられる．

## §10.8 アモルファス（非晶質）

　結晶に対して，原子・イオン・分子などの配列が規則的な構造をもたず無秩序なままの固体を**アモルファス**という．代表的なものが**ガラス**である．溶融状態の物質を急冷すると，液体が凍結された状態となる．一般に，金属は結晶状態が安定で，普通に使われている金属は結晶である．アモルファスは不安定な状態で，加熱すると結晶にもどってしまう．

　アモルファス金属の外見は普通の金属と変わらないが，結晶と違って特別なすべり面がないため，強度が大で硬く耐摩耗性がある．強磁性金属（Fe, Co, Ni）と半金属元素（B, P, Si, C）との合金（$Fe_5Co_{70}Si_{15}B_{10}$ など）は，磁気ヘッド材料に用いられる．Fe—Cr—P—C アモルファス合金は，ステンレス鋼（Fe—Cr）より腐食されにくい．結晶に見られる欠陥がなく，また，結晶構造から逸脱して表面にはみだした原子の活性が高く，堅固な不動態を形成するからである．

　**光ファイバ用ガラス**では，不純物（V, Cr, Mn, Fe, Co, Ni, Cu などの遷移金属元素や水）を 0.01 ppb（1 ppb：$10^9$ 分の 1）以下にしなければならない．$SiCl_4$ を酸水素炎で高温分解し，不純物を塩化物として揮散させる．得られた高純度の $SiO_2$ 微粒子をシリカガラス上に堆積させたのち，融点以下（1500 ℃）で焼結させて透明なシリカガラスとし，これを引きのばして直径 0.1 mm くらいのガラス棒とする（コアという）．この際，外側を合成石英でコーティングし（クラッドという）内部を保護するとともに，コアとの境界で光が内部反射し外部に漏れないようにする．

　アモルファスシリコンを用いた安価な太陽電池は，電卓・時計など生活用エレクトロニクス製品の電源として用いられている．

## 練習問題 10

⟨1⟩ イオン結晶は硬いが，もろいのはどうしてか．

⟨2⟩ 硫酸は $H_2SO_4$ と書かれる分子である．$S^{6+}$ の水酸化物の配位数は，イオン半径比から4配位正四面体であることがわかっている．リン酸の場合にならって，硫酸分子の構造と性質を説明せよ．

⟨3⟩ 4配位正四面体構造の限界半径比を求めよ．

⟨4⟩ 塩化ナトリウムの単位格子は面心立方格子である．X線回折により，$Na^+$ と $Cl^-$ のイオン間距離は 0.2814 nm であることがわかった．NaCl結晶の密度は 2.170 g cm$^{-3}$ である．アボガドロ数を求めよ．原子量は Na 23.01, Cl 35.45 とする．

⟨5⟩ ナトリウムの結晶をX線回折法により調べたところ，単位格子1辺の長さが 4.3 Å の体心立方格子であることがわかった．ナトリウム原子の半径はいくらか．

⟨6⟩ 単純立方格子の単位格子中に占める球の体積比を計算せよ．

⟨7⟩ 同じ剛体球からなる面心立方格子の1辺の長さを $a$，剛体球の半径を $r$ として，$r$ と $a$ の関係式を求めよ．また，剛体球の占める体積の割合はいくらか．

---

## 解 答

⟨1⟩ クーロン引力が強いのでイオン結晶は硬い．しかし格子がずれると図の様に同符号の大きいイオン同士の接触数が多くなり，電子反発のため開裂しやすくなる．

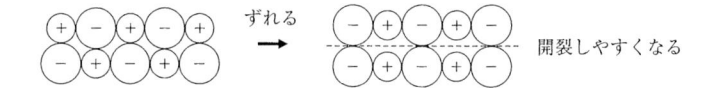

⟨2⟩ 配位数 4 なので，電気的中性から要求される S(OH)$_6$ を取ることができず，配位数が 4 になるまで脱水され，S(OH)$_6$ − 2H$_2$O → SO$_2$(OH)$_2$ となる．硫酸は正四面体構造で，S—O 結合が共有結合性のため，SOH 結合は O—H 間で切れて酸性を示す．したがって硫酸は普通，酸型の H$_2$SO$_4$ と書かれる．

⟨3⟩ 正四面体構造は立方体の中心に陽イオンを置き，隅の 1 つおきに陰イオンが入った構造である．立方体の 1 辺の長さを $2a$ とすると，$\sqrt{3}\,a = r_+ + r_-$，$(2r_-)^2 = 2 \times (2a)^2$．これより $\dfrac{r_+}{r_-} = 0.225$．

⟨4⟩ 単位格子の体積は $(0.2814 \times 2 \times 10^{-7})^3 = 1.783 \times 10^{-22}$ cm$^3$ で，4 個ずつの Na$^+$ と Cl$^-$ を含んでいる．NaCl の式量は $23.01 + 35.45 = 58.46$ であるから，アボガドロ数は

$$\frac{4 \times 58.46\,\text{g}}{2.170\,\text{g cm}^{-3} \times 1.783 \times 10^{-22}\,\text{cm}^3} = 6.04 \times 10^{23}$$

⟨5⟩ 体心立方格子は図 10.12(a) に示すように，体心の原子が対角線の隅に位置する原子と接している．したがって，原子の半径を $r$，単位格子 1 辺の長さを $a$ とすると $(4r)^2 = 2a^2 + a^2 = 3a^2$ となる．これより

$$r = \sqrt{\frac{3}{16}} \times 4.3\,\text{Å} = 1.9\,\text{Å}$$

⟨6⟩ 単純立方格子は，単位格子中に球が 1 個含まれている．球の半径を $r$ とすると，単位格子の体積は $(2r)^3$，球の体積 $\dfrac{4}{3}\pi r^3$．したがって，その比は，$\dfrac{1}{6}\pi = 0.524$ となる．

⟨7⟩ 面心立方格子では隅の原子が最近接にある面心の原子と接している．したがって $(4r)^2 = 2a^2$ である．これより $a = 2\sqrt{2}\,r$ となる．単位格子あたり 4 個の剛体球を含むから，剛体球の占める体積の割合は

$$\frac{4 \times (4/3)\pi r^3}{a^3} = 0.74$$

から 74 % となる．

# 第11章　錯体化学

　銅イオンを含む水溶液にアンモニアを加えると，濃い青色を呈する銅アンミン錯イオン $[Cu(NH_3)_4]^{2+}$ を生じる．血液中のヘモグロビンも鉄を含む錯イオンが構造の中心にある．その他，宝石の色も，テレビなどのディスプレイに用いられている蛍光体の色も，遷移金属元素や希土類元素の錯イオンによるものである．このように着色したものには何らかの形で錯イオンが関与していることが多い．われわれは，物質が吸収した光の補色を，色として感知する．この章では，そのような錯イオンの構造と着色の機構を学ぶ．

## §11.1　錯　体

　塩化コバルト(II) $CoCl_2$ の水溶液に $NH_3$ 水を加えると，はじめ淡青色の $CoCl(OH)$ の沈殿を生じるが，過剰に $NH_3$ 水を加えると溶解し，ついで空気中の酸素に酸化され，$[Co(NH_3)_6]^{3+}$ を生じて褐色の溶液となる．この溶液からは，組成式 $CoCl_3 \cdot 6NH_3$ をもつオレンジ色の化合物が得られる．この化合物を水に溶かすと解離し，3個の $Cl^-$ は硝酸銀により沈殿するが，$Co^{3+}$ は反応を示さず，またアンモニアの性質をも示さない．6個のアンモニアは $Co^{3+}$ に結合して $[Co(NH_3)_6]^{3+}$ として存在する（図 11.1）．このように，成分として含まれる化学種の性質だけからでは，その性質が予測しえない金属のイオンを**錯イオン**といい，錯イオンを含む塩を**錯塩**という．錯塩は**金属錯塩**ともいう．コバルトのアンミン錯イオンは代表的な錯イオンである．$Co^{2+}$ の水溶液にアンモニアを加え，適当な酸化剤を用いて酸化すると，種々のアンミン錯塩ができる．それらはそれぞれ特有の色をもっている（図 11.1）．

　$[Co(NH_3)_6]^{3+}$ では，6個の $NH_3$ がそれぞれ一対ずつの非共有電子対を $Co^{3+}$ に**供与（配位）**し，$Co^{3+}$ の周囲に希ガスの $Kr$ と同じ電子配置をつくっ

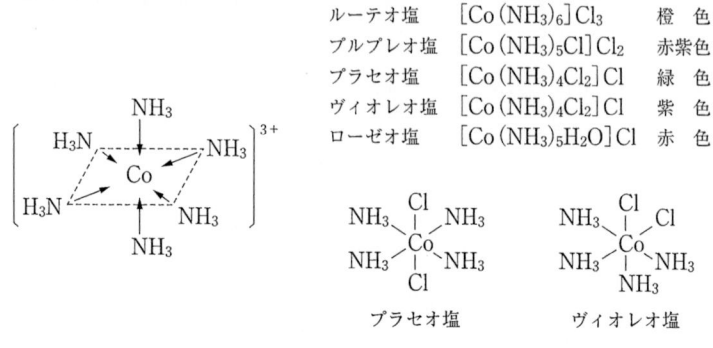

| | | |
|---|---|---|
| ルーテオ塩 | $[Co(NH_3)_6]Cl_3$ | 橙色 |
| プルプレオ塩 | $[Co(NH_3)_5Cl]Cl_2$ | 赤紫色 |
| プラセオ塩 | $[Co(NH_3)_4Cl_2]Cl$ | 緑色 |
| ヴィオレオ塩 | $[Co(NH_3)_4Cl_2]Cl$ | 紫色 |
| ローゼオ塩 | $[Co(NH_3)_5H_2O]Cl$ | 赤色 |

図11.1　コバルトアンミン錯体

て安定化させている．中心金属イオンに電子対を供与している分子やイオンを**配位子**といい，**電子対供与**によりできている結合を**配位結合**という．外殻電子数の多い非金属元素のつくる中性分子やイオン——$NH_3$，$H_2O$，$Cl^-$，$Br^-$，$I^-$，$CN^-$，$CO$など——は配位子となりうる．中心金属が配位子に囲まれた構造をもつ化合物——錯イオンや$[Co(NH_3)_3(NO_2)_3]$などの非電解質分子など——を総称して**錯体**という．錯体は，**配位化合物・錯化合物・金属錯体**などともよばれる．

配位子とは逆に，電子を受け取って希ガス構造をとり得るものは，イオンでも分子でも非共有電子対の**受容体**となりうる．したがって$AlCl_3$や$BF_3$のような第13族のつくる中性分子や，$d$軌道の電子のつまり方が不完全な遷移元素のイオン——$Cr^{3+}$，$Ni^{2+}$，$Co^{3+}$，$Fe^{2+}$，$Fe^{3+}$，$Pt^{4+}$，$Cu^{2+}$——などが錯体をつくりやすい．

【錯イオンのいろいろ】

遷移元素のイオンは，一般に固体中でも溶液中でも，何らかの錯体として存在する．水溶液中ではほかに配位子のない場合には水分子が配位した**水和イオン**となっている．水和イオンも錯イオンの一種で**アクアイオン**とよばれている．アクアとは水を意味する言葉である．

$Cr^{3+}$は，希薄な水溶液中では6個の水分子が配位した水和イオンとして存在し，水溶液は紫色をしている．塩酸を加えて加熱すると，配位している水分子

がCl⁻と置換されて，溶液の色が青〜緑色へと変化する．$CrCl_3 \cdot 6H_2O$なる組成で表されるクロムの錯塩にも，$[Cr(H_2O)_6]Cl_3$（紫色），$[Cr(H_2O)_5Cl]Cl_2 \cdot H_2O$（青緑色），$[Cr(H_2O)_4Cl_2]Cl \cdot 2H_2O$（暗緑色）の3種類がある．

塩化銅(II)の希薄な水溶液は水和イオンの青色をしているが，塩酸を加えていくと，配位している水分子がCl⁻と置換されて，溶液の色が緑色〜褐色へと変化する．

AgClの沈殿にアンモニアを加えると，$[Ag(NH_3)_2]^{2+}$となって溶ける．

$CoCl_2$の結晶は，結晶水が存在すると水和イオン$[Co(H_2O)_6]^{2+}$の赤桃色をしているが，乾燥して無水塩となると青色を呈する．塩化コバルトは水溶液中でも同様に$[Co(H_2O)_6]^{2+}$の赤桃色をしているが，塩酸を加えて加熱したり，アセトンを加えると，脱水と配位子の置換が起こり青色になる．

$Fe^{3+}$の塩は一般に無色に近い．過塩素酸水溶液中では，無色の水和イオン$[Fe(H_2O)_6]^{3+}$として存在する．これに塩酸を加えると，$[FeCl_6]^{3-}$のような錯イオンとなって黄色を呈する．また$Fe^{3+}$の水溶液にチオシアン酸カリウムKSCNを加えると，赤色の$[Fe(SCN)_6]^{3-}$のような錯イオンを生じる．

**例題 11.1** 塩化コバルトはシリカゲル（乾燥剤）に添加して吸湿の程度を判定するのに利用されている．どのようなことから吸湿の程度を判定するのか．

**解** 乾燥状態では青色を，吸湿状態では赤色を呈するので乾燥剤の吸湿状態がわかる．

## §11.2 配位子

中心金属において配位子を配位させ得る位置の数を**配位数**という．また，原子1個で配位する配位子を**単座配位子**といい，複数の原子で配位するものを**多座配位子**という．エチレンジアミンのように，1分子中に2個以上の配位原子をもち，これらが同時に1個の中心金属イオンを挟み込むように配位する多座配位子を**キレート配位子**（**キレート試薬**）という．生じた錯体を**キレート化合物**あるいはたんに**キレート**という．キレートとはギリシャ語でカニのはさみを意味する．キレート配位子の例を図11.2に示す．

キレート試薬は，キレート環を形成するため，単座配位子よりも安定な錯体

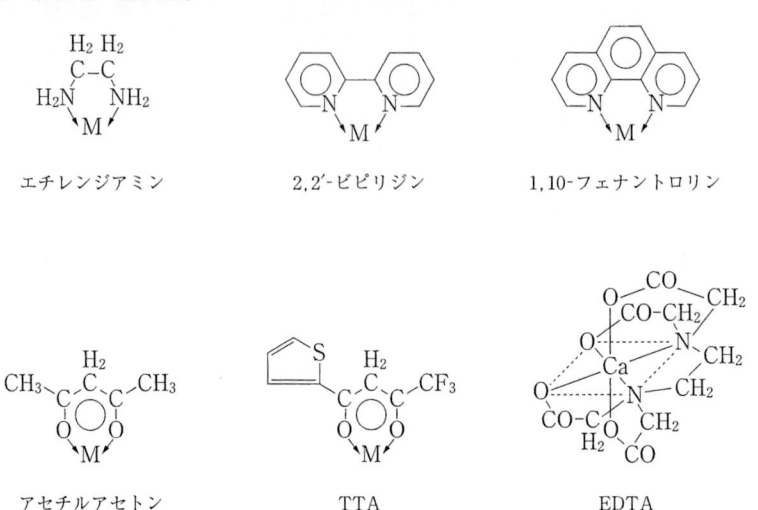

図11.2 キレート配位子（Mは中心金属イオンを示す）

をつくる．これを**キレート効果**という．エチレンジアミンテトラ酢酸（**EDTA**）は6個の配位原子をもち，これらのすべてが中心金属イオンに配位し得るため，きわめて安定な錯体をつくる．塩基性溶液中にEDTAが存在すると，カルシウムやバリウムはEDTAと錯イオンをつくり，シュウ酸塩や硫酸塩の沈殿が妨げられる．EDTAは希土類の分離に，TTAは原子核工学において貴重なジルコニウムの分離やベリリウムとスカンジウムの分離精製に用いられる．

金属錯体には，生体内で重要な機能を果たしているものが多い．血液中に含まれるヘモグロビンは，酸素の重要な担体であるが，活性中心は鉄が中心金属イオンとなっている**ヘム**とよばれる錯イオンである（図11.3）．

環状ポリエーテルの**クラウン化合物**（図

図11.3 ヘム

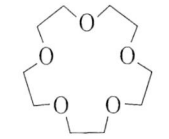

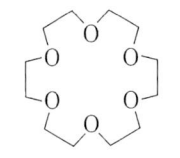

15-クラウン-5 (0.85～1.1 Å)　　18-クラウン-6 (1.3～1.6 Å)

図 11.4　クラウンエーテル．（　）内の数値は環の半径

11.4）は，ポリエーテル環の籠の中にちょうど収まる大きさの陽イオンを選択的に取りこみ，安定な錯体をつくる．クラウンエーテルの錯イオンは，金属イオンが中性の分子で包みこまれ，外部に電荷の影響が現れにくくなっている．そのため有機溶媒にも溶けやすくなり，有機合成や溶媒抽出などに広く用いられている．また，通常の配位子では錯イオンとなりにくいアルカリ金属イオンとも，選択的に錯イオンを形成するので，生理活性な $Na^+$, $K^+$, $Ca^{2+}$ などとの錯形成反応が注目されている．

## §11.3　錯イオンの応用

【分析化学】

　錯イオンの着色は，分析化学に広く応用されている．$[Cu(NH_3)_4]^{2+}$ の深青色は，水溶液中に $Cu^{2+}$ イオンが存在するかどうかの確認反応に使われる．$Ni^{2+}$ の水溶液にジメチルグリオキシムを加えると，水溶液から深赤色の錯体が沈殿する．$Al^{3+}$ の水溶液にオキシンを加えると黄色の錯体を生じ，微量の $Al^{3+}$ でも検出することができる．また，1,10-フェナントロリンは $Fe^{3+}$ とは赤色の，$Fe^{2+}$ とは黄色の錯イオンを生じるので，鉄イオンの酸化状態を検出することができる．このように，水溶液中に存在する特定の分子やイオンを分離したり検出する試薬は，数多く研究されている．中でも EDTA は，多くの金属イオンと安定な水溶性錯イオンを形成するので，重金属イオンの分離，分析，除去などに広く用いられている．

　　EDTA による水の硬度測定　EDTA は 4 価の酸であり，pH によって多段に電離し溶存状態が変わるため，錯イオンの安定度も pH によって変わる．pH 10

においてEDTAは$Ca^{2+}$および$Mg^{2+}$とそれぞれ1：1のモル比で反応する．また，金属指示薬EBT（エリオクロムブラックT）は青色だが，$Ca^{2+}$および$Mg^{2+}$と結合すると赤色に変化する．したがって，EBTを指示薬として$Ca^{2+}$および$Mg^{2+}$の溶液をEDTA標準溶液で滴定すると，水溶液の色は終点で赤色から青色に変わり，$Ca^{2+}$と$Mg^{2+}$の合量を求めることができる．一方，pH 12～13だと$Mg^{2+}$は水酸化物となってEDTAとは反応せず，$Ca^{2+}$のみと反応する．こうして$Ca^{2+}$の含量のみを求めることができる．このように水溶液中の錯形成反応を利用して，金属イオンの定量を行う滴定法を**錯滴定**という．

水1 $l$ 中に $Ca^{2+}$ と $Mg^{2+}$ の合量が0.01 mmol（ミリモル），$CaCO_3$として1.0 mg含まれる場合を，**硬度（ppm硬度）**1度と定義している．また，$CaCO_3$として17.85 mg含む場合を**ドイツ硬度**1度と定義し，ドイツ硬度10度以下を**軟水**，それ以上を**硬水**とよんでいる．

**例題11.2** 地下水100 m$l$ をとり，pH 10緩衝溶液とEBT指示薬を加えて0.01 mol $l^{-1}$ EDTA標準溶液で滴定したところ，9.25 m$l$ 要した．また，同じ地下水100 m$l$ に0.1 N NaOH 6 m$l$ とNN指示薬（金属指示薬の一種）を加え，同じEDTA標準溶液で滴定したところ6.96 m$l$ 要した．この地下水1 $l$ 中に含まれる$Ca^{2+}$および$Mg^{2+}$の量を求めよ．この地下水の硬度（ppm硬度）は何度か．

**解** この地下水100 m$l$ 中，$Ca^{2+}$と$Mg^{2+}$の合量は $\dfrac{0.01 \times 9.25}{1000} = 9.25 \times 10^{-5}$ mol．$Ca^{2+}$が $\dfrac{0.01 \times 6.96}{1000} = 6.96 \times 10^{-5}$ mol である．したがって，この地下水1 $l$ 中には

$Ca^{2+}$が　　$6.96 \times 10^{-5}$ mol $\times 10 \times 40.1$ g mol$^{-1}$ = 0.028 g，

$Mg^{2+}$が　　$(9.25 - 6.96) \times 10^{-5}$ mol $\times 10 \times 24.3$ g mol$^{-1}$ = 0.0056 g

含まれていることになる．

$Ca^{2+}$と$Mg^{2+}$の合量が $9.25 \times 10^{-5} \times 10$ mol = $9.25 \times 10^{-4}$ mol なので，ppm硬度は $\dfrac{1.0 \text{ ppm} \times 0.925 \text{ mmol}}{0.01 \text{ mmol}} = 92.5$ ppm．ドイツ硬度は5.2度．

## 【メッキと青化法】

金や銀のシアノ錯イオンは安定であるため，金・銀のメッキや精製などに利用される．銀のシアノ錯イオン $[Ag(CN)_2]^-$ の解離定数は，25 ℃ において

$1.8 \times 10^{-19}$ である．それゆえ，水溶液中に $Ag^+$ はきわめてわずかしか存在せず，水溶液からの銀の析出はゆっくり進行し，均一なメッキ層が得られる．また，不純物を含む金や銀にシアン化物の水溶液を加えて酸素を通気すると，金や銀がシアノ錯イオンとなって溶ける．この水溶液にイオン化傾向の大きな亜鉛棒を入れてかき混ぜると，金や銀は還元されて遊離してくる．この方法を**青化法**といい，金や銀の精製に利用されている．

## 【有機金属化合物】

有機化合物の炭素原子と金属原子の間に結合のある化合物を有機金属化合物という．金属マグネシウムとハロゲン化アルキルをエーテル中で反応させると，一般式 RMgX で示される Grignard 試薬が得られる．Grignard 試薬は，アルコールの合成や他の有機金属化合物の合成などに広く用いられている．

トリエチルアルミニウム $(C_2H_5)_3Al$ と，$TiCl_4$ あるいは $TiCl_3$ との混合物は Ziegler-Natta 触媒とよばれ，ポリエチレン合成触媒として用いられる．

金属ニッケルに 60 ℃ で CO を作用させると，CO が配位した気化しやすい黒色のニッケルカルボニル $Ni(CO)_4$ を生じる（図 11.5）．これを 180 ℃ で分解すると，純粋な金属ニッケルが得られる．遷移金属 V, Cr, Mn, Fe などは，このようなカルボニル化合物をつくる．カルボニル化合物は中心金属の酸化数が 0 であり，中心金属のまわりに希ガスのクリプトンと同じ 18 個の電子が配置し安定化している（18 電子則）．Fe は $(3d)^6(4s)^2$ であるため，5 個の CO を配位し三角両錐構造の $Fe(CO)_5$ となる．また，Ni は $(3d)^8(4s)^2$ で，

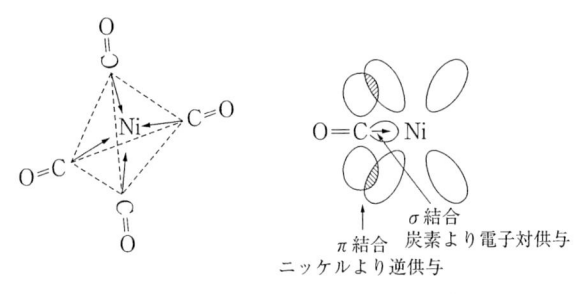

**図 11.5　ニッケルカルボニルの構造**

$Ni(CO)_4$ となる．金属カルボニルは，COの炭素がもつsp混成軌道によって電子が金属に配位するが，この過剰電荷が金属の3d軌道から炭素の2p軌道に流れこむ逆供与により安定化に寄与しているものと考えられている．

シクロペンタジエンと $Fe^{2+}$ からは，シクロペンタジエニル環2個の間に $Fe^{2+}$ をはさんだサンドイッチ構造のフェロセンが得られる（図11.6）．シクロペンタジエニル基は不安定であるが，フェロセンでは $C_5H_5^-$ 環から6個の $\pi$ 電子が $Fe^{2+}$ に配位し，$Fe^{2+}$ の周りが18電子配置となって安定な化合物を形成している．中心の鉄イオンは+2価と+3価をとることができ，可逆的に酸化還元反応をする．他の遷移金属元素もフェロセンと同型の化合物をつくり，これらは，メタロセンと総称される．有機溶媒に溶け，求電子反応を起こしやすく，オレフィンの重合触媒として用いられる．

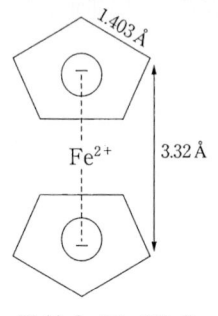

図11.6 フェロセン

## §11.4 錯イオンの安定性

錯形成反応は，電気的に陽性な中心金属イオンに対する，電気的に陰性な配位子からの電子対供与が引き起こすものである．したがって錯体の安定性におよぼす電気的な影響は大きい．一般に，電荷の大きな金属イオンほど安定な錯イオンをつくる．そして同じ電荷なら，イオン半径の小さなイオンほど安定な錯イオンをつくる．遷移金属の+2価イオンについて考えると，同一配位子である場合，配位子の性質に関わりなく，錯イオンの安定性は次の順序になる．

$$Mn^{2+} < Fe^{2+} < Co^{2+} < Ni^{2+} < Cu^{2+} > Zn^{2+}$$

遷移金属 $Mn^{2+}$ から $Zn^{2+}$ にいたるイオンは，イオン化傾向が中くらいの金属元素のイオンである．これらのイオンは，**分極率**が中くらいの配位原子をもつ配位子と錯形成するのが最も安定である．錯体の安定性は，配位原子によって次のように変化する．

$$F < O < N > S > P$$

配位原子の分極率が小さい（電気陰性度が大きい）と，配位子のもつ電荷が十分に中心金属イオンへ配位されず，また逆に，分極率が大きすぎると，過剰の電荷を与えすぎて不安定になる．

これに対してイオン化傾向の小さい貴金属イオン，$Cu^+$，$Ag^+$，$Au^+$，$Pt^{2+}$，$Pd^{2+}$ は，負電荷を受け取りやすいので，分極率の大きな配位原子をもつ配位子と安定な錯体をつくる．貴金属イオンのつくる錯体の安定度は，次の順序になっている．

$$P > S \gg N > O > F \ll Cl < Br < I$$

典型元素の金属イオンは希ガスの電子配置をとり，配位子からの電子供与を受け入れにくい．したがって，アルカリ金属やアルカリ土類金属のイオンは，分極率の小さな陰イオンとイオン性結合をつくるほうがより安定である．

Lewis は酸塩基概念を拡張して「電子を供与する物質を塩基，電子を受容する物質を酸」と定義した（**Lewis の酸塩基概念**）．この酸塩基概念によれば，金属イオンは酸であり，配位子は塩基である．Pearson はこの酸塩基概念を用いて錯体の安定性を整理し，**酸塩基の硬軟**（hard and soft acids and bases：**HSAB**）という概念を提出した．分極率の大きな金属イオンや配位子は，それらの電荷が移動しやすいので「軟らかい」といい，分極率の小さな金属イオンや配位子は，それらの電荷が移動しにくいので「硬い」といわれる．その例を表 11.1 に示す．硬い酸は硬い塩基と，軟らかい酸は軟らかい塩基と安定な錯体をつくる．

## §11.5　錯体の理論

配位数は中心金属イオンの電子配置と関係があり，また，配位数と錯体の構造とは密接な関係がある．次に錯体の理論のいくつかを紹介する．これらの理論はいずれが正しく，いずれが間違っているというものではない．それぞれ，適用される範囲が異なるので，理論の特徴を理解しておくことが肝要である．

【オクテット説】

希ガス構造をとるには電子が 12 個不足している中心金属原子——$Fe^{2+}$，

表 11.1 酸塩基の硬軟

| ルイス酸の分類 |
| --- |
| 硬い酸<br>　$H^+$, $Li^+$, $Na^+$, $K^+$, $Be^{2+}$, $Mg^{2+}$, $Ca^{2+}$, $Sr^{2+}$, $Ba^{2+}$, $Mn^{2+}$,<br>　$Al^{3+}$, $Sc^{3+}$, $Ga^{3+}$, $In^{3+}$, $Cr^{3+}$, $Co^{3+}$, $Fe^{3+}$, $Ce^{3+}$, $Si^{4+}$,<br>　$Ti^{4+}$, $Zr^{4+}$, $Sn^{4+}$, $VO^{2+}$, $BF_3$, $AlCl_3$ |
| 軟かい酸<br>　$Cu^+$, $Ag^+$, $Au^+$, $Tl^+$, $Hg_2^{2+}$, $Pd^{2+}$, $Cd^{2+}$, $Pt^{2+}$, $Hg^{2+}$, $Pt^{4+}$,<br>　$Tl^{3+}$, $I_2$, $Br_2$ |
| 中間の酸<br>　$Fe^{2+}$, $Co^{2+}$, $Ni^{2+}$, $Cu^{2+}$, $Zn^{2+}$, $Pb^{2+}$, $Sn^{2+}$, $Sb^{3+}$, $Bi^{3+}$, $Ru^{2+}$,<br>　$Os^{2+}$, $Rh^{3+}$, $Ir^{3+}$, $SO_2$ |

| ルイス塩基の分類 |
| --- |
| 硬い塩基<br>　$H_2O$, $OH^-$, $F^-$, $CH_3COO^-$, $PO_4^{3-}$, $SO_4^{2-}$, $Cl^-$, $CO_3^{2-}$,<br>　$ClO_4^-$, $NO_3^-$, $NH_3$, $N_2H_4$, $C_6H_5NH_2$ |
| 軟らかい塩基<br>　$S^{2-}$, $I^-$, $SCN^-$, $S_2O_3^{2-}$, $CN^-$, $CO$ |
| 中間の塩基<br>　$Br^-$, $NO_2^-$, $SO_3^{2-}$, $C_6H_5N$ |

$Co^{3+}$, $Pt^{4+}$——は, 6個の配位子が配位した6配位正八面体の構造をとりやすい. たとえば $[Co(NH_3)_6]^{3+}$ における $Co^{3+}$ の外殻電子配置は $(3d)^6$ で, 希ガス Kr の外殻電子配置 $(3d)^{10}(4s)^2(4p)^6$ をとるには電子が12個不足している. そのため $Co^{3+}$ は, 6個の $NH_3$ 分子から, 1分子あたり一対ずつの非共有電子対を供与され, Kr と同じ電子配置となって安定すると考えられる.

また, 希ガス構造をとるには電子が8個不足している中心金属原子——$Zn^{2+}$, $Cu^+$, $Cd^{2+}$, $Hg^{2+}$——は, 4個の配位子が配位した4配位の構造をとりやすい. たとえば $[Zn(NH_3)_4]^{2+}$ における $Zn^{2+}$ の外殻電子配置は $(3d)^{10}$ で, 希ガス Kr の外殻電子配置をとるには電子が8個不足している. したがって $Zn^{2+}$ は, 4個の $NH_3$ 分子から, 1分子あたり一対ずつの非共有電子対を供与され, Kr と同じ電子配置となって安定する

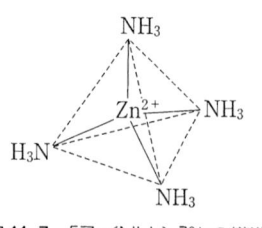

図11.7 $[Zn(NH_3)_4]^{2+}$ の構造

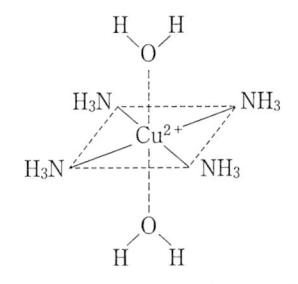

図 11.8 [Cu(NH₃)₄]²⁺ の構造

表 11.2 混成軌道と錯体の形

| 配位数 | 混成軌道 | 立体配置 | 例 |
|---|---|---|---|
| 2 | sp | 直線 | $[Ag(NH_3)_2]^+$ |
| 3 | sp² | 正三角形 | $[HgI_3]^-$ |
| 4 | sp³ | 正四面体 | $[CoCl_4]^{2-}$ |
| 4 | dsp² | 平面正方形 | $[Cu(NH_3)_4]^{2+}$ |
| 5 | dsp³ | 三角両錐 | $Fe(CO)_5$ |
| 6 | d²sp³ | 正八面体 | $[Co(NH_3)_6]^{3+}$ |

と考えられる（図 11.7）．

**【原子価結合法】**

　6配位の錯体は，正八面体構造あるいはそれがややゆがんだ構造をとる．4配位の錯体には，$[Zn(NH_3)_4]^{2+}$ のように正四面体構造のものと，$[Cu(NH_3)_4]^{2+}$ のように平面正方形の4配位構造のものとがある（図 11.8）．

　オクテット説では，このような錯イオンの立体的構造までは詳しく説明できない．化学結合の理論によれば錯体の立体的構造は，配位子から供与される電子対を受け入れ，これを共有する中心金属イオンの電子軌道の形で決まると考えられる．そこで，中心金属イオンのs，p，d軌道を混成し（p，d軌道は配位子の存在する方向に電子分布の大きい軌道を選ぶ），方向性のある新しい混成軌道をつくる試みがなされた．これを原子価結合法という．混成によって得られる代表的な軌道の呼び方と立体配置を表 11.2 に示す．

　混成軌道の考え方によると，$Fe^{2+}$ や $Co^{3+}$ のような $(3d)^6$ 電子配置のイオンでは，昇位によりd軌道を2つ空にした **d²sp³ 混成** による正八面体の混成軌道をつくり，ここに6個の配位子から供与される電子12個を受け入れることができる．この混成軌道の電子配置は下の図に示すような**箱模型**で表される．

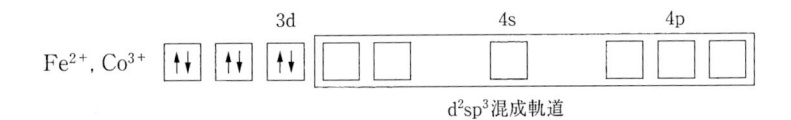

$Fe^{2+}$, $Co^{3+}$　　3d [↑↓][↑↓][↑↓][ ][ ]　　4s [ ]　　4p [ ][ ][ ]

d²sp³ 混成軌道

[$Co(NH_3)_6$]$^{3+}$ や [$Fe(CN)_6$]$^{4-}$ などがこの構造をしている．配位子 $NH_3$ や $CN^-$ から供与される非共有電子対が，図の空の軌道に一対ずつ収容されるのである．

[$Ni(CN)_4$]$^{2-}$ は 4 配位の平面構造をしている．$Ni^{2+}$ は $(3d)^8$ 電子配置のイオンであり，3d 軌道を 1 個空にして，**$dsp^2$ 混成**による平面正方形の混成軌道をつくり，ここに 4 個の配位子から供与される電子 8 個を受け入れることができる．この混成軌道の電子配置は下の図に示すような箱模型で表される．

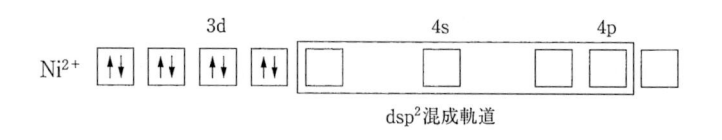

$Ni^{2+}$  3d ↑↓ ↑↓ ↑↓ ↑↓ □  4s □  4p □ □
$dsp^2$ 混成軌道

[$Cu(NH_3)_4$]$^{2+}$ も平面正方形をとる（図 11.8）．これらは正八面体構造における上下方向の結合軸が引きのばされてゆがみ，その方向の配位子が取り除かれて生じたものともみなされる．それゆえこの種の錯イオンには，平面正方形の上下の方向に結合距離の長い配位子 2 個が弱く配位したゆがんだ八面体構造をとるものも多い．

$Fe^{2+}$ や $Fe^{3+}$ はもともと 6 配位であるが，ヘムにおいては配位子ポルフィリンの剛直な平面構造により，4 配位平面構造の錯体構造を強制的にとらされ，上下の方向が空いている．したがって，中心の Fe は化学的活性に富んでおり，酸素が可逆的に配位する．がんの治療に用いられるシスプラチンとよばれる白金の錯体も 4 配位平面構造である．シスプラチンの薬理作用は，DNA の核酸塩基が白金に配位し，DNA が切断されることにより発現する．

4 配位正四面体構造の錯イオンは，中心金属イオンの $sp^3$ 混成軌道が，4 個の配位子から電子対を受け入れている（図 11.7）．

このように原子価結合法は，多くの錯体の立体構造を説明できるが，錯体の示す色などの光学的性質は説明できない．それらは，次に示す配位子場の理論によって説明される．

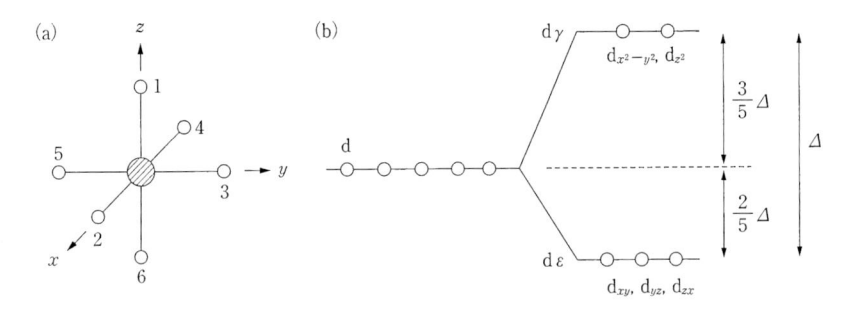

図 11.9 配位子場における軌道分裂

## 【配位子場の理論】

　配位子は電子供与体であり，電気的に陰性である．それゆえ錯体においては，中心金属イオンがもつd軌道の電子のエネルギー状態は，配位子がつくる負電荷の電場（結晶場・配位子場）によって変化する．

　d軌道の電子の受ける影響は，配位子の配置のしかたによって変わる．6配位正八面体構造の錯体で，中心金属イオンと配位子の位置関係を図 11.9(a) のように表し，配位子は $x, y, z$ 軸上に配置されたものとする．この配置だと，d電子の分布している方向に配位子が存在する $d_{x^2-y^2}, d_{z^2}$ 軌道は，大きな電子間反発を受けてエネルギーが高くなる．それとは逆に，配位子の存在する方向からずれている $d_{xy}, d_{yz}, d_{zx}$ 軌道は反発相互作用が小さい．それゆえ，5重に縮重していた3d軌道のエネルギー準位は，図 11.9(b) のように2つに分裂する．

　この分裂したエネルギー準位のエネルギー差 $\Delta$ が，ちょうど可視光領域にあたるので，この準位間の電子遷移が錯体の着色として観察されるのである．

　例えば $Ti^{3+}(3d)^1$ の酸性水溶液中には，水和イオン $[Ti(H_2O)_6]^{3+}$ が存在して紫色を呈し，500 nm に吸収極大を示す．この吸収極大の位置から $\Delta$ の大きさがわかる．$\Delta$ は配位子と金属イオンの組み合わせによって変わるが，約 2 eV（～200 kJ mol$^{-1}$）程度の大きさである．

軌道の分裂エネルギー $\Delta$ の大きさは，一般に次の配位子順に大きくなる．

$$I^- < Br^- < Cl^- < F^- < OH^- < NCS^- < H_2O$$
$$< C_2O_4^{2-} < NH_3 < en < phen < NO_2^- < CN^-$$

$\Delta$ が大きくなるにつれ，吸収極大の波長は短波長側に移り，肉眼では青，緑，紫，赤，橙，黄色と色調が浅くなって見える．このため短波長側への移動を**浅色的**（hypsochromic）という．これに対して，長波長側への移動は**深色的**（bathochromic）という．上に記した配位子は，右側にいくほど浅色効果が大きく強い配位子である．この系列を**分光化学系列**という．中心金属イオンが異なっても，この順序はほぼ変わらない．

分裂したエネルギー準位に電子を配置するには，図 11.10 に示したように，$\Delta$ の大きさに応じて 2 つの方法がある．

1 つは $\Delta$ が小さい場合である．この場合は Hund の規則に従い，電子反発を避けるため，電子は可能な限り異なる軌道にスピンを平行にそろえて入る．したがって不対電子の数は最大となり，錯イオンは大きな磁化率を示す．この電子配置を**高スピン型**という［図 11.10(a)］．これに対して $\Delta$ が大きい場合は，図 11.10(b) のように，電子が低い準位の軌道にスピンを逆にして入るほうが，エネルギー的に有利となる．この電子配置を**低スピン型**といい，不対電子の数が高スピン型に比べて少なく，磁化率も小さい．配位子が強いと $\Delta$ は大きく低スピン型の電子配置となり，弱いと $\Delta$ が小さく高スピン型となる．いずれの電子配置となっているかは，磁化率を測定し，磁気モーメントを求めればわかる．磁気モーメント $\mu$（単位 BM；Bohr 磁子）と不対電子数 $n$ の間には，

$$\mu = \sqrt{n(n+2)} \tag{11-1}$$

という関係があるので，磁気モーメントの値から不対電子の数を知ることができる．水和イオンはすべて高スピン型の電子配置となっている（表 11.3）．

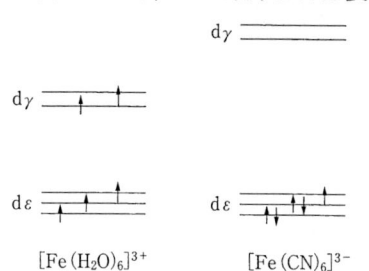

**図 11.10** 高スピン型と低スピン型の電子配置

[Fe(H$_2$O)$_6$]$^{3+}$ 高スピン型 (a)

[Fe(CN)$_6$]$^{3-}$ 低スピン型 (b)

表11.3 水和イオンの磁気モーメント

| d電子数 | 陽イオン | 不対電子数 | 磁気モーメント(BM) | |
|---|---|---|---|---|
| | | | 理論値 | 実験値 |
| 1 | $Ti^{3+}$ | 1 | 1.73 | 1.7〜1.8 |
| 2 | $V^{3+}$ | 2 | 2.83 | 2.7〜2.9 |
| 3 | $Cr^{3+}$ | 3 | 3.87 | 3.7〜3.9 |
| 4 | $Mn^{3+}$, $Cr^{2+}$ | 4 | 4.90 | 4.8〜4.9 |
| 5 | $Fe^{3+}$, $Mn^{2+}$ | 5 | 5.92 | 5.7〜6.0 |
| 6 | $Fe^{2+}$, $Co^{3+}$ | 4 | 4.90 | 5.0〜5.6 |
| 7 | $Co^{2+}$ | 3 | 3.88 | 4.3〜5.2 |
| 8 | $Ni^{2+}$ | 2 | 2.83 | 2.9〜3.5 |
| 9 | $Cu^{2+}$ | 1 | 1.73 | 1.8〜2.7 |
| 10 | $Zn^{2+}$, $Cu^+$ | 0 | 0 | 0 |

【分子軌道法】

分子軌道法は,配位子と中心金属イオンの電子軌道の重なりによって,安定な分子軌道が形成されることを重視する.

6配位八面体構造の錯イオンにおいては,配位子方向にある中心金属イオンの 4s, $4p_x$, $4p_y$, $4p_z$, $3d_{x^2-y^2}$, $3d_{z^2}$ 軌道と,配位子の非共有電子対が重な

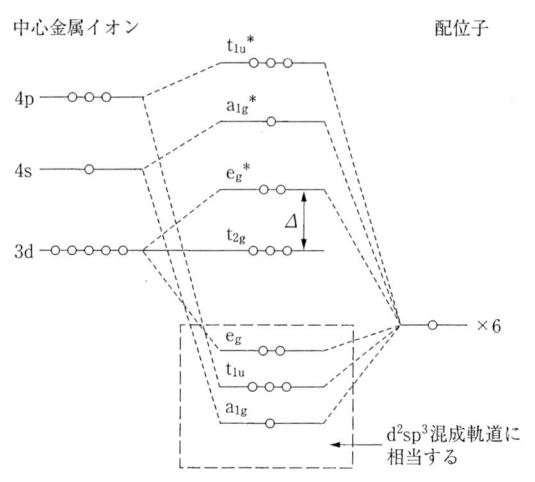

図11.11 6配位正八面体錯体の分子軌道エネルギー準位図. $a_{1g}$, $t_{1u}$, … などは分子軌道につけられた名称である.

り，結合性軌道と反結合性軌道が形成される．配位子のない方向の $d_{xy}$，$d_{yz}$，$d_{zx}$ 軌道は，配位子の軌道と重なり合わず，結合に関与しない**非結合性軌道**となる．得られた分子軌道のエネルギー準位図を図 11.11 に示す．

電子は低い準位から，Pauli の排他原理と Hund の規則に従ってつめられる．$[Ni(NH_3)_6]^{2+}$ では $Ni^{2+}$ は $(3d)^8$ であり，6 個の $NH_3$ から供与される 12 個の電子と合わせて 20 個の電子が $e_g^*$ までの軌道に入る．$e_g^*$ 軌道は反結合性軌道ではあるが，分子軌道法によれば，結合性軌道と反結合性軌道を合わせて，全体としてエネルギーが安定化すればよいのである．

原子価結合法で得られた $d^2sp^3$ 混成軌道とは，分子軌道法によれば，中心金属イオンの $4s$，$4p_x$，$4p_y$，$4p_z$，$3d_{x^2-y^2}$，$3d_{z^2}$ 軌道と配位子の軌道から生じる安定なエネルギー準位に相当するものである．また，配位子場の理論における軌道分裂エネルギー $\Delta$ に相当するのは，非結合性軌道 $t_{2g}$ と反結合性軌道 $e_g^*$ のエネルギー差に相当する．このように分子軌道法から得られる結果は，原子価結合法や配位子場の理論から得られる結果をも含んでおり，その意味では，現在において最も進んだ理論といえる．

## §11.6 宝石・レーザー

ルビーは赤色，エメラルドは緑色であるが，これらはともにアルミナ中に $Cr^{3+}$ を含んでいる．色の違いは配位子場の理論で説明される．$Cr^{3+}$ は，$Al_2O_3$ の $Al^{3+}$ の一部を置換した，6 配位八面体構造の中心に位置している．この配置で，強い配位子場のときは 550〜400 nm の光（緑〜紫色）が吸収されて赤く見える（ルビー）．弱い配位子場になると，吸収される光の波長がこれより長くなり，緑色に見える（エメラルド）．

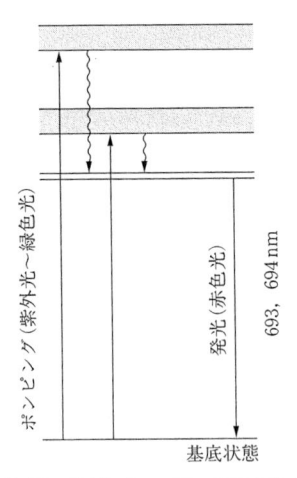

図 11.12 ルビーレーザーのエネルギー準位と電子遷移

われわれは，物質が吸収した光の補色を，色として感知する．シリカとアルミナはセラミックスの主成分であるが，バンドギャップエネルギーが大きい（400 nm以下で紫外領域）ので可視光を吸収しない．ルビーでは，図11.12に示すように励起された電子がある特定の励起準位に集まり，ここから基底状態に遷移するとき発光するので，強い単色光の放出が起こる．これがレーザーの原理である．

これを応用し，励起光の光源（キセノンフラッシュランプなど）を強くして励起準位にあるイオンの数を増やせば，非常に強い発光が得られる．実際には，この光をさらに鏡で反射させ，共振・増幅して直進性のよいレーザー光を取り出している．$Nd^{3+}$をドープしたYAG（イットリウム-アルミニウム-ガーネット；$Y_3Al_5O_{12}$）レーザーは，加工機に用いられるほど強力である．ほかにも，レーザーは，目の治療，レーザーメス，光ファイバー通信など広く用いられるようになっている．アレキサンドライトを用いたレーザーは波長が変えられるので，物体の微小変化の計測に応用されている．

ケイ亜鉛鉱（$Zn_2SiO_4$）は，混在する微量成分$Mn^{2+}$による蛍光を発し，配位子場に応じて緑〜青色の発光が得られる．蛍光体はテレビ，ディスプレイなどに応用されている．

## 練習問題 11

⟨1⟩ $CoCl_2$ のアンモニア性水溶液を過酸化水素で酸化すると，$CoCl_3(NH_3)_5$ のような組成をした紫色の沈殿が得られた．この沈殿物の水溶液は，アンモニアの性質を示さない．また硝酸銀で，2個の $Cl^-$ が沈殿するが1個は沈殿しない．この化合物はどのような化学式で表されるか．

⟨2⟩ $Ag(CN)_2^-$ を $0.02\ mol\ l^{-1}$，$CN^-$ を $0.5\ mol\ l^{-1}$ 含む銀メッキ溶液中に，$[Ag^+]$ がどれだけ存在するか求めよ．ただし，銀シアノ錯イオンの解離反応は $Ag(CN)_2^- \rightleftarrows Ag^+ + 2CN^-$ であり，平衡定数は 25℃ において $1.8 \times 10^{-19}$ である．

⟨3⟩ 硫酸 $H_2SO_4$ の分子構造は $SO_2(OH)_2$ と書かれ，正四面体に近い構造をしている．この構造を原子価結合法により説明せよ．

⟨4⟩ $[Ni(CN)_4]^{2-}$ の磁化率を測定したところ，不対電子はないことがわかった．この 4 配位の錯イオンは $dsp^2$ の平面正方形と $sp^3$ の正四面体，いずれの構造をしているか．

⟨5⟩ $[Fe(CN)_6]^{4-}$ および $[Fe(CN)_6]^{3-}$ はいずれも 6 配位正八面体の錯イオンであり，磁気モーメントはそれぞれ 0 と 1.7 BM であった．これらの錯イオンの構造と磁気的性質を説明せよ．

⟨6⟩ 磁気モーメントを測定したところ，$[CoF_6]^{3-}$ は $\mu = 5.1\ BM$，$[Co(NH_3)_6]^{3+}$ は $\mu = 0\ BM$ であった．d 電子の電子配置を説明せよ．

⟨7⟩ $Fe^{3+}$ 水溶液における d 電子の電子対生成エネルギーは $350\ kJ\ mol^{-1}$ であり，d 軌道の配位子場分裂エネルギー $\Delta$ は $167\ kJ\ mol^{-1}$ である．磁気モーメントの測定から不対電子の数は 5 であった．d 電子の配置を説明せよ．

⟨8⟩ $Ti^{3+}$ 水溶液の配位子場において，d 軌道のエネルギー分裂によって生じる吸収スペクトルは，吸収極大が約 500 nm である．d 軌道の分裂エネルギー $\Delta$ を求めよ．

## 解　答

⟨1⟩ 5個の $NH_3$ と 1個の $Cl^-$ は，$Co^{3+}$ に配位し錯イオンとして存在すると考えられる．したがって化学式は $[Co(NH_3)_5Cl]Cl_2$ で表される．

⟨2⟩ $\dfrac{[Ag^+][CN^-]^2}{[Ag(CN)_2^-]} = 1.8 \times 10^{-19}$ において，$Ag(CN)_2^-$ の解離はごくわずかであり，$[CN^-] = 0.5\ mol\ l^{-1}$，$[Ag(CN)_2^-] = 0.02\ mol\ l^{-1}$ と近似する．$[Ag^+] = 1.44 \times 10^{-20}\ mol\ l^{-1}$．

⟨3⟩ $S^{6+}$ の電子配置は $(3s)^0(3p)^0$ である．この電子配置から空の $sp^3$ 混成軌道をつくり，その各々に酸素原子の孤立電子対を配位させ，四面体構造となっている．

⟨4⟩ $Ni^{2+}$ の d 電子配置は $(3d)^8$ であるから，$dsp^2$ の平面正方形なら不対電子はない．$sp^3$ の正四面体構造なら不対電子が 2 個存在するはずである．したがって $dsp^2$ の平面正方形をしていることがわかる．

⟨5⟩ いずれも鉄イオンが $d^2sp^3$ 混成軌道に 6 個の配位子から電子対を受け入れている．$[Fe(CN)_6]^{4-}$ の $Fe^{2+}$ は $(3d)^6$ であり，残り 3 つの d 軌道に 6 個の電子を収容し，不対電子はない．$[Fe(CN)_6]^{3-}$ の $Fe^{3+}$ は $(3d)^5$ であり，d 軌道の 1 つに不対電子 1 個が存在し，1.7 BM の磁気モーメントを示す．配位子場理論で説明するなら，いずれも低スピン型の電子配置で説明できる．

⟨6⟩ (11-1)式を用いる．$[CoF_6]^{3-}$ は $\mu = \sqrt{n(n+2)} = 5.1$ より $n = 4.2 \fallingdotseq 4$，また $[Co(NH_3)_6]^{3+}$ は $\mu = 0$ より $n = 0$ となる．よって 6 個の電子は，$[CoF_6]^{3-}$ では高スピン型，$[Co(NH_3)_6]^{3+}$ では低スピン型の電子配置となっている．

⟨7⟩ $Fe^{3+}$ は $(3d)^5$ であるから，d 電子は高スピン型の電子配置をしていることがわかる．これは，配位子場分裂エネルギー $\varDelta$ よりも電子対生成エネルギーのほうが大きいためである．

⟨8⟩ 振動数を $\nu$，スペクトル波長を $\lambda$，光の速度を $c$ とすると $\nu = \dfrac{c}{\lambda} = 6 \times 10^{14}\ s^{-1}$．イオン 1 個あたりのエネルギーは

$h\nu = 6.626 \times 10^{-34}\ J\ s \times 6 \times 10^{14}\ s^{-1} = 3.98 \times 10^{-19}\ J$

1 mol あたりでは

$3.98 \times 10^{-19}\ J \times 6.022 \times 10^{23} = 240\ kJ\ mol^{-1}$

# 化学熱力学と
# その応用

# 第Ⅲ部

　第Ⅲ部は化学熱力学の基礎とその応用の学習である．化学熱力学は化学変化や自然現象を説明するための指導原理であり，分野を問わず基礎知識として欠くことのできないものである．第12章「熱力学第一法則」，第13章「熱力学第二法則」，第14章「化学平衡の熱力学」は学習に忍耐を要するところである．しかし，習うより慣れろと言うことわざがあるように，初めは抽象的でわかりずらくとも慣れるにしたがって内容もわかってくる．第15章「電池」は熱力学の応用例として最も適切なものである．酸化還元反応は電池反応との関わりが深いものであり，身近な反応の多くは酸化還元反応である．第16章「化学反応速度」は化学反応と化学平衡の速度論的理解を深めるための学習である．化石などの年代測定や酸塩基反応の速度など身近な現象に注意がむけられるようにした．

# 第12章　熱力学第一法則

　物質の状態が変化するときや，化学反応が起こるときには熱エネルギーの出入りがともなう．第5章で扱う反応熱は定圧反応熱のみである．定圧反応熱が反応系と生成系のエンタルピーの差として現れることを指摘したが，エンタルピーについては，それが系に固有のエネルギーの一種であるということ以上に詳しく説明しなかった．エンタルピーは熱力学に基礎を置く概念であり，熱力学の体系の中で正しく理解されることである．この章では，熱力学の第一法則について学び，熱エネルギーの出入りをともなう化学反応について理解を深める．

## §12.1　エネルギーと熱力学第一法則

　我々のよく知っているエネルギーには**熱**（熱エネルギー）と**仕事**（力学的エネルギー）がある．昔は，熱と仕事とは別のものと考えられていたが，1843年，Jouleは，水槽中で羽車を回したとき，仕事に等価な熱が発生することを見出し，熱と仕事はいずれもエネルギーの一形態であり，互いに変換されうることを実証した．19世紀半ば頃には，「摩擦などにより熱が発生するときには，仕事が消滅し力学的エネルギーは保存されないが，消滅した仕事に等価な熱が発生して，**熱を含めて全エネルギーは保存される**」という経験則が確立された．これが**熱力学第一法則**といわれているものである．

## §12.2　系と状態量

　今，一定量の気体に熱を加えて膨張させ，温度・圧力・体積の変化を調べようとしているものとする．このときの一定量の気体のように，我々が取り扱おうとしている対象を**系**という．系以外の部分を**外界**という．外界とまったく交渉をもたないような系を**孤立系**という．外界との間で熱や仕事を交換できる

が，物質の移動がない系を**閉じた系**，外界との間で熱・仕事・物質を交換できる系を**開いた系**という．

**例題 12.1** 次の系はそれぞれ孤立系，閉じた系，開いた系のいずれか．(1) 魔法瓶の中の湯，(2) 加熱・冷却できる容器に密閉した気体，(3) 恒温槽中の密閉した反応容器における化学反応，(4) 水をビーカーに入れて湯を沸かす，(5) 宇宙，(6) 酸塩基滴定

**解** (1) 孤立系，(2) 閉じた系，(3) 閉じた系，(4) 開いた系，(5) 孤立系，(6) 開いた系

　系の状態が時間とともに変化しないとき，系は**平衡状態**にあるという．平衡状態で系の状態を一義的に表す物理量を**状態量（状態変数）**という．圧力・体積・温度・物質量・密度などが状態量の例である．状態量の間の関係を示したものが**状態式**である．**理想気体の状態式**はその一例である．

　今，理想気体の一定量をとると，その気体はある温度・圧力のもとで一定の体積を占める．この気体に，加熱膨張と冷却収縮を組み合わせた種々の状態変化を施した後，元の状態にもどすと，その圧力・温度・体積も，元の値に戻る．系が，ある状態から出発して再び元の状態にもどる過程を，**循環過程（サイクル）**という．サイクルでは，圧力・温度・体積など状態量の変化はゼロである．このように，サイクルで元の値にもどるのが状態量の特徴の一つである．

## §12.3　熱力学第一法則と内部エネルギー

　系が外界と熱および仕事をやりとりしながら，サイクルで元の状態にもどるということは，系には，その系を構成している物質と状態によって，一義的に定まる固有のエネルギー状態が存在するということを示している．系に固有のエネルギー状態とは，その系を構成する粒子の結合エネルギー，並進運動エネルギー，回転や振動のエネルギー，電気的エネルギーなど，ありとあらゆる種類のエネルギーの総和をとったものであり，これを系の**内部エネルギー**とよん

でいる．内部エネルギーは，その絶対量を決めることはできない．しかし内部エネルギーの変化量は，系と外界の間における熱および仕事のやりとりによって起きる系のエネルギーの変化から知ることができる．

内部エネルギー・熱・仕事と熱力学第一法則との関係を考察するために，ここでは閉じた系を考えることにする．内部エネルギーという概念を用いると，熱力学第一法則は次のように述べられる．

「閉じた系の状態が変化するとき，系が外界から吸収する熱 $q$ と系が外界からなされる仕事 $w$ の和は，途中の経路によらず，最初の状態と最後の状態だけで決まり，それは系の内部エネルギーの変化に等しい」．

状態 A および状態 B における内部エネルギーを，それぞれ，$U_A$ および $U_B$ とすると，状態 A から状態 B に変化したときの内部エネルギーの変化 $\varDelta U$ は次のように表される．

$$\varDelta U = U_B - U_A = q + w \tag{12-1}$$

この際，内部エネルギー・熱・仕事ともに，系が外界から受け取るときはその符号を正とする．(12-1)式が熱力学第一法則の数学的表現である．

内部エネルギーは状態量であるから，サイクルであればその変化はゼロである．したがって (12-1)式から，サイクルにおいて次の関係が成り立つ．

$$\varDelta U = q + w = 0 \qquad \text{したがって} \qquad q = -w \tag{12-2}$$

すなわち，「サイクルでは，系が外界にした仕事は系が外界から吸収した熱量に等しい」．このことはまた，「外界から熱の供給なしに，外界に向かって仕事をするサイクルはあり得ない」ということを意味している．外部から熱の供給を受けずに仕事をする機関を**第一種永久機関**というが，そのような機関が実際には存在し得ないことを，われわれは経験から知っている．熱力学第一法則は，そのようなわれわれの経験を法則化したものである．

内部エネルギー・熱・仕事の微小変化に対して，(12-2)式は次のように書き換えられる（記号 d′ については下で説明）．

$$\mathrm{d}U = \mathrm{d}'q + \mathrm{d}'w \tag{12-3}$$

内部エネルギーは状態によって決まる状態量であり，状態変化の経路には依

存しない．しかし熱と仕事は状態変化の経路によって変わるので状態量ではない（→例題 12.3）．状態量でないものを区別するために，熱と仕事の微小量は $d'q$ および $d'w$ のように「′」をつけて表す．

## §12.4　体積変化の仕事

　化学反応は，気体の発生などのように，体積変化をともなうことが多い．また，液体が蒸発して気体になるときも大きな体積変化をともなう．したがって，化学反応や状態変化による系のエネルギー変化を知るには，体積変化の仕事を求める方法を知らなければならない．

　体積変化は通常，外圧 $P_e$ のもとで行われる．添字の e は外部（external）を意味する．このときの仕事 $w$ は次式で定義される．

$$w = -P_e \Delta V \tag{12-4}$$

したがって，微小体積変化にともなう仕事は次式で与えられる．

$$d'w = -P_e dV \tag{12-5}$$

系が膨張するとき（$dV>0$），系は外界に仕事をなし（$d'w<0$），系が圧縮されるとき（$dV<0$），系は外界から仕事をなされる（$d'w>0$）．

　いま外圧を，系の圧力よりも常に無限小だけ小さくなるように調節すれば，系は外圧とほとんど平衡を保ちつつ膨張する．続いて，逆に外圧を系の圧力よりも常に無限小だけ大きくなるように調節すれば，系は今きた道筋を逆にたどって元の状態にもどることができる．これらの変化は，無限大の時間を要するので**準静的過程**という．系が変化の道筋と完全に同じ道筋を逆行し元の状態にもどり，外界に何らの影響も残さない過程を**可逆過程**という．準静的過程は可逆過程である．可逆過程は無限大の時間を要するので，実際には何らの変化も認められないことになる．したがって可逆過程は平衡状態と同じものである．すなわち，「平衡状態を保ちながら，無限大の時間をかけて変化する過程が可逆過程である」．これに対して，系が変化の道筋と同じ道筋を逆行して元の状態にもどり得ない過程を**不可逆過程**という．有限の時間内に起こる変化は，不可逆過程である．自然界において自発的に起こる変化は有限の時間内に起こる

ので,「自然界の**自発変化**はすべて不可逆過程である」.

温度一定のもとで,理想気体が理想気体の状態式に従って変化する場合は可逆過程である(図 12.1).理想気体が可逆的に膨張・収縮する場合のように,系が外界と平衡にあるときは,系の圧力 $P$ と外圧 $P_e$ を等しいとすることができる.したがって,可逆体積変化の仕事は次のようになる.

$$d'w = -PdV \qquad (12\text{-}6)$$

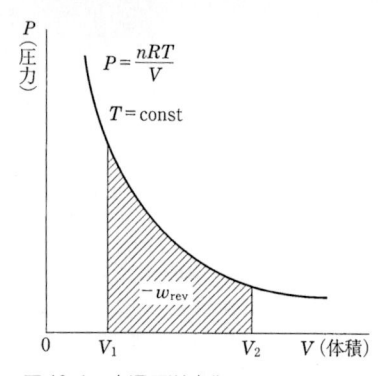

**図 12.1** 定温可逆変化
理想気体の定温における準静的変化

ここで,$P$ が $V$ の関数として知られていれば,(12-6)式を積分することにより,温度一定における可逆体積変化の仕事を計算することができる.理想気体 $n$ mol の場合の可逆体積変化の仕事 $w_{\mathrm{rev}}$ は $P = \dfrac{nRT}{V}$ を (12-6) 式に代入して積分すると(初めの状態を添字 1 で,変化後の状態を添字 2 で表す),

$$w_{\mathrm{rev}} = -nRT \int_{V_1}^{V_2} \frac{1}{V} dV = -nRT \ln \frac{V_2}{V_1} = -nRT \ln \frac{P_1}{P_2} \qquad (12\text{-}7)$$

$w$ の添字 rev は可逆(reversible)過程であることを表す.圧力一定という条件のもとで行われる体積変化の仕事は,この一定の圧力を $P$ とすると

$$w = -P\Delta V \qquad (12\text{-}8)$$

である.この式で,$P$ は不可逆過程の場合は $P_e$ を意味するものとする.

不可逆過程で膨張するときは,系の圧力 $P$ が外圧 $P_e$ より大きいということしかわからない.逆に,不可逆過程で収縮するときは,系の圧力 $P$ が外圧 $P_e$ より小さいということしかわからない.系が外界と平衡にあるときのみ,系の圧力 $P$ と外圧 $P_e$ とは等しいとおくことができる.

**例題 12.2** 300 K において 10 atm の理想気体 2 mol を温度一定のもとで可逆的に 1 atm にしたときの仕事を計算せよ.

**解** (12-7)式から

$$w_{\mathrm{rev}} = -(2\,\mathrm{mol})(8.314\,\mathrm{J\,K^{-1}\,mol^{-1}})(300\,\mathrm{K})\ln\frac{10}{1} = -11.486\,\mathrm{kJ}$$

**例題 12.3** 300 K において 10 atm の理想気体 2 mol を，体積一定のもとで 1 atm にし，次いで，圧力を 1 atm に保ったまま 300 K にしたときの仕事を計算せよ．

**解** 体積一定の場合，体積変化はないので仕事はゼロである．圧力一定の場合の仕事は (12-8) 式から

$$w = -P\varDelta V$$
$$= -(2\,\text{mol})(1\,\text{atm})(8.314\,\text{J K}^{-1}\,\text{mol}^{-1})(300\,\text{K})\left(\frac{1}{1\,\text{atm}} - \frac{1}{10\,\text{atm}}\right)$$
$$= -4.49\,\text{kJ}$$

例題 12.2 と比較すると，初めと終わりの状態は同じであるが，仕事は経路に依存することがわかる．第一法則から，例題 12.2 と例題 12.3 における内部エネルギーの変化は等しい．したがって，熱も経路に依存して変わることがわかる．

**例題 12.4** 気体が真空中に膨張するときの仕事はいくらか．

**解** 真空中の圧力はゼロである．(12-8) 式から $w = 0$ である．

## §12.5 定積過程・定圧過程・定温過程

化学では，よく圧力・体積・温度のいずれかを一定に保った過程を取り扱う．系が外界とやりとりする熱と仕事は，変化の経路によって変わるので，これらの過程における熱と仕事と状態量の関係を知っておくことが必要である．

**【定積過程】**

体積が一定という条件のもとで行われる変化を**定積過程**という．定積過程では $dV = 0$ であるので $w = 0$ である．したがって，(12-1) 式から

$$q_V = \varDelta U \tag{12-9}$$

ここで添字 $V$ は定積過程を示す．すなわち，「定積過程で系に出入りする熱は内部エネルギーの変化に等しい」．

**【定圧過程】**

圧力が一定という条件のもとで行われる変化を**定圧過程**という．定圧過程は (12-1) 式と (12-8) 式より

$$q_P = \varDelta U + P\varDelta V = \varDelta(U + PV) \tag{12-10}$$

ここで添字 $P$ は定圧過程を示す．$U$, $P$, $V$ は状態量なので，$U + PV$ も状態量である．これを**エンタルピー**とよび，次のように定義する．

$$H = U + PV \tag{12-11}$$

エンタルピーを用いると，(12-10)式は次のようになる．

$$q_P = \Delta H \tag{12-12}$$

すなわち，「定圧過程で系に出入りする熱は，系のエンタルピーの変化に等しい」．

## 【定温過程】

定温という条件は，恒温槽を用いれば容易に実現できるので，化学において最もよく用いられる条件である．定温過程で状態量がどのように変化するかは **Joule の実験**によって示された．

Joule は 1843 年，内部エネルギーが体積によってどのように変化するかを知るため，図 12.2 のような装置を用いて実験を行った．

活栓で連結した 2 つの容器を水槽に入れ，一方に加圧した空気を入れ，他方を真空にした．次に，活栓を開いて空気を膨張させ，水槽の温度変化を調べたところ，温度変化は認められなかった．つまり系（気体）と外界（水槽）の間に，熱のやり取りはなかったことになる．また，気体の膨張は真空中（$P_e = 0$）への膨張であるため仕事はゼロである．したがって熱力学第一法則から，$\Delta U = q + w = 0$ となる．つまり気体の内部エネルギーは，温度一定という条件では体積にも圧力にも依存しない．したがって次の関係式が成り立つことになる（添字 $T$ は定温過程を示す）．

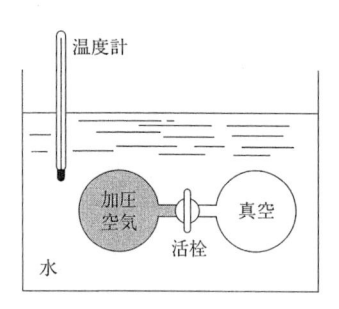

図 12.2　Joule の実験

$$\left(\frac{\partial U}{\partial V}\right)_T = 0 \tag{12-13}$$

$$\left(\frac{\partial U}{\partial P}\right)_T = 0 \tag{12-14}$$

(12-13)式と (12-14)式の関係は，低圧においてはすべての実在気体について成り立つことが確かめられており，理想気体の法則の一つとされている．

エンタルピーは $H = U + PV$ である．状態式からわかるように，理想気体で $PV$ の値は温度のみの関数であるから，エンタルピーも温度一定の条件下において，体積や圧力には依存しないことになる．

$$\left(\frac{\partial H}{\partial V}\right)_T = 0 \tag{12-15}$$

$$\left(\frac{\partial H}{\partial P}\right)_T = 0 \tag{12-16}$$

すなわち，「理想気体の内部エネルギーおよびエンタルピーは温度のみの関数であり，定温過程では体積や圧力が変化しても変化しない」といえる．

一定温度における理想気体の体積変化や圧力変化は $\Delta U = q + w = 0$ なので

$$q = -w \tag{12-17}$$

すなわち理想気体が定温過程で吸収する熱は外界に対してなす仕事に等しい．

定温可逆過程で理想気体の吸収する熱 $q_{\text{rev}}$ は，(12-7)式と (12-17)式から次式で与えられる（添字 1，2 のつけ方は (12-7)式と同じとする）．

$$q_{\text{rev}} = nRT \ln \frac{V_2}{V_1} = nRT \ln \frac{P_1}{P_2} \tag{12-18}$$

**例題 12.5** 0 ℃，10 atm で 1.0 dm³ を占める理想気体がある．この気体を定温可逆的に 10.0 dm³ まで膨張させたとき，外部に対してなす仕事および吸収する熱を計算せよ．

**解** 物質量は
$$n = \frac{PV}{RT} = \frac{10 \text{ atm} \times 1.0 \text{ dm}^3}{0.082 \text{ atm dm}^3 \text{ K}^{-1} \text{ mol}^{-1} \times 273 \text{ K}} = 0.446 \text{ mol}$$

(12-7)式より
$$w = -(0.446 \text{ mol})(8.314 \text{ J K}^{-1} \text{ mol}^{-1})(273 \text{ K}) \ln \frac{10}{1} = -2331 \text{ J}$$

定温変化であるから (12-17)式より $q = -w = 2331$ J．あるいは (12-18)式を用いて計算してもよい．

**断熱過程** 外部から熱の供給のない変化を断熱過程という．断熱過程では $q=0$ なので (12-2)式から $\Delta U = w$ となる．断熱過程で系が膨張するとき，$w<0$ なので，$\Delta U<0$ となる．すなわち，「断熱過程で系が膨張するとき，系が外部にした仕事だけ内部エネルギーは低下する」．したがって，「断熱膨張において系の温度は低下する」ことになる．理想気体が真空中に断熱膨張するときは温度は変わらない．また，大気が上昇気流となって上昇するとき，急激に温度が低下するのも断熱膨張のためである．（実在気体は一般に断熱膨張で気体の温度は低下する→§2.3 空気の液化，ドライアイス）

## §12.6 熱・熱容量

内部エネルギーやエンタルピーの変化は，定積過程や定圧過程において系に出入りする熱を測定することにより求められるが，系の熱容量がわかれば計算によっても求めることができる．

系の温度を $T$ から $T+\Delta T$ まで上昇させるのに必要な熱を $q$ とすると，温度 $T$ における系の**熱容量**は，次のように定義される．

$$C = \lim_{\Delta T \to 0} \frac{\Delta q}{\Delta T} = \frac{\mathrm{d}'q}{\mathrm{d}T} \tag{12-19}$$

熱容量は定積過程と定圧過程では異なる．定義から，**定積熱容量** $C_V$ および **定圧熱容量** $C_P$ は，それぞれ次の式で与えられる．

$$C_V = \frac{\mathrm{d}'q_V}{\mathrm{d}T} = \frac{\mathrm{d}U}{\mathrm{d}T} \tag{12-20}$$

$$C_P = \frac{\mathrm{d}'q_P}{\mathrm{d}T} = \frac{\mathrm{d}H}{\mathrm{d}T} \tag{12-21}$$

物質 1 mol あたりの熱容量を**モル熱容量**，物質 1 kg あたりの熱容量を**比熱容量**という．

定圧過程では，系の温度上昇とともに体積膨張に必要なエネルギーが加わるため，$C_V$ よりも $C_P$ のほうが大きい．液体や固体では $C_V$ と $C_P$ の差は小さいが，気体では温度による体積変化が大きいので $C_V$ と $C_P$ の差は大きい．理想

表 12.1　気体のモル熱容量（1 atm）

| 気体 | 温度(℃) | $C_P$(J K$^{-1}$ mol$^{-1}$) | $C_V$(J K$^{-1}$ mol$^{-1}$) | $\gamma = C_P/C_V$ |
|---|---|---|---|---|
| He | 25 | 20.79 | 12.47 | 1.67 |
| Ne | 25 | 20.79 | 12.47 | 1.67 |
| Ar | 25 | 20.79 | 12.47 | 1.67 |
| $H_2$ | 0 | 28.61 | 20.29 | 1.41 |
| $N_2$ | 16 | 28.97 | 20.62 | 1.41 |
| $O_2$ | 16 | 29.50 | 21.13 | 1.40 |
| $H_2O$ | 400 | 33.40 | 24.93 | 1.34 |
| $CO_2$* | 16 | 36.84 | 28.29 | 1.30 |
| $NH_3$ | 100 | 38.29 | 29.82 | 1.28 |
| $CH_4$ | 15 | 35.45 | 27.06 | 1.31 |

表 12.2　気体のモル熱容量(273〜1000 K, 1 atm)
$$C_P = a + bT + cT^2$$

| 気体 | $a$(J K$^{-1}$ mol$^{-1}$) | $b/10^{-3}$(J K$^{-2}$ mol$^{-1}$) | $c/10^{-7}$(J K$^{-3}$ mol$^{-1}$) |
|---|---|---|---|
| $H_2$ | 29.07 | $-0.836$ | 20.1 |
| $N_2$ | 27.30 | 5.23 | $-0.04$ |
| $O_2$ | 25.72 | 12.98 | $-38.6$ |
| $CO_2$ | 26.00 | 43.5 | $-148.3$ |
| $H_2O$ | 30.36 | 9.61 | 11.8 |
| $NH_3$ | 25.89 | 33.0 | $-30.5$ |
| $CH_4$ | 14.15 | 75.5 | $-180$ |

気体ではモル熱容量について次の関係がある．

$$C_P - C_V = R \tag{12-22}$$

実在気体の熱容量は膨張係数と圧縮率によって変わるので(12-22)式は厳密には成り立たない．表12.1に実在気体の $C_P$ と $C_V$ の値を示す．理想気体では熱容量は温度によらず一定であるが，実在気体のモル熱容量は温度の上昇とともに増加し，次のように表される．

$$C_P = a + bT + cT^2 \qquad C_V = a' + b'T + c'T^2 \tag{12-23}$$

ここに，$a$, $b$, $c$ や $a'$, $b'$, $c'$ は物質に固有の定数である．表12.2にいくつかの気体について定圧熱容量の温度係数を示す．

温度変化 ($T_1 \to T_2$) による内部エネルギー変化とエンタルピー変化は，(12-20)式および(12-21)式より，次のように与えられる．

$$\Delta U = \int_{T_1}^{T_2} C_V \, dT \tag{12-24}$$

$$\Delta H = \int_{T_1}^{T_2} C_P \, dT \tag{12-25}$$

熱容量が温度によらず一定と見なされるときは，次のようになる．

$$\Delta U = C_V(T_2 - T_1) \tag{12-26}$$

$$\Delta H = C_P(T_2 - T_1) \tag{12-27}$$

熱容量は，単位質量の物質の温度を1℃上昇させるために必要な熱量として定数扱いされることがあるが，厳密には温度によって変わる．定数扱いされている場合，その熱容量の値は，ある温度範囲についての平均値と解釈する．

**例題 12.6** 定圧モル熱容量が $33.26 \, \mathrm{J \, K^{-1} \, mol^{-1}}$ の理想気体がある．この気体 2 mol を 1 atm のもとで 0℃ から 100℃ にするときの，$q$, $w$, $\Delta H$ と $\Delta U$ を求めよ．ただし，理想気体の熱容量は温度によって変化しないものとする．

**解** 定圧過程なので $q = \Delta H$ である．また，$C_P = 33.26 \, \mathrm{J \, K^{-1} \, mol^{-1}}$ なので，$C_V = C_P - R = 24.95 \, \mathrm{J \, K^{-1} \, mol^{-1}}$ である．

(12-27)式より

$$\Delta H = q = 2 \, \mathrm{mol} \times 33.26 \, \mathrm{J \, K^{-1} \, mol^{-1}} \, (373-273) \, \mathrm{K} = 6652 \, \mathrm{J}$$

(12-26)式より

$$\Delta U = 2 \, \mathrm{mol} \times 24.95 \, \mathrm{J \, K^{-1} \, mol^{-1}} \, (373-273) \, \mathrm{K} = 4990 \, \mathrm{J}$$

(12-8)式より

$$\begin{aligned} w &= -P\Delta V \\ &= -1 \, \mathrm{atm} \times 2 \, \mathrm{mol} \times 8.314 \, \mathrm{J \, K^{-1} \, mol^{-1}} \left( \frac{373 \, \mathrm{K}}{1 \, \mathrm{atm}} - \frac{273 \, \mathrm{K}}{1 \, \mathrm{atm}} \right) \\ &= -1662.8 \, \mathrm{J} \end{aligned}$$

## §12.7 熱化学

化学反応や相の変化にともなう熱については第5章でも一部触れたが，ここでは熱力学第一法則に基づいて，より厳密に取り扱うことにする．

## 【状態変化に伴う熱：相転移】

氷が水になったり，水が沸騰して水蒸気になるような，相が変化する現象を**相変化**あるいは**相転移**という．相の変化にともなって出入する熱を**相転移熱**という．融解熱，蒸発熱，昇華熱，結晶構造の変化（変態）にともなう熱は相転移熱であり，定圧において，これらは相転移による系のエンタルピー変化に等しい．内部エネルギー変化に対しては (12-10)式と (12-12)式から

$$\Delta U = \Delta H - P\Delta V$$

が得られる．

**例題 12.7** 20 ℃，1 atm の水 1 mol が，100 ℃，1 atm の水蒸気になるときの，$\Delta H$ および $\Delta U$ を求めよ．1 atm における水の平均定圧モル熱容量は 75.4 J K$^{-1}$ mol$^{-1}$，100 ℃，1 atm における水のモル蒸発熱は 40.66 kJ mol$^{-1}$ とする．

**解** $\Delta H = 1\,\text{mol} \times 75.4\,\text{J K}^{-1}\,\text{mol}^{-1} \times (373-293)\,\text{K} + 1\,\text{mol} \times 40.66\,\text{kJ mol}^{-1}$
$= 46.7\,\text{kJ}$

$\Delta U = \Delta H - P\Delta V$ である．20 ℃，1 atm の水 1 mol が，100 ℃，1 atm の水になる変化で体積変化は小さく，これを無視して $\Delta U = \Delta H = 6.03\,\text{kJ mol}^{-1}$ とおくことができる．水が水蒸気になると，気体の体積に比べて，液体の体積は無視できるほど小さい．それゆえ $\Delta V$ は 1 mol の水蒸気の体積に等しいと近似し理想気体の状態式を使うと，$P\Delta V = RT$ となる．100 ℃，1 atm において，1 mol の水が水蒸気になるときの内部エネルギー変化は

$\Delta U = \Delta H - P\Delta V = \Delta H - RT$
$= 40.66\,\text{kJ mol}^{-1} - 8.314 \times 373\,\text{J mol}^{-1} = 37.56\,\text{kJ mol}^{-1}$

よって，求める $\Delta U$ は

$\Delta U = 6.03\,\text{kJ mol}^{-1} + 37.56\,\text{kJ mol}^{-1} = 43.59\,\text{kJ mol}^{-1}$

## 【反応熱】

定積のもとにおける化学反応では，体積変化にともなうエネルギー（仕事）変化はないので，系に出入りするエネルギーは，系の内部に蓄えられるか，あるいは内部に蓄えられていたエネルギーが熱の形で放出されるものとなる．し

たがって定積反応熱は，生成系と反応系の内部エネルギーの差（$\Delta U$）に等しい．これに対して定圧反応熱は，生成系と反応系のエンタルピーの差（$\Delta H$）に等しい．第5章で反応熱を取り扱ったときは，定圧反応熱のみを考えた．定圧反応熱を定積反応熱に比べると，体積変化の仕事だけ異なる．

定圧反応熱 $\Delta H$ と定積反応熱 $\Delta U$ との間には，(12-10)式と (12-12)式から次の関係がえられる．

$$\Delta H = \Delta U + P\Delta V \qquad (12\text{-}28)$$

反応物および生成物がすべて液体や固体の場合，体積変化は小さく，これを無視してほぼ $\Delta H = \Delta U$ と見なせる．しかし気体の関与する反応では体積変化は無視できない．反応に関与する気体がすべて理想気体であれば，理想気体の状態式から $P\Delta V = \Delta n(RT)$ とおけるので，(12-28)式は次のようになる．

$$\Delta H = \Delta U + \Delta n(RT) \qquad (12\text{-}29)$$

ここで $\Delta n$ は，反応する気体物質の，反応前後における総量の変化である．

反応熱は，状態量である内部エネルギーあるいはエンタルピーの変化であるから，「反応熱は反応の経路には依存しない（→ Hess の法則）」．

◆**燃焼熱**と**生成熱** 物質が完全に燃焼するときの反応熱を**燃焼熱**という．燃焼熱は**ボンベ熱量計**により測定される（図 12.3）．このとき得られるのは定積燃

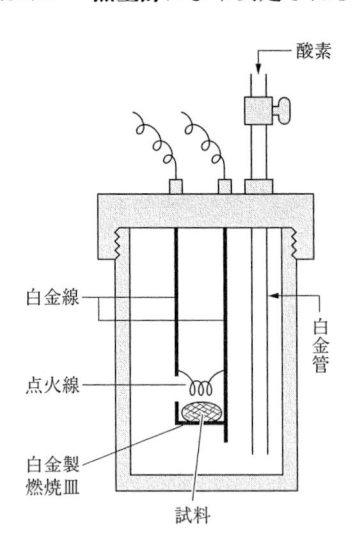

**図 12.3 ボンベ熱量計**
試料を燃焼皿にのせ，ボンベに約 20 atm の酸素をみたす．次に電流を通じて試料に点火する．燃焼が終了するまでに発生した熱量をこのボンベの浸されている熱量計の水の温度上昇から決定する．

表 12.3　燃焼熱 (298.15 K, 1 atm；( ) 内は状態を表す．g：気体，l：液体，s：固体)

| 物　質 | $\Delta H°$ (kJ mol$^{-1}$) | 物　質 | $\Delta H°$ (kJ mol$^{-1}$) |
|---|---|---|---|
| $H_2$(g) | $-285.84$ | $C_2H_4$(g) | $-1410.97$ |
| C(graphite) | $-393.51$ | $C_2H_2$(g) | $-1299.63$ |
| CO(g) | $-282.99$ | $C_2H_5OH$(l) | $-1366.95$ |
| $CH_4$(g) | $-890.35$ | $CH_3COOH$(l) | $-872.4$ |
| $C_2H_6$(g) | $-1559.88$ | $C_6H_{12}O_6$(s) | $-2815.8$ |
| $C_3H_8$(g) | $-2220.07$ | $(NH_2)_2CO$(s) | $-631.8$ |

焼熱である．定圧燃焼熱は (12-28) 式あるいは (12-29) 式を用い，計算により求める．定圧燃焼熱の例を表 12.3 に示す．

化合物がその成分元素の単体から生成するときの反応熱を**生成熱**という．標準状態として 1 atm をとり，1 atm のもとで与えられた温度において，1 mol の化合物がその成分元素の単体から生成するときの反応熱を，**標準生成熱（標準生成エンタルピー）** という．単体としては，1 atm のもとでその温度における最も安定な形態のものを選び，この単体のエンタルピーを 0 とおく．炭素の単体は黒鉛である．黒鉛の 1 atm における定圧燃焼熱は，二酸化炭素の標準生成熱でもある．また水素の 1 atm における定圧燃焼熱は，水の標準生成熱でもある．巻末の付表 2 に代表的な物質の標準生成熱を示す．

ある物質の生成熱（生成エンタルピー）はその物質に固有のものであり，その物質がどのような経路で生成したかに係わらず，その温度と圧力のもとでは一定の値をとる．化学反応に際しては，反応に関与する各物質の生成エンタルピーが知られていれば，反応熱は次の式により求められる．

反応熱 ＝（生成系の各物質の生成エンタルピーの和）
　　　　－（反応系の各物質の生成エンタルピーの和）　　　(12-30)

この式は Hess の法則を定式化したものである．

**例題 12.8**　ボンベ熱量計により，25 ℃ におけるメタン (g) の定積燃焼熱を測定したところ 885.4 kJ mol$^{-1}$ であった．25 ℃，1 atm におけるメタンの定圧燃焼熱および定圧生成熱を計算せよ．黒鉛と水素の定圧燃焼熱は，それぞれ，$-393.5$ kJ mol$^{-1}$ および $-285.8$ kJ mol$^{-1}$ である．

**解** メタンの燃焼の熱化学方程式は

$$\mathrm{CH_4(g) + 2\,O_2(g) \to CO_2(g) + 2\,H_2O(l)}, \quad \Delta U = -885.4\,\mathrm{kJ\,mol^{-1}} \tag{1}$$

気体物質の量の変化は $-2\,\mathrm{mol}$ だから，定圧燃焼熱は

$$\Delta H = [-885.4 - 2 \times 8.314 \times 10^{-3} \times 298]\,\mathrm{kJ\,mol^{-1}} = -890.4\,\mathrm{kJ\,mol^{-1}}$$

メタンの生成反応は次のように表される．

$$\mathrm{C(s) + 2\,H_2(g) \to CH_4(g)} \tag{2}$$

また，$\mathrm{C(s)}$，$\mathrm{H_2(g)}$ の燃焼反応は次のように表される．

$$\mathrm{C(s) + O_2(g) \to CO_2(g)}, \quad \Delta H = -393.5\,\mathrm{kJ\,mol^{-1}} \tag{3}$$

$$\mathrm{H_2(g) + \tfrac{1}{2}O_2(g) \to H_2O(l)}, \quad \Delta H = -285.8\,\mathrm{kJ\,mol^{-1}} \tag{4}$$

メタンの生成反応は，Hess の法則により，(2) = (3) + 2 × (4) − (1) から

$$\Delta H = [-393.5 + 2 \times (-285.8) - (-890.4)]\,\mathrm{kJ\,mol^{-1}}$$

$$= -74.7\,\mathrm{kJ\,mol^{-1}}$$

## 【結合エネルギーと結合解離エネルギー】

分子内の各結合に割り当てられたエネルギーを**結合エネルギー**という．結合エネルギーは，分子内のある特定の結合を切るために要する**結合解離エネルギー**とは異なることがあるので注意が必要である（→ 例題 12.9）．

$$\mathrm{HCl(g) \to H(g) + Cl(g)} \quad \Delta H = 432\,\mathrm{kJ\,mol^{-1}}$$

この反応の反応熱は H と Cl の結合を切るために必要なエネルギーで，H と Cl の結合エネルギーでもあり，また結合解離エネルギーでもある．このように，ある分子が成分原子に解離するときの反応熱を**原子化熱**という．逆に，ある分子が成分原子から生成するときの反応熱を**原子生成熱**という．原子生成熱は原子化熱の符号を変えたものに等しい．結合エネルギーは，標準生成熱の値から Hess の法則を利用して求められる．代表的な結合の結合エネルギーは表 9.2 に示してある．

**例題 12.9** $\mathrm{H_2O}$ 分子の原子化熱から O—H 結合の結合エネルギー $D(\mathrm{O{-}H})$ を求めよ．必要な数値は巻末の付表 2 から引用せよ．

**解** $\mathrm{H_2O(g) \to 2\,H(g) + O(g)}$ の $\Delta H$ が $D(\mathrm{O{-}H})$ の 2 倍である． (1)

巻末の付表 2 にある標準生成熱から，

$$\mathrm{H_2(g) + \tfrac{1}{2}O_2(g) \to H_2O(g)} \quad \Delta H^\circ_{298} = -241.8\,\mathrm{kJ\,mol^{-1}} \tag{2}$$

$$\frac{1}{2} H_2(g) \to H(g) \qquad \Delta H^\circ_{298} = 217.9 \text{ kJ mol}^{-1} \qquad (3)$$

$$\frac{1}{2} O_2(g) \to O(g) \qquad \Delta H^\circ_{298} = 247.5 \text{ kJ mol}^{-1} \qquad (4)$$

(1) = (3) × 2 + (4) − (2) であるので,

$$\Delta H = 2 \times 217.9 \text{ kJ} + 247.5 \text{ kJ} - (-241.8 \text{ kJ}) = 925.1 \text{ kJ}$$

したがって, $D(\text{O—H}) = \dfrac{925.1}{2 \text{ mol}} \text{ kJ} = 462.6 \text{ kJ mol}^{-1}$.

この水分子の結合エネルギーは H—O—H の平均結合エネルギーである. 水分子にある2本の O—H 結合を順に切る結合解離エネルギーは $D(\text{HO—H}) = 498.7 \text{ kJ}$, $D(\text{O—H}) = 428.0 \text{ kJ}$ である. 一般に, 結合エネルギーはその結合が存在する分子や位置によって多少異なるものであるが, 適当な平均値を得ることにより, 結合の強さの目安として役立っている.

## 【格子エネルギー(結晶エネルギー)】

イオン結晶を, ばらばらの気体状態の構成イオンに分解するときのエンタルピー変化を**格子エネルギー**あるいは**結晶エネルギー**という. 格子エネルギーは Hess の法則を用いて, 図12.4に示すような **Born-Haber(ボルン-ハーバー)サイクル**により求められる.

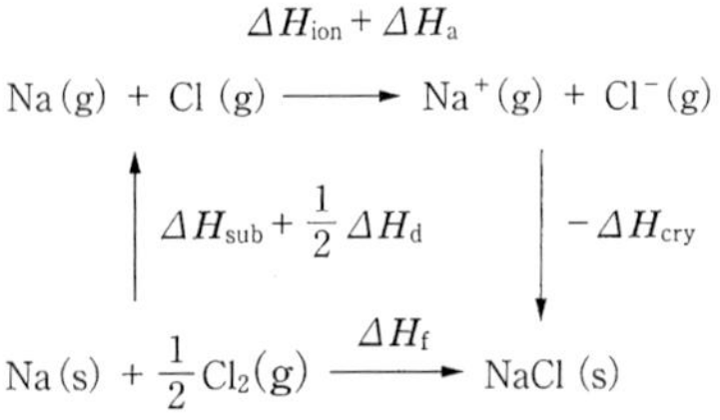

図12.4 NaCl(s) の格子エネルギーを求める Born-Haber サイクル

NaCl(s)の標準生成熱　$Na(s) + \frac{1}{2} Cl_2(g) \to NaCl(s)$　$\Delta H_f = -411.0 \text{ kJ mol}^{-1}$

Na(s)の標準昇華熱　$Na(s) \to Na(g)$　$\Delta H_{sub} = 107.3 \text{ kJ mol}^{-1}$

$Cl_2(g)$の標準解離熱　$Cl_2(g) \to 2Cl(g)$　$\Delta H_d = 243.4 \text{ kJ mol}^{-1}$

Na(g)のイオン化エネルギー　$Na(g) \to Na^+(g)$　$\Delta H_{ion} = 495 \text{ kJ mol}^{-1}$

Cl(g)の電子親和力　$Cl(g) \to Cl^-(g)$　$\Delta H_a = -348.3 \text{ kJ mol}^{-1}$

**例題 12.10** 図12.4から塩化ナトリウム結晶の格子エネルギー $\Delta H_{cry}$ を求めよ.

**解** 図12.4の各過程の反応熱から, $-\Delta H_f + \Delta H_{sub} + \frac{1}{2} \Delta H_d + \Delta H_{ion} + \Delta H_a -$

$\Delta H_{cry} = 0$ である．これより $\Delta H_{cry} = 787\,\mathrm{kJ\,mol^{-1}}$ が得られる．なお金属結晶の格子エネルギーは，ばらばらの気体金属原子にするエネルギーであるため昇華熱に等しく，気体金属原子の標準生成エンタルピーに等しい．

## 【イオンの水和エネルギー】

気体状態のイオンが水に溶けて水和イオンになるときのエネルギーを**水和エネルギー（水和熱，水和エンタルピー）**という．電解質全体としてのイオンの水和エネルギーは，格子エネルギーと電解質の溶解熱から，Hess の法則を利用して求められる（例題 12.11）．

単独イオンの水和エネルギーを測定することはできない．それを定めるには何か基準をもうける必要がある．現在いくつかの基準が提案されているが，いまだに確立されたものはない．多くの電解質では，結晶の凝集エネルギー（格子エネルギーの符号を変えたもの）の絶対値が，構成イオンの水和エネルギーの絶対値よりもいく分大きい．したがって一般に，塩・電解質が溶解するときは，吸熱反応であり，溶解度は温度の上昇とともに増大することが多い．

**例題 12.11** NaCl の格子エネルギーは $787\,\mathrm{kJ\,mol^{-1}}$，溶解熱は $4.3\,\mathrm{kJ\,mol^{-1}}$ である．NaCl の水和エネルギーを求めよ．

**解** NaCl の水和エネルギーは次の式 (1) の $\Delta H$ で与えられる．

$$\mathrm{Na^+(g) + Cl^-(g) + aq \to Na^+(aq) + Cl^-(aq)} \qquad (1)$$

また，NaCl の格子エネルギーと溶解熱は次の (2) および (3) 式で与えられる．

$$\mathrm{NaCl(s) \to Na^+(g) + Cl^-(g)} \qquad \Delta H = 787\,\mathrm{kJ\,mol^{-1}} \qquad (2)$$

$$\mathrm{NaCl(s) + aq \to Na^+(aq) + Cl^-(aq)} \qquad \Delta H = 4.3\,\mathrm{kJ\,mol^{-1}} \qquad (3)$$

(1) = (3) − (2) から，NaCl の水和エネルギーは $\Delta H = -782.7\,\mathrm{kJ\,mol^{-1}}$．水和エネルギーはほとんど凝集エネルギーに匹敵するくらい大きい．水分子とイオンの相互作用は，イオン結晶をつくるのと差のない大きさである．

表 12.4 イオン結晶の溶解とイオンの水和エネルギー（$\mathrm{kJ\,mol^{-1}}$, 298.15 K, 1 atm）

| 結晶 | NaCl | NaBr | NaI | KCl | KBr | KI |
|---|---|---|---|---|---|---|
| 格子エネルギー | 787 | 752 | 705 | 717 | 689 | 649 |
| 水への溶解熱 | 4.3 | −0.8 | −7.5 | 17.2 | 20.0 | 20.5 |
| イオンの水和エネルギー | −783 | −753 | −713 | −700 | −669 | −628 |

表12.5 イオンの標準生成熱 (kJ mol$^{-1}$. 298.15 K, 1 atm)

| 陽イオン | $\Delta H_f^\circ$ | 陽イオン | $\Delta H_f^\circ$ | 陰イオン | $\Delta H_f^\circ$ | 陰イオン | $\Delta H_f^\circ$ |
|---|---|---|---|---|---|---|---|
| H$^+$ | 0 | Fe$^{2+}$ | $-89.1$ | F$^-$ | $-332.6$ | S$^{2-}$ | 33.1 |
| Ag$^+$ | 105.8 | Fe$^{3+}$ | $-48.5$ | Cl$^-$ | $-167.2$ | I$^-$ | $-56.9$ |
| Al$^{3+}$ | $-531.0$ | K$^+$ | $-252.2$ | Br$^-$ | $-121.5$ | NO$_3^-$ | $-207.4$ |
| Ba$^{2+}$ | $-537.6$ | Mg$^{2+}$ | $-466.9$ | CH$_3$COO$^-$ | $-486.0$ | OH$^-$ | $-229.3$ |
| Ca$^{2+}$ | $-543.1$ | NH$_4^+$ | $-133.3$ | CN$^-$ | 150.6 | SO$_4^{2-}$ | $-909.6$ |
| Cu$^{2+}$ | 65.7 | Na$^+$ | $-239.5$ | CO$_3^{2-}$ | $-677.1$ | PO$_4^{3-}$ | $-1280.0$ |

## 【イオンの標準生成熱】

標準状態にある単体からイオンの水溶液を生じるときのエンタルピー変化を**イオンの標準生成熱**という.単独イオンの生成熱を求めることはできないので,水素イオンの標準生成熱を0とおく基準を定めて求められている.

$$\frac{1}{2}H_2(g) \to H^+(aq) + e \qquad \Delta H_f^\circ = 0 \qquad (12\text{-}31)$$

ここで,添字のfは生成熱であることを示す.

他のイオンの標準生成熱は,電解質の標準生成熱と溶解熱(溶解エンタルピー)から,Hessの法則を利用して求められる.イオンの標準生成熱を表12.5に示す.

**例題 12.12** 25 ℃,1 atm における HCl(g) の標準生成熱は$-92.31$ kJ mol$^{-1}$,溶解熱$-74.85$ kJ mol$^{-1}$である.Cl$^-$(aq) の標準生成熱を求めよ.

**解** HCl(g) の生成反応は $\frac{1}{2}H_2(g) + \frac{1}{2}Cl_2(g) \to HCl(g)$

$$\Delta H_{298}^\circ = -92.31 \text{ kJ mol}^{-1} \qquad (1)$$

HCl(g) の溶解反応は HCl(g) $\to$ H$^+$(aq) + Cl$^-$(aq)

$$\Delta H_{298}^\circ = -74.85 \text{ kJ mol}^{-1} \qquad (2)$$

また約束により,

$$\frac{1}{2}H_2(g) \to H^+(aq) + e \qquad \Delta H_{298}^\circ = 0 \qquad (3)$$

したがって Cl$^-$ の生成反応 $\frac{1}{2}Cl_2(g) + e \to Cl^-(aq)$ は,(1)+(2)$-$(3) で与えられる.すなわち Cl$^-$ の標準生成熱は

$$\Delta H^\circ_{298} = -92.31 + (-74.85) - 0 = -167.16 \text{ kJ mol}^{-1}$$

【反応熱の温度変化】

定圧反応熱 $\Delta H$ は，生成系のエンタルピー $H_B$ と反応系のエンタルピー $H_A$ の差である．

$$\Delta H = H_B - H_A$$

圧力一定として温度について微分すると，(12-21)式から次の式が得られる．

$$\left(\frac{\partial \Delta H}{\partial T}\right)_P = C_{P,B} - C_{P,A} = \Delta C_P \qquad (12\text{-}32)$$

$\Delta C_P$ は生成系と反応系の熱容量の差である．(12-32)式を **Kirchhoff**（キルヒホッフ）**の式**という．一般に定圧モル熱容量は式 (12-23)式のように温度の関数であるので，

$$\Delta C_P = \Delta a + (\Delta b) T + (\Delta c) T^2 \qquad (12\text{-}33)$$

のような形になる．この式を (12-32)式に代入して積分すれば，

$$\Delta H = \Delta H_0 + (\Delta a)(T - T_0) + \frac{1}{2}(\Delta b)(T^2 - T_0^2) + \frac{1}{3}(\Delta c)(T^3 - T_0^3) \qquad (12\text{-}34)$$

となる．$\Delta H_0$ は，ある温度 $T_0$ における $\Delta H$ であり，$\Delta H_0$ がわかれば他の温度における反応熱を計算することができる．

**例題 12.13** $H_2(g) + \frac{1}{2} O_2(g) \to H_2O(g)$  $\Delta H^\circ_{298} = -241.8 \text{ kJ mol}^{-1}$

である．1 atm，1000 K における $\Delta H$ を求めよ．

**解** 表 12.2 より

$$\Delta C_P = \Delta a + (\Delta b) T + (\Delta c) T^2$$
$$= \{-11.57 + 3.96 \times 10^{-3} T + 11 \times 10^{-7} T^2\} \text{ J K}^{-1} \text{ mol}^{-1}$$

である．(12-34)式から

$$\Delta H = -241.8 - 11.57 \times 10^{-3} (1000 - 298)$$
$$+ 1.98 \times 10^{-6} (1000^2 - 298^2) + 3.67 \times 10^{-10} (1000^3 - 298^3)$$
$$= -241.8 - 8.1 + 1.8 + 0.36 = -247.7 \text{ kJ mol}^{-1}$$

## 練習問題 12

⟨1⟩ 25 ℃, 1 atm の水 1 $l$ を, 冷凍庫で $-15$ ℃の氷にするとき放出される熱を求めよ. 1 atm における水の平均モル熱容量は $C_P = 75.4$ J K$^{-1}$ mol$^{-1}$, 氷の平均モル熱容量は 35.6 J K$^{-1}$ mol$^{-1}$ で, 氷の融解熱は 6.01 kJ mol$^{-1}$ である.

⟨2⟩ 0 ℃, 1 atm で 10.0 dm$^3$ を占める単原子理想気体 ($C_V = 12.47$ J K$^{-1}$ mol$^{-1}$) がある.
　(i) 1 atm のもとで 0 ℃から 100 ℃まで熱するとき, 吸収する熱および外界になす仕事はいくらか.
　(ii) 容積不変の密閉容器中で 0 ℃から 100 ℃まで熱するとき, 吸収する熱, 内部エネルギー変化およびエンタルピー変化はいくらか.

⟨3⟩ 酸と塩基を中和したときの定圧反応熱 $\Delta H$ (中和熱) を求めよ. H$^+$(aq), OH$^-$(aq), H$_2$O の標準生成熱はそれぞれ, 0, $-229.3$ kJ mol$^{-1}$, $-285.8$ kJ mol$^{-1}$ とする.

⟨4⟩ 巻末の付表 2 の標準生成熱の値を用いて, 25 ℃, 1 atm におけるエタノールの定圧燃焼熱を求めよ. また定積反応熱はいくらか.

⟨5⟩ 次の反応で, 水素の原子化熱, H—H 結合の結合エネルギー, H—H 結合の結合解離エネルギーおよび水素原子の標準生成熱を求めよ.

$$\text{H}_2(\text{g}) \rightarrow 2\,\text{H}(\text{g}) \qquad \Delta H^\circ_{298} = 436\text{ kJ}$$

⟨6⟩ 結晶の成分イオンを気体イオンにするために必要なエネルギーを格子エネルギーという. 気体イオンを水に溶かして水和イオンとするとき出入りするエネルギーを水和エネルギーという. イオン結晶を多量の水に溶解するときの熱を溶解熱という. KCl の格子エネルギーは 717 kJ mol$^{-1}$, 溶解熱は 17.2 kJ mol$^{-1}$ である. KCl の水和エネルギーを求めよ.

⟨7⟩ メタンの生成熱は $-75$ kJ mol$^{-1}$, 炭素の昇華熱 (気化熱) は 717 kJ mol$^{-1}$, H—H 結合の結合解離エネルギーは 436 kJ とする. C—H 結合の結合エネルギーを求めよ.

⟨8⟩ NaCl(s) の，水への溶解熱を求めよ．NaCl(s) の標準生成熱は $\Delta H_f^\circ = -411 \text{ kJ mol}^{-1}$．$\text{Na}^+(\text{aq})$ と $\text{Cl}^-(\text{aq})$ の標準生成熱は表 12.5 を見よ．

---

# 解　答

⟨1⟩ 水の密度を $1.0 \text{ g ml}^{-1}$ として，水 1 $l$ の物質量は $\dfrac{1000}{18} = 55.5 \text{ mol}$ である．

$$\Delta H = 55.5 \text{ mol} \{75.4 \text{ J K}^{-1} \text{ mol}^{-1} \times (273 - 298) \text{ K}$$
$$-6010 \text{ J mol}^{-1} + 35.6 \text{ J K}^{-1} \text{ mol}^{-1} \times (258 - 273) \text{ K}\}$$
$$= -467.8 \text{ kJ}$$

したがって，放出される熱は 467.8 kJ．

⟨2⟩ 物質量は $n = \dfrac{10.0}{22.4} = 0.446 \text{ mol}$．$C_V = 12.47 \text{ J K}^{-1} \text{ mol}^{-1}$ なので (12-22)式から $C_P = 12.47 + R = 20.78 \text{ J K}^{-1} \text{ mol}^{-1}$ である．

（ i ） $q = 0.446 \text{ mol} \times 20.79 \text{ J K}^{-1} \text{ mol}^{-1} (373 - 273) \text{ K} = 926.8 \text{ J}$

$$w = -0.446 \text{ mol} \times 1 \text{ atm} \times 8.314 \text{ J K}^{-1} \text{ mol}^{-1} \left(\dfrac{373 \text{ K}}{1 \text{ atm}} - \dfrac{273 \text{ K}}{1 \text{ atm}}\right)$$
$$= -370.8 \text{ J}$$

（ii） $q = 0.446 \text{ mol} \times 12.47 \text{ J K}^{-1} \text{ mol}^{-1} (373 - 273) \text{ K} = 556.2 \text{ J}$　だから

$\Delta U = q = 556.2 \text{ J}$

$\Delta H = \Delta(U + PV) = \Delta U + \Delta(PV) = \Delta U + nR\Delta T$　だから

$\Delta H = 556.2 \text{ J} + 0.446 \text{ mol} \times 8.314 \text{ J K}^{-1} \text{ mol}^{-1} (373 - 273) \text{ K}$
$= 927.0 \text{ J}$

⟨3⟩ 酸と塩基の中和反応は $\text{H}^+(\text{aq}) + \text{OH}^-(\text{aq}) = \text{H}_2\text{O}$ である．この反応の $\Delta H$ は (12-30)式から

$$\Delta H = \{-285.8 - (-229.3)\} \text{ kJ mol}^{-1} = -56.5 \text{ kJ mol}^{-1}$$

⟨4⟩ エタノールの燃焼反応は $\text{C}_2\text{H}_5\text{OH}(\text{l}) + 3\text{O}_2(\text{g}) \rightarrow 2\text{CO}_2(\text{g}) + 3\text{H}_2\text{O}(\text{l})$ である．(12-30)式から

$$\Delta H = 2(-393.5) + 3(-285.8) - (-277.6) - 3 \times 0$$
$$= -1366.8 \text{ kJ mol}^{-1}$$

気体分子の物質量の変化は $-1 \text{ mol}$ だから，定積反応熱は，(12-29)式より

$$\Delta U = -1366.8 \text{ kJ mol}^{-1} - (-1) \times 8.314 \text{ J mol}^{-1} \text{ K} \times 298 \text{ K}$$
$$= -1364.3 \text{ kJ mol}^{-1}$$

⟨5⟩ 与えられた反応の $\Delta H$ は水素の原子化熱であるが, H—H 結合の結合エネルギーおよび H—H 結合の結合解離エネルギーでもある. またこの熱の $\frac{1}{2}$ が, 水素原子の標準生成熱である.

⟨6⟩ KCl の水和エネルギーは次の式(1) の $\Delta H$ で与えられる.

$$\text{K}^+(\text{g}) + \text{Cl}^-(\text{g}) + \text{aq} \to \text{K}^+(\text{aq}) + \text{Cl}^-(\text{aq}) \tag{1}$$

また KCl の格子エネルギーと溶解熱は, 次の(2)および(3)式で与えられる.

$$\text{KCl(s)} \to \text{K}^+(\text{g}) + \text{Cl}^-(\text{g}) \qquad \Delta H = 717 \text{ kJ mol}^{-1} \tag{2}$$

$$\text{KCl(s)} + \text{aq} \to \text{K}^+(\text{aq}) + \text{Cl}^-(\text{aq}) \qquad \Delta H = 17.2 \text{ kJ mol}^{-1} \tag{3}$$

(1) = (3) − (2) だから, KCl の水和エネルギーは $\Delta H = -699.8 \text{ kJ mol}^{-1}$.

⟨7⟩ C—H 結合の結合エネルギーは, 次の反応(1)における $\Delta H$ の $\frac{1}{4}$ である.

$$\text{CH}_4(\text{g}) \to \text{C(g)} + 4 \text{ H(g)} \tag{1}$$

メタンの生成熱, 炭素の昇華熱(気化熱), H—H 結合の結合解離エネルギーは, 次の反応(2), (3), (4)で与えられる.

$$\text{C(s)} + 2 \text{ H}_2(\text{g}) \to \text{CH}_4(\text{g}) \qquad \Delta H = -75 \text{ kJ mol}^{-1} \tag{2}$$

$$\text{C(s)} \to \text{C(g)} \qquad \Delta H = 717 \text{ kJ mol}^{-1} \tag{3}$$

$$\text{H}_2(\text{g}) \to 2 \text{ H(g)} \qquad \Delta H = 436 \text{ kJ mol}^{-1} \tag{4}$$

(1) = (3) + 2 × (4) − (2) であるから, (1) の $\Delta H = 1664$ kJ である. したがって, C—H 結合エネルギーは 416 kJ mol$^{-1}$ となる.

⟨8⟩ NaCl(s)の生成反応は

$$\text{Na(s)} + \frac{1}{2}\text{Cl}_2(\text{g}) \to \text{NaCl(s)} \qquad \Delta H_f^\circ = -411 \text{ kJ mol}^{-1} \tag{1}$$

Na$^+$(aq)と Cl$^-$(aq)の生成反応は, それぞれ

$$\text{Na(s)} + \text{aq} \to \text{Na}^+(\text{aq}) + \text{e} \qquad \Delta H_f^\circ = -239.5 \text{ kJ mol}^{-1} \tag{2}$$

$$\frac{1}{2}\text{Cl}_2(\text{g}) + \text{e} \to \text{Cl}^-(\text{aq}) \qquad \Delta H_f^\circ = -167.2 \text{ kJ mol}^{-1} \tag{3}$$

NaCl(s)の溶解反応は NaCl(s) → Na$^+$(aq) + Cl$^-$(aq) であり, これは (2) + (3) − (1) で与えられるので NaCl(s)の溶解熱は

$$\Delta H_f^\circ = \{-239.5 - 167.2 - (-411)\} \text{ kJ mol}^{-1} = 4.3 \text{ kJ mol}^{-1}$$

# 第13章 熱力学第二法則

　自然界において，熱は温度の高い方から低い方に流れ，その逆は起こらない．しかし，塩化ナトリウムが水に溶解する反応は，吸熱反応でありながら自然に起こる．これは一見，自然界における熱の流れに逆行する変化が起こっているように見える．実は自然界における自発変化の方向を示すものとして，「乱雑さの増す方向へ進む」という今一つの原理がある．これは，2種類の気体が熱の出入りとは関係なく自然に混合したり，水を入れたビーカー内に落とした一滴の赤インキが自然に拡散し，やがて均一な水溶液となることからもわかる．この乱雑さの指標となる状態量が「エントロピー」とよばれるものであり，エントロピーを定式化したものが熱力学第二法則である．熱力学第一法則と第二法則を合わせると，自然界における自発変化の方向を予測することができる．

## §13.1　熱力学第二法則

　蒸気機関のように，作業物質を加熱膨張させ機械的な仕事を行わせる装置を**熱機関**という．熱機関は高温の熱源から熱をとり，一部を仕事に変えたのち，残りの熱を低温の熱源に放出して元の状態にもどる．この1サイクルの間に高熱源から $q_1$ の熱を取り（$q_1 > 0$），低熱源に $-q_2$ の熱を放出（$q_2 < 0$）し，外界に $-w$ の仕事をした（$w < 0$）とすると，第一法則から $\Delta U = q_1 + q_2 + w = 0$ となる．系が外界になした仕事と高熱源から吸収した熱との比をこの熱機関の**効率**と定義し，次のように表す．

$$e = -\frac{w}{q_1} = \frac{q_1 + q_2}{q_1} \qquad (13\text{-}1)$$

ここで $q_2 = 0$ なら $e = 1$ となり，この機関は1サイ

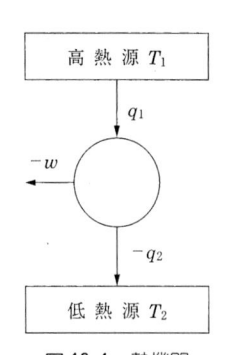

図13.1　熱機関

クルの間に高熱源から得た熱をすべて仕事に変えたことになる。経験によれば、そのような熱機関は存在せず、必ず $q_2 < 0$ であり、$e < 1$ である。すなわち、「効率 100 % の熱機関は実在しない」。これを**熱力学第二法則**という。

　熱源から得た熱を 1 サイクルのうちにすべて仕事に変え得るような熱機関は「第 2 種の永久機関」とよばれる。そこで熱力学第二法則は「第 2 種の永久機関を作ることは不可能である」とも表現される。このほか、熱力学第二法則には種々な言い表し方がある。「熱を高熱源から低熱源に移すことなく、可逆サイクルによって仕事を得ることはできない（Kelvin の原理）」ともいわれる。また、低熱源から高熱源に熱が自然に移ることもない。それゆえ、「低熱源から高熱源に熱を移すとき、外部に何らの変化も残さないようなサイクルを行う機関は存在しない（Clausius の原理）」ともいわれる。もし、そのような熱機関が存在するなら、大地や海洋から熱を得て、これをすべて仕事にかえる熱機関ができるはずである。われわれは、そのような熱機関が存在しえないことを経験から知っている。

## §13.2　可逆サイクルとエントロピー

　効率 100 % の熱機関は存在しないが、熱機関の効率に対しては、次の **Carnot の定理**が証明されている。「温度 $T_1$ なる高熱源と温度 $T_2$ なる低熱源の間で働く可逆サイクルを行う熱機関の効率は、両熱源の温度だけで決まり、不可逆サイクルの効率は可逆サイクルの効率より小さい」。

　サイクルの各段階が可逆なら、このサイクルを**可逆サイクル**という。これに対してサイクル中に摩擦などでエネルギーの損失をともなう段階が含まれたサイクルを**不可逆サイクル**という。不可逆過程の放熱量は可逆過程よりも多い。

Carnot の定理を式で表すと次のようになる（図 13.1 のサイクルを用いる）。

$$e = \frac{q_1 + q_2}{q_1} \leqq \frac{T_1 - T_2}{T_1} \qquad (13\text{-}2)$$

ここで、等号は可逆サイクルを、不等号は不可逆サイクルを表す。可逆サイクルに対しては、(13-2) 式を書きかえると次の関係が得られる。

$$\frac{q_1}{T_1} + \frac{q_2}{T_2} = 0 \tag{13-3}$$

可逆サイクルを行って元にもどったとき，$\frac{q}{T}$ 量についての和がゼロになったということは，系には $\frac{q}{T}$ で表される状態量が存在するということを示している．この状態量をエントロピーとよぶ．エントロピーは微小変化に対して

$$dS = \frac{d'q_{\text{rev}}}{T} \tag{13-4}$$

と定義される．ここで，添字の rev は可逆過程を，′は熱が状態量ではないことを示す（→ p. 223）．状態 A と状態 B におけるエントロピーをそれぞれ $S_A$，$S_B$ とすれば，状態 A から状態 B への変化に対するエントロピーの変化 $\Delta S$ は，次式で与えられる．

$$\Delta S = S_B - S_A = \int_A^B \frac{d'q_{\text{rev}}}{T} \tag{13-5}$$

定温可逆過程に対するエントロピー変化は次のようになる．

$$\Delta S = \frac{q_{\text{rev}}}{T} \tag{13-6}$$

**例題 13.1** 300 ℃ と 100 ℃ の間で働く蒸気機関の効率はいくらか．

**解** (13-2) 式から $e = \dfrac{573\,\text{K} - 373\,\text{K}}{573\,\text{K}} = 0.35$

## §13.3 不可逆過程とエントロピー

不可逆サイクルの効率は可逆サイクルの効率より小さいので，(13-2) 式から

$$\frac{q_1}{T_1} + \frac{q_2}{T_2} < 0 \tag{13-7}$$

となる．(13-7) 式の関係を拡張し，一般に，任意のサイクルにおいて，そのサイクル中に不可逆過程が含まれていると，次の関係が成り立つ．

$$\oint \frac{d'q_{\text{irr}}}{T} < 0 \tag{13-8}$$

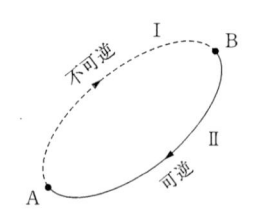

図 13.2 不可逆サイクル

添字の irr は不可逆過程が含まれていることを示す．

いま，状態 A から不可逆的に状態 B に達し，次いで，可逆的に状態 A に戻るサイクルを考えると（図13.2），(13-8)式から次の関係が得られる．

$$\int_A^B \frac{d'q_{\text{irr}}}{T} + \int_B^A \frac{d'q_{\text{rev}}}{T} < 0 \tag{13-9}$$

このとき，可逆的に B に達してから不可逆的に A にもどることはできない．なぜなら不可逆過程では摩擦などによるエネルギーの損失があり，放熱量が可逆過程より大きいので，A にもどるにはエネルギーが不足するからである．サイクルでは元にもどれるように可逆過程と不可逆過程を組み合わさなければならない．

(13-9)式の左辺の第 2 項は，(13-5)式から次のようになる．

$$\int_B^A \frac{d'q_{\text{rev}}}{T} = S_A - S_B = -(S_B - S_A) = -\int_A^B \frac{d'q_{\text{rev}}}{T} = -\Delta S$$

したがって，(13-9)式は

$$\Delta S > \int_A^B \frac{d'q_{\text{irr}}}{T} \tag{13-10}$$

となる．微小変化に対しては，次のように表される．

$$dS > \frac{d'q_{\text{irr}}}{T} \tag{13-11}$$

ここで，可逆過程と不可逆過程を合わせると，一般に次のような関係式が得られる．

$$\Delta S \geqq \int_A^B \frac{d'q}{T} \tag{13-12}$$

$$dS \geqq \frac{d'q}{T} \tag{13-13}$$

(13-12)式，(13-13)式を **Clausius の式** といい，これが，熱力学第二法則の数学的表現である．等号は可逆過程に，不等号は不可逆過程に適用される．

## 【自然界のエントロピー】

　自然界において自発的に起こる変化はすべて不可逆過程である．自然界において，ある系の状態が状態 A から状態 B へ自発的に変化したとする．このときの系のエントロピーは状態量であるため，その変化は可逆過程でも不可逆過程でも同じであり，$\Delta S = S_B - S_A$ である．一方，外界（熱源）が供給した熱は $d'q_{irr}$ の総和であるから，外界のエントロピー変化は

$$-\int_A^B \frac{d'q_{irr}}{T}$$

したがって，系と外界を合わせた全体のエントロピー変化は (13-12) 式から

$$\Delta S - \int_A^B \frac{d'q_{irr}}{T} > 0 \tag{13-14}$$

となる．すなわち不可逆過程において，系と外界を合わせた全体のエントロピーは増大する．したがって自然界で変化が起これば
エントロピーは必ず増大するのである．それゆえ，熱力学第二法則は「エントロピー増大の法則」ともいわれる．

## 【孤立系・断熱系】

　孤立系や断熱系では外界との間に熱の出入りがないので $d'q = 0$ である．したがって (13-13) 式および (13-12) 式より，次の関係が成り立つ．

$$dS \geq 0 \qquad \Delta S \geq 0 \tag{13-15}$$

　すなわち孤立系や断熱系におけるエントロピーは，不可逆過程（自発変化）であれば増大し，可逆過程（平衡状態）であれば不変である．自発変化は不可逆過程であるから，自発変化が起こればエントロピーは増大する．極大に達するとそれ以上エントロピーは変化せず，自発変化は起こらなくなる．これが平衡状態であり，「$dS = 0$ が孤立系や断熱系の平衡の条件である」．

## §13.4　エントロピーの計算

　系のエントロピーは状態量であるから，変化の経路とは無関係に，初めの状態と終わりの状態だけで決まる．変化が可逆過程であっても不可逆過程であっ

ても系のエントロピーの変化量は同じである．我々は不可逆過程において，変化の過程における系の状態量を特定することができない．したがってエントロピーの変化は，適当な可逆過程を組み合わせて計算される．そのためには基本となる可逆過程に対するエントロピーの求め方を知っておくことが必要である．閉じた系については，次に示す（ⅰ）～(ⅳ)の過程を任意に組み合わせることにより，系のあらゆるエントロピー変化を計算することができる．

## （ⅰ）理想気体の定温体積変化にともなうエントロピー変化

理想気体の定温可逆体積変化（$V_1, P_1 \to V_2, P_2$）において系に出入りする熱は，(12-18)式で与えられる．(12-18)式と(13-6)式から，この過程に対するエントロピー変化が次式で与えられる．

$$\Delta S = \frac{q_{\text{rev}}}{T} = nR \ln \frac{V_2}{V_1} = nR \ln \frac{P_1}{P_2} \tag{13-16}$$

この式は，「気体のエントロピーは定温膨張で増大する」ことを示している．

**例題 13.2** 25℃において，容器に密閉した2 molの酸素を，10 atmから1 atmに膨張させた．このときのエントロピー変化を求めよ．ただし酸素は理想気体とする．

**解** (13-16)式から

$$\Delta S = 2 \text{ mol} \times (8.314 \text{ J mol}^{-1} \text{ K}^{-1}) \times \ln \frac{10}{1} = 38.3 \text{ J K}^{-1}$$

## （ⅱ）相変化にともなうエントロピー変化

氷の融解や水の沸騰などの相転移が平衡状態で行われるとき，相転移温度は一定であるから，相転移のエントロピーは(13-6)式より，相転移熱を相転移の温度で割ったものに等しい．融解熱を$\Delta H_{\text{fus}}$，融点を$T_{\text{f}}$とすると，融解によるエントロピー変化$\Delta S_{\text{fus}}$は

$$\Delta S_{\text{fus}} = \frac{\Delta H_{\text{fus}}}{T_{\text{f}}} \tag{13-17}$$

蒸発熱を$\Delta H_{\text{vap}}$，沸点を$T_{\text{b}}$とすると，蒸発によるエントロピー変化$\Delta S_{\text{vap}}$は

$$\Delta S_{\text{vap}} = \frac{\Delta H_{\text{vap}}}{T_b} \tag{13-18}$$

ここで，$\Delta H_{\text{fus}}$ と $\Delta H_{\text{vap}}$ は必ず正の値となるので，「固体が融解したり，液体が蒸発したりするときはエントロピーは増大する」．

**例題 13.3** 1 atm のもとで 100 ℃ の水を 100 ℃ の水蒸気にするときの，1 mol あたりのエントロピー変化を計算せよ．ここで，水のモル蒸発熱は 100 ℃ で 40.66 kJ mol$^{-1}$ である．

**解** 水の蒸発のエントロピー変化は

$$\Delta S = \frac{1\,\text{mol} \times 40.66\,\text{kJ mol}^{-1}}{373\,\text{K}} = 109.0\,\text{J K}^{-1}$$

多くの液体は標準沸点におけるモル蒸発エントロピーがほぼ 88 J K$^{-1}$ mol$^{-1}$ である．水やエタノールのように液体で水素結合しているものはこれより大きく，酢酸のように気体で二量化しているものではこれより小さい（表 13.1）．

**表 13.1** モル蒸発エントロピー（1 atm）

| 物　　質 | $T_b$(K) | $\Delta H_{\text{vap}}$(J mol$^{-1}$) | $\Delta S_{\text{vap}}$(J K$^{-1}$ mol$^{-1}$) |
|---|---|---|---|
| 水　　素 | 20.4 | 904 | 44 |
| 二硫化炭素 | 319.5 | 26780 | 84 |
| クロロホルム | 334 | 29500 | 88 |
| 四塩化炭素 | 350 | 30000 | 86 |
| エタノール | 351 | 38750 | 110 |
| ベンゼン | 353 | 30760 | 87 |
| 水 | 373 | 40670 | 109 |
| 酢　　酸 | 391 | 24390 | 62 |

**(iii) 温度変化にともなうエントロピー変化**

定圧のもとで外界から系に与えられる熱はエンタルピー変化であるから，その微小量は，(12-21)式から次のように表される．

$$d'q_P = dH = C_P\,dT \tag{13-19}$$

これを (13-4) 式に代入すると，エントロピー変化の微小量は次のように表される．

$$dS = \frac{d'q_P}{T} = \frac{C_P\,dT}{T} \tag{13-20}$$

したがって，温度 $T_1$ から $T_2$ への変化に対しては

$$\Delta S = \int_{T_1}^{T_2} \frac{C_P \, \mathrm{d}T}{T} = \int_{T_1}^{T_2} C_P \, \mathrm{d}\ln T \tag{13-21}$$

となる．$C_P$ が温度によって変らないのなら

$$\Delta S = C_P \ln \frac{T_2}{T_1} \tag{13-22}$$

定積過程を，上と同様に求めると，エントロピー変化は次のようになる．

$$\Delta S = \int_{T_1}^{T_2} \frac{C_V \, \mathrm{d}T}{T} = \int_{T_1}^{T_2} C_V \, \mathrm{d}\ln T \tag{13-23}$$

$C_V$ が温度によって変らないのなら，次のようになる．

$$\Delta S = C_V \ln \frac{T_2}{T_1} \tag{13-24}$$

$C_P$ や $C_V$ が温度によって変るのなら，(12-23)式の関係を (13-21)式や (13-23)式に代入し，これらの式を積分して求めればよい．いずれの場合も，「系の温度が上昇するとエントロピーは増大する」．

**例題 13.4** 1 atm のもとで 0 ℃ の氷を 100 ℃ の水蒸気にするときの，1 mol あたりのエントロピー変化を計算せよ．ここで氷のモル融解熱は 0 ℃ で 6.01 kJ mol$^{-1}$，水のモル蒸発熱は 100 ℃ で 40.66 kJ mol$^{-1}$，水の平均定圧モル熱容量は 75.4 J K$^{-1}$ mol$^{-1}$ である．

**解** 氷の融解のエントロピー変化は

$$\Delta S_1 = \frac{1 \, \mathrm{mol} \times 6.01 \, \mathrm{kJ \, mol^{-1}}}{273 \, \mathrm{K}} = 22.0 \, \mathrm{J \, K^{-1}}$$

蒸発のエントロピー変化は

$$\Delta S_2 = \frac{1 \, \mathrm{mol} \times 40.66 \, \mathrm{kJ \, mol^{-1}}}{373 \, \mathrm{K}} = 109.0 \, \mathrm{J \, K^{-1}}$$

0 ℃ の水を 100 ℃ の水にするときのエントロピー変化は

$$\Delta S_3 = 1 \, \mathrm{mol} \times 75.4 \, \mathrm{J \, K^{-1} \, mol^{-1}} \times 2.303 \log \frac{373}{273} = 23.5 \, \mathrm{J \, K^{-1}}$$

合計すると，$\Delta S = \Delta S_1 + \Delta S_2 + \Delta S_3 = 154.5 \, \mathrm{J \, K^{-1}}$ となる．

(iv) 理想気体の混合のエントロピー変化

圧力 $P$, 温度 $T$ のもとで, 2 種類の理想気体 1 および 2 を混合すると, 混合後の分圧 $p_1$, $p_2$ は次のようになる.

$$p_1 = Px_1 \qquad p_2 = Px_2 \tag{13-25}$$

ここに, $x_1$, $x_2$ は気体 1 および気体 2 のモル分率である. それぞれの気体は, 一定温度のもとで圧力 $P$ からそれぞれ $p_1$ および $p_2$ に変化したので, そのときのエントロピー変化は, (13-16)式から次のようになる.

$$\begin{aligned}\Delta S &= n_1 R \ln \frac{P}{p_1} + n_2 R \ln \frac{P}{p_2} \\ &= -R(n_1 \ln x_1 + n_2 \ln x_2)\end{aligned} \tag{13-26}$$

ここで, $n_1$, $n_2$ は気体 1 および気体 2 の物質量である. 理想気体においては分子間に何らの相互作用もないので, そのほかにエネルギーの出入りはなく, (13-26)式が混合によるエントロピー変化を与える式である. 一般に, 2 種以上の理想気体の混合によるエントロピー変化は, 次の式で与えられる.

$$\Delta S = -R \sum_i n_i \ln x_i \tag{13-27}$$

ただし, $n_i$, $x_i$ は各々気体 $i$ の物質量とモル分率. 異種気体を混合するときは $x_i < 1$ であるから, 「異種気体を混合するときエントロピーは増大する」.

**例題 13.5** 25 ℃, 1 atm において, 1 mol の $O_2$ と 4 mol の $N_2$ を混合したときのエントロピー変化を求めよ. ただし気体は理想気体とする.

**解** (13-26)式より

$$\Delta S = -8.314 \text{ J mol}^{-1} \text{ K}^{-1} \left(1 \text{ mol} \times \ln \frac{1}{5} + 4 \text{ mol} \times \ln \frac{4}{5}\right) = 20.8 \text{ J K}^{-1}$$

## §13.5 標準エントロピー・熱力学第三法則

エントロピーの絶対値を決めるために, Plank は「純物質の完全結晶のエントロピーは絶対零度において 0 である」という法則を提出した. この法則は熱力学第三法則とよばれている. 完全結晶とは, すべての原子が結晶中に規則正しく配列した理想的な結晶のことである.

純物質の完全結晶の温度を，一定圧力のもとで0 KからT Kまで上げるとき，さまざまな相転移と相の温度変化が起こるので，0 Kにおけるエントロピーを$S(0)$とするとエントロピー変化は次のように表される．

$$S = S(0) + \sum_i \frac{\Delta H_{\text{tr},i}}{T_{\text{tr},i}} + \sum_j \int_{T_{j,1}}^{T_{j,2}} \frac{C_{P,j}}{T} \mathrm{d}T \tag{13-28}$$

ここで$\Delta H_{\text{tr},i}$と$T_{\text{tr},i}$は$i$番目の相転移熱と転移温度，$C_{P,j}$は相$j$の熱容量，$T_{j,1}$および$T_{j,2}$は相$j$における変化前と後の温度を表す．$S(0) = 0$とすると，任意の温度における純物質のエントロピーの絶対値を定めることができる．このようにして求めたエントロピーを第三法則エントロピーという．標準状態（1 atm）にある物質1 molのエントロピーを標準エントロピーという．巻末の付表2にこれを示す．化学反応にともなうエントロピー変化は，生成系のエントロピーと反応系のエントロピーの差として求められる．

**例題 13.6** 1 atm，298 Kにおける水$H_2O(l)$の，生成反応の標準エントロピー変化を計算せよ．必要なデータは巻末の付表2から引用せよ．

**解** $H_2O(l)$の生成反応は$H_2(g) + \frac{1}{2}O_2(g) \to H_2O(l)$である．この反応の標準エントロピー変化は

$$\Delta S^\circ = S^\circ(H_2O(l)) - S^\circ(H_2(g)) - \frac{1}{2}S^\circ(O_2(g))$$

$$= \{69.9 - 130.6 - \frac{1}{2} \times 205.0\} \text{ J K}^{-1}\text{ mol}^{-1}$$

$$= -163.2 \text{ J K}^{-1}\text{ mol}^{-1}$$

## §13.6 エントロピーの分子論的解釈

気体の膨張，固体の融解，液体の蒸発においては，エントロピーが増大することを見てきた．これらの過程を分子論的に考えてみると，いずれの過程でも無秩序性または乱雑さが増大するときエントロピーが増大しているように思われる．空間的な乱雑さが大きいということは，系を構成する粒子が広く分布し，その分子を任意の場所に見出す確率が大きいということでもある．一般に，この確率は系の取り得る状態の数に対応づけられ，熱力学的確率とよばれ

ている.2つの系のエントロピーには和の法則が,また,2つの系の確率には乗法が成り立つことから,エントロピー $S$ と確率とは次の関係で結ばれると考えられた.

$$S = k \ln W \qquad (13\text{-}29)$$

ここで,$W$ は熱力学的確率であり,$k$ は Boltzman 定数である.この式を **Boltzman の関係式**という.

完全結晶では原子が完全に規則正しい配列をしているので,取り得る状態は1つしかなく $W=1$ である.したがって $S=0$ となる.これが熱力学第三法則の分子論的解釈である.

**例題 13.7** 定温定圧で2種の理想気体を混合するときの,エントロピー変化を与える (13-26)式が,(13-29)式の関係から導かれることを示せ.

**解** 混合前,気体1および気体2のモル数はそれぞれ $n_1$,$n_2$ であり,体積は $V_1$,$V_2$ であったとする.空間を体積 $v$ なる微小空間に分割したとすると,気体分子1個の取り得る配置の数は微小空間の数に等しい.アボガドロ定数を $L$ とおくと,混合前に気体1と気体2の取り得る配置の数は,それぞれ

$$\left(\frac{V_1}{v}\right)^{n_1 L} \quad \text{および} \quad \left(\frac{V_2}{v}\right)^{n_2 L}$$

であり,混合後はそれぞれ

$$\left(\frac{V_1+V_2}{v}\right)^{n_1 L} \quad \text{および} \quad \left(\frac{V_1+V_2}{v}\right)^{n_2 L}$$

となる.混合によるエントロピー変化は,これらを (13-29)式に代入して次のように求められる.

$$\begin{aligned}
\Delta S &= k \ln \frac{\{(V_1+V_2)/v\}^{n_1 L}}{(V_1/v)^{n_1 L}} + k \ln \frac{\{(V_1+V_2)/v\}^{n_2 L}}{(V_2/v)^{n_2 L}} \\
&= -k n_1 L \ln\left(\frac{V_1}{V_1+V_2}\right) - k n_2 L \ln\left(\frac{V_2}{V_1+V_2}\right)
\end{aligned}$$

ここで,気体定数 $R = kL$,モル分率 $x_1 = \dfrac{V_1}{V_1+V_2}$,$x_2 = \dfrac{V_2}{V_1+V_2}$ とすると

$$\Delta S = -R(n_1 \ln x_1 + n_2 \ln x_2) \qquad (13\text{-}26)$$

となる.

## §13.7 ヘルムホルツエネルギーとギブスエネルギー，自発変化と平衡の条件

熱力学第一法則を表す (12-3) 式と，熱力学第二法則を表す (13-13) 式から

$$dU - TdS \leq d'w \tag{13-30}$$

が得られる．ここで，等号は可逆過程に，不等号は不可逆過程に適用される．

**【定温定積過程】**

温度一定の条件なら $dT = 0$ である．閉じた系に対しては，(13-30) 式から，次の関係が成り立つことがわかる．

$$d(U - TS) \leq d'w \tag{13-31}$$

括弧内は状態量であるから，これを新しい状態量と考えて記号 $A$ で表すことにする．

$$A = U - TS \tag{13-32}$$

この $A$ を**ヘルムホルツエネルギー**（**Helmholtz の自由エネルギー**）という．記号 $A$ を用いると，(13-31) 式は次のように表される．

$$dA \leq d'w \tag{13-33}$$

$$-\Delta A \geq -w \tag{13-34}$$

この関係は，定温可逆過程においてヘルムホルツエネルギーの変化は仕事に等しく，定温不可逆過程において外部になされる仕事はヘルムホルツエネルギーの減少量より小さいことを意味している．普通の化学変化での仕事は，体積変化の仕事だけである．したがって定温定積変化なら，$\Delta V = 0$ なので $w = 0$ である．このことから，

$$dA \leq 0 \tag{13-35}$$

$$\Delta A \leq 0 \tag{13-36}$$

となる．自発変化は $\Delta A < 0$，平衡は $\Delta A = 0$ である．これが定温定積過程における，自発変化と平衡の条件である．すなわち，「定温定積過程において，$\Delta A < 0$ のとき，その変化は自発的に進行し，$A$ が極小値をとり $\Delta A = 0$ のとき，平衡状態となる」．

## 【定温定圧過程】

体積変化のみが仕事の場合，定圧において $w = -P\Delta V$ である．定温定圧過程に対しては $\mathrm{d}T = 0$, $\mathrm{d}P = 0$ であり，(13-30)式から次の関係が成り立つことがわかる．

$$\mathrm{d}(U + PV - TS) \leqq 0 \tag{13-37}$$

括弧内は状態量であるから，これを新しい状態量と考えて記号 $G$ で表すことにする．

$$G = U + PV - TS = H - TS \tag{13-38}$$

この $G$ を**ギブスエネルギー**（**Gibbs の自由エネルギー**）という．記号 $G$ を用いると，定温定圧過程のギブスエネルギー変化は (13-38)式より次のように表される．

$$\Delta G = \Delta H - T\Delta S \tag{13-39}$$

また，(13-37)式は次のように表される．

$$\mathrm{d}G \leqq 0 \tag{13-40}$$

$$\Delta G \leqq 0 \tag{13-41}$$

等号は可逆過程に，不等号は非可逆過程に適用されるので，自発変化は $\Delta G < 0$ であり，平衡は $\Delta G = 0$ である．すなわち，「定温定圧過程において，$\Delta G < 0$ のとき，その変化は自発的に進行し，$G$ が極小値をとり $\Delta G = 0$ となったとき，系は平衡状態になる」．

**例題13.8** 0℃，1 atm において，氷が水になる反応の $\Delta G$ を計算せよ．このとき 0℃，1 atm における氷のモル融解熱は $6.01\,\mathrm{kJ\,mol^{-1}}$ である．

**解** 定温定圧であれば (13-39)式から $\Delta G = \Delta H - T\Delta S$ となる．0℃，1 atm における氷の融解のエントロピー変化は $\Delta S = \dfrac{\Delta H}{T}$ なので $\Delta G = 0$ となる．すなわち 0℃，1 atm において，氷と水は共存して平衡状態にある．

**例題13.9** 活栓でつながれた2個の密閉容器がある．一方に酸素を，他方に窒素を入れ，活栓を開いたとき，酸素と窒素が自発的に混合することを示せ．ただし酸素と窒素は理想気体であり，混合熱は0とする．

**解** 異種気体を混合するときは各気体で，モル分率 < 1 であり，(13-27)式から

$\Delta S > 0$ となる．理想気体の混合熱は 0 であり，$\Delta H = 0$ となる．したがって

$$\Delta G = \Delta H - T\Delta S = -T\Delta S < 0$$

となり，酸素と窒素は自発的に混合することがわかる．

一般に定温で異種の理想気体を混合したときのギブスエネルギー変化は，気体 $i$ の物質量とモル分率をそれぞれ $n_i$，$x_i$ とすると，次の式で与えられる．

$$\Delta G = RT \sum_i n_i \ln x_i \tag{13-42}$$

## §13.8　標準生成ギブスエネルギー

標準状態（1 atm）において，反応物質から生成物質になるときのギブスエネルギーの変化を，**標準ギブスエネルギー変化**という．化学反応にともなう標準ギブスエネルギー変化は，そのときの標準エンタルピー変化と標準エントロピー変化がわかれば，(13-39)式から次式のように求められる．

$$\Delta G° = \Delta H° - T\Delta S° \tag{13-43}$$

標準状態において，1 mol の化合物がその成分元素の単体から生成するときのギブスエネルギー変化を，**標準生成ギブスエネルギー**という．標準状態で最も安定な単体のギブスエネルギーをゼロとおき基準とすると，あらゆる化合物の標準生成ギブスエネルギーを定めることができる．代表的なものを巻末の付表 2 に示す．

自由エネルギー変化は，反応系と生成系に固有な自由エネルギーの差である．反応熱の場合と同様，Hess の法則が適用でき，化学反応の組み合わせに付随して足したり引いたりすることができる．任意の化学反応における標準ギブスエネルギー変化は，反応にあずかる物質の標準生成ギブスエネルギー $\Delta G_f°$ から，次の式により計算される．

$$\Delta G° = \sum_i \nu_i (\Delta G_f°)_i \tag{13-44}$$

ここに $\nu_i$ は化学量論係数であり，その符号は反応系を負に，生成系を正にとる．

**例題 13.10**  25 ℃ における $H_2O(g)$ の標準生成エンタルピーは $-241.8\,\mathrm{kJ\,mol^{-1}}$ である．$H_2(g)$, $O_2(g)$, $H_2O(g)$ の標準エントロピーは，それぞれ，$130.6\,\mathrm{J\,K^{-1}\,mol^{-1}}$, $205.0\,\mathrm{J\,K^{-1}\,mol^{-1}}$, $188.7\,\mathrm{J\,K^{-1}\,mol^{-1}}$ である．25 ℃ における $H_2O(g)$ の標準生成ギブスエネルギーを求めよ．

**解**  $H_2O(g)$ の生成反応は $H_2(g) + \frac{1}{2}O_2(g) \to H_2O(g)$ である．この反応の $\Delta H°$ と $\Delta S°$ は，それぞれ，

$$\Delta H° = -241.8 - 0 - \frac{1}{2} \times 0 = -241.8\,\mathrm{kJ\,mol^{-1}}$$

$$\Delta S° = 188.7 - 130.6 - \frac{1}{2} \times 205.0 = -44.4\,\mathrm{J\,K^{-1}\,mol^{-1}}$$

である．したがって，(13-43)式より

$$\begin{aligned}\Delta G° &= \Delta H° - T\Delta S° \\ &= -241.8\,\mathrm{kJ\,mol^{-1}} + 298 \times 44.4 \times 10^{-3}\,\mathrm{kJ\,mol^{-1}} \\ &= -228.6\,\mathrm{kJ\,mol^{-1}}\end{aligned}$$

## §13.9 気体のギブスエネルギー

理想気体の定温可逆体積変化に対するギブスエネルギー変化は，Joule の法則 (12-15)式によりエンタルピー変化を 0 とし，(13-16)式と (13-39)式から次のように表される．

$$\Delta G = nRT \ln \frac{P_2}{P_1} = nRT \ln \frac{V_1}{V_2} \qquad (13\text{-}45)$$

(13-45)式で，$P_1 = 1\,\mathrm{atm}$ を標準状態とし，温度 $T$ における標準状態のギブスエネルギーを $G°$ とおくと，温度 $T$, 圧力 $P\,\mathrm{atm}$ における理想気体 $1\,\mathrm{mol}$ のギブスエネルギー $G$ は，

$$G = G° + RT \ln P \qquad (13\text{-}46)$$

で与えられる．ただし，$\ln P$ の $P$ は単位のない無次元数として扱う．

**例題 13.11**  298 K において，理想気体 $1\,\mathrm{mol}$ を $1\,\mathrm{atm}$ から $10\,\mathrm{atm}$ に変化させたときの $\Delta G$ を計算せよ．

**解**  (13-45)式から，

$$\Delta G = 1 \text{ mol} \times (8.314 \text{ J mol}^{-1} \text{ K}^{-1}) \times 298 \text{ K} \times \ln\frac{10}{1} = 5706 \text{ J}$$

となる．この過程では $\Delta G > 0$ なので，気体が自然に圧縮されることはない．

## §13.10 Gibbs-Helmholtz の式

可逆過程で仕事として体積変化のみを考えると $d'w = -PdV$ である．熱力学の第一法則 $dU = d'q + d'w$ と第二法則 $d'q = TdS$ から，

$$dU = TdS - PdV \tag{13-47}$$

が得られる．また，(13-38)式を微分して(13-47)式を使うと

$$dG = -SdT + VdP \tag{13-48}$$

が得られる．(13-48)式は $G$ が $T$ と $P$ の関数であることを示しているから，次の式が成り立つ．

$$dG = \left(\frac{\partial G}{\partial T}\right)_P dT + \left(\frac{\partial G}{\partial P}\right)_T dP \tag{13-49}$$

(13-48)式と(13-49)式の右辺は等しくなければならないので，次の関係式が得られる．

$$\left(\frac{\partial G}{\partial T}\right)_P = -S \tag{13-50}$$

$$\left(\frac{\partial G}{\partial P}\right)_T = V \tag{13-51}$$

(13-50)式の関係を使うと，(13-38)式から次の関係式が得られる．

$$H = G - T\left(\frac{\partial G}{\partial T}\right)_P \tag{13-52}$$

(13-52)式は **Gibbs-Helmholtz（ギブス-ヘルムホルツ）の式**とよばれ，$G$ の温度変化から $H$ を求めることのできる重要な式である．

また(13-51)式を積分すると，定温で理想気体の圧力を $P_1$ から $P_2$ に変えたときにギブスエネルギー変化を求める次の式が得られる．

$$\Delta G = \int_{P_1}^{P_2} V dP = nRT \ln\frac{P_2}{P_1} \tag{13-45}$$

## 練習問題 13

⟨1⟩ 理想気体 1 mol を，25 ℃，1 atm から 100 ℃，10 atm にするときの，エントロピー変化を計算せよ．ただし，この理想気体の定圧熱容量は 20.79 J K$^{-1}$ mol$^{-1}$ とする．

⟨2⟩ 1 atm，298 K における水 $H_2O(l)$ 生成反応の $\Delta G°$ を計算せよ．ただし，$\Delta H_f° = -285.8$ kJ mol$^{-1}$，$\Delta S° = -163.2$ J K$^{-1}$ mol$^{-1}$ とする．

⟨3⟩ 100 ℃，1 atm において水が水蒸気になる反応の $\Delta G$ を計算せよ．100 ℃，1 atm における水のモル蒸発熱は 40.66 kJ mol$^{-1}$ とする．

⟨4⟩ 298 K，1 atm のもとで水 $H_2O(l)$ が 1 atm の水蒸気 $H_2O(g)$ になる変化の $\Delta G°$ を計算せよ．$H_2O(l)$ および $H_2O(g)$ の $\Delta G°$ は，それぞれ $-237.2$ kJ mol$^{-1}$ および $-228.6$ kJ mol$^{-1}$ とする．

⟨5⟩ 298 K，1 atm のもとで水 $H_2O(l)$ が 1 atm の水蒸気 $H_2O(g)$ になる変化の $\Delta G°$ を 8.6 kJ mol$^{-1}$ とする．298 K における飽和水蒸気圧を求めよ．

⟨6⟩ 25 ℃において，容器に密閉した 2 mol の酸素を 10 atm から 1 atm に膨張させた．このときの $\Delta G$ を求めよ．ただし酸素は理想気体とする．

⟨7⟩ 25 ℃，1 atm において 1 mol の $O_2$ と 4 mol の $N_2$ を混合したときの $\Delta G$ を求めよ．ただし気体は理想気体とする．

⟨8⟩ 1 atm，298 K におけるアンモニア $NH_3(g)$ 生成反応
$$\frac{1}{2}N_2(g) + \frac{3}{2}H_2(g) \rightarrow NH_3(g)$$
の $\Delta G°$ を計算せよ．$NH_3(g)$ の生成反応では $\Delta H_f° = -46.2$ kJ mol$^{-1}$，$\Delta S_f° = -99.3$ J K$^{-1}$ mol$^{-1}$ とする．

⟨9⟩ 1 atm，4500 K における水 $H_2O(g)$ 生成反応の $\Delta G°$ を計算せよ．ただし，4500 K において $\Delta H_f° = -220$ kJ mol$^{-1}$，$\Delta S° = -59$ J K$^{-1}$ mol$^{-1}$ とする．

## 解 答

⟨1⟩ エントロピーは状態量であるから変化の経路には関係しない．ここでは，1 atm で 25 ℃ から 100 ℃ に変化したのち，100 ℃ で 1 atm から 10 atm に変化する経路について計算する．(13-22)式と (13-16)式とから

$$\Delta S = 1\,\text{mol} \times (20.79\,\text{J mol}^{-1}\,\text{K}^{-1}) \times \ln\frac{373}{298}$$

$$+ 1\,\text{mol} \times (8.314\,\text{J mol}^{-1}\,\text{K}^{-1}) \times \ln\frac{1}{10}$$

$$= -14.48\,\text{J K}^{-1}$$

となる．そのほかの任意の経路を選んで計算しても同じ結果が得られる．

⟨2⟩ $H_2O(l)$ 生成反応は $H_2(g) + \frac{1}{2}O_2 \rightarrow H_2O(l)$ である．定温定圧では (13-43) 式から $\Delta G° = \Delta H° - T\Delta S°$ である．したがって，

$$\Delta G° = -285.8\,\text{kJ mol}^{-1} - 298\,\text{K}(-163.2\,\text{J K}^{-1}\,\text{mol}^{-1})$$
$$= -237.2\,\text{kJ mol}^{-1}$$

となる．$\Delta G < 0$ であるので，水素は自発的に燃焼して水を生じる．

⟨3⟩ 定温定圧では (13-39)式から $\Delta G = \Delta H - T\Delta S$ となる．

$$\Delta G = 40.66\,\text{kJ mol}^{-1} - \frac{40.66\,\text{kJ mol}^{-1}}{373\,\text{K}} \times 373\,\text{K} = 0$$

$\Delta G = 0$ となるので，100 ℃，1 atm において水と水蒸気は共存し平衡状態にある．

⟨4⟩ $\Delta G° = \Delta G°(H_2O(g)) - \Delta G°(H_2O(l)) = \{-228.6 - (-237.2)\}\,\text{kJ mol}^{-1}$
$= 8.6\,\text{kJ mol}^{-1}$

となる．$\Delta G > 0$ であるから，298 K において水が自発的に 1 atm の水蒸気になることはない．逆の変化では $\Delta G < 0$ となるから，1 atm の水蒸気は 298 K において自発的に凝縮し水になる．

⟨5⟩ 水と平衡状態（$\Delta G = 0$）にあるときの水蒸気圧が飽和水蒸気圧である．水の 298 K における飽和水蒸気圧は (13-45)式から

$$8.6 \times 10^3\,\text{J} = 1\,\text{mol} \times 8.314\,\text{J K}^{-1}\,\text{mol}^{-1} \times 298\,\text{K} \times 2.303 \log\frac{1}{P}$$

これにより $P = 0.0311\,\text{atm} = 23.6\,\text{mmHg(Torr)}$ である．

⟨6⟩ (13-16)式から

$$\Delta S = 2\,\text{mol} \times (8.314\,\text{J K}^{-1}\,\text{mol}^{-1}) \times \ln\frac{10}{1} = 38.3\,\text{J K}^{-1}$$

である．酸素は理想気体であるから，定温過程で $\Delta H = 0$．したがって

$$\Delta G = \Delta H - T\Delta S = 0 - 298\,\text{K} \times 38.3\,\text{J K}^{-1} = -11.41\,\text{kJ}$$

となる．あるいは (13-45) 式から $\Delta G$ を計算してもよい．$\Delta G < 0$ であるから，気体の低圧への膨張は自発的に進む．

⟨7⟩ (13-26) 式より

$$\Delta S = -8.314\,\text{J mol}^{-1}\,\text{K}^{-1}\left(1\,\text{mol} \times \ln\frac{1}{5} + 4\,\text{mol} \times \ln\frac{4}{5}\right)$$
$$= 20.8\,\text{J K}^{-1}$$

である．気体は理想気体であるので混合熱は 0，$\Delta H = 0$ である．(13-39) 式から

$$\Delta G = \Delta H - T\Delta S = 0 - 298\,\text{K} \times 20.8\,\text{J K}^{-1} = -6.2\,\text{kJ}$$

となる．あるいは (13-42) 式から直接混合の $\Delta G$ を計算してもよい．$\Delta G < 0$ であるため $O_2$ と $N_2$ の混合は自発的に進む．

⟨8⟩ (13-43) 式から $\Delta G° = \Delta H° - T\Delta S°$ である．したがって，

$$\Delta G_f° = -46.2\,\text{kJ mol}^{-1} - 298\,\text{K}(-99.3\,\text{J K}^{-1}\,\text{mol}^{-1})$$
$$= -16.6\,\text{kJ mol}^{-1}$$

となる．$\Delta G° < 0$ であるから，標準状態にある水素と窒素は自発的に反応し，アンモニアを生じるはずである．しかし実際の反応速度は遅く，進めるために温度を上げたり触媒を用いる必要がある．

⟨9⟩ (13-43) 式から，

$$\Delta G° = -220\,\text{kJ mol}^{-1} - 4500\,\text{K}(-59\,\text{J K}^{-1}\,\text{mol}^{-1}) = 45.5\,\text{kJ mol}^{-1}$$

となる．$\Delta G° > 0$ であるから，1 atm，4500 K で水 $H_2O(g)$ は分解する．

# 第 14 章　化学平衡の熱力学

化学平衡についてはすでに第5章で，いくつかの実例について学んだ．第13章で学んだ熱力学の原理によれば，定温定圧における平衡の条件は，ギブスエネルギーが最小値になっていることであった．外界との間に物質の交換がある開いた系や，化学反応の起こる多成分系では，系のギブスエネルギーも，温度，圧力のほか各成分の量に応じて変化する．そこで，開いた系や化学反応のある系の自発変化と化学平衡を扱うには，物質量の変化にともなってギブスエネルギーがどのように変化するかを知らねばならない．ここでは，ギブスエネルギーと平衡定数の関係を明らかにし，化学平衡についての理解を深めるようにする．

## §14.1　化学ポテンシャル

開いた系や化学反応のある多成分系において，ある成分 $i$ の物質量を変化させたとき，成分 $i$ 1 mol あたりに換算したギブスエネルギー変化を成分 $i$ の**化学ポテンシャル**と定義する．また系全体のギブスエネルギーは，含まれる成分の化学ポテンシャルとその物質量の積を合計して表す．化学ポテンシャルを記号 $\mu$ で表すと，成分 $i$ の化学ポテンシャル $\mu_i$ は次式で定義される．

$$\mu_i = \left(\frac{\partial G}{\partial n_i}\right)_{T,P,n_j} \tag{14-1}$$

ここで添字 $T$, $P$ は，温度および圧力を一定に保つことを意味している．また，$n_j$ は $i$ 以外の成分の量を一定に保つことを意味する．

温度および圧力一定のとき系全体のギブスエネルギーは，成分の化学ポテンシャルとその物質量の積を合計し，次のように表される．

$$dG = \sum_i \mu_i dn_i \tag{14-2}$$

$$G = \sum_i n_i \mu_i \tag{14-3}$$

純物質の化学ポテンシャルは，$T$, $P$ 一定の条件における，その物質 1 mol あたりのギブスエネルギーに等しい．**理想気体**が単独で存在するとき，その化学ポテンシャルは，(13-46)式から次のように表される．

$$\mu = \mu^\circ + RT \ln P \tag{14-4}$$

ここで $\mu^\circ$ は，温度 $T$，圧力 1 atm（標準状態）における化学ポテンシャルであり，**標準化学ポテンシャル**とよばれる．**理想混合気体**における各成分 $i$ の化学ポテンシャルは，成分 $i$ の分圧を $p_i$ とすると

$$\mu_i = \mu_i^\circ + RT \ln p_i \tag{14-5}$$

で表される．$\mu_i^\circ$ は，温度 $T$，圧力 1 atm における成分 $i$ の純粋な気体の標準化学ポテンシャルである．

## 【相平衡】

今，図 14.1 に示すように温度・圧力一定の条件下で，閉じた系の中の 2 つの相 1, 2 が，平衡にあるとする．そこで，成分 $i$ のみの微小量 $dn_i$ を，相 1 から相 2 に移したとすると，このときのギブスエネルギー変化は，(14-2)式から次のようになる（相 1, 2 の各量を肩添字の (1), (2) で表す）．

$$\begin{aligned} dG &= dG^{(1)} + dG^{(2)} = -\mu_i^{(1)} dn_i^{(1)} + \mu_i^{(2)} dn_i^{(2)} \\ &= [\mu_i^{(2)} - \mu_i^{(1)}] dn_i \end{aligned} \tag{14-6}$$

定温定圧における平衡の条件は，(13-40)式より $dG = 0$ であるから，

$$\mu_i^{(1)} = \mu_i^{(2)} \tag{14-7}$$

である．すなわち，「平衡なら各成分の化学ポテンシャルは等しくなければならない」．もし $\mu_i^{(1)} > \mu_i^{(2)}$ なら，$dn_i > 0$ のとき $dG < 0$ となって，成分 $i$ は自発的に相 1 から相 2 に移動する．すなわち，「物質は化学ポテンシャルの高い相から低い相に自発的に移動する」．

ある温度と圧力のもとで気相と液相とが平衡にあるとき，成分 $i$ の気相(g) 中と液相(l) 中の化学ポテンシャルは等しくなければならない．

$$\mu_i^{(g)} = \mu_i^{(l)}$$

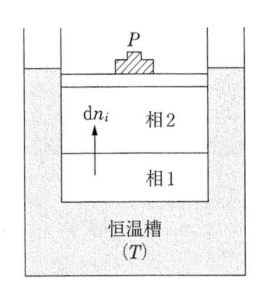

図 14.1　2 相の平衡

**例題 14.1** 25 ℃,1 atm において,1 mol の $O_2$ と 4 mol の $N_2$ を混合したとき,$O_2$ および $N_2$ の化学ポテンシャルを求めよ.また,この混合気体のギブスエネルギーはいくらか.ただし気体は理想気体とする.

**解** 酸素および窒素の標準化学ポテンシャルは,標準ギブスエネルギーに等しく 0 である.酸素および窒素の分圧は $p_{O_2} = 0.2\,\text{atm}$,$p_{N_2} = 0.8\,\text{atm}$ で,(14-5)式から

$$\mu_{O_2} = RT \ln 0.2 = -3.99\,\text{kJ mol}^{-1}, \quad \mu_{N_2} = RT \ln 0.8 = -0.55\,\text{kJ mol}^{-1}$$

混合気体のギブスエネルギーは (14-3)式より

$$G = 1\,\text{mol} \times (-3.99\,\text{kJ mol}^{-1}) + 4\,\text{mol} \times (-0.55\,\text{kJ mol}^{-1})$$
$$= -6.2\,\text{kJ}$$

である.この値は 1 mol の $O_2$ と 4 mol の $N_2$ を混合したときのギブスエネルギー変化に等しい(→第13章練習問題⟨7⟩).

## §14.2 理想溶液・理想希薄溶液

溶液を構成する各成分 $i$ の化学ポテンシャルが (14-8)式のように表される場合,これを**理想溶液**と定義する.

$$\mu_i = \mu_i^* + RT \ln x_i \tag{14-8}$$

ここで,$x_i$ は溶液中の成分 $i$ のモル分率,$\mu_i^*$ は温度 $T$,圧力 $P$ における成分 $i$ の純粋液体の化学ポテンシャルである.

また,溶媒の化学ポテンシャルが (14-8)式で表され,溶質の化学ポテンシャルが (14-9)式で与えられるような希薄溶液を,**理想希薄溶液**と定義する.

$$\mu_i = \mu_i^\circ + RT \ln x_i \quad (x_i \to 0) \tag{14-9}$$

ここで $\mu_i^\circ$ は,(14-9)式が $x_i = 1$ でも成り立つとしたときの値であるが,実際には (14-9)式はごく希薄な溶液でしか成り立たない.したがって,概して $\mu_i^\circ$ は純溶質の化学ポテンシャルと一致せず,仮想的なものである.

理想溶液や理想希薄溶液において成分間の相互作用はないものと考え,理想混合気体と同様,混合によっても体積・内部エネルギー・エンタルピーは変化しない.また系全体のギブスエネルギーは,(14-8)式や (14-9)式で表される

各成分 $i$ の化学ポテンシャルを用いて (14-3)式から求められる.

## §14.3 化学平衡

一般に化学反応は次のように表される.

$$aA + bB + \cdots \rightleftarrows mM + nN + \cdots \tag{14-10}$$

ギブスエネルギーは状態量であるから, 反応によるギブスエネルギー変化 $\Delta G$ は次のように, 生成系のギブスエネルギーと反応系のギブスエネルギーの差で与えられる.

$$\Delta G = (m\mu_M + n\mu_N + \cdots) - (a\mu_A + b\mu_B + \cdots) \tag{14-11}$$

ここで, 理想気体の気相化学平衡の場合を考える. 理想気体の化学ポテンシャルに (14-5)式の表現を用いると, (14-11)式は次のようになる.

$$\Delta G = \Delta G^\circ + RT \ln \frac{p_M{}^m p_N{}^n \cdots}{p_A{}^a p_B{}^b \cdots} \tag{14-12}$$

ここで,

$$\Delta G^\circ = (m\mu_M{}^\circ + n\mu_N{}^\circ + \cdots) - (a\mu_A{}^\circ + b\mu_B{}^\circ + \cdots) \tag{14-13}$$

である. $\Delta G^\circ$ は, 標準状態において反応物質から生成物質に変化するときの標準ギブスエネルギー変化である.

(14-12)式により $\Delta G$ を計算したとき (14-10)式の反応は, $\Delta G < 0$ なら正方向つまり右方向に進む. $\Delta G > 0$ なら逆方向すなわち左方向に進む. また $\Delta G = 0$ なら平衡状態にある. 化学反応が平衡状態にあるとき, (14-12)式の対数項に含まれる分圧の商 (反応商) は平衡定数に等しい. そこで

$$K_p = \frac{p_M{}^m p_N{}^n \cdots}{p_A{}^a p_B{}^b \cdots} \tag{14-14}$$

とおくと, 次の式が得られる.

$$\Delta G^\circ = -RT \ln K_p = -2.303\, RT \log K_p \tag{14-15}$$

$K_p$ は気体の分圧を用いて表した平衡定数で, **圧平衡定数**とよばれる. 気体 $i$ の分圧 $p_i$ の代わりに各成分のモル濃度 $c_i$ を用いると, 理想気体の分圧は $p_i = \frac{n_i}{V} RT = c_i RT$ と表されるので,

$$K_p = \frac{(c_M RT)^m (c_N RT)^n \cdots}{(c_A RT)^a (c_B RT)^b \cdots} = \frac{c_M^m c_N^n \cdots}{c_A^a c_B^b \cdots}(RT)^{\Delta n_g}$$
$$= K_c (RT)^{\Delta n_g} \tag{14-16}$$

ここで，$K_c$ はモル濃度によって表した平衡定数，$\Delta n_g$ は化学反応にともなう気体モル数の変化である．反応によって気体モル数が変化しない場合，$K_p$ は $K_c$ に等しい．

(14-15)式を(14-12)式に代入すると，(14-12)式で $\Delta G$ の符号を決めるのは，対数項中にある反応商の大きさであることがわかる．この反応商が平衡定数より小さいとき，$\Delta G < 0$ となって反応は正方向に進む．逆に反応商が平衡定数より大きいとき，$\Delta G > 0$ となって反応は逆方向に進む．反応商が平衡定数に等しくなると，$\Delta G = 0$ となって平衡状態になる（→第5章）．

**例題 14.2** 25 ℃，1 atm において，$N_2O_4$ が一部解離して $NO_2$ と平衡にあるときの平衡定数は $K_p = 0.141$ である．$\Delta G°$ を計算せよ．

**解** $N_2O_4 \rightleftarrows 2\,NO_2$．(14-15)式より
$$\Delta G° = -2.303 \times 8.314\,\mathrm{J\,mol^{-1}\,K^{-1}} \times 298.15\,\mathrm{K} \times \log 0.141 = 4.86\,\mathrm{kJ\,mol^{-1}}$$

## §14.4　標準ギブスエネルギー変化と平衡定数

化学反応にともなう標準ギブスエネルギー変化は，平衡定数がわかれば(14-15)式により求められる．逆に，標準ギブスエネルギー変化の値が既知ならば，平衡定数を計算により求めることができる．化学反応の平衡定数を実測するのは必ずしも容易ではない．そのため化学反応の平衡定数は，しばしば標準ギブスエネルギー変化から計算される．

**例題 14.3** 25 ℃における $H_2O(g)$ の標準生成ギブスエネルギーは $-228.6\,\mathrm{kJ\,mol^{-1}}$ である．25 ℃，1 atm における，水の生成反応の平衡定数を求めよ．

**解** $H_2O(g)$ の生成反応は $H_2(g) + \frac{1}{2}O_2(g) \rightleftarrows H_2O(g)$ である．(14-15)式より，$\log K_p = -\dfrac{\Delta G°}{2.303\,RT} = 40.0$．ゆえに，$K_p = 10^{40}$．常温ではほとんど水は分解しないといえる．

## §14.5 液相化学平衡・活量

液相化学平衡では，濃度に容量モル濃度が用いられることが多い．各溶質の容量モル濃度を $c_i$ とすると，化学ポテンシャルは（14-9）式と同様の表現が用いられ，次のように表される．

$$\mu_i = \mu_i^\circ + RT \ln c_i \qquad (c_i \to 0) \tag{14-17}$$

ただし，$\ln c_i$ の $c_i$ は単位のない無次元数として扱う．

理想希薄溶液中の化学平衡では，溶質の化学ポテンシャルに（14-17）式を用いると，ギブスエネルギー変化と平衡定数の関係は，次のように表される．

$$\Delta G = \Delta G^\circ + RT \ln \frac{c_M{}^m c_N{}^n \cdots}{c_A{}^a c_B{}^b \cdots}$$

$$\Delta G^\circ = -RT \ln K_c \tag{14-18}$$

ここで，実在溶液中の化学平衡に対して（14-18）式が適用できるのは，ごく希薄な溶液の場合だけである．濃度が高くなると理想希薄溶液として扱えなくなり，(14-18)式を適用できない．非理想溶液では溶質間の相互作用が大きくなり，濃度と化学ポテンシャルの関係が（14-17）式からずれるためである．

そこで，図 14.2 に示すように非理想溶液の濃度に補正を加えて有効濃度ともいうべき**活量** $a_i$ を定義し，化学平衡の法則の形を維持するように表される．

$$\mu_i = \mu_i^\circ + RT \ln a_i \tag{14-19}$$

$$a_i = \gamma_i c_i \tag{14-20}$$

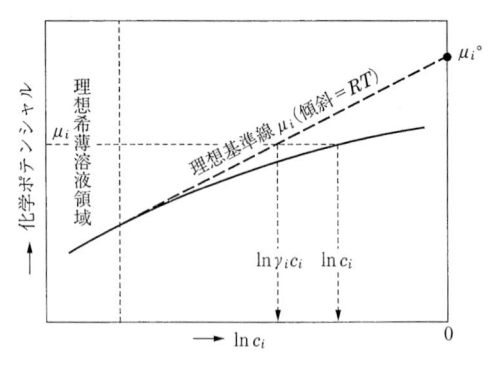

図 14.2　活量係数 $\gamma_i$ の補正（電解質溶液の化学ポテンシャル）

ここで，$\gamma_i$ を**活量係数**とよぶ．$\mu_i^\circ$ は $a_i = 1$ における成分 $i$ の標準化学ポテンシャルである．理想希薄溶液においては $\gamma_i = 1$ である．$\gamma_i$ の 1 からのずれは，理想希薄溶液からのずれの程度を表す．濃度を質量モル濃度で表した場合にも，化学ポテンシャル・活量・活量係数は (14-19)式および (14-20)式と同じ形で表される．ただし，活量や活量係数は単位のない無次元数である．

平衡定数を活量で表すと，次の式が得られる．

$$\Delta G = \Delta G^\circ + RT \ln \frac{a_M{}^m a_N{}^n \cdots}{a_A{}^a a_B{}^b \cdots}$$

$$\Delta G^\circ = -RT \ln K_a \tag{14-21}$$

ここで $K_a$ は，活量で表した平衡定数である．

気体の活量は，濃度を分圧でおきかえ，次のように表される．

$$a_i = \gamma_i p_i$$

気体の場合，活量は逸散能（フガシチー）とよばれる．理想気体においては $\gamma_i = 1$ であり，活量は圧力に等しい．活量係数は溶液の蒸気圧，凝固点，沸点，浸透圧，溶解度などの測定により求められる．

**例題 14.4** 1.18 mol $l^{-1}$ の塩酸水溶液の活量は 1.0 である．この塩酸水溶液の活量係数はいくらか．

**解** (14-20)式より，$\gamma = \dfrac{1.0}{1.18} = 0.847$ となる．

電解質溶液中におけるイオンの挙動は，イオン間の静電相互作用により理想溶液からのずれが大きい．塩酸の水溶液で，塩酸は完全に電離する．しかし電離して生じた $H^+$ と $Cl^-$ は，電気的なクーロン引力のために一部イオン対となって，自由にふるまうことは制限される．それゆえ $H^+$ と $Cl^-$ の実効的な濃度が低下する．塩酸濃度が 1.18 mol $l^{-1}$ のとき活量が 1 になるというのも，この塩酸水溶液中における塩酸の実効濃度が，理想溶液の 1 mol $l^{-1}$ に相当していることを示している．希薄溶液は，理想溶液からのずれが小さいので，活量を濃度に等しくおいてよい．本書では簡単のために，特に断らない限り，活量の代わりに濃度（気体の場合は圧力）を用いている．

## §14.6 平衡定数の温度変化

Gibbs-Helmholtz の式 (13-52) で $G$ を $\Delta G°$ に，$H$ を $\Delta H°$ におきかえ，$\Delta G° = -RT \ln K$ とおくと，平衡定数の温度変化を表す次式が得られる．

$$\left(\frac{\partial \ln K}{\partial T}\right)_P = \frac{\Delta H°}{RT^2} \tag{14-22}$$

この式を **van't Hoff の定圧平衡式** という．この式は気相化学平衡にも液相化学平衡にも適用できる．温度範囲が狭いときは，反応熱 $\Delta H°$ を一定として圧力一定のもとで (14-22) 式を積分すると，

$$\log K = -\frac{\Delta H°}{2.303\,RT} + C \tag{14-23}$$

を得る．$\log K$ を $\frac{1}{T}$ に対してプロットすると直線が得られ，その勾配から反応熱を求めることができる．

また，2つの温度 $T_1$, $T_2$ における $K$ を，$K(T_1)$, $K(T_2)$ とすると

$$\log K(T_2) - \log K(T_1) = \left(\frac{\Delta H°}{2.303\,R}\right)\left(\frac{1}{T_1} - \frac{1}{T_2}\right) \tag{14-24}$$

$K(T_1)$ と $\Delta H°$ がわかっているとき，(14-24) 式の関係から $K(T_2)$ を計算することができる．あるいは，$\Delta H°$ および $\Delta S°$ の温度変化を計算し，$\Delta G° = \Delta H° - T\Delta S°$ よりその温度における $\Delta G°$ を求め，(14-15) 式や (14-18) 式より，その温度における $K$ を求めることもできる．

**例題 14.5** 1 atm, 25 ℃ における水のイオン積は $1 \times 10^{-14}$ mol$^2$ $l^{-2}$ で，純水の pH は 7.0 である．50 ℃ における純水の pH を求めよ．ただし水の電離

$$H_2O(l) \rightleftarrows H^+(aq) + OH^-(aq)$$

の $\Delta H°$ は 56.5 kJ mol$^{-1}$ とし，温度によって変わらないものとする．

**解** (14-24) 式より，

$$\log K_w - \log(1 \times 10^{-14} \text{ mol}^2\, l^{-2})$$
$$= \frac{56.5 \times 10^3 \text{ J mol}^{-1}}{2.303 \times 8.314 \text{ J mol}^{-1} \text{K}^{-1}}\left(\frac{1}{298} - \frac{1}{323}\right)$$

したがって 50 ℃ において $K_w = [H^+] \times [OH^-] = 5.84 \times 10^{-14}$ mol$^2$ $l^{-2}$.

純水では $[H^+] = [OH^-] = 2.42 \times 10^{-7}$ mol $l^{-1}$ であり，pH $= 6.6$ である．

## §14.7　平衡移動の法則：Le Chatelier の原理

　平衡状態にある化学反応では「平衡にある系の温度や圧力を変化させた場合，その変化を打ち消す方向に平衡の移動が起こる」という Le Chatelier の原理が働く（§5.5）．この原理は熱力学的に次のように説明される．

　平衡定数の温度変化は (14-22) 式で表される．発熱反応は $\Delta H° < 0$ であるから，$T$ の増加とともに $K$ は低下し，化学反応の平衡は反応系側に移動して温度上昇を抑えようとする．また，吸熱反応は $\Delta H° > 0$ であり，$T$ の増加とともに平衡が生成系の方に移動し，温度上昇を抑えようとする．

　圧力変化にともなう化学反応の標準ギブスエネルギー変化は，(13-51)式より次のように表される．

$$\left(\frac{\partial \Delta G°}{\partial P}\right)_T = \Delta V \tag{14-25}$$

ここで，$\Delta V$ は生成系と反応系の体積の差である．$\Delta G° = -RT \ln K$ であるから

$$\left(\frac{\partial \ln K}{\partial P}\right)_T = -\frac{\Delta V}{RT} \tag{14-26}$$

　反応により体積が増加する場合は，$P$ の増加とともに $K$ は低下し，化学反応の平衡は反応系側に移動して圧力の上昇を抑えようとする．また，反応により体積が減少する場合には，$P$ の増加とともに $K$ は増加し，平衡は生成系のほうに移動して圧力の上昇を抑えようとする．

## §14.8　Clapeyron-Clausius の式

　沸点や凝固点の圧力による変化は，図 2.4 のようなグラフから読みとることができるが，次に示す Clapeyron-Clausius（クライペイロン-クラウジウス）の式により計算するとさらに正確に求めることができる．

　いま，温度 $T$，圧力 $P$ のもとで純物質の 2 つの相 1, 2 が平衡にあるとき，

(14-7)式が成り立つ．

$$\mu^{(1)} = \mu^{(2)}$$

また，温度と圧力が変化すると相1，2の化学ポテンシャルがそれぞれ $\mu^{(1)} + d\mu^{(1)}$，$\mu^{(2)} + d\mu^{(2)}$ となるので，新しい平衡では次の式が成り立つ．

$$\mu^{(1)} + d\mu^{(1)} = \mu^{(2)} + d\mu^{(2)} \tag{14-27}$$

したがって，

$$d\mu^{(1)} = d\mu^{(2)} \tag{14-28}$$

ここで(13-48)式の関係を使うと，次の式が得られる．

$$V^{(1)} dP - S^{(1)} dT = V^{(2)} dP - S^{(2)} dT \tag{14-29}$$

ここで，相の変化による体積変化を $\Delta V = V^{(2)} - V^{(1)}$，相の変化により系が吸収・放出する熱（転移熱）を $\Delta H$ として(13-17)式や(13-18)式の関係を使うと次の式が得られる．

$$\frac{dP}{dT} = \frac{S^{(2)} - S^{(1)}}{V^{(2)} - V^{(1)}} = \frac{\Delta H}{T \Delta V} \tag{14-30}$$

これを **Clapeyron-Clausius の式** という．

**沸点と圧力の関係** 液体が蒸発して気体になるとき，液相の体積は気相の体積に比べて非常に小さいのでこれを無視し，気体の体積のみに理想気体の状態式 $PV = RT$ を適用すると，沸点と圧力の間には，(14-30)式から次の式で示す関係が得られる．

$$\ln \frac{P_2}{P_1} = -\left(\frac{\Delta H_{\text{vap}}}{R}\right)\left(\frac{1}{T_2} - \frac{1}{T_1}\right) \tag{14-31}$$

ここで，$T_1$，$T_2$ はそれぞれ圧力 $P_1$，$P_2$ における沸点，$\Delta H_{\text{vap}}$ は蒸発熱，$R$ は気体定数である．液体は，外圧と蒸気圧が等しい温度で沸騰するから，(14-31)式は外圧と沸点の関係をも示していることになる．

**例題 14.6** 気圧 0.7 atm における水の沸点を求めよ．ここで，水のモル蒸発熱は 40.66 kJ mol$^{-1}$ (100°C, 1 atm)，気体定数は 8.314 J mol$^{-1}$ K$^{-1}$．

**解** (14-31)式から

$$\ln \frac{0.7 \text{ atm}}{1.0 \text{ atm}} = -\left(\frac{40.66 \times 10^3 \text{ J mol}^{-1}}{8.314 \text{ J mol}^{-1} \text{ K}^{-1}}\right)\left(\frac{1}{T} - \frac{1}{373 \text{ K}}\right)$$

したがって $T = 363 \text{ K} = 90$ ℃. 高度 4000 m までの気圧は, 100 m 上がるごとにほぼ 0.01 atm 下がる. 気圧 0.7 atm は, 約 3000 m の山頂における気圧と等しい.

**融点と圧力の関係** (14-30)式の逆数をとると, 圧力による融点の変化を表すことができる.

$$\frac{dT}{dP} = \frac{T_f(V^{(l)} - V^{(s)})}{\Delta H_\text{fus}} \tag{14-32}$$

ここで $\Delta H_\text{fus}$ は融解熱, $V^{(l)}$ と $V^{(s)}$ はそれぞれ液相と固相の**モル体積**(1 mol あたりの体積)である. 多くの物質は融解により体積が増加するので, 融点は圧力が高くなると上昇する. しかし, 水, アンチモン, ビスマスは, 融解により体積が減少する. したがってこれらは圧力が高くなると融点が低下する. 水は 3.98 ℃ で最大密度 0.999973 g cm$^{-3}$ を示す.

**例題 14.7** 氷の融点の圧力による変化を求めよ. ここで, 0 ℃ における氷のモル融解熱は 6008 J mol$^{-1}$, 0 ℃ における水の密度は 0.9998 g cm$^{-3}$, 氷の密度は 0.9168 g cm$^{-3}$ である.

**解** 氷 1 mol の体積変化は

$$V^{(l)} - V^{(s)} = \left(\frac{18.02 \text{ g mol}^{-1}}{0.9998 \text{ g cm}^{-3}} - \frac{18.02 \text{ g mol}^{-1}}{0.9168 \text{ g cm}^{-3}}\right)$$
$$= -1.63 \times 10^{-6} \text{ m}^3 \text{ mol}^{-1}$$

(14-32)式から,

$$\frac{dT}{dP} = 273 \text{ K} \frac{-1.63 \times 10^{-6} \text{ m}^3 \text{ mol}^{-1}}{6008 \text{ J mol}^{-1}} = -7.41 \times 10^{-8} \text{ K Pa}^{-1}$$

ここで, 1 atm $= 1.013 \times 10^5$ Pa なので $\frac{dT}{dP} = -7.5 \times 10^{-3}$ K atm$^{-1}$. 圧力を 1 atm 増すごとに氷の融点は 0.0075 K 低下する. (氷や雪の上が滑りやすいのは, 体重により氷や雪が融解して薄い水の層ができるからである.)

## 練習問題 14

⟨1⟩ 25 ℃, 1 atm におけるヨウ化水素の標準生成ギブスエネルギーは 1.30 kJ mol$^{-1}$ である. 25 ℃, 1 atm におけるヨウ化水素生成反応の平衡定数を求めよ.

⟨2⟩ 25 ℃, 1 atm における水のイオン積は $1 \times 10^{-14}$ である. 水の電離反応 $H_2O \rightleftarrows H^+ + OH^-$ の $\Delta G°$ を求めよ.

⟨3⟩ 0 ℃, 25 ℃, 60 ℃ における水のイオン積は, それぞれ $1.1 \times 10^{-15}$, $1.0 \times 10^{-14}$, $9.6 \times 10^{-14}$ である. 水の電離反応の $\Delta H°$ を求めよ.

⟨4⟩ 25 ℃, 1 atm における水の電離反応 $H_2O \rightleftarrows H^+ + OH^-$ の $\Delta S°$ を求めよ. ただし, $\Delta G° = 79.88$ kJ mol$^{-1}$, $\Delta H° = 56.5$ kJ mol$^{-1}$ とせよ.

⟨5⟩ 水 1 kg に 1 mol の NaCl を溶かした水溶液中の凝固点は $-2.44$ ℃ であった. この水溶液中における NaCl の活量係数を求めよ. ただし, 水のモル凝固点降下定数は 1.86 K mol$^{-1}$ kg$^{-1}$ である.

⟨6⟩ 水の三重点が標準融点より 0.01 K 高いのはなぜか. ただし, 三重点における水の飽和蒸気圧は 4.5 Torr であり, 空気は溶け込んではいない. 標準融点は圧力が 1 atm であり, 空気が飽和している. 水のモル凝固点降下定数は 1.86 K mol$^{-1}$ kg$^{-1}$ である.

⟨7⟩ 気圧 2 atm における水の沸点を求めよ. ただし, 水のモル蒸発熱は 40.66 kJ mol$^{-1}$ とする.

---

## 解 答

⟨1⟩ HI(g) の生成反応は $\frac{1}{2} H_2(g) + \frac{1}{2} I_2(s) \rightleftarrows HI(g)$ である. (14-15)式より,

$$\log K_p = -\frac{\Delta G°}{2.303 \, RT} = 0.23$$

ゆえに $K_p = 1.7$.

⟨2⟩ (14-18)式より,

$$\Delta G° = -8.314 \text{ J mol}^{-1}\text{ K}^{-1} \times 298 \text{ K} \times 2.303 \times \log(1 \times 10^{-14})$$
$$= 79.88 \text{ kJ mol}^{-1}$$

⟨3⟩ (14-23)式を用いてグラフを書き，その勾配から求める．または(14-24)式から計算で求める．25℃を中心とした平均値をとると $56.5 \text{ kJ mol}^{-1}$ が得られる．

⟨4⟩ (13-43)式から $\Delta G° = \Delta H° - T\Delta S°$ なので，
$$\Delta S° = \frac{(56.5 - 79.88) \text{ kJ mol}^{-1}}{298 \text{ K}} = -78.5 \text{ J mol}^{-1}\text{ K}^{-1}$$

⟨5⟩ この水溶液の凝固点降下度は 2.44 K である．この水溶液中において NaCl が完全に電離しているとすると 2 mol のイオンが生じるので，NaCl の活量は $a = \frac{2.44}{1.86} \div 2 = 0.656$ となる．質量モル濃度で表した活量も (14-20)式と同形の式が適用できるから，$\gamma = \frac{0.656}{1.0} = 0.656$ である．この溶液の性質は 0.656 質量モル濃度の NaCl の理想溶液に等しい．

⟨6⟩ 標準融点で圧力は 1 atm，760 Torr である．例題 14.7 より水の融点は 1 atm につき 0.0075 K 下がる．したがって，圧力の差により $0.0075 \times 755.5 \div 760 = 0.00746$ K 下がる．さらに空気が飽和しているので，第 4 章練習問題の⟨4⟩にあるように，凝固点が 0.0024 K 下がる．この 2 つの効果が加算されると標準融点は三重点の温度より約 0.01 K 低いことになる．

⟨7⟩ (14-31)式から
$$\ln \frac{2 \text{ atm}}{1 \text{ atm}} = -\frac{40.66 \times 10^3 \text{ J mol}^{-1}}{8.314 \text{ J mol}^{-1}\text{ K}^{-1}}\left(\frac{1}{T} - \frac{1}{373 \text{ K}}\right)$$

したがって $T = 393.8 \text{ K} = 120.8 ℃$．家庭用圧力鍋の圧力はほぼ 2 atm で，内部の温度は 120 ℃ くらいになっている．

# 第15章 電池

電池，電気分解，pH メーターやイオン電極などのセンサーは，実用上重要である．それらの原理は電池反応に支えられている．また溶解度積や活量，さらには酸化還元反応のギブスエネルギー変化も電池反応を利用して求められており，電池反応は熱力学の応用としても重要である．この章では電池反応を熱力学的に考察する．

## §15.1 電池と電池反応

第7章でダニエル電池の構成と電池反応は，電池図を用いて次のように表されることを示した．電池反応が可逆な電池を可逆電池という．

$$Zn \mid Zn^{2+} \parallel Cu^{2+} \mid Cu \tag{15-1}$$

$$Zn + Cu^{2+} \rightleftarrows Zn^{2+} + Cu \tag{15-2}$$

ダニエル電池の起電力は約 1.1 V であるが，テスターで調べるとき，マイナス端子を銅電極につなぐか亜鉛電極につなぐかによって起電力の符号が逆になり，起電力を表すときに混乱を生じる．そこで国際規約により，電池を電池図で表すとき，電池の**起電力** $E$ は，電池図の右側に置かれた電極の電位 $E_R$ から左側に置かれた電極の電位 $E_L$ を引いたものとして定義されている．

$$E = E_R - E_L \tag{15-3}$$

したがって電池図で表した電池の起電力が正のときは，左側の電極で酸化反応が，右側の電極で還元反応が行われる．逆に，左側の電極で還元反応が，右側の電極で酸化反応が行われるとき，この電池の起電力は負となる．

【電気的エネルギー】

可逆電池から得られる電気的仕事は，電池反応の自由エネルギー（ギブスエネルギー）変化に等しい．可逆電池の起電力を $E$（単位ボルト；V），電池反応に関与する電子数を $n$，ファラデー定数を $F$ とすると，電池反応の自由エ

ネルギー変化（単位ジュール；J）は次式により定義される．

$$\Delta G = -nFE \tag{15-4}$$

電池の起電力に対する国際規約が大切なのは，規約に従って書かれた電池の起電力が正のとき $\Delta G < 0$ となり，電池図を用いて書かれた電池反応——左側の電極で酸化反応，右側の電極で還元反応——が自発的に進行するということを明確に表すからである．

**例題 15.1** (15-1)式で示されるダニエル電池の起電力が $+1.10\,\mathrm{V}$ であった．この電池反応の自由エネルギー変化はいくらか．

**解** (15-4)式から，

$$\Delta G = -nFE = -2 \times 96485\,\mathrm{C\,mol^{-1}} \times 1.10\,\mathrm{V} = -212.3\,\mathrm{kJ\,mol^{-1}}$$

$\Delta G < 0$ であるため，電池図による電池反応——左側の電極で亜鉛が酸化され，右側の電極で銅イオンが還元される反応——が自発的に進行する．

## §15.2 標準水素電極

電池の起電力は，2つの半電池の電位の差として測定される．しかし単独の半電池について電位を測定することはできない．したがって半電池がもつ電位の絶対値を求めることはできない．しかし，何か基準となる半電池を選び，他の半電池との間の起電力を測定し，その半電池の電位とする尺度をつくることで，電極電位を相対的に比較することができる．

現在，基準となる半電池として**標準水素電極**を用いることが国際的に認められている．標準水素電極とは，図 15.1 に示すように，表面に白金黒をつけた白金を電極とし，これを水素イオンの活量が1であるような溶液中に浸し，1 atm の水素ガスを電極と接触するよう通気させたものである．この状態におい

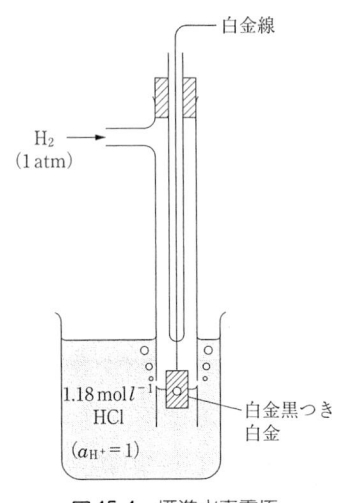

**図 15.1** 標準水素電極

ては，水素と水素イオンの間で電子授受反応が平衡状態になっている．この標準水素電極の電位を，すべての温度でゼロであると約束する．電池反応に関与する物質の，すべての活量が1とおける状態を**標準状態**という．

## §15.3 標準電極電位

標準水素電極を左側に，標準状態にある半電池を右側において電池とする．この起電力を，右の半電池を構成する電極の**標準電極電位**という．

一般に，酸化体を $M^{n+}$，還元体を $M$ で表すと，標準電極電位は次の電池の起電力に相当する．

$$\text{Pt}, \text{H}_2(1\,\text{atm}) | \text{H}^+(a_{\text{H}^+} = 1) \| \text{M}^{n+}(a_{\text{M}^{n+}} = 1) | \text{M} \qquad (15\text{-}5)$$

また，この電池の電池反応は次の通りである．

$$\text{M}^{n+} + \frac{n}{2}\text{H}_2 \rightleftarrows \text{M} + n\text{H}^+ \qquad (15\text{-}6)$$

標準電極電位はこのように定義されたものであるから，還元反応に対応した還元電位を示していることになる．25℃における標準電極電位を表15.1に示す．

電池反応に関与する物質が標準状態にあるとき，電池反応の自由エネルギー変化は(15-4)式から次のように表される．

$$\Delta G^\circ = -nFE^\circ \qquad (15\text{-}7)$$

ここで $E^\circ$ は標準電極電位を表す．(15-7)式から，イオンの標準生成自由エネルギーが求められる．

一般に，標準電極電位が負の大きい値を示す金属ほど，イオン化傾向が大きい．標準電極電位が負の大きな値を示す元素から並べた順列——表15.1で上から下に向かう順列——を**電気化学系列**と呼んでいる．この系列は，金属元素が還元剤として強い順に示されている．

非金属元素はイオン化によって陰イオンを生じるため，金属の場合とは逆に，標準電極電位が大きな正の値を示す元素ほどイオン化傾向が大きい．ハロゲン元素のイオン化傾向は，酸化剤として強い順になっている．

表15.1 標準電極電位表

| 電 極 | 電極反応 | $E°$(V) |
|---|---|---|
| Li$^+$|Li | Li$^+$+e → Li | $-3.045$ |
| K$^+$|K | K$^+$+e → K | $-2.925$ |
| Ca$^{2+}$|Ca | Ca$^{2+}$+2 e → Ca | $-2.866$ |
| Na$^+$|Na | Na$^+$+e → Na | $-2.714$ |
| Mg$^{2+}$|Mg | Mg$^{2+}$+2 e → Mg | $-2.363$ |
| Al$^{3+}$|Al | Al$^{3+}$+3 e → Al | $-1.662$ |
| Zn$^{2+}$|Zn | Zn$^{2+}$+2 e → Zn | $-0.763$ |
| Fe$^{2+}$|Fe | Fe$^{2+}$+2 e → Fe | $-0.440$ |
| Cd$^{2+}$|Cd | Cd$^{2+}$+2 e → Cd | $-0.403$ |
| Sn$^{2+}$|Sn | Sn$^{2+}$+2 e → Sn | $-0.136$ |
| Pb$^{2+}$|Pb | Pb$^{2+}$+2 e → Pb | $-0.126$ |
| H$^+$|H$_2$, Pt | 2 H$^+$+2 e → H$_2$ | $0.000$ |
| Sn$^{4+}$, Sn$^{2+}$|Pt | Sn$^{4+}$+2 e → Sn$^{2+}$ | $+0.15$ |
| Cl$^-$|AgCl|Ag | AgCl+e → Ag+Cl$^-$ | $+0.222$ |
| Cu$^{2+}$|Cu | Cu$^{2+}$+2 e → Cu | $+0.337$ |
| I$^-$|I$_2$, Pt | I$_2$+2 e$^-$ → 2 I$^-$ | $+0.536$ |
| Fe$^{3+}$, Fe$^{2+}$|Pt | Fe$^{3+}$+e → Fe$^{2+}$ | $+0.771$ |
| Hg$_2^{2+}$|Hg | Hg$_2^{2+}$+2 e → 2 Hg | $+0.788$ |
| Ag$^+$|Ag | Ag$^+$+e → Ag | $+0.799$ |
| Hg$^{2+}$, Hg$_2^{2+}$|Pt | 2 Hg$^{2+}$+2 e → Hg$_2^{2+}$ | $+0.920$ |
| Br$^-$|Br$_2$, Pt | Br$_2$+2 e → 2 Br$^-$ | $+1.087$ |
| Cl$^-$|Cl$_2$, Pt | Cl$_2$+2 e → 2 Cl$^-$ | $+1.360$ |
| MnO$_4^-$, Mn$^{2+}$|Pt | MnO$_4^-$+8 H$^+$+5 e → Mn$^{2+}$+H$_2$O | $+1.51$ |
| H$_2$O$_2$, H$_2$O|Pt | H$_2$O$_2$+2 H$^+$+2 e → 2 H$_2$O | $+1.77$ |
| F$^-$|F$_2$, Pt | F$_2$+2 e$^-$ → 2 F$^-$ | $+2.87$ |

**例題 15.2** 表15.1において，亜鉛の標準電極電位は $-0.763$ V となっている．亜鉛の標準電極電位を測定するための電池を電池図で表し，自発変化の方向を示せ．

**解** 亜鉛の標準電極電位は，次の電池の示す起電力で与えられる．

$$\text{Pt, H}_2(1\text{ atm})|\text{H}^+(a_{\text{H}^+}=1)\|\text{Zn}^{2+}(a_{\text{Zn}^{2+}}=1)|\text{Zn}$$

亜鉛の標準電極電位が $-0.763$ V となっているのは，右側の標準亜鉛電極が，左側の標準水素電極に対して $-0.763$ V を示したということである．したがって電池図に従って書かれた次の電池反応の $\varDelta G°$ は

$$\text{H}_2 + \text{Zn}^{2+} \rightleftarrows 2\text{H}^+ + \text{Zn}$$

$$\varDelta G° = -(-0.763\text{ V}) \times 2 \times 96485\text{ C mol}^{-1} = +147.2\text{ kJ mol}^{-1}$$

となり，$\Delta G° > 0$ であるから，この反応は逆方向，すなわち

$$2H^+ + Zn \rightarrow H_2 + Zn^{2+}$$

の方向に自発的に進む．このことはまた，亜鉛は水素よりイオン化傾向が大きいことを示している．

## §15.4　Nernstの式・起電力と平衡定数

　電解質溶液は，イオン間の静電相互作用のため，理想溶液からのずれが大きい．特に電池反応の電極電位は，溶液中イオンの活量に応答するものであるから，活量の理解が重要である．

　電池反応は半電池の組み合わせで与えられ，電子は酸化反応と還元反応によって過不足なく使われる．一般に，半電池反応を次のように表すと

$$aA + ne \rightleftarrows cC \tag{15-8}$$

$$bB - ne \rightleftarrows dD \tag{15-9}$$

電池反応は次のように表される．

$$aA + bB \rightleftarrows cC + dD \tag{15-10}$$

この電池反応のギブスエネルギー変化は，活量を用いて (14-21)式により

$$\Delta G = \Delta G° + RT \ln \frac{a_C^c a_D^d}{a_A^a a_B^b} \tag{15-11}$$

で与えられる．ここで $\Delta G°$ は電池反応の標準ギブスエネルギー変化である．

　ここで，$\Delta G = -nFE$，$\Delta G° = -nFE°$ とおくと

$$E = E° - \frac{RT}{nF} \ln \frac{a_C^c a_D^d}{a_A^a a_B^b} \tag{15-12}$$

となる．$E°$ は標準状態（電池反応に関与する全成分の活量が1の状態）における起電力であり，標準起電力と呼ばれる．(15-12)式を **Nernst**（ネルンスト）**の式**という．

　電池反応が平衡状態にあるときは $\Delta G = 0$ である．すなわち (15-4)式から $E = 0$ であり，このときの反応商は平衡定数に等しく (15-12)式から次の関係式が得られる．

$$E° = \frac{RT}{nF} \ln K_a \tag{15-13}$$

ただし,$K_a$ は活量で表した平衡定数である(→ p. 267).この式により,電池の標準起電力から電池反応の平衡定数が求められる.

標準水素電極に対する電位は,次の電池反応の起電力に相当する.

$$\mathrm{Ox} + \frac{n}{2}\mathrm{H}_2(1\,\mathrm{atm}) \rightleftarrows \mathrm{Red} + n\mathrm{H}^+ \quad (a_{\mathrm{H}^+} = 1)$$

ここで,Ox は酸化体を,Red は還元体を表す.この電池反応に Nernst の式を適用すると,電池の起電力は次のように表される.

$$E = (E°_{\mathrm{Ox/Red}} - E°_{\mathrm{H}^+/\mathrm{H}_2}) - \frac{RT}{nF} \ln \frac{a_{\mathrm{Red}} a_{\mathrm{H}^+}{}^n}{a_{\mathrm{Ox}} p_{\mathrm{H}_2}{}^{n/2}}$$

ここで,$E°_{\mathrm{H}^+/\mathrm{H}_2} = 0\,\mathrm{V}$,$a_{\mathrm{H}^+} = 1$,$p_{\mathrm{H}_2} = 1\,(\mathrm{atm})$ を用いると次のようになる.

$$E = E°_{\mathrm{Ox/Red}} - \frac{RT}{nF} \ln \frac{a_{\mathrm{Red}}}{a_{\mathrm{Ox}}} \tag{15-14}$$

この式はあたかも

$$\mathrm{Ox} + ne \rightleftarrows \mathrm{Red} \tag{15-15}$$

という半反応を与える半電池の電極電位を与える式のように見えるので,電極電位の式とよばれる.

電極電位の式は見かけ上,単極の電位を与える式のように見えるだけで,実際は標準水素電極に対する電位を示している.(15-14)式で単極の電極電位を計算すると,電池の起電力が,電池図で右に書かれた半電池の電極電位から左に書かれた半電池の電極電位を引いたものとして与えられる.

## 【電解質の平均活量,平均活量係数】

電池反応では単独イオンの活量が現れるが,単独イオンの活量は測定することができない.実験で測定できるのは,電解質成分である正負イオンの活量の平均値である.そこで実際は,イオンの活量や活量係数の幾何平均をとった電解質の平均活量 $a_\pm$ や平均活量係数 $\gamma_\pm$ が用いられる.

たとえば,HCl のような 1:1 電解質では $a_\pm = (a_+ a_-)^{\frac{1}{2}}$,$\gamma_\pm = (\gamma_+ \gamma_-)^{\frac{1}{2}}$ で

表 15.2 電解質の平均活量係数 (25 ℃)

| $m$ (mol kg$^{-1}$) | 0.001 | 0.005 | 0.01 | 0.05 | 0.1 | 0.5 | 1.0 |
|---|---|---|---|---|---|---|---|
| HCl | 0.966 | 0.928 | 0.904 | 0.830 | 0.796 | 0.758 | 0.809 |
| NaCl | 0.966 | 0.929 | 0.904 | 0.823 | 0.780 | 0.68 | 0.66 |
| KCl | 0.965 | 0.927 | 0.901 | 0.815 | 0.769 | 0.651 | 0.606 |
| AgNO$_3$ | 0.965 | 0.92 | 0.90 | 0.79 | 0.72 | 0.51 | 0.40 |
| CaCl$_2$ | 0.89 | 0.785 | 0.725 | 0.57 | 0.515 | 0.52 | 0.71 |
| CuSO$_4$ | 0.74 | 0.53 | 0.41 | 0.21 | 0.16 | 0.068 | 0.047 |
| ZnSO$_4$ | 0.700 | 0.477 | 0.387 | 0.202 | 0.150 | 0.063 | 0.043 |

あり，イオン $i$ の活量は $a_i = \gamma_\pm c_i$ で表される．

**例題 15.3** 25 ℃，1 atm における次のダニエル電池の起電力と電池反応の $\Delta G$ を求めよ．

$$\text{Zn} \mid \text{ZnSO}_4(0.1 \text{ mol } l^{-1}, \gamma_\pm = 0.15) \parallel \text{CuSO}_4(0.5 \text{ mol } l^{-1}, \gamma_\pm = 0.068) \mid \text{Cu}$$

**解** ダニエル電池の電池反応は $\text{Zn} + \text{Cu}^{2+} \rightleftarrows \text{Zn}^{2+} + \text{Cu}$ であるから，起電力は Nernst の式により，次のようになる．

$$E = \left( E°_{\text{Cu}^{2+}/\text{Cu}} - E°_{\text{Zn}^{2+}/\text{Zn}} \right) - \frac{RT}{nF} \ln \frac{a_{\text{Zn}^{2+}} a_{\text{Cu}}}{a_{\text{Zn}} a_{\text{Cu}^{2+}}}$$

ここで，固体の活量を1とおき，イオンの活量係数は平均活量係数に等しいと仮定し，数値を代入すると

$$E = [0.337 - (-0.763)] - \frac{0.05916}{2} \log \frac{0.1 \times 0.15}{0.5 \times 0.068} = 1.11 \text{ V}$$

したがって，

$$\Delta G = -nFE = -2 \times 96485 \text{ C} \times 1.11 \text{ V} = -214.2 \text{ kJ mol}^{-1}$$

## §15.5 pH メーター・イオン電極

**【参照電極】**

図 15.2 に示したように，表面に塩化銀を析出させた銀電極を KCl 溶液に浸した半電池を**銀塩化銀電極**という．銀塩化銀電極の電極反応は表 15.1 から次のように表される．

$$\text{AgCl} + e \rightleftarrows \text{Ag} + \text{Cl}^- \qquad E°_{\text{AgCl/Ag}} = +0.222 \text{ V} \qquad (15\text{-}16)$$

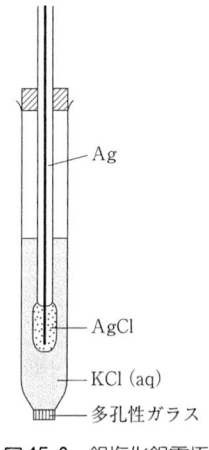

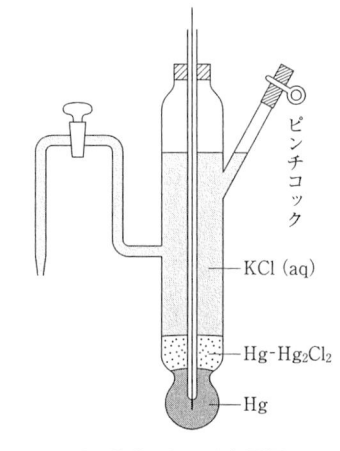

**図 15.2** 銀塩化銀電極　　　　**図 15.3** カロメル電極

したがって電極電位は，Nernst の式 (15-14) から次のようになる．

$$E = E°_{\text{AgCl/Ag}} - 0.059 \log \frac{[\text{Ag}][\text{Cl}^-]}{[\text{AgCl}]} \quad (15\text{-}17)$$

ただし，電位の測定精度は $0.001$ V とする．ここで固体の濃度を1とおくと，

$$E = E°_{\text{AgCl/Ag}} - 0.059 \log [\text{Cl}^-] \quad (15\text{-}18)$$

となって，銀塩化銀電極の電位が溶液中 $[\text{Cl}^-]$ の対数に比例して変化するため，電位から溶液中の $[\text{Cl}^-]$ 濃度を測定することができる．特定のイオンに感応する電極を**イオン電極**という．銀塩化銀電極はイオン電極の一種である．飽和 KCl 溶液を用いると，電位測定における微小な $[\text{Cl}^-]$ の変化は無視できるので安定な電位を示す．このことから銀塩化銀電極は，水素電極の代わりに電位測定の**基準電極**として用いられる．このような電極を**参照電極**とよんでいる．参照電極はそのほかに**カロメル電極**（図 15.3）などがある．

**例題 15.4** 亜鉛の標準電極電位は $-0.763$ V である．標準銀塩化銀電極を参照電極として測定すると，亜鉛の標準電極電位はいくらか．

　**解**　標準銀塩化銀電極の電位は $+0.222$ V であるから，標準銀塩化銀電極を参照電極として測定すると，亜鉛の標準電極電位は $E = -0.763$ V $- (+0.222$ V$)$

$= -0.985\,\text{V}$ である.

## 【pH電極】

水素電極の電極電位は,Nernst の式 (15-14) から次のように表される.

$$\text{H}^+ + \text{e} \rightleftarrows \frac{1}{2}\text{H}_2 \tag{15-19}$$

$$E = E^\circ - 0.059 \log \frac{p_{\text{H}_2}^{1/2}}{[\text{H}^+]} \tag{15-20}$$

ここで,$E^\circ = 0\,\text{V}$,水素の圧力を 1 atm とすると,水素電極の電位は次のようになる.

$$E = 0.059 \log[\text{H}^+] = -0.059\,\text{pH} \tag{15-21}$$

すなわち水素電極の電位は,溶液の pH が 1 変化するごとに 0.059 V 変化する.そこで次のように,水素イオンと選択的に感応する薄いガラス膜を隔膜とした電池を考える.

$$\text{Pt}, \text{H}_2(1\,\text{atm}) \mid \text{H}^+([\text{H}^+]_1) \parallel \text{H}^+([\text{H}^+]_2) \mid \text{H}_2(1\,\text{atm}), \text{Pt} \tag{15-22}$$

この電池の起電力 $E$ は,Nernst の式から次のように与えられる.

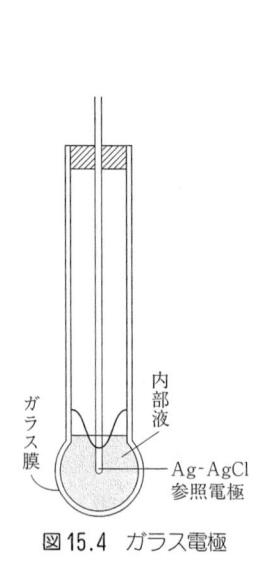

図 15.4 ガラス電極

図 15.5 イオン電極

$$E = 0.059 \log \frac{[\mathrm{H}^+]_2}{[\mathrm{H}^+]_1} = 0.059(\mathrm{pH}_1 - \mathrm{pH}_2) \qquad (15\text{-}23)$$

したがって，ガラス隔膜をはさんだ一方の溶液の水素イオン濃度 $[\mathrm{H}^+]_1$ が既知であれば，この電池の起電力から，他方の溶液の水素イオン濃度 $[\mathrm{H}^+]_2$ を知ることができる．これが **pH メーター** の原理である．水素電極は取り扱いが面倒なので，実際は水素電極の代わりに銀塩化銀電極を用い，図 15.4 に示すような **pH 電極** としている．ガラス隔膜を，特定のイオンに感応するイオン感応膜に置き換えると，種々のイオン電極が得られる（図 15.5）．

## §15.6 酸化還元反応の予測

酸化還元対の標準電極電位がわかれば，酸化還元反応にともなう自由エネルギー変化を知ることができ，反応を予測することができる．

**例題 15.5** 系における酸化還元対の標準電極電位の関係が図式に示されたものを **電位図** という．次の鉄系電位図から，標準状態の鉄(III) 水溶液に鉄を浸したときの変化を示せ．

$$\mathrm{Fe^{3+}} \xrightarrow{+0.771\mathrm{V}} \mathrm{Fe^{2+}} \xrightarrow{-0.440\mathrm{V}} \mathrm{Fe}$$

**解** 電位図から，隣り合う酸化状態間の半電池反応は次の通りである．

$$\mathrm{Fe^{3+}} + \mathrm{e} \rightleftarrows \mathrm{Fe^{2+}} \quad E°_{\mathrm{Fe^{3+}/Fe^{2+}}} = +0.771\,\mathrm{V} \quad \Delta G° = -0.771\,\mathrm{FV} \quad (1)$$

$$\mathrm{Fe^{2+}} + 2\mathrm{e} \rightleftarrows \mathrm{Fe} \quad E°_{\mathrm{Fe^{2+}/Fe}} = -0.440\,\mathrm{V} \quad \Delta G° = +0.88\,\mathrm{FV} \quad (2)$$

鉄(III) 水溶液に鉄を浸したときの変化は (1)×2−(2) で与えられる．

$$2\mathrm{Fe^{3+}} + \mathrm{Fe} \rightleftarrows 3\mathrm{Fe^{2+}} \qquad (3)$$

したがって，この反応の自由エネルギー変化は，

$$\Delta G° = -(0.771 \times 2 + 0.88) \times 96485\,\mathrm{CV} = -233.7\,\mathrm{kJ} < 0$$

で，(3) の反応は右に進む．つまり $\mathrm{Fe^{3+}}$ の水溶液に Fe を浸すと，$\mathrm{Fe^{2+}}$ を生じる反応が自然に起こり，$\mathrm{Fe^{3+}/Fe}$ 系の標準電極電位は測定できない．

次に，この反応 (3) がどこまで進むかを知るために平衡定数を求めてみる．$\Delta G° = -RT \ln K$ より

$$\log K = -\frac{\Delta G^\circ}{2.303\,RT} = \frac{233.7\text{ kJ}}{2.303 \times 8.314\text{ J mol}^{-1}\text{ K}^{-1} \times 298\text{ K}} = 40.96$$

したがって，$K = 9.1 \times 10^{40}$．

また平衡定数は (15-13) 式より求めることができる．いずれの方法で求めても結果は同じで，(3) の反応は完全に右に進み，Fe が存在する限り，溶液中に鉄(III)イオンは存在しないといってよい．

## §15.7 燃料電池

水素の燃焼反応エネルギーを電気エネルギーに変換したのが**水素燃料電池**である（図 15.6）．この反応は酸素を水にまで還元する反応でもあり，水の電解の逆反応を利用したものである．燃料電池では，電気とともに水が得られるため，宇宙船の電源として実用化された．燃料電池は原理的には熱機関より効率がよく，またクリーンなエネルギー源としての価値も認められている．電池の燃料として水素のほか，炭化水素，メタノール，ヒドラジン，一酸化炭素などを用い，空気を支燃性物質とした燃料電池も開発されている．

**例題 15.6** 298 K，1 atm における水素燃料電池の標準起電力を求めよ．

**解** 水素燃料電池の電池反応は $H_2(g) + \frac{1}{2}O_2(g) \rightleftarrows H_2O(l)$ であるから，電子数は 2 である．298 K，1 atm におけるこの反応の標準ギブスエネルギー変化は

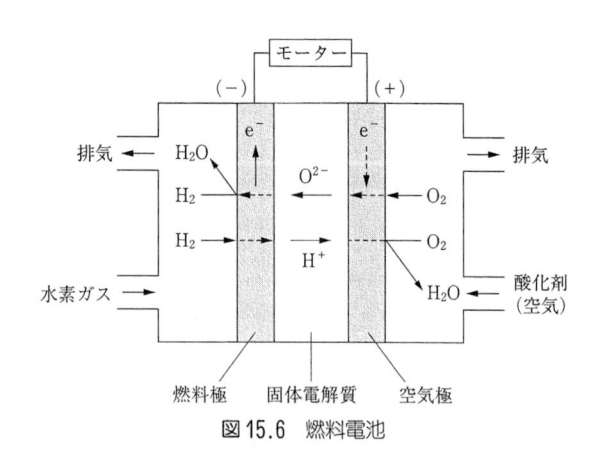

**図 15.6** 燃料電池

$H_2O(l)$ の標準生成ギブスエネルギーに等しいので,巻末の付表2から $\Delta G° = -237.2 \text{ kJ mol}^{-1}$ である.したがって (15-7) 式より,

$$E° = -\frac{\Delta G°}{nF} = -\frac{237.2 \text{ kJ mol}^{-1}}{2 \times 96485 \text{ C mol}^{-1}} = 1.23 \text{ V}$$

この値は水を電気分解する際の理論分解電圧でもある.なお,水の生成反応の $\Delta G°$ を $\Delta H°$ で割ったものが水素燃料電池の理論的最高効率で,約83%である.

**太陽エネルギーによる水の分解** $InTaO_4$ (バンドギャップエネルギー:2.3~2.6 eV) に水中で太陽光をあてると,水が酸素と水素に分解されるので,太陽エネルギーを化学エネルギーに変換するための光触媒として注目されている.図15.7に示したように,充満帯と伝導帯間のバンドギャップエネルギーに相当する光を吸収した励起電子が還元作用を,また,充満帯に生じた正孔が酸化作用を示すことによるものである.理論的には 1.23 eV のバンドギャップエネルギー(約 1000 nm)が水の完全分解の限界値であるので,可視光領域に吸収を有する適当なバンドギャップエネルギーの大きさの半導体の開発が進められている.

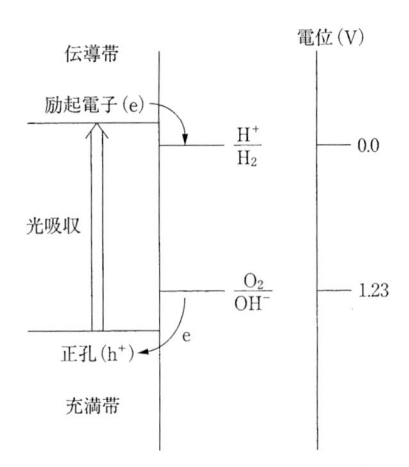

図15.7 太陽光による水の分解反応

## 練習問題 15

⟨1⟩ 25 ℃ で次の電池の起電力は 0.592 V であった。水のイオン積を求めよ。ただし活量係数は 1 とする。

   Pt, $H_2$(1 atm) | KOH(0.01 mol $l^{-1}$) ‖ HCl(0.01 mol $l^{-1}$) | $H_2$(1 atm), Pt

⟨2⟩ 次の銀電極と銀塩化銀電極の標準電極電位から 25 ℃, 1 atm における塩化銀の溶解度積を求めよ。ただし活量係数は 1 とする。

$$Ag^+ + e \rightleftarrows Ag \qquad E° = +0.799 \text{ V} \qquad (1)$$
$$AgCl + e \rightleftarrows Ag + Cl^- \qquad E° = +0.222 \text{ V} \qquad (2)$$

⟨3⟩ 0.05 mol $l^{-1}$ HCl 水溶液中, HCl の平均活量係数は 0.833 であった。この水溶液の pH を, pH メーターで測定するといくらになるか。

⟨4⟩ 25 ℃ における次の電池の起電力は +0.352 V であった。

   Pt, $H_2$(1 atm) | HCl(0.1 mol $l^{-1}$) | AgCl(s) | Ag

この水溶液における HCl の平均活量 $a_\pm$ と平均活量係数 $\gamma_\pm$ を求めよ。ただし, HCl の平均活量は $a_\pm = (a_{H^+} a_{Cl^-})^{\frac{1}{2}}$, また, $a_{H^+}$ と $a_{Cl^-}$ は $a_{H^+} = \gamma_\pm [H^+]$, $a_{Cl^-} = \gamma_\pm [Cl^-]$ で表されるものとする。

⟨5⟩ ニッケルカドミウム電池は, 正極活物質が酸化水酸化ニッケル NiOOH, 負極活物質が Cd 金属である。電池反応は

$$2\,NiOOH + Cd + 2\,H_2O \rightleftarrows 2\,Ni(OH)_2 + Cd(OH)_2$$

$$E°_{NiOOH/Ni(OH)_2} = 0.490 \text{ V}, \quad E°_{Cd(OH)_2/Cd} = -0.809 \text{ V}$$

である。25 ℃ におけるこの電池の標準起電力と, 標準ギブスエネルギー変化を求めよ。

⟨6⟩ 25 ℃, 1 atm におけるダニエル電池の, 電池反応の平衡定数を求めよ。

⟨7⟩ $Fe^{3+}$ の水溶液に Zn 粒を入れたとき, $Fe^{3+}$ は $Fe^{2+}$ にどの程度, 還元されるか。

## 解　答

⟨1⟩ 水のイオン積を $K_w$ とすると $K_w = [H^+][OH^-]$ である．左の半電池で，0.01 mol $l^{-1}$ KOH 中の $[H^+]$ は，

$$[H^+] = \frac{K_w}{[OH^-]} = \frac{K_w}{0.01 \text{ mol } l^{-1}}$$

である．したがって与えられた電池は両極とも水素電極である．Nernst の式 (15-12) から

$$0.592 \text{ V} = 0.05916 \text{ V} \times \log \frac{0.01 \text{ mol } l^{-1}}{K_w/0.01 \text{ mol } l^{-1}}$$

これを解いて $K_w = 1.0 \times 10^{-14}$ mol$^2$ $l^{-2}$ となる．

⟨2⟩ 塩化銀の溶解反応は

$$\text{AgCl} \rightleftarrows \text{Ag}^+ + \text{Cl}^- \tag{3}$$

この反応は (2)−(1) で与えられる．よって溶解度積を $K_{sp} = [Ag^+][Cl^-]$ とすると，(3)式の $\Delta G°$ がわかれば (14-18)式から $\Delta G° = -RT \ln K_{sp}$ により $K_{sp}$ が求められる．(15-7) 式から (3)式の $\Delta G°$ は

$$\Delta G° = (-1 \times 0.222 \text{ FV}) - (-1 \times 0.799 \text{ FV}) = 0.577 \text{ FV}$$
$$= 55.67 \text{ kJ mol}^{-1}$$

したがって $\ln K_{sp} = -\dfrac{\Delta G°}{RT}$ より $K_{sp} = 1.74 \times 10^{-10}$ が得られる．

あるいは，(3) = (2)−(1) であるから，塩化銀の溶解反応を電池反応とする電池は Ag|Ag$^+$‖AgCl|Ag で与えられる．この電池の起電力は Nernst の式 (15-12) により

$$E = (E°_{\text{AgCl/Ag}} - E°_{\text{Ag}^+/\text{Ag}}) - 0.05916 \log \frac{[Ag^+][Cl^-]}{[AgCl]} \tag{4}$$

固体の濃度は 1 とおき，溶解度積を $K_{sp} = [Ag^+][Cl^-]$ とすると，(4)式に数値を代入して $K_{sp} = 1.77 \times 10^{-10}$ が得られる．

⟨3⟩ 水素イオン活量は $0.05 \times 0.833 = 0.0417$ で，pH $= -\log 0.0417 = 1.38$ となる．

⟨4⟩ この電池における電池反応は $\text{AgCl} + \dfrac{1}{2}\text{H}_2 \rightleftarrows \text{H}^+ + \text{Cl}^- + \text{Ag}$ であるから，起電力は Nernst の式 (15-12) により次のようになる．

$$E = E°_{\text{AgCl/Ag}} - E°_{\text{H}^+/\text{H}_2} - \frac{RT}{nF} \ln \frac{a_{\text{H}^+} a_{\text{Cl}^-} a_{\text{Ag}}}{(a_{\text{AgCl}} a_{\text{H}_2})^{1/2}}$$

ここで，固体の活量は1とおき，気体の活量は圧力に等しいとすると，数値を代入して，

$$+ 0.352 = + 0.222 - 0.05916 \log a_{\text{H}^+} a_{\text{Cl}^-}$$
$$= + 0.222 - 0.05916 \log a_{\pm}^2$$

よって平均活量は $a_{\pm} = 0.0797$ となる．また平均活量係数は $\gamma_{\pm} = a_{\pm}/0.1 = 0.797$ となる．

〈5〉標準起電力は

$$E° = E°_{\text{NiOOH/Ni(OH)}_2} - E°_{\text{Cd(OH)}_2/\text{Cd}} = 0.490 - (-0.809) = 1.299 \text{ V}$$

である．標準ギブスエネルギー変化は

$$\Delta G° = -nFE° = -2 \times 96485 \text{ C} \times 1.299 \text{ V} = -250.7 \text{ kJ}$$

〈6〉ダニエル電池の電池反応は $\text{Zn} + \text{Cu}^{2+} \rightleftarrows \text{Zn}^{2+} + \text{Cu}$ である．平衡状態を $E = 0$ として，(15-13)式から $E° = \frac{RT}{nF} \ln K$．この式に数値を代入して計算すると，$\log K = 37.2$ が得られる．したがって

$$K = \frac{[\text{Zn}^{2+}]}{[\text{Cu}^{2+}]} = 1.58 \times 10^{37}$$

平衡状態においてダニエル電池の電池反応は，ほとんど完全に正方向へ進んでいることがわかる．

〈7〉反応は $\text{Zn} + 2\text{Fe}^{3+} \rightleftarrows \text{Zn}^{2+} + 2\text{Fe}^{2+}$ である．この反応を電池反応と考え，電池が平衡状態になるときは (15-13)式から

$$E°_{\text{Fe}^{3+}/\text{Fe}^{2+}} - E°_{\text{Zn}^{2+}/\text{Zn}} = \frac{0.05916}{2} \log K$$

表15.1から $E°_{\text{Fe}^{3+}/\text{Fe}^{2+}} = 0.771$ V，$E°_{\text{Zn}^{2+}/\text{Zn}} = -0.763$ V であり，$K = 7.2 \times 10^{51}$ となる．$\text{Fe}^{3+}$ はほとんど完全に $\text{Fe}^{2+}$ に還元される．

# 第16章　化学反応速度

　化学反応には，炭素の燃焼反応のように速いものもあれば，鉄さびの生成のようにゆっくり進むものもある．また，水素と酸素の反応は自由エネルギーの減少する自発変化ではあるが，触媒や電気火花がないと常温ではほとんど進まないきわめて遅い反応である．反応が完全には進まない平衡反応が平衡に達するまでの時間は，正逆両方向の反応の速さで決まる．アンモニアの合成や石油の改質などの工業においても，化学反応の速度におよぼす温度，濃度，触媒などの影響は重要である．

## §16.1　化学反応の速さ

　化学反応の例として，水素とヨウ素からヨウ化水素を生じる反応を再び取り上げる（図5.3）．

$$H_2(g) + I_2(g) \rightleftarrows 2HI(g) \tag{16-1}$$

　反応の速度は，単位時間あたりに反応物質が減少した量，または生成物が増加した量で表される．正反応の速度を $v_1$，逆反応の速度を $v_2$ とすると，(16-1)式の反応速度は次の速度式で表される．

$$v_1 = \frac{d[HI]}{dt} = k_1[H_2][I_2] \tag{16-2}$$

$$v_2 = -\frac{d[HI]}{dt} = k_2[HI]^2 \tag{16-3}$$

　速度式の中で，濃度のべき数の総和を**反応の次数**という．(16-2)や(16-3)式の反応は，濃度に関して二次であるため**二次反応**という．(16-2)式は全体において二次反応であるが，$[H_2]$ および $[I_2]$ それぞれについては**一次反応**である．三次以上の高次反応はまれである．化学反応式を見たとき，反応物質の割合（化学量論係数）から，全体が高次と思われる反応も，実際には何段階にも

分かれた反応経路を経て進行する．したがって，反応の次数と化学反応式の化学量論係数とは，必ずしも一致しない．

反応が何段階にも分かれた経路を経て進行するとき，これを**逐次反応**といい，反応の各段階を**素反応**という．素反応では，反応の次数と化学反応式の量論係数が一致する．反応経路がどのような素反応から成り立つか示したものを**反応機構**という．全体の反応速度は，素反応の中で最も遅い反応によって決まる．このように，全体の反応速度を決める素反応を，**律速段階**という．われわれが普通に測定できる反応速度は，最も遅い律速段階である．弱酸である酢酸と強塩基の反応は，次の2つの素反応からなる逐次反応であるが，第2の反応は極めて速い反応であり，第1の反応が律速段階である．

$$CH_3COOH \rightarrow H^+ + CH_3COO^-$$
$$H^+ + OH^- \rightarrow H_2O$$

したがって反応速度は $v_1 = k_1[CH_3COOH]$ と表され，一次反応式に従う．

**例題 16.1** 水素とヨウ素が反応してヨウ化水素を生じる反応で，水素およびヨウ素の濃度をそれぞれ $\frac{1}{2}$ に下げた場合，反応速度はどうなるか．

**解** この反応で反応速度は，$[H_2]$ および $[I_2]$ それぞれの一次反応に比例しているため，$\frac{1}{4}$ に低下する．

## §16.2 一次反応と二次反応

【一次反応】

一次反応の例としては，$Fe^{3+}$ や白金黒を触媒とする過酸化水素の分解反応や，スクロースの転化反応（加水分解反応）などがある．過酸化水素の分解反応速度は，未反応の過酸化水素濃度や，発生する酸素の体積の時間変化から知ることができる．スクロースの転化反応においては旋光度が変化するので，その時間変化から転化反応速度を知ることができる．スクロースの転化反応は，次に示すように溶媒の水が反応に関与する二次反応である．しかし溶媒の水は大量に存在するので，その濃度変化を無視できる．

$$C_{12}H_{22}O_{11} + H_2O \rightarrow C_6H_{12}O_6 + C_6H_{12}O_6 \quad (16\text{-}4)$$
スクロース(右旋性66.5°) 　　　　　グルコース(右旋性52.7°)　フルクトース(左旋性-92.6°)

したがってこの反応では見かけ上，反応速度がスクロース濃度の一次に比例する．このように反応速度が，ある単一物質濃度の一次に比例するように見える反応を，**擬一次反応**という．溶媒の関与しない二次反応でも，一方の反応物質濃度を，その濃度変化が無視できるほど大きくして，擬一次反応として取り扱うこともよく行われる．

スクロースの転化反応では，スクロースの初濃度を $a$ とし，$t$ 時間後に濃度が $a-x$ になったとすると，反応速度を表す式は

$$-\frac{d(a-x)}{dt} = k(a-x) \quad (16\text{-}5)$$

これを積分すると，次の式が得られる．

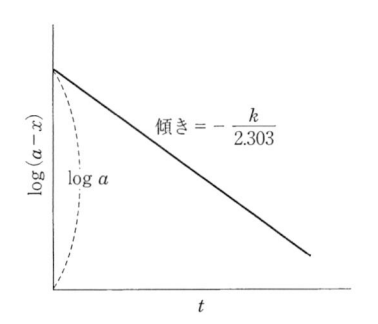

$$\ln\frac{a}{a-x} = kt \quad (16\text{-}6)$$

**図16.1** 一次反応の解析
(スクロースの加水分解反応)

よって，$\ln\dfrac{a}{a-x}$ あるいは $\ln(a-x)$ を $t$ に対してプロットすると直線が得られ，その勾配から $k$ が求められる(図16.1)．

また $k$ は，濃度が初濃度の $\dfrac{1}{2}$ になるまでの時間（**半減期**という）を測定することによっても求められる．半減期を $\tau_{1/2}$ で表すと，(16-6)式で $x=\dfrac{1}{2}a$ とおき，次の関係式が得られる．

$$k = \frac{\ln 2}{\tau_{1/2}} = \frac{0.693}{\tau_{1/2}} \quad (16\text{-}7)$$

(16-7)式からわかるように，一次反応の半減期は，初濃度には無関係である．

**例題 16.2** 0.05 mol $l^{-1}$ 硝酸水溶液中，39.5℃において，スクロースの転化反応は一次反応であり，その半減期は 200 分であった．この反応の速度定数を求めよ．

解 $\tau_{1/2} = 12000$ s であるから,(16-7)式から $k = \dfrac{0.693}{12000 \text{ s}} = 5.8 \times 10^{-5} \text{ s}^{-1}$

## 【二次反応】

ヨウ化水素の生成反応と分解反応で示されるように,二次反応には次の2つの場合がある.

$$-\frac{d[A]}{dt} = k[A]^2 \tag{16-8}$$

$$-\frac{d[A]}{dt} = k[A][B] \tag{16-9}$$

(16-8)式の場合,Aの初濃度を $a$ とし,$t$ 時間後に $a - x$ になったとすると

$$-\frac{d(a-x)}{dt} = \frac{dx}{dt} = k(a-x)^2 \tag{16-10}$$

となる.これを積分すると次の関係式が得られる.

$$\frac{1}{a-x} - \frac{1}{a} = kt \tag{16-11}$$

したがって図16.2に示すように,$\dfrac{1}{a-x}$ を $t$ に対してプロットすると直線が得られ,その勾配から $k$ が求められる.あるいは $t$ 時間後の濃度 $a - x$ と,初濃度の値を (16-11) 式に代入しても $k$ が計算できる.半減期は (16-11) 式に $x = \dfrac{1}{2}a$ とおき,次のように表される.

$$\tau_{1/2} = \frac{1}{ka} \tag{16-12}$$

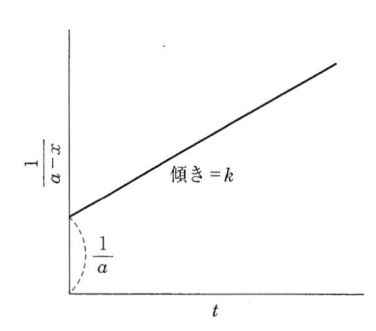

図16.2 二次反応の解析
(ヨウ化水素の分解反応)

このように二次反応においては,半減期が初濃度に依存する.濃度が $\dfrac{1}{2}$ になると半減期は2倍になる.このことを利用して $k$ を求めることもできる.

反応速度が (16-9) 式で表される場合は,Aの初濃度を $a$,Bの初濃度を $b$(ただし $a \neq b$)とすると,$t$ 時間後の速度式は次のように表される.

$$\frac{\mathrm{d}x}{\mathrm{d}t} = k(a-x)(b-x) \tag{16-13}$$

これを解くと,次の式が得られる.

$$\frac{1}{a-b}\ln\frac{b(a-x)}{a(b-x)} = kt \tag{16-14}$$

したがって,$\ln\dfrac{a-x}{b-x}$ を $t$ に対してプロットすると直線が得られ,その勾配から $k$ が求められる.あるいは $t$ 時間後の濃度 $a-x$,$b-x$ と,初濃度の値を (16-13) 式に代入しても,$k$ が計算できる.

**例題 16.3** 酸塩基中和反応は速い反応である.25 ℃ における次の中和反応における二次反応速度定数は $k = 1.4 \times 10^{11}\ l\ \mathrm{mol}^{-1}\ \mathrm{s}^{-1}$ である.

$$\mathrm{H^+ + OH^- \to H_2O}$$

0.1 mol $l^{-1}$ ずつの強酸と強塩基を中和したとき,反応が完了するまでにどれだけ時間がかかるか計算せよ.また反応初期の半減期はいくらか.ただし混合は瞬間的であるとし,反応が完了するとは,反応が 99.9 % 進行した状態をいうものとする.

**解** (16-13) 式で $a = b$ の場合,(16-11) 式が適用される.$a = 0.1$ mol $l^{-1}$,$a - x = 0.0001$ mol $l^{-1}$,$k = 1.4 \times 10^{11}\ l\ \mathrm{mol}^{-1}\ \mathrm{s}^{-1}$ を代入すると $t = 7.1 \times 10^{-8}$ s.半減期は (16-12) 式から $7.1 \times 10^{-11}$ s.

## §16.3 温度の影響・活性化エネルギー

水素とヨウ素の反応は,加熱(400~500 ℃)しないと進まない.また,炭素は酸素と激しく反応して燃焼するが,はじめにマッチなどで発火点に至るまで加熱しない限り燃えない.これらのことは,反応を起こすためには,図 16.3 に示すように反応物質が あるエネルギーの高い状態を乗り越えなければならないことを示している.このエネルギーの高い状態を**活性化状態**といい,活性化状態になるために必要なエネルギーを**活性化エネルギー**という.活性化状態は**遷移状態**ともいわれる.一般に,反応のギブスエネルギー変化が負に大きいほど,活性化エネルギーは小さく反応速度は速い.

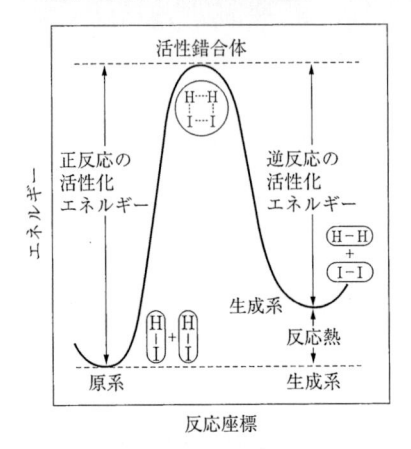

**図 16.3 活性化状態**

化学反応の速度は温度が高くなると速くなる．温度が高くなると高い運動エネルギーをもった粒子の数が増加し，それらの衝突によって活性化状態を超える粒子の数が増加するからである．一般に，化学反応の速度は，温度が 10 ℃高くなるごとにほぼ 2 倍となる．高温を要する反応ほど活性化エネルギーは大きい．常温で容易に起こる反応は，活性化エネルギーが小さい．可逆反応は，正方向と逆方向の反応における活性化エネルギーの差が，反応系と生成系の活性化エネルギーの差に等しく，反応熱に等しい．

Arrhenius は，速度定数 $k$ と温度の間に次の関係があることを見出した．

$$\frac{\mathrm{d}\ln k}{\mathrm{d}T} = \frac{E_a}{RT^2} \tag{16-15}$$

これを積分すると，次の式が得られる．

$$\ln k = \ln A - \frac{E_a}{RT} \tag{16-16}$$

$$k = A\exp\left(-\frac{E_a}{RT}\right) \tag{16-17}$$

ここで，$E_a$ は活性化エネルギーを表す．$A$ は頻度因子といい，衝突した粒子が反応する頻度を表す．(16-17)式の関係は，活性化状態を超えるために十分なエネルギーをもった粒子の衝突により，反応が進行することを表している．

活性化状態にある化学種を**活性錯合体**という．図 16.4 に示すように $\ln k$ を $\frac{1}{T}$ に対してプロットすると，直線関係が得られ，その勾配から活性化エネルギーを求めることができる．また，2 つの温度 $T_1$，$T_2$ における速度定数を $k_1$，$k_2$ とすると，(16-16)式より次式が得られる．

$$\ln \frac{k_2}{k_1} = -\frac{E_a}{R}\left(\frac{1}{T_2} - \frac{1}{T_1}\right) \quad (16\text{-}18)$$

活性化エネルギーの大きな系でも，ある適当な物質を加えると，反応経路が活性化エネルギーの低いものに変化し，低温でも反応を進めることができるようになる．たとえば，過酸化水素分解による酸素発生反応は，酸化マンガン(IV)を加えると著しく促進される．このとき加えられた酸化マンガン(IV)は，反応の

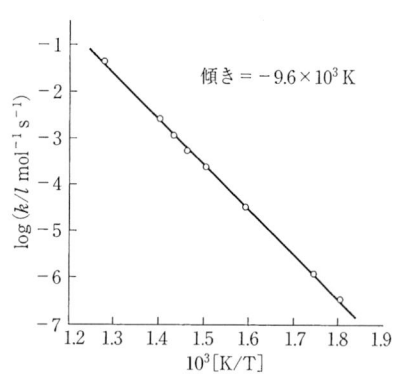

**図 16.4** Arrhenius プロット
（ヨウ化水素の熱分解）

前後で変化しない．このように，それ自身は変化しないが，反応を促進させる物質を**触媒**という．触媒は反応を促進するのみならず，ある反応を特異的に起こすこともできる．石油化学プロセスのほとんどは触媒反応を利用している．アルミナ上におけるエタノールの反応や石油のガソリン化などは，金属酸化物やアルミナ，ゼオライトといった触媒の表面に吸着し，そこを反応場として反応を促進している．酵素による反応も触媒反応の一種であり，酵素が高度に選択的な触媒として作用しているものと考えられる．

触媒が存在すると反応の速度は変わるが，反応熱の大きさは変わらず，平衡の位置も影響を受けない．

**例題 16.4** ヨウ化水素の分解反応 $2\,\mathrm{HI(g)} \rightleftarrows \mathrm{H_2(g)} + \mathrm{I_2(g)}$ の速度定数を測定したところ，630 K で $3.1 \times 10^{-5}\ l\,\mathrm{mol^{-1}\,s^{-1}}$，700 K で $1.16 \times 10^{-3}\ l\,\mathrm{mol^{-1}\,s^{-1}}$ であった．この反応の活性化エネルギーを求めよ．

**解** (16-18)式から，

$$\ln \frac{1.16 \times 10^{-3}\ l\,\mathrm{mol^{-1}\,s^{-1}}}{3.1 \times 10^{-5}\ l\,\mathrm{mol^{-1}\,s^{-1}}} = -\frac{E_a}{8.314\,\mathrm{J\,mol^{-1}\,K^{-1}}}\left(\frac{1}{700\,\mathrm{K}} - \frac{1}{630\,\mathrm{K}}\right)$$

これより $E_a = 190\,\mathrm{kJ\,mol^{-1}}$ が得られる．ここで $\mathrm{mol^{-1}}$ とは活性錯合体 1 mol あたりという意味であり，この場合はヨウ化水素 2 mol あたりという意味である．頻度因子 $A$ は (16-17)式から $1.76 \times 10^{11}\ l\,\mathrm{mol^{-1}\,s^{-1}}$ と求められる．

## §16.4　放射化学と年代測定

　1896年，Becquerelはウランから，透過性のある**放射線**が放出されることを見出し，これを**放射能**と名づけた．放射線には $\alpha$ 線，$\beta$ 線，$\gamma$ 線の3種がある．$\alpha$ 線は $\alpha$ 粒子（ヘリウムの原子核そのもの）の流れである．$\beta$ 線は電子の流れであり，$\gamma$ 線は波長の短い電磁波（$10^{-11} \sim 10^{-17}$ m）である．$\gamma$ 線はX線よりも透過力が強く，厚さ数cmの鉛板を透過する．放射線を放出して別の核種に変化する元素を**放射性元素**といい，この現象を**放射性壊変**という．

　放射性元素の中には，核分裂を起こして崩壊するとき，質量が減少するとともに大量の熱を放出するものがある．このとき減少した質量を $m$，光の速度を $c$ とすると，放出されるエネルギーは $E = mc^2$ によって与えられる．$^{238}$U や $^{239}$Pu などの核分裂反応で放出される熱は，原子力発電などに利用されている．

　放射性元素の同位体は医療にも応用されている．トレーサーとして，体内に注入後，その経緯を追跡することにより，病気の診断や代謝の検査ができる．また，がん細胞に放射線を照射して進行を止める放射線治療はよく知られている．$\gamma$ 線照射は食品のカビ，細菌の殺菌やジャガイモの発芽防止などに用いられている．

**【放射性元素による年代測定】**

　放射性元素は放射線を出して壊変するが，その速度は一次反応と同じ形式に従う．今，核種の数を $N$ とすると，壊変速度は $N$ に比例することがわかっている．

$$-\frac{dN}{dt} = \lambda N \tag{16-19}$$

ここで $\lambda$ は**壊変定数**といい，核種によって決まる定数である．時間 $t = 0$ のとき，$N = N_0$ とすると，時間 $t$ では（16-19）式から

$$N = N_0 e^{-\lambda t} \quad \text{または} \quad \ln\frac{N}{N_0} = -\lambda t \tag{16-20}$$

が得られる．

放射性核種の半分が壊変する半減期を $\tau_{1/2}$ とすると

$$\lambda = \frac{0.693}{\tau_{1/2}} \tag{16-21}$$

したがって，半減期がわかれば壊変定数がわかる．逆に，壊変定数がわかっていれば，放射性核種の残量から，時間の経過を測定することができる．天然放射性元素の半減期は長いので，その残量を測定することにより，岩石や鉱物，木材資料の年代測定が行われている．木などが枯れると大気から $^{14}C$ の供給が止まり，含まれる $^{14}C$（半減期5600年）は崩壊して減少するので，$^{14}C$ の相対存在量から (16-20) 式に従って年代を計算することができる．年代測定はほかにも $^{40}K \rightarrow {}^{40}Ar$, $^{87}Rb \rightarrow {}^{87}Sr$, $^{238}U \rightarrow {}^{206}Pb$ などの放射性壊変が利用されている．このような方法を用いて，太陽系の年齢が $5 \times 10^9$ 年，地球の年齢が $4.5 \times 10^9$ 年と見積もられている．

**例題 16.5** ある遺跡から出土した木片に含まれる $^{14}C$ の相対存在量を調べたところ，現在の木材に含まれているものの $\frac{1}{10}$ であった．この木片は何年前のものか．ただし $^{14}C$ の半減期は 5600 年である．

**解** $^{14}C$ の崩壊定数は (16-21) 式より $\lambda = \frac{0.693}{5600 \text{ y}} = 1.24 \times 10^{-4} \text{ y}^{-1}$ である．(16-20) 式から $\ln \frac{1}{10} = -1.24 \times 10^{-4} \text{ y}^{-1} \times t$. したがって $t = 18569$ y となる．約2万年前のものである．

## §16.5 光化学反応・連鎖反応

光によって引き起こされる反応を**光化学反応**という．オゾンは光化学反応を受けやすい．にもかかわらず大気中のオゾンが一定量に保たれているのは，次の光化学反応が平衡状態にあるからである．

$$O_3 + 光 \rightarrow O_2 + O \cdot \tag{16-22}$$

$$O_2 + O \cdot \rightarrow O_3 \tag{16-23}$$

ところが，大気中にフロンやオキシダントが増えると，次のように活性な反応中間体（遊離基）を生じてオゾンの破壊が進む．

$$F_3C-Cl + 光 \rightarrow F_3C\cdot + Cl\cdot \qquad (16\text{-}24)$$

$$Cl\cdot + O_3 \rightarrow ClO + O_2 \qquad (16\text{-}25)$$

$$ClO + O\cdot \rightarrow Cl\cdot + O_2 \qquad (16\text{-}26)$$

このように，反応により生じた活性な遊離基が，反応物質と反応して新たに遊離基を生じ，反応が連鎖的に進むことを**連鎖反応**という．塩素と水素が紫外線により爆発的に反応するのも連鎖反応である．光化学スモッグなどの光化学反応には連鎖反応がよく見られる．

**光合成** 植物は太陽の光を吸収し，空気中の二酸化炭素と地中の水からデンプンを合成している．植物の葉が緑色に見えるのは，葉緑素（クロロフィル）が赤色と青色の光を吸収しその補色である緑色を反射するからである．クロロフィルは光を吸収すると高いエネルギー状態になり，高いエネルギーをもった電子を1個放出する．この電子は酸化還元補酵素に補足され，$CO_2$ を還元してデンプンを合成する．一方，電子を放出したクロロフィルは酸化作用を示し，水を酸化して酸素を生成すると同時に，水から電子を受けとって元にもどる．全体として見れば，クロロフィルの吸収する青い光（300 kJ/1 mol 光量子）と赤い光（160 kJ/1 mol 光量子）のエネルギーは，二酸化炭素を還元してデンプンの形で，次式のように蓄えられる．

$$6CO_2 + 6H_2O \rightarrow C_6H_{12}O_6 + 6O_2 \qquad \Delta H = 2900 \text{ kJ}$$

われわれは，酸素を呼吸により体内に取り入れてデンプンを燃焼させ，そのエネルギーを利用して生命活動を維持している．

## §16.6 逐次反応

逐次反応の例として次のような反応を考える．

$$A \rightarrow B \rightarrow C \qquad (16\text{-}27)$$

このような逐次反応において A，B，C の濃度の時間変化は，一般に図 16.5 のようになる．逐次反応における全体の反応速度は，素反応の中で最も遅い律速段階の反応速度で決まってしまう．

例題 16.3 で取り上げた，水素イオンと水酸化物イオンの反応（$k = 1.4 \times 10^{11} \ l \ \text{mol}^{-1} \ \text{s}^{-1}$）は，溶液内反応としては最も速い反応である．弱酸や弱塩

基の解離速度は，水素イオンと水酸化物イオンの反応速度より遅い．これらの解離で生じた水素イオンや水酸化物イオンは中和反応でただちに消費されてしまい，反応速度は解離速度で決まる．

水素イオンと酢酸イオン，あるいは水酸化物イオンとアンモニウムイオンの反応速度定数も，水素イオンと水酸化物イオンの反応速度定数とさほど変わらない．したがって，弱酸や弱塩基の解離定数が広い範囲におよんでいるのは，これらの解離速度が広く異なっていることによる（→練習問題〈4〉）．

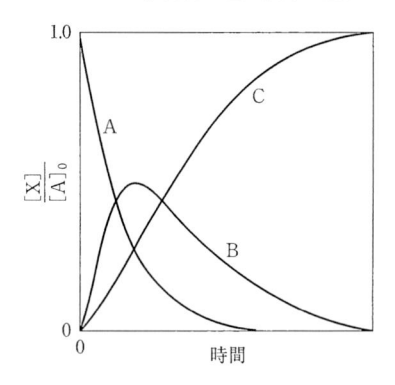

**図 16.5** 逐次反応
Aの初濃度 $[A]_0$ に対するA, B, Cの濃度の時間変化 （X = A, B, C）

これに対して，中間体の生成速度が速く，消費速度の遅い場合がある．酵素触媒反応や吸着触媒反応がその典型的なものである．例として，ウレアーゼ触媒による尿素の加水分解反応を取り上げる．

$$(NH_2)_2CO + H_2O \rightarrow CO_2 + 2NH_3 \qquad (16\text{-}28)$$

この触媒反応機構は，基質（反応物質）である尿素がウレアーゼと反応して酵素-基質複合体を生じ，ついで尿素が酵素の触媒作用により分解するものと考えられている．この反応機構は一般の酵素触媒反応に共通する．酵素，基質，酵素-基質複合体，生成物を，それぞれ E, S, ES, P とすると，反応機構は次のように表される．

$$E + S \underset{k_{-1}}{\overset{k_1}{\rightleftarrows}} ES \qquad ES \overset{k_2}{\rightarrow} P$$

ここで，$k_1$, $k_{-1}$ は各矢印方向への反応速度定数，$k_2$ は酵素-基質複合体の分解反応の速度定数である．ウレアーゼ触媒による尿素の加水分解反応において，酵素-基質複合体の分解反応が律速段階であると仮定すると，この酵素反応の速度は次の速度式で表される．

$$v = \frac{d[P]}{dt} = -\frac{d[ES]}{dt} = k_2[ES] \qquad (16\text{-}29)$$

[ES] の濃度は次の式で表される．

$$\frac{d[ES]}{dt} = k_1[E][S] - k_{-1}[ES] - k_2[ES]$$

反応の途中で ES の濃度が一定とすると（定常状態），$\frac{d[ES]}{dt} = 0$ なので

$$\frac{[E][S]}{[ES]} = \frac{k_{-1} + k_2}{k_1} = K_M \tag{16-30}$$

全酵素濃度 $E_T$ は

$$[E_T] = [E] + [ES] \tag{16-31}$$

であり，(16-30)式と (16-31)式から次の式が得られる．

$$[ES] = \frac{[E_T][S]}{K_M + [S]} \tag{16-32}$$

したがって，(16-29)式の速度式は次のようになる．

$$v = k_2 \frac{[E_T][S]}{K_M + [S]} \tag{16-33}$$

これを **Michaelis-Menten の式** といい，$K_M$ は **Michaelis 定数** という．この式は，実測された尿素の加水分解反応の時間変化とよく一致する（図 16.6）．反応速度は[S]が小さいとき[S]に比例し，[S]が大きいとき一定値に近づく．[S] が小さいとき，酵素はフリーの状態で存在し，複合体の濃度は基質濃度に比例して増加するので，反応速度は基質濃度に関して一次である．[S] が大きいとき，酵素はすべて複合体 ES として存在するので，反応速度は基質濃度によらず（0 次反応という）一定値に近づくことを示している．

反応物質が触媒の表面に吸着して起こる吸着触媒反応でも，吸着種の濃度は基質-酵素複合体と同じように変化するものと考えられ，その反応速度は図 16.6 と同じように変化する．

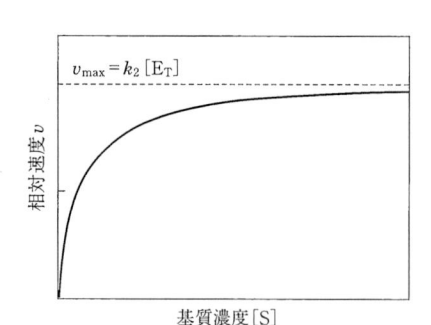

図 16.6 酵素反応
（Michaelis-Menten の式）

## 練習問題16

⟨1⟩ 化学反応の速度は温度が10℃下がるごとにほぼ1/2になると考えたとき，15℃において1週間で酸化され品質劣化する食品は，−15℃の冷凍庫では何週間もつか．

⟨2⟩ 化学反応の速度は温度が10℃上がるごとにほぼ2倍になるといわれている．15℃から25℃になるとき反応速度が2倍になる反応の，活性化エネルギーはいくらか．また，25℃から35℃になるとき反応速度が2倍になる反応の，活性化エネルギーはいくらか．

⟨3⟩ 25℃における水の解離速度を求めよ．ただし，25℃における水のイオン積は $K_w = 1.0 \times 10^{-14}\ \mathrm{mol^2\ l^{-2}}$，$H^+$ と $OH^-$ の化合の二次反応速度定数は $1.4 \times 10^{11}\ l\ \mathrm{mol^{-1}\ s^{-1}}$ である．

⟨4⟩ 25℃における水素イオンと酢酸イオンの化合の二次反応速度定数は，$1.8 \times 10^{10}\ l\ \mathrm{mol^{-1}\ s^{-1}}$ である．酢酸の解離反応における速度定数を求めよ．ただし25℃における酢酸の酸解離定数は $K_a = 1.7 \times 10^{-5}\ \mathrm{mol}\ l^{-1}$ とする．

⟨5⟩ 25℃において，$0.1\ \mathrm{mol}\ l^{-1}$ の水酸化ナトリウム水溶液と $0.1\ \mathrm{mol}\ l^{-1}$ の酢酸水溶液を混合した．中和反応の半減期と反応が完了するまでに要する時間はいくらか．酢酸の解離反応速度定数は $3.1 \times 10^5\ \mathrm{s^{-1}}$．$H^+$ と $OH^-$ が化合する二次反応速度定数は $1.4 \times 10^{11}\ l\ \mathrm{mol^{-1}\ s^{-1}}$ である．

⟨6⟩ 700 K におけるヨウ化水素分解反応 $2\,\mathrm{HI(g)} \rightleftarrows \mathrm{H_2(g)} + \mathrm{I_2(g)}$ の活性化エネルギーは $E_a = 190\ \mathrm{kJ\ mol^{-1}}$ であり，反応熱は $10\ \mathrm{kJ\ mol^{-1}}$ であった．逆反応でヨウ化水素が生成する場合，活性化エネルギーはいくらか．

⟨7⟩ $^{238}\mathrm{U}$ が壊変すると $^{206}\mathrm{Pb}$ となる．現在，地球上にある $^{206}\mathrm{Pb}$ はすべて $^{238}\mathrm{U}$ が壊変することによって生じたものである．今，ある鉱石に含まれている $^{206}\mathrm{Pb}$ と $^{238}\mathrm{U}$ の質量比を調べたところ 0.0453 であった．この鉱石の年齢を推定せよ．$^{238}\mathrm{U}$ の半減期は $4.5 \times 10^9$ 年である．

## 解　答

⟨1⟩ 化学反応の速度は温度が 10 ℃ 下がるごとにほぼ $\frac{1}{2}$ になるので，30 ℃ 下げれば $\frac{1}{8}$ になる．したがってこの食品は，−15 ℃ の冷凍庫で約 8 週間は品質が劣化しないものと考えられる．腐敗する食品の保存もおおむねこの目安で考えればよい．

⟨2⟩ (16-18)式より，15 ℃ から 25 ℃ になるとき反応速度が 2 倍になる反応の活性化エネルギーは，

$$E_a = \frac{2.303 \times 8.314 \text{ J mol}^{-1} \text{ K}^{-1} \times 288 \text{ K} \times 298 \text{ K} \times \log 2}{10 \text{ K}}$$

$$= 49.5 \text{ kJ mol}^{-1}$$

25 ℃ から 35 ℃ になるとき反応速度が 2 倍になる反応の活性化エネルギーは 52.9 kJ mol$^{-1}$．

温度が 10 ℃ 上がるごとに化学反応の速度がほぼ 2 倍になるといわれるのは，その温度範囲で活性化エネルギーが上の値を示す反応にのみあてはまる．したがって，この傾向が，おおよその目安にしか過ぎないことに注意する．

⟨3⟩ 水の解離反応 $H_2O \rightleftarrows H^+ + OH^-$ における，解離方向の速度定数を $k_1$，化合方向の速度定数を $k_2$ とすると，$K = \frac{K_w}{[H_2O]} = \frac{k_1}{k_2}$ であるので，

$k_1 = k_2 K_w [H_2O]^{-1}$

$= 1.4 \times 10^{11} \, l \text{ mol}^{-1} \text{ s}^{-1} \times 1.0 \times 10^{-14} \text{ mol}^2 \, l^{-2} \div (55.5 \text{ mol } l^{-1})$

$= 2.52 \times 10^{-5} \text{ s}^{-1}$

⟨4⟩ 酢酸の解離反応 $CH_3COOH \rightleftarrows H^+ + CH_3COO^-$ における，解離方向の速度定数を $k_1$，化合方向の速度定数を $k_2$ とすると，$K_a = \frac{k_1}{k_2}$ なので，

$k_1 = K_a \times k_2 = 1.7 \times 10^{-5} \text{ mol } l^{-1} \times 1.8 \times 10^{10} \, l \text{ mol}^{-1} \text{ s}^{-1}$

$= 3.1 \times 10^5 \text{ s}^{-1}$

⟨5⟩ 水酸化ナトリウムは完全に解離している．$H^+$ と $OH^-$ の化合速度は，酢酸の解離反応よりはるかに速いので，酢酸の解離で生じた $H^+$ はただちに消費され，酢酸と水酸化ナトリウムの中和反応は酢酸の解離速度で律速される．酢酸の解離反応は一次反応であるから，半減期は (16-7)式より

$$\tau_{1/2} = \frac{0.693}{k} = \frac{0.693}{3.1 \times 10^5 \text{ s}^{-1}} = 2.2 \times 10^{-6} \text{ s}$$

となる.99.9％反応が完了するまでに要する時間は，(16-6)式より $2.2 \times 10^{-5}$ s.

⟨6⟩ 正方向と逆方向の反応において，活性化エネルギーの差は反応熱に等しい．正方向の活性化エネルギーは例題 16.4 で示したように，ヨウ化水素 2 mol あたりのものである．ヨウ化水素 2 mol あたりの反応熱は 10 kJ mol$^{-1}$ × 2 mol = 20 kJ である．したがってヨウ化水素生成反応の活性化エネルギーは

$$E_a = 190 \text{ kJ mol}^{-1} - 20 \text{ kJ mol}^{-1} = 170 \text{ kJ mol}^{-1}$$

⟨7⟩ この鉱石ができたときの $^{238}$U の原子数を $N_0$，現在の原子数を $N$ とすると，

$$\frac{^{206}\text{Pb の原子数}}{^{238}\text{U の原子数}} = \frac{N_0 - N}{N} = 0.0453 \frac{238}{206} = 0.0523$$

である．(16-20)式から $\frac{N}{N_0} = e^{-\lambda t}$ であるから，$e^{\lambda t} - 1 = 0.0523$ となる．ここで $\lambda$ は (16-21)式より

$$\lambda = \frac{0.693}{4.5 \times 10^9 \text{ y}} = 1.54 \times 10^{-10} \text{ y}^{-1}$$

であるので，この値を代入して $t = 3.3 \times 10^8$ 年が得られる．

# 付 表

## 付表1 主な化学反応

| 反応条件 | 化学反応式 |
|---|---|
| ナトリウムに水を作用させる | $2Na + 2H_2O \rightarrow 2NaOH + H_2$ |
| ナトリウムを乾燥空気中で強熱する | $2Na + O_2 \rightarrow Na_2O_2$ |
| 過酸化ナトリウムを水に溶かす | $2Na_2O_2 + 2H_2O \rightarrow 4NaOH + O_2$ |
| 水酸化ナトリウムに二酸化炭素を通じる | $2NaOH + CO_2 \rightarrow Na_2CO_3 + H_2O$ |
| 炭酸ナトリウムに塩酸を作用させる | $Na_2CO_3 + 2HCl \rightarrow 2NaCl + H_2O + CO_2$ |
| 塩化ナトリウムの水溶液にアンモニアと二酸化炭素を作用させる | $NaCl + H_2O + NH_3 + CO_2 \rightarrow NaHCO_3 + NH_4Cl$ |
| 炭酸水素ナトリウムを加熱する | $2NaHCO_3 \rightarrow Na_2CO_3 + H_2O + CO_2$ |
| 塩化ナトリウム水溶液を電気分解する | $2NaCl + 2H_2O \rightarrow 2NaOH + H_2 + Cl_2$ |
| 塩化ナトリウム水溶液に硝酸銀水溶液を加える | $NaCl + AgNO_3 \rightarrow AgCl + NaNO_3$ |
| カリウムを乾燥空気中で強熱する | $K + O_2 \rightarrow KO_2$ |
| 超酸化カリウムを水に加える | $4KO_2 + 2H_2O \rightarrow 4KOH + 3O_2$ |
| マグネシウムを燃焼する | $2Mg + O_2 \rightarrow 2MgO$ |
| 酸化カルシウムを水に溶かす | $CaO + H_2O \rightarrow Ca(OH)_2$ |
| 水酸化カルシウム溶液に二酸化炭素を通じる | $CO_2 + Ca(OH)_2 \rightarrow CaCO_3 + H_2O$ |
| | $CO_2 + CaCO_3 + H_2O \rightarrow Ca(HCO_3)_2$ |
| 炭酸水素カルシウムを加熱する | $Ca(HCO_3)_2 \rightarrow CaCO_3 + H_2O + CO_2$ |
| 炭酸カルシウムを加熱する | $CaCO_3 \rightarrow CaO + CO_2$ |
| 炭酸カルシウム(白墨)に塩酸を加える | $CaCO_3 + 2HCl \rightarrow CaCl_2 + H_2O + CO_2$ |
| 塩化バリウム水溶液に希硫酸を加える | $BaCl_2 + H_2SO_4 \rightarrow BaSO_4 + 2HCl$ |
| ホタル石に濃硫酸を加え加熱する | $CaF_2 + H_2SO_4 \rightarrow CaSO_4 + 2HF$ |
| フッ素と水を反応させる | $2F_2 + 2H_2O \rightarrow 4HF + O_2$ |
| フッ化水素酸を二酸化ケイ素に作用させる | $4HF + SiO_2 \rightarrow SiF_4 + 2H_2O$ |
| フッ化水素酸をフッ化ケイ素に作用させる | $2HF + SiF_4 \rightarrow H_2SiF_6$ |
| 二酸化マンガンに濃塩酸を加え加熱する | $MnO_2 + 4HCl \rightarrow MnCl_2 + 2H_2O + Cl_2$ |
| さらし粉に濃塩酸を加える | $CaCl(ClO)H_2O + 2HCl \rightarrow CaCl_2 + 2H_2O + Cl_2$ |
| 塩素をヨウ化カリウム水溶液に加える | $Cl_2 + 2KI \rightarrow 2KCl + I_2$ |
| 塩素を水に溶かす | $Cl_2 + H_2O \rightarrow HCl + HClO$ |
| 塩素と水素を反応させる | $Cl_2 + H_2 \rightarrow 2HCl$ |
| 塩化ナトリウムに濃硫酸を加え加熱する | $NaCl + H_2SO_4 \rightarrow NaHSO_4 + HCl$ |
| 亜鉛に希硫酸を加える | $Zn + H_2SO_4 \rightarrow ZnSO_4 + H_2$ |
| 塩素酸カリウムに二酸化マンガンを加え加熱する | $2KClO_3 \rightarrow 2KCl + 3O_2$ |

| 操作 | 反応式 |
|---|---|
| 過酸化水素水に二酸化マンガンを作用させる | $2H_2O_2 \to 2H_2O + O_2$ |
| 酸素中で無声放電させる | $3O_2 \to 2O_3$ |
| ヨウ化カリウム水溶液にオゾンを通じる | $2KI + H_2O + O_3 \to I_2 + 2KOH + O_2$ |
| 硫黄を空気中で燃焼させる | $S + O_2 \to SO_2$ |
| 硫黄を鉄粉と加熱する | $Fe + S \to FeS$ |
| 銅に熱濃硫酸を作用させる | $Cu + 2H_2SO_4 \to CuSO_4 + 2H_2O + SO_2$ |
| 亜硫酸ナトリウムに希硫酸を加える | $Na_2SO_3 + H_2SO_4 \to Na_2SO_4 + H_2O + SO_2$ |
| 黄鉄鋼を燃焼させる | $4FeS_2 + 11O_2 \to 2Fe_2O_3 + 8SO_2$ |
| 二酸化硫黄を水に溶かす | $SO_2 + H_2O \to H_2SO_3$ |
| 二酸化硫黄をヨウ素水溶液に通じる | $SO_2 + I_2 + 2H_2O \to 2HI + H_2SO_4$ |
| 二酸化硫黄を過酸化水素水に通じる | $SO_2 + H_2O_2 \to H_2SO_4$ |
| 二酸化硫黄と空気を触媒(Pt, $V_2O_5$)下で反応させる | $2SO_2 + O_2 \to 2SO_3$ |
| 三酸化硫黄を水に作用させる | $SO_3 + H_2O \to H_2SO_4$ |
| ショ糖に硫酸を加える | $C_{12}H_{22}O_{11} \to 12C + 11H_2O$ |
| 硫化鉄(II)に塩酸を加える | $FeS + 2HCl \to FeCl_2 + H_2S$ |
| 硫化水素と二酸化硫黄を反応させる | $2H_2S + SO_2 \to 2H_2O + 3S$ |
| 硫化水素を酢酸鉛紙で検出する | $H_2S + Pb(CH_3COO)_2 \to PbS + 2CH_3COOH$ |
| 硫化水素をヨウ素水溶液に通じる | $H_2S + I_2 \to 2HI + S$ |
| 硫化水素水に過酸化水素水を加える | $H_2S + H_2O_2 \to 2H_2O + S$ |
| 亜硝酸アンモニウム水溶液を加熱する | $NH_4NO_2 \to 2H_2O + N_2$ |
| 窒素と水素を触媒(酸化鉄)下で反応させる | $N_2 + 3H_2 \to 2NH_3$ |
| 塩化水素にアンモニアを作用させる | $HCl + NH_3 \to NH_4Cl$ |
| 塩化アンモニウムに水酸化カルシウムを加え加熱する | $2NH_4Cl + Ca(OH)_2 \to CaCl_2 + 2H_2O + 2NH_3$ |
| 銅に濃硝酸を加える | $Cu + 4HNO_3 \to Cu(NO_3)_2 + 2H_2O + 2NO_2$ |
| 銅に希硝酸を加える | $3Cu + 8HNO_3 \to 3Cu(NO_3)_2 + 4H_2O + 2NO$ |
| アンモニアを酸化する | $4NH_3 + 5O_2 \to 4NO + 6H_2O$ |
| 一酸化窒素に空気を加える | $2NO + O_2 \to 2NO_2$ |
| 二酸化窒素を水に吸収させる | $3NO_2 + H_2O \to 2HNO_3 + NO$ |
| 硝酸ナトリウムに濃硫酸を加えて加熱する | $NaNO_3 + H_2SO_4 \to NaHSO_4 + HNO_3$ |
| リンを燃焼させる | $P_4 + 5O_2 \to P_4O_{10}$ |
| 五酸化二リンを水に作用させる | $P_4O_{10} + 6H_2O \to 4H_3PO_4$ |
| ギ酸に濃硫酸を加え加熱する | $HCOOH \to H_2O + CO$ |

## 付表 1

| 操作 | 反応式 |
|---|---|
| コークスに水蒸気を作用させる(水性ガス) | $C + H_2O \rightarrow CO + H_2$ |
| 二酸化炭素を水に溶かす | $CO_2 + H_2O \rightarrow H_2CO_3$ |
| 二酸化ケイ素を水酸化ナトリウムと溶融する | $SiO_2 + 2\,NaOH \rightarrow Na_2SiO_3 + H_2O$ |
| アルミニウムに塩酸を作用させる | $2\,Al + 6\,HCl \rightarrow 2\,AlCl_3 + 3\,H_2$ |
| アルミニウムに水酸化ナトリウム水溶液を加える | $2\,Al + 2\,NaOH + 6\,H_2O \rightarrow 2\,Na[Al(OH)_4] + 3\,H_2$ |
| 亜鉛に水酸化ナトリウム水溶液を加える | $Zn + 2\,NaOH + 2\,H_2O \rightarrow Na_2[Zn(OH)_4] + H_2$ |
| 酸化亜鉛に水酸化ナトリウム水溶液を加える | $ZnO + 2\,NaOH + H_2O \rightarrow Na_2[Zn(OH)_4]$ |
| 塩化カドミウムの水溶液に硫化水素を作用させる | $CdCl_2 + H_2S \rightarrow CdS + 2\,HCl$ |
| 硫酸亜鉛水溶液にアンモニア水を加える | $ZnSO_4 + 2\,NH_3 + 2\,H_2O \rightarrow Zn(OH)_2 + (NH_4)_2SO_4$ <br> $Zn(OH)_2 + 4\,NH_3 \rightarrow [Zn(NH_3)_4]^{2+} + 2\,OH^-$ |
| 塩化鉄(III)水溶液を熱湯に加える | $FeCl_3 + 3\,H_2O \rightarrow Fe(OH)_3 + 3\,HCl$ |
| 塩化鉄(III)水溶液に水酸化ナトリウム水溶液を加える | $FeCl_3 + 3\,NaOH \rightarrow Fe(OH)_3 + 3\,NaCl$ |
| 塩化鉄(III)水溶液にヘキサシアノ鉄(II)酸カリウム水溶液を加える | $4\,FeCl_3 + 3\,K_4[Fe(CN)_6] \rightarrow Fe_4[Fe(CN)_6]_3 + 12\,KCl$ |
| 塩化鉄(III)水溶液にチオシアン酸カリウム水溶液を加える | $FeCl_3 + 3\,KSCN \rightarrow Fe(SCN)_3 + 3\,KCl$ |
| 硫酸鉄(II)水溶液に水酸化ナトリウム水溶液を加える | $FeSO_4 + 2\,NaOH \rightarrow Fe(OH)_2 + Na_2SO_4$ |
| 硫酸鉄(II)水溶液にヘキサシアノ鉄(III)酸カリウム水溶液を加える | $3\,FeSO_4 + 2\,K_3[Fe(CN)_6] \rightarrow Fe_3[Fe(CN)_6]_2 + 3\,K_2SO_4$ |
| 硫酸銅水溶液に水酸化ナトリウム水溶液を加える | $CuSO_4 + 2\,NaOH \rightarrow Cu(OH)_2 + Na_2SO_4$ |
| 水酸化銅にアンモニア水を加える | $Cu(OH)_2 + 4\,NH_3 \rightarrow [Cu(NH_3)_4]^{2+} + 2\,OH^-$ |
| 水酸化銅を加熱する | $Cu(OH)_2 \rightarrow CuO + H_2O$ |
| 硝酸銀水溶液に水酸化ナトリウム水溶液を加える | $2\,AgNO_3 + 2\,NaOH \rightarrow Ag_2O + 2\,NaNO_3 + H_2O$ |
| 酸化銀にアンモニア水を加える | $Ag_2O + 4\,NH_3 + H_2O \rightarrow 2[Ag(NH_3)_2]^+ + 2\,OH^-$ |
| 塩化銀にアンモニア水を加える | $AgCl + 2\,NH_3 \rightarrow [Ag(NH_3)_2]^+ + Cl^-$ |
| クロム酸イオンを含む水溶液を酸性にする | $2\,CrO_4^{2-} + 2\,H^+ \rightarrow Cr_2O_7^{2-} + H_2O$ |

| | |
|---|---|
| 二クロム酸イオンを含む水溶液を塩基性にする | $Cr_2O_7^{2-} + 2\,OH^- \rightarrow 2\,CrO_4^{2-} + H_2O$ |
| 鉛(II)を含む水溶液にクロム酸イオンを作用させる | $Pb^{2+} + CrO_4^{2-} \rightarrow PbCrO_4$ |
| 一酸化炭素と水素を触媒下で反応させる | $CO + 2\,H_2 \rightarrow CH_3OH$ |
| メタノールを酸化する | $2\,CH_3OH + O_2 \rightarrow 2\,HCHO + 2\,H_2O$ |
| エタノールを酸化する | $2\,C_2H_5OH + O_2 \rightarrow 2\,CH_3CHO + 2\,H_2O$ |
| アセトアルデヒドを酸化する | $2\,CH_3CHO + O_2 \rightarrow 2\,CH_3COOH$ |
| エタノールと酢酸を反応させる | $C_2H_5OH + CH_3COOH \rightarrow CH_3COOC_2H_5 + H_2O$ |
| 酢酸を五酸化二リンで脱水する | $2\,CH_3COOH \rightarrow (CH_3CO)_2O + H_2O$ |
| 酢酸エチルに NaOH 水溶液を加えて加熱する | $CH_3COOC_2H_5 + NaOH \rightarrow CH_3COONa + C_2H_5OH$ |
| エタノールにナトリウムを加える | $2\,C_2H_5OH + 2\,Na \rightarrow 2\,C_2H_5ONa + H_2$ |
| エタノールに濃硫酸を加えて140℃に加熱する | $2\,C_2H_5OH \rightarrow C_2H_5OC_2H_5 + H_2O$ |
| エタノールに濃硫酸を加えて170℃に加熱する | $C_2H_5OH \rightarrow CH_2 = CH_2 + H_2O$ |
| 酢酸ナトリウムにソーダ石灰を加えて加熱する | $CH_3COONa + NaOH \rightarrow CH_4 + Na_2CO_3$ |
| エチレンを臭素水に通じ臭素を付加させる | $CH_2 = CH_2 + Br_2 \rightarrow CH_2Br - CH_2Br$ |
| カルシウムカーバイトに水を加える | $CaC_2 + 2\,H_2O \rightarrow Ca(OH)_2 + CH \equiv CH$ |
| アセチレンに塩化水素を付加させる | $CH \equiv CH + HCl \rightarrow CH_2 = CHCl$ |
| ベンゼンに濃硫酸を作用させる | $C_6H_6 + H_2SO_4 \rightarrow C_6H_5SO_3H + H_2O$ |
| ベンゼンに濃硫酸と濃硝酸を作用させる | $C_6H_6 + HNO_3 \rightarrow C_6H_5NO_2 + H_2O$ |
| ニトロベンゼンをスズと塩酸で還元する | $2\,C_6H_5NO_2 + 3\,Sn + 12\,HCl \rightarrow 2\,C_6H_5NH_2 + 3\,SnCl_4 + 4\,H_2O$ |
| アニリンをジアゾ化する | $C_6H_5NH_2 + NaNO_2 + 2\,HCl \rightarrow C_6H_5N_2Cl + NaCl + 2\,H_2O$ |
| マグネシウムをエーテル中で臭化フェニルと反応させる | $C_6H_5Br + Mg \rightarrow C_6H_5MgBr\,(\text{Grignard 試薬})$ |

付表 2 物質の標準エンタルピー，標準生成ギブスエネルギー，および標準エントロピー (298.15 K)

| 物質 | $\Delta H_f^\circ$ (kJ mol$^{-1}$) | $\Delta G_f^\circ$ (kJ mol$^{-1}$) | $S^\circ$ (J K$^{-1}$ mol$^{-1}$) |
|---|---|---|---|
| Ag(s) | 0 | 0 | 42.7 |
| Ag(g) | 284.6 | 245.7 | 172.9 |
| AgCl(s) | −127.0 | −109.7 | 96.1 |
| AgBr(s) | −99.5 | −96.0 | 107.1 |
| AgI(s) | −62.4 | −66.3 | 115.5 |
| Al(s) | 0 | 0 | 28.3 |
| Al$_2$O$_3$(s) | −1669.8 | −1576.4 | −51.0 |
| Br$_2$(l) | 0 | 0 | 152.3 |
| Br$_2$(g) | 30.9 | 3.1 | 245.5 |
| Br(g) | 112.0 | 82.4 | 175.0 |
| C(s, graphite) | 0 | 0 | 5.7 |
| C(s, diamond) | 1.9 | 2.9 | 2.4 |
| C(g) | 716.7 | 671.3 | 158.0 |
| CO(g) | −110.9 | −137.3 | 197.9 |
| CO$_2$(g) | −393.5 | −394.4 | 213.6 |
| CH$_4$(g) | −74.7 | −50.8 | 186.2 |
| C$_2$H$_6$(g) | −84.7 | −32.9 | 229.5 |
| C$_3$H$_8$(g) | −103.8 | −23.5 | 269.7 |
| C$_2$H$_4$(g) | 52.3 | 68.1 | 219.4 |
| C$_2$H$_2$(g) | 226.8 | 209.2 | 200.8 |
| C$_6$H$_6$(l) | 49.0 | 124.5 | 172.8 |
| CH$_3$OH(l) | −238.6 | −166.3 | 126.8 |
| C$_2$H$_5$OH(l) | −277.6 | −174.8 | 161.0 |
| CH$_3$COOH(l) | −378.8 | −361.7 | 159.8 |
| CO(NH$_2$)$_2$(s) | −333.2 | −197.2 | 104.6 |
| Ca(s) | 0 | 0 | 41.6 |
| CaO(s) | −635.1 | −604.2 | 39.7 |
| CaCO$_3$(s, 石灰石) | −1206.9 | 1128.8 | 92.9 |
| Cl$_2$(g) | 0 | 0 | 223.0 |
| Cl(g) | 121.7 | 105.7 | 165.1 |
| Cu(s) | 0 | 0 | 33.3 |
| CuO(s) | −155.0 | −127.0 | 43.5 |
| CuSO$_4$(s) | −771.4 | −661.9 | 109.0 |
| F$_2$(g) | 0 | 0 | 203.3 |
| Fe(s) | 0 | 0 | 27.3 |
| Fe(g) | 416.3 | 370.7 | 180.5 |
| Fe$_2$O$_3$(s) | −822.2 | −741.0 | 90.0 |
| Fe$_3$O$_4$(s) | −1118.4 | −1015.4 | 146.4 |
| H$_2$(g) | 0 | 0 | 130.6 |
| H(g) | 217.9 | 203.2 | 114.6 |
| H$_2$O(g) | −241.8 | −228.6 | 188.7 |
| H$_2$O(l) | −285.8 | −237.2 | 69.9 |

| 物 質 | $\Delta H_f^\circ$ (kJ mol$^{-1}$) | $\Delta G_f^\circ$ (kJ mol$^{-1}$) | $S^\circ$ (J K$^{-1}$ mol$^{-1}$) |
|---|---|---|---|
| H$_2$S (g) | $-20.2$ | $-33.0$ | 205.6 |
| H$_2$O$_2$ (l) | $-187.8$ | $-120.4$ | 109.6 |
| HF (g) | $-268.6$ | $-270.7$ | 173.5 |
| HCl (g) | $-92.3$ | $-95.3$ | 186.7 |
| HBr (g) | $-36.2$ | $-53.2$ | 198.5 |
| HI (g) | 25.9 | 1.3 | 206.3 |
| Hg (s) | 0 | 0 | 77.4 |
| Hg (g) | 61.3 | 31.8 | 174.8 |
| HgO (s, red) | $-90.7$ | $-58.5$ | 72.0 |
| Hg$_2$Cl$_2$ (s) | $-264.9$ | $-210.7$ | 195.8 |
| I$_2$ (s) | 0 | 0 | 116.7 |
| I$_2$ (g) | 62.4 | 19.3 | 260.7 |
| K (s) | 0 | 0 | 63.6 |
| K (g) | 89.2 | 60.6 | 160.2 |
| KCl (s) | $-435.9$ | $-408.3$ | 82.7 |
| KOH (s) | $-424.8$ | $-379.1$ | 78.9 |
| N$_2$ (g) | 0 | 0 | 191.5 |
| N (g) | 472.6 | 455.6 | 153.2 |
| NH$_3$ (g) | $-46.2$ | $-16.6$ | 192.5 |
| NH$_4$Cl (g) | $-315.4$ | $-203.9$ | 94.6 |
| NO (g) | 90.4 | 86.7 | 210.6 |
| NO$_2$ (g) | 33.9 | 51.6 | 240.5 |
| N$_2$O$_4$ (g) | 9.7 | 98.3 | 304.3 |
| HNO$_3$ (l) | $-174.1$ | $-80.8$ | 155.6 |
| Na (s) | 0 | 0 | 51.0 |
| Na (g) | 107.3 | 76.8 | 153.6 |
| NaCl (s) | $-411.0$ | $-384.0$ | 72.4 |
| O$_2$ (g) | 0 | 0 | 205.0 |
| O (g) | 247.5 | 230.1 | 161.0 |
| O$_3$ (g) | 143.0 | 163.0 | 238.8 |
| P (s, 黄リン) | 0 | 0 | 41.1 |
| H$_3$PO$_4$ (s) | $-1279.0$ | $-1119.1$ | 110.5 |
| Si (s) | 0 | 0 | 18.8 |
| SiO$_2$ (s) | $-910.9$ | $-856.7$ | 41.8 |
| S (s, 斜方) | 0 | 0 | 31.8 |
| S (s, 単斜) | 0.3 | 0.1 | 32.6 |
| SO$_2$ (g) | $-296.1$ | $-300.4$ | 248.5 |
| H$_2$SO$_4$ (aq) | $-909.3$ | $-744.5$ | 20.1 |
| SO$_3$ (g) | $-395.2$ | $-370.4$ | 256.2 |
| Sn (s) | 0 | 0 | 51.5 |
| SnO$_2$ (s) | $-581.0$ | $-520.0$ | 52.3 |
| Zn (s) | 0 | 0 | 41.6 |
| ZnO (s) | $-348.3$ | $-318.3$ | 43.6 |
| ZnS (s, 閃亜鉛鉱) | $-206.0$ | $-201.3$ | 57.7 |

## 付表 3 元素の電子配置

| 周期 | 元素 | K | L | | M | | | N | | | | O | | | | P | | | Q |
|---|---|---|---|---|---|---|---|---|---|---|---|---|---|---|---|---|---|---|---|
| | | 1s | 2s | 2p | 3s | 3p | 3d | 4s | 4p | 4d | 4f | 5s | 5p | 5d | 5f | 6s | 6p | 6d | 7s |
| 1 | 1 H | 1 | | | | | | | | | | | | | | | | | |
| | 2 He | 2 | | | | | | | | | | | | | | | | | |
| 2 | 3 Li | 2 | 1 | | | | | | | | | | | | | | | | |
| | 4 Be | 2 | 2 | | | | | | | | | | | | | | | | |
| | 5 B | 2 | 2 | 1 | | | | | | | | | | | | | | | |
| | 6 C | 2 | 2 | 2 | | | | | | | | | | | | | | | |
| | 7 N | 2 | 2 | 3 | | | | | | | | | | | | | | | |
| | 8 O | 2 | 2 | 4 | | | | | | | | | | | | | | | |
| | 9 F | 2 | 2 | 5 | | | | | | | | | | | | | | | |
| | 10 Ne | 2 | 2 | 6 | | | | | | | | | | | | | | | |
| 3 | 11 Na | 2 | 2 | 6 | 1 | | | | | | | | | | | | | | |
| | 12 Mg | 2 | 2 | 6 | 2 | | | | | | | | | | | | | | |
| | 13 Al | 2 | 2 | 6 | 2 | 1 | | | | | | | | | | | | | |
| | 14 Si | 2 | 2 | 6 | 2 | 2 | | | | | | | | | | | | | |
| | 15 P | 2 | 2 | 6 | 2 | 3 | | | | | | | | | | | | | |
| | 16 S | 2 | 2 | 6 | 2 | 4 | | | | | | | | | | | | | |
| | 17 Cl | 2 | 2 | 6 | 2 | 5 | | | | | | | | | | | | | |
| | 18 Ar | 2 | 2 | 6 | 2 | 6 | | | | | | | | | | | | | |
| 4 | 19 K | 2 | 2 | 6 | 2 | 6 | | 1 | | | | | | | | | | | |
| | 20 Ca | 2 | 2 | 6 | 2 | 6 | | 2 | | | | | | | | | | | |
| | 21 Sc | 2 | 2 | 6 | 2 | 6 | 1 | 2 | | | | | | | | | | | |
| | 22 Ti | 2 | 2 | 6 | 2 | 6 | 2 | 2 | | | | | | | | | | | |
| | 23 V | 2 | 2 | 6 | 2 | 6 | 3 | 2 | | | | | | | | | | | |
| | 24 Cr | 2 | 2 | 6 | 2 | 6 | 5 | 1 | | | | | | | | | | | |
| | 25 Mn | 2 | 2 | 6 | 2 | 6 | 5 | 2 | | | | | | | | | | | |
| | 26 Fe | 2 | 2 | 6 | 2 | 6 | 6 | 2 | | | | | | | | | | | |
| | 27 Co | 2 | 2 | 6 | 2 | 6 | 7 | 2 | | | | | | | | | | | |
| | 28 Ni | 2 | 2 | 6 | 2 | 6 | 8 | 2 | | | | | | | | | | | |
| | 29 Cu | 2 | 2 | 6 | 2 | 6 | 10 | 1 | | | | | | | | | | | |
| | 30 Zn | 2 | 2 | 6 | 2 | 6 | 10 | 2 | | | | | | | | | | | |
| | 31 Ga | 2 | 2 | 6 | 2 | 6 | 10 | 2 | 1 | | | | | | | | | | |
| | 32 Ge | 2 | 2 | 6 | 2 | 6 | 10 | 2 | 2 | | | | | | | | | | |
| | 33 As | 2 | 2 | 6 | 2 | 6 | 10 | 2 | 3 | | | | | | | | | | |
| | 34 Se | 2 | 2 | 6 | 2 | 6 | 10 | 2 | 4 | | | | | | | | | | |
| | 35 Br | 2 | 2 | 6 | 2 | 6 | 10 | 2 | 5 | | | | | | | | | | |
| | 36 Kr | 2 | 2 | 6 | 2 | 6 | 10 | 2 | 6 | | | | | | | | | | |
| 5 | 37 Rb | 2 | 2 | 6 | 2 | 6 | 10 | 2 | 6 | | | 1 | | | | | | | |
| | 38 Sr | 2 | 2 | 6 | 2 | 6 | 10 | 2 | 6 | | | 2 | | | | | | | |
| | 39 Y | 2 | 2 | 6 | 2 | 6 | 10 | 2 | 6 | 1 | | 2 | | | | | | | |
| | 40 Zr | 2 | 2 | 6 | 2 | 6 | 10 | 2 | 6 | 2 | | 2 | | | | | | | |
| | 41 Nb | 2 | 2 | 6 | 2 | 6 | 10 | 2 | 6 | 4 | | 1 | | | | | | | |
| | 42 Mo | 2 | 2 | 6 | 2 | 6 | 10 | 2 | 6 | 5 | | 1 | | | | | | | |
| | 43 Tc | 2 | 2 | 6 | 2 | 6 | 10 | 2 | 6 | 6 | | 1 | | | | | | | |
| | 44 Ru | 2 | 2 | 6 | 2 | 6 | 10 | 2 | 6 | 7 | | 1 | | | | | | | |
| | 45 Rh | 2 | 2 | 6 | 2 | 6 | 10 | 2 | 6 | 8 | | 1 | | | | | | | |
| | 46 Pd | 2 | 2 | 6 | 2 | 6 | 10 | 2 | 6 | 10 | | | | | | | | | |
| | 47 Ag | 2 | 2 | 6 | 2 | 6 | 10 | 2 | 6 | 10 | | 1 | | | | | | | |
| | 48 Cd | 2 | 2 | 6 | 2 | 6 | 10 | 2 | 6 | 10 | | 2 | | | | | | | |
| | 49 In | 2 | 2 | 6 | 2 | 6 | 10 | 2 | 6 | 10 | | 2 | 1 | | | | | | |
| | 50 Sn | 2 | 2 | 6 | 2 | 6 | 10 | 2 | 6 | 10 | | 2 | 2 | | | | | | |
| | 51 Sb | 2 | 2 | 6 | 2 | 6 | 10 | 2 | 6 | 10 | | 2 | 3 | | | | | | |

(第一遷移元素: 21 Sc – 29 Cu)
(第二遷移元素: 39 Y – 47 Ag)

付表 3

| 周期 | 元素 | K | L | | M | | | N | | | | O | | | | P | | | Q |
|---|---|---|---|---|---|---|---|---|---|---|---|---|---|---|---|---|---|---|---|
| | | 1s | 2s | 2p | 3s | 3p | 3d | 4s | 4p | 4d | 4f | 5s | 5p | 5d | 5f | 6s | 6p | 6d | 7s |
| 5 | 52 Te | 2 | 2 | 6 | 2 | 6 | 10 | 2 | 6 | 10 | | 2 | 4 | | | | | | |
| | 53 I | 2 | 2 | 6 | 2 | 6 | 10 | 2 | 6 | 10 | | 2 | 5 | | | | | | |
| | 54 Xe | 2 | 2 | 6 | 2 | 6 | 10 | 2 | 6 | 10 | | 2 | 6 | | | | | | |
| 6 | 55 Cs | 2 | 2 | 6 | 2 | 6 | 10 | 2 | 6 | 10 | | 2 | 6 | | | 1 | | | |
| | 56 Ba | 2 | 2 | 6 | 2 | 6 | 10 | 2 | 6 | 10 | | 2 | 6 | | | 2 | | | |
| | 57 La | 2 | 2 | 6 | 2 | 6 | 10 | 2 | 6 | 10 | | 2 | 6 | 1 | | 2 | | | |
| | 58 Ce | 2 | 2 | 6 | 2 | 6 | 10 | 2 | 6 | 10 | 1 | 2 | 6 | 1 | | 2 | | | |
| | 59 Pr | 2 | 2 | 6 | 2 | 6 | 10 | 2 | 6 | 10 | 3 | 2 | 6 | | | 2 | | | |
| | 60 Nd | 2 | 2 | 6 | 2 | 6 | 10 | 2 | 6 | 10 | 4 | 2 | 6 | | | 2 | | | |
| | 61 Pm | 2 | 2 | 6 | 2 | 6 | 10 | 2 | 6 | 10 | 5 | 2 | 6 | | | 2 | | | |
| | 62 Sm | 2 | 2 | 6 | 2 | 6 | 10 | 2 | 6 | 10 | 6 | 2 | 6 | | | 2 | | | |
| | 63 Eu | 2 | 2 | 6 | 2 | 6 | 10 | 2 | 6 | 10 | 7 | 2 | 6 | | | 2 | | | |
| | 64 Gd | 2 | 2 | 6 | 2 | 6 | 10 | 2 | 6 | 10 | 7 | 2 | 6 | 1 | | 2 | | | |
| | 65 Tb | 2 | 2 | 6 | 2 | 6 | 10 | 2 | 6 | 10 | 9 | 2 | 6 | | | 2 | | | |
| | 66 Dy | 2 | 2 | 6 | 2 | 6 | 10 | 2 | 6 | 10 | 10 | 2 | 6 | | | 2 | | | |
| | 67 Ho | 2 | 2 | 6 | 2 | 6 | 10 | 2 | 6 | 10 | 11 | 2 | 6 | | | 2 | | | |
| | 68 Er | 2 | 2 | 6 | 2 | 6 | 10 | 2 | 6 | 10 | 12 | 2 | 6 | | | 2 | | | |
| | 69 Tm | 2 | 2 | 6 | 2 | 6 | 10 | 2 | 6 | 10 | 13 | 2 | 6 | | | 2 | | | |
| | 70 Yb | 2 | 2 | 6 | 2 | 6 | 10 | 2 | 6 | 10 | 14 | 2 | 6 | | | 2 | | | |
| | 71 Lu | 2 | 2 | 6 | 2 | 6 | 10 | 2 | 6 | 10 | 14 | 2 | 6 | 1 | | 2 | | | |
| | 72 Hf | 2 | 2 | 6 | 2 | 6 | 10 | 2 | 6 | 10 | 14 | 2 | 6 | 2 | | 2 | | | |
| | 73 Ta | 2 | 2 | 6 | 2 | 6 | 10 | 2 | 6 | 10 | 14 | 2 | 6 | 3 | | 2 | | | |
| | 74 W | 2 | 2 | 6 | 2 | 6 | 10 | 2 | 6 | 10 | 14 | 2 | 6 | 4 | | 2 | | | |
| | 75 Re | 2 | 2 | 6 | 2 | 6 | 10 | 2 | 6 | 10 | 14 | 2 | 6 | 5 | | 2 | | | |
| | 76 Os | 2 | 2 | 6 | 2 | 6 | 10 | 2 | 6 | 10 | 14 | 2 | 6 | 6 | | 2 | | | |
| | 77 Ir | 2 | 2 | 6 | 2 | 6 | 10 | 2 | 6 | 10 | 14 | 2 | 6 | 7 | | 2 | | | |
| | 78 Pt | 2 | 2 | 6 | 2 | 6 | 10 | 2 | 6 | 10 | 14 | 2 | 6 | 9 | | 1 | | | |
| | 79 Au | 2 | 2 | 6 | 2 | 6 | 10 | 2 | 6 | 10 | 14 | 2 | 6 | 10 | | 1 | | | |
| | 80 Hg | 2 | 2 | 6 | 2 | 6 | 10 | 2 | 6 | 10 | 14 | 2 | 6 | 10 | | 2 | | | |
| | 81 Tl | 2 | 2 | 6 | 2 | 6 | 10 | 2 | 6 | 10 | 14 | 2 | 6 | 10 | | 2 | 1 | | |
| | 82 Pb | 2 | 2 | 6 | 2 | 6 | 10 | 2 | 6 | 10 | 14 | 2 | 6 | 10 | | 2 | 2 | | |
| | 83 Bi | 2 | 2 | 6 | 2 | 6 | 10 | 2 | 6 | 10 | 14 | 2 | 6 | 10 | | 2 | 3 | | |
| | 84 Po | 2 | 2 | 6 | 2 | 6 | 10 | 2 | 6 | 10 | 14 | 2 | 6 | 10 | | 2 | 4 | | |
| | 85 At | 2 | 2 | 6 | 2 | 6 | 10 | 2 | 6 | 10 | 14 | 2 | 6 | 10 | | 2 | 5 | | |
| | 86 Rn | 2 | 2 | 6 | 2 | 6 | 10 | 2 | 6 | 10 | 14 | 2 | 6 | 10 | | 2 | 6 | | |
| 7 | 87 Fr | 2 | 2 | 6 | 2 | 6 | 10 | 2 | 6 | 10 | 14 | 2 | 6 | 10 | | 2 | 6 | | 1 |
| | 88 Ra | 2 | 2 | 6 | 2 | 6 | 10 | 2 | 6 | 10 | 14 | 2 | 6 | 10 | | 2 | 6 | | 2 |
| | 89 Ac | 2 | 2 | 6 | 2 | 6 | 10 | 2 | 6 | 10 | 14 | 2 | 6 | 10 | | 2 | 6 | 1 | 2 |
| | 90 Th | 2 | 2 | 6 | 2 | 6 | 10 | 2 | 6 | 10 | 14 | 2 | 6 | 10 | | 2 | 6 | 2 | 2 |
| | 91 Pa | 2 | 2 | 6 | 2 | 6 | 10 | 2 | 6 | 10 | 14 | 2 | 6 | 10 | 2 | 2 | 6 | 1 | 2 |
| | 92 U | 2 | 2 | 6 | 2 | 6 | 10 | 2 | 6 | 10 | 14 | 2 | 6 | 10 | 3 | 2 | 6 | 1 | 2 |
| | 93 Np | 2 | 2 | 6 | 2 | 6 | 10 | 2 | 6 | 10 | 14 | 2 | 6 | 10 | 4 | 2 | 6 | 1 | 2 |
| | 94 Pu | 2 | 2 | 6 | 2 | 6 | 10 | 2 | 6 | 10 | 14 | 2 | 6 | 10 | 6 | 2 | 6 | | 2 |
| | 95 Am | 2 | 2 | 6 | 2 | 6 | 10 | 2 | 6 | 10 | 14 | 2 | 6 | 10 | 7 | 2 | 6 | | 2 |
| | 96 Cm | 2 | 2 | 6 | 2 | 6 | 10 | 2 | 6 | 10 | 14 | 2 | 6 | 10 | 7 | 2 | 6 | 1 | 2 |
| | 97 Bk | 2 | 2 | 6 | 2 | 6 | 10 | 2 | 6 | 10 | 14 | 2 | 6 | 10 | 8 | 2 | 6 | 1 | 2 |
| | 98 Cf | 2 | 2 | 6 | 2 | 6 | 10 | 2 | 6 | 10 | 14 | 2 | 6 | 10 | 9 | 2 | 6 | 1 | 2 |
| | 99 Es | 2 | 2 | 6 | 2 | 6 | 10 | 2 | 6 | 10 | 14 | 2 | 6 | 10 | 10 | 2 | 6 | 1 | 2 |
| | 100 Fm | 2 | 2 | 6 | 2 | 6 | 10 | 2 | 6 | 10 | 14 | 2 | 6 | 10 | 11 | 2 | 6 | 1 | 2 |
| | 101 Md | 2 | 2 | 6 | 2 | 6 | 10 | 2 | 6 | 10 | 14 | 2 | 6 | 10 | 12 | 2 | 6 | 1 | 2 |
| | 102 No | 2 | 2 | 6 | 2 | 6 | 10 | 2 | 6 | 10 | 14 | 2 | 6 | 10 | 13 | 2 | 6 | 1 | 2 |
| | 103 Lr | 2 | 2 | 6 | 2 | 6 | 10 | 2 | 6 | 10 | 14 | 2 | 6 | 10 | 14 | 2 | 6 | 1 | 2 |

第三遷移元素（内遷移元素）

第四遷移元素

# 参 考 資 料

本書を執筆するにあたり，次の著書を参考にさせていただいた．

田辺敏夫，海老原充，中田吉郎，手塚 洋：現代化学入門，学術図書 (1991)
吉岡甲子郎：化学通論，裳華房 (1976)
E. カートネル 著，久保昌二 訳：原子価と分子構造，丸善 (1958)
原田義也：量子化学，裳華房 (1978)
原田義也：化学熱力学，裳華房 (1984)
米沢貞次郎，永田親義，加藤博史，今村 詮，諸熊奎治：量子化学入門 (上，下)，化学同人 (1964)
大野公一：量子物理化学，東京大学出版会 (1989)
綿抜邦彦，岩本振武：基礎無機化学，共立出版 (1977)
田中元治：酸と塩基，裳華房 (1971)
守永健一：酸化と還元，裳華房 (1972)
H. Freiser, Q. Fernando 著，藤永太一郎，関戸栄一 共訳：イオン平衡，化学同人 (1967)
E. F. Neuzil 著，和田悟朗 訳：教養の化学，東京化学同人 (1970)
池田憲昭，大島 巧，大野 健，久司佳彦，益山新樹：化学序説，学術図書 (1997)
市川和彦，長谷部清，伊丹俊夫，金野英隆：化学の基礎，培風館 (1997)
冨士川計吉：化学の基本，学術図書 (1995)
浅野 努，荒川 剛，菊川 清，榊原 邁：改訂化学，学術図書 (1997)
西川 勝 編：現代化学展望，培風館 (1997)
山下和男，播磨 裕：物理化学の基礎，三共出版 (1994)
西川 勝，渡辺 啓：物理化学の基礎，学術図書 (1979)
荻野一善，妹尾 学：理工系学生のための化学，東京化学同人 (1990)
E. L. King 著，川口信一 訳：化学反応はいかに進むか，化学同人 (1965)
関根達也，浜田修一，長谷川佑子：化学平衡の計算，理学書院 (1974)

入戸野修 編：材料科学への招待，培風館（1997）

阿武聰信，川東利男，楠元芳文，中島謙一，蔵脇淳一：現代物理化学，培風館（1988）

井口洋夫，田中元治，玉虫伶太：集合体の化学（上, 下）（岩波講座現代化学6），岩波書店（1980）

伊勢典夫，井口洋夫，田伏岩夫：材料の科学（岩波講座現代化学21），岩波書店（1981）

D. H. Everett 著，玉虫伶太，佐藤 弦 訳：入門化学熱力学（第2版），東京化学同人（1974）

P. W. Atkins 著，千原秀昭，中村亘男 訳：アトキンス物理化学（上, 下），東京化学同人（1979）

田村英雄，松田好晴：現代電気化学，培風館（1977）

電気化学協会 編：先端電気化学，丸善（1994）

玉虫伶太：電気化学，東京化学同人（1967）

大内 昭：無機化学概論，裳華房（1983）

前川恒夫：物理化学，裳華房（1985）

　そのほか，高校の化学の教科書・参考書（三省堂，開隆堂，第一学習社，大日本図書，大原出版，東京書籍）なども参考にした．ここに厚くお礼申し上げる．

# 索　引

## ア

| | |
|---|---|
| アクアイオン | 200 |
| 圧縮因子 | 35 |
| 圧電素子 | 195 |
| 圧平衡定数 | 71, 264 |
| アボガドロ数 | 6 |
| アモルファス | 196 |
| Arrheniusの酸塩基概念 | 80 |

## イ

| | |
|---|---|
| イオン価 | 4 |
| イオン化エネルギー | 145 |
| イオン化傾向 | 115 |
| イオン結合 | 151 |
| イオン電極 | 281 |
| イオン独立移動の法則 | 58 |
| 1次電池 | 119 |
| 一次反応 | 289 |
| EDTA | 202 |
| 陰極 | 118 |

## ウ

| | |
|---|---|
| ウルツ鉱型 | 184 |
| 液晶 | 192 |
| 塩 | 84 |
| エネルギー準位図 | 134 |
| 塩化セシウム型 | 184 |
| 塩化ナトリウム型 | 184 |
| 塩基 | 80 |

## エ

| | |
|---|---|
| 塩析 | 56 |
| エンタルピー | 66, 226 |
| エントロピー | 244 |

## オ

| | |
|---|---|
| 黄銅 | 180 |
| オキソ酸 | 190 |
| オクテット説 | 151, 207 |

## カ

| | |
|---|---|
| 外界 | 220 |
| 壊変定数 | 296 |
| 化学的酸素要求量 | 113 |
| 化学当量 | 9 |
| 化学平衡 | 69, 264 |
| 化学ポテンシャル | 261 |
| 化学量論係数 | 9 |
| 可逆過程 | 223 |
| 可逆サイクル | 243 |
| 可逆反応 | 69 |
| 加水分解 | 84 |
| 活性化エネルギー | 293 |
| 活性化状態 | 293 |
| 活性錯合体 | 294 |
| 活量 | 266 |
| 活量係数 | 267 |
| 価電子 | 144 |
| Carnotの定理 | 243 |
| カルボニル化合物 | 205 |
| 緩衝溶液 | 95 |

## キ

| | |
|---|---|
| 基質 | 299 |
| 気体定数 | 31 |
| 気体分子運動論 | 38 |
| 築き上げの原理 | 142 |
| 基底状態 | 134 |
| 規定度 | 86 |
| 起電力 | 118 |
| 逆浸透 | 51 |
| 共通イオン効果 | 74 |
| 共沸混合物 | 25 |
| 共役 | 81 |
| 共役塩基 | 81 |
| 共役酸 | 81 |
| 共役二重結合 | 166 |
| 共有結合 | 151 |
| 共有結晶 | 187 |
| 共融混合物 | 26 |
| 共融点 | 26 |
| 共有電子対 | 152 |
| 極性分子 | 159 |
| Kirchhoffの式 | 238 |
| 禁制帯 | 173 |
| 金属結合 | 172 |
| キレート化合物 | 201 |
| キレート配位子 | 201 |
| 擬一次反応 | 291 |
| ギブスエネルギー | 253 |
| Gibbs-Helmholtsの式 | 257 |

| 凝固 | 17 | 格子エネルギー | 235 | $\sigma$ 結合 | 156 |
| 凝固点降下 | 48 | 高スピン型 | 212 | 仕事 | 220 |
| 凝縮 | 19 | 光電効果 | 130 | 質量作用の法則 | 70 |
| 凝析 | 55 | 効率 | 242 | 質量数 | 3 |
| 銀塩化銀電極 | 280 | 光量子仮説 | 130 | 遮蔽定数 | 135 |

## ク

| 固溶体 | 25 | 縮重 | 140 |
| 孤立系 | 220 | 主量子数 | 139 |
| 孤立電子対 | 152 | Schrödinger の波動方程式 | |
| | | | 138 |

| 空気の液化 | 19 | コロイド溶液 | 53 | 昇華 | 18 |
| Clausius の式 | 245 | 混成軌道 | 163 | 浸透圧 | 51 |
| クラウン化合物 | 202 | 根平均二乗速度 | 39 | 自発変化 | 224, 253 |
| グラファイト型構造 | 188 | | | 自由電子 | 172 |
| Clapeyron-Clausius の式 | | | | 充満帯 | 173 |
| | 269 | | | 循環過程 | 221 |
| Grignard 試薬 | 205 | サイクル | 221 | 準静的過程 | 223 |

## サ

| 最大重なりの原理 | 163 | 蒸気圧の比降下 | 48 |
| 錯イオン | 199 | 常磁性 | 157 |

## ケ

| 錯体 | 200 | 状態図 | 21 |
| 系 | 17, 220 | 錯滴定 | 204 | 状態量 | 221 |
| 形状記憶合金 | 181 | 酸 | 80 | 蒸発熱 | 18 |
| 結合エネルギー | 161, 235 | 酸塩基指示薬 | 87, 98 | 触媒 | 295 |
| 結合解離エネルギー | 234 | 酸塩基当量 | 85 | | |
| 結合次数 | 158 | 酸塩基の硬軟 | 207 | | |
| 結合性軌道 | 153 | 酸化還元滴定法 | 112 | | |
| 結晶エネルギー | 235 | 酸化剤・還元剤の当量 | | | |

## ス

| 結晶格子 | 177 | | 110 | スーパーアロイ | 181 |
| ゲル | 54 | 酸化数 | 107 | 水素イオン指数 | 89 |
| 限界半径比 | 184 | 酸化物セラミックス | 193 | 水素吸蔵金属・合金 | 181 |
| 原子核 | 2 | 酸化物超伝導体 | 195 | 水素結合 | 61, 168 |
| 原子価結合法 | 154, 209 | 酸化レニウム型 | 194 | 水和エネルギー | 236 |
| 原子化熱 | 234 | 三重点 | 23 | 水和熱 | 236 |
| 原子生成熱 | 234 | 参照電極 | 281 | スピン量子数 | 141 |
| 原子番号 | 2 | | | | |

## コ

## シ

## セ

| 光化学反応 | 297 | COD | 113 | 青化法 | 205 |
| 合金 | 25, 179 | 式量 | 7 | 生成熱 | 66, 232 |
| 光合成 | 298 | 磁気量子数 | 140 | 青銅 | 180 |

# 316 索引

閃亜鉛鉱型　184
遷移元素　12
遷移状態　293
線スペクトル　128
潜熱　18
絶対温度　31

## ソ

双極子モーメント　159
相転移　15, 231
相転移熱　231
相平衡　262
相変化　231
速度式　70, 289
速度定数　70
疎水性　171
組成式　4
ゾル　54

## タ

大気圧　15
体心立方格子　178
多座配位子　201
単座配位子　201
単純立方格子　177
ダイヤモンド型構造　188
ダニエル電池　117
断熱過程　228
断熱系　246
断熱膨張　19, 228

## チ

Ziegler-Natta の触媒　205
逐次反応　298
抽出　75

中性子　2
潮解　17
超臨界水　22
沈殿平衡　73

## テ

定圧過程　225
定圧熱容量　228
定圧反応熱　66, 232
定温過程　226
定常状態　133, 300
低スピン型　212
定積過程　225
定積熱容量　228
滴定曲線　97
典型元素　11
電位図　283
電解質　44
電気陰性度　160
電気泳動　55
電気素量　2
電気的エネルギー　117, 274
電子　2
電子雲　138
電子親和力　147
電子遷移　134
電子配置　141
電池図　118
電池反応　118
伝導帯　173
伝導率　57
電離　44

## ト

透析　55

透明電極　193
当量　9
当量点　87
当量伝導率　59
特性 X 線　136
閉じた系　221
同位体　3
同素体　5
同族元素　10
de Broglie の式　131
Dalton の分圧の法則　33

## ナ ニ ネ

内部エネルギー　221
二次反応　289
熱化学方程式　66
熱機関　242
熱容量　20, 228
熱力学第一法則　220
熱力学第三法則　250
熱力学第二法則　242
ネマチック液晶　193
Nernst の式　278
燃焼熱　67, 232
燃料電池　284

## ハ

配位化合物　200
配位結合　200
配位子　200
配位子場の理論　211
配位数　178, 201
排除体積　37
八面体サイト　184
波動関数　138
反結合性軌道　153

索引 317

| | |
|---|---|
| 半減期 | 291 |
| 半電池 | 117 |
| 半透膜 | 50 |
| 半導体 | 174 |
| 反応機構 | 290 |
| 反応商 | 70 |
| 反応熱 | 65, 231 |
| 反応熱の温度変化 | 238 |
| 反応の次数 | 289 |
| 半反応式 | 106 |
| Balmer 系列 | 129 |
| バンド構造 | 173 |
| $\pi$ 結合 | 156 |
| $\pi$ 電子 | 157 |
| Pauli の排他原理 | 143 |

**ヒ**

| | |
|---|---|
| 光ファイバ用ガラス | 196 |
| 非局在化エネルギー | 166 |
| 標準エントロピー | 250 |
| 標準ギブスエネルギー変化 | 255 |
| 標準状態 | 7, 31, 66, 233, 276 |
| 標準水素電極 | 275 |
| 標準生成ギブスエネルギー | 255 |
| 標準生成熱 | 233 |
| 標準電極電位 | 276 |
| 標準溶液 | 87 |
| 標定 | 112 |
| 開いた系 | 221 |
| pH | 89 |

**フ**

| | |
|---|---|
| ファラデー定数 | 61 |
| Faraday の法則 | 120 |
| van't Hoff 係数 | 53 |
| van't Hoff の定圧平衡式 | 268 |
| van't Hoff の法則 | 51 |
| van der Waals の状態式 | 36 |
| van der Waals 定数 | 36 |
| van der Waals 力 | 18, 168 |
| 風解 | 17 |
| フェロセン | 206 |
| 不可逆過程 | 223 |
| 不可逆サイクル | 243 |
| 不可逆反応 | 69 |
| 複屈折性 | 192 |
| 沸点上昇 | 48 |
| 不対電子 | 143 |
| 沸点図 | 24 |
| フラーレン | 167 |
| Hund の規則 | 143 |
| 物質波 | 131 |
| Brønsted の酸塩基概念 | 81 |
| 分圧 | 33 |
| 分散系 | 54 |
| 分散コロイド | 54 |
| 分子間力 | 18, 168 |
| 分子軌道 | 153 |
| 分子軌道法 | 153, 213 |
| 分子結晶 | 18, 168 |
| Bunsen の吸収係数 | 46 |
| 分配比 | 75 |
| 分配平衡 | 74 |
| 分留 | 24 |
| プランク定数 | 131 |

**ヘ**

| | |
|---|---|
| 閉殻構造 | 144 |
| 平均分子速度 | 40 |
| 平衡状態 | 69, 221 |
| 平衡定数 | 69 |
| Hess の法則 | 65 |
| ヘム | 202 |
| ヘルムホルツエネルギー | 253 |
| Henry の法則 | 46 |
| Henry 法則定数 | 47 |
| pH メーター | 283 |
| ペロブスカイト | 194 |

**ホ**

| | |
|---|---|
| 方位量子数 | 140 |
| 放射性壊変 | 296 |
| 放射性元素 | 296 |
| 飽和蒸気圧 | 20 |
| ホタル石構造 | 186 |
| Bohr モデル | 132 |
| ボーア半径 | 133 |
| Boltzman の関係式 | 252 |
| ボルツマン定数 | 39 |
| Born-Haber サイクル | 235 |
| ボンベ熱量計 | 232 |

**ミ**

| | |
|---|---|
| Michaelis-Menten の式 | 300 |
| 水のイオン積 | 88 |
| 水の硬度測定 | 203 |

## ム　メ　モ

| | |
|---|---|
| 無極性分子 | 159 |
| 面心立方格子 | 178 |
| モル伝導率 | 57 |
| モル分率 | 34, 45 |
| モル熱容量 | 20, 228 |
| Moseley の法則 | 136 |

## ユ

| | |
|---|---|
| 融解熱 | 17 |
| 有機金属化合物 | 205 |
| 輸率 | 60 |

## ヨ

| | |
|---|---|
| 溶解度曲線 | 45 |
| 溶解度積 | 73 |
| 溶解平衡 | 73 |
| 陽極 | 118 |
| 陽子 | 2 |
| 溶質 | 44 |
| ヨウ素滴定 | 113 |
| 溶媒 | 44 |
| 4配位正四面体構造 | 185 |
| 四面体サイト | 185 |

## ラ　リ

| | |
|---|---|
| Raoult の法則 | 48 |
| 理想気体 | 32 |
| 理想気体の状態式 | 32 |
| 理想希薄溶液 | 48, 263 |
| 理想混合気体 | 33, 262 |
| 理想溶液 | 48 |
| 律速段階 | 290 |
| Rydberg 定数 | 129 |
| 量子 | 130 |
| 量子数 | 133 |
| 両性元素 | 11 |
| 臨界定数 | 22 |
| 臨界点 | 22 |

## ル　レ　ロ

| | |
|---|---|
| Lewis の酸塩基概念 | 207 |
| Le Chatelier の原理 | 76, 269 |
| ルチル型構造 | 194 |
| レーザー | 215 |
| 励起状態 | 134 |
| 連鎖反応 | 297 |
| 6配位正八面体構造 | 184 |
| 六方最密格子 | 178 |

## 著者略歴

梅本喜三郎（うめもと きさぶろう）

| | |
|---|---|
| 1962 年 | 京都大学理学部化学科卒 |
| 1967 年 | 京都大学大学院理学研究科博士課程修了 |
| | 理学博士 |
| 1968 年 | 東京大学教養学部助手 |
| 1981 年 | 東京大学教養学部講師 |
| 1993 年 | 信州大学教養部教授 |
| 1995 年 | 信州大学理学部教授 |
| 2003 年 | 信州大学理学部教授定年退官 |
| 専　攻 | 無機溶液化学，分析化学 |

---

標準 基礎化学

検印省略

定価はカバーに表示してあります。

増刷表示について
2009 年 4 月より「増刷」表示を「版」から「刷」に変更いたしました．詳しい表示基準は弊社ホームページ
http://www.shokabo.co.jp/
をご覧ください．

2002 年 10 月 25 日　第 1 版発行
2008 年 3 月 20 日　第 7 版発行
2024 年 3 月 25 日　第 7 版 8 刷発行

著　者　梅　本　喜三郎
発行者　吉　野　和　浩
発行所　東京都千代田区四番町 8-1
　　　　電　話　03-3262-9166(代)
　　　　郵便番号　102-0081
　　　　株式会社　裳　華　房
印刷製本　株式会社 デジタルパブリッシングサービス

一般社団法人
自然科学書協会会員

JCOPY〈出版者著作権管理機構 委託出版物〉
本書の無断複製は著作権法上での例外を除き禁じられています．複製される場合は，そのつど事前に，出版者著作権管理機構（電話03-5244-5088，FAX 03-5244-5089，e-mail: info@jcopy.or.jp）の許諾を得てください．

ISBN 978-4-7853-3067-5

© 梅本喜三郎，2002　　Printed in Japan

## 化学サポートシリーズ
## 化学をとらえ直す　－多面的なものの見方と考え方－

杉森　彰 著　Ａ５判／108頁／定価 1870円（税込）

　「無機」「有機」「物理」など，それぞれの講義で学ぶ個別の知識を本当の"化学"的知識とするためのアプローチと，その過程で見えてくる自然の姿をめぐるオムニバス．
**【主要目次】**1. 知識の整理には大きな紙を使って表を作ろう　－役に立つ化学の基礎知識とは－　2. いろいろな角度からものを見よう　－酸化・還元の場合を例に－　3. 数式の奥に潜むもの　－化学現象における線形性－　4. 実験器具は使いよう　－実験器具の利用と新らしい工夫－　5. 実験ノートのつけ方　－記録は詳しく正確に．後からの調べがやさしい記録－

## 物理化学入門シリーズ
## 化学のための数学・物理

河野裕彦 著　Ａ５判／288頁／定価 3300円（税込）

　化学系に必要となる数学・物理の事項をまとめた参考書．背景となる数学・物理を適宜習得しながら，物理化学の高みに到達できるよう構成した．
**【主要目次】**1. 化学数学序論　2. 指数関数，対数関数，三角関数　3. 微分の基礎　4. 積分と反応速度式　5. ベクトル　6. 行列と行列式　7. ニュートン力学の基礎　8. 複素数とその関数　9. 線形常微分方程式の解法　10. フーリエ級数とフーリエ変換　－三角関数を使った信号の解析－　11. 量子力学の基礎　12. 水素原子の量子力学　13. 量子化学入門　－ヒュッケル分子軌道法を中心に－　14. 化学熱力学

## 化学英語の手引き

大澤善次郎 著　Ａ５判／160頁／定価 2420円（税込）

　長年にわたり「化学英語」の教育に携わってきた著者が，「卒業研究などで困ることのないように」との願いを込めて執筆した．手頃なボリュームで，講義・演習用テキスト，自習用参考書として最適．
**【主要目次】**1. 化学英語は必修　2. 英文法の復習　3. 化学英文の訳し方　4. 化学英文の書き方　5. 元素，無機化合物，有機化合物の名称と基礎的な化学用語
　付録：色々な数の読み方

## 化学新シリーズ　化合物命名法

中原勝儼・稲本直樹 共著　Ａ５判／424頁／定価 6380円（税込）

　無機・有機・有機金属化合物の命名法を一冊にまとめた．例題・問題も豊富で，化合物命名法の全貌をその基本から体系的に身につけることができる．
**【主要目次】**第Ⅰ部 化学命名法とは（序論－化学命名法について）　第Ⅱ部 無機化学命名法（無機化合物の命名方式／元素名，元素記号，元素の族／化学式／酸／分子／塩／錯体／付加化合物／同位体で修飾した化合物）　第Ⅲ部 有機化学命名法（有機化合物命名法の基礎事項／炭化水素／基本複素環化合物／特性基をもつ化合物の命名／複雑な化合物の命名手順／有機ハロゲン化合物／酸素を含む化合物／硫黄を含む化合物／窒素を含む化合物／遊離基，イオン，ホウ素，ケイ素，リン，セレン，テルルを含む化合物およびイリド／立体異性体の命名法）　第Ⅳ部 有機金属化合物命名法（有機金属化合物）

裳華房ホームページ　https://www.shokabo.co.jp/

### SI 基本単位

| 物理量 | 名称 | 記号 |
|---|---|---|
| 長さ | メートル | m |
| 質量 | キログラム | kg |
| 時間 | 秒 | s |
| 電流 | アンペア | A |
| 熱力学的温度 | ケルビン | K |
| 物質量 | モル | mol |
| 光度 | カンデラ | cd |

### SI 誘導単位（特別な名称をもつもの）

| 物理量 | 名称 | 記号 | 定義 |
|---|---|---|---|
| 力 | ニュートン | N | $kg\,m\,s^{-2}$ |
| 圧力 | パスカル | Pa | $kg\,m^{-1}\,s^{-2}\;(=N\,m^{-2})$ |
| エネルギー | ジュール | J | $kg\,m^2\,s^{-2}$ |
| 仕事率 | ワット | W | $kg\,m^2\,s^{-3}\;(=J\,s^{-1})$ |
| 電荷 | クーロン | C | $A\,s$ |
| 電位差 | ボルト | V | $kg\,m^2\,s^{-3}\,A^{-1}\;(=J\,A^{-1}\,s^{-1})$ |
| 電気抵抗 | オーム | Ω | $kg\,m^2\,s^{-3}\,A^{-2}\;(=V\,A^{-1})$ |
| 電気コンダクタンス | ジーメンス | S | $kg^{-1}\,m^{-2}\,s^3\,A^2\;(=A\,V^{-1}=\Omega^{-1})$ |

### エネルギーの単位の換算表

| 単位 | J | cal | $dm^3\,atm$ |
|---|---|---|---|
| 1 J | 1 | 0.23901 | $9.8692 \times 10^{-3}$ |
| 1 cal | 4.184 | 1 | $4.1293 \times 10^{-2}$ |
| 1 $dm^3\,atm$ | 101.325 | 24.217 | 1 |

$1\,J = 1\,V\,C = 10^7\,erg$

| 単位 | J | eV | $kJ\,mol^{-1}$ |
|---|---|---|---|
| 1 J | 1 | $6.2415 \times 10^{18}$ | $6.0220 \times 10^{20}$ |
| 1 eV | $1.60219 \times 10^{-19}$ | 1 | 96.485 |
| 1 $kJ\,mol^{-1}$ | $1.66057 \times 10^{-21}$ | $1.0364 \times 10^{-2}$ | 1 |

## 基 本 物 理 定 数

| 量 | 記号および等価な表現 | 値 |
|---|---|---|
| 真空中の光速度 | $c$ | $2.997924 \times 10^8$ m s$^{-1}$ |
| 真空の誘電率 | $\varepsilon_0$ | $8.854188 \times 10^{-12}$ C$^2$ N$^{-1}$ m$^{-2}$ |
| 電気素量 | $e$ | $1.60219 \times 10^{-19}$ C |
| プランク定数 | $h$ | $6.6261 \times 10^{-34}$ J s |
| アボガドロ定数 | $L$ | $6.0221 \times 10^{23}$ mol$^{-1}$ |
| 原子質量単位 | $1\text{ u} = 10^{-3}$ kg mol$^{-1}/L$ | $1.66057 \times 10^{-27}$ kg |
| 電子の静止質量 | $m_e$ | $9.1094 \times 10^{-31}$ kg |
| 陽子の静止質量 | $m_p$ | $1.67265 \times 10^{-27}$ kg |
| 中性子の静止質量 | $m_n$ | $1.67495 \times 10^{-27}$ kg |
| ファラデー定数 | $F = Le$ | $9.6485 \times 10^4$ C mol$^{-1}$ |
| リュードベリ定数 | $R_\infty = m_e e^4 / 8\varepsilon_0^2 ch^3$ | $1.097373 \times 10^7$ m$^{-1}$ |
| ボーア半径 | $a_0 = \varepsilon_0 h^2 / \pi m_e e^2$ | $5.29177 \times 10^{-11}$ m |
| ボーア磁子 | $\mu_B = eh/4\pi m_e$ | $9.2741 \times 10^{-24}$ J T$^{-1}$ |
| 気体定数 | $R$ | $8.3144$ J K$^{-1}$ mol$^{-1}$ |
|  |  | ($8.2056 \times 10^{-2}$ dm$^3$ atm K$^{-1}$ mol$^{-1}$) |
| セルシウス目盛におけるゼロ | $T_0$ | $273.15$ K（厳密に） |
|  | $RT_0$ | $2.2711 \times 10^3$ J mol$^{-1}$ |
| 標準大気圧 | $P_0$ | $1.01325 \times 10^5$ Pa（厳密に） |
| 理想気体の標準モル体積 | $V_0 = RT_0/P_0$ | $2.2414 \times 10^{-2}$ m$^3$ mol$^{-1}$ |
| ボルツマン定数 | $k = R/L$ | $1.3807 \times 10^{-23}$ J K$^{-1}$ |
| 自由落下の標準加速度 | $g_n$ | $9.80665$ m s$^{-2}$（厳密に） |

$e = 2.718282$  $\qquad \pi = 3.141593$

$\log e = 0.43429$  $\qquad \log \pi = 0.49715$

$\ln 10 = 1/\log e = 2.30259$  $\qquad \ln x = 2.303 \log x$